Equazioni a derivate parziali
Complementi ed esercizi

T0222333

S. Salsa
G. Verzini

Equazioni a derivate parziali

Complementi ed esercizi

 Springer

Sandro Salsa
Dipartimento di Matematica
Politecnico di Milano

Gianmaria Verzini
Dipartimento di Matematica
Politecnico di Milano

L'immagine di copertina "A twig in a stream, with capillary waves ahead of it and gravity waves behind it" è modificata da Tucker VA (1971) Waves and Water Beatles. Physics Teacher (9) 10-14, 19. In Siegel LA: Mathematics applied to continuum mechanics. New York: Dover Publications Inc. 1987

Springer-Verlag fa parte di Springer Science+Business Media

springer.it

© Springer-Verlag Italia, Milano 2005

ISBN 10 88-470-0260-5
ISBN 13 978-88-470-0260-9

Riprodotto da copia camera-ready fornita dagli Autori
Progetto grafico della copertina: Simona Colombo, Milano
Stampato in Italia: Signum, Bollate (Mi)

Prefazione

La presente raccolta di problemi ed esercizi nasce dall'esperienza maturata durante il corso di Equazioni a Derivate Parziali (EDP), tenuto nell'ambito delle lauree di primo e secondo livello presso il Politecnico di Milano. La principale finalità del corso è confrontare gli allievi con un percorso didattico che li abitui ad una sinergia metodologica nell'affrontare un dato problema teorico e/o modellistico riguardante i temi introduttivi delle EDP.

Questo testo intende proporsi sia come verifica del grado di preparazione raggiunto sia come spunto di approfondimento e si presenta come il naturale complemento al testo *Equazioni a Derivate Parziali, Metodi, modelli, applicazioni* di S. Salsa (Springer-Verlag Italia, 2004), nel seguito indicato con [S], del quale condivide la linea di sviluppo degli argomenti.

Il volume è diviso in due parti; nella prima, costituita dai capitoli dal primo al quarto, l'obiettivo è l'uso di tecniche classiche, come la separazione delle variabili, il principio di massimo o le trasformate di Laplace e Fourier, per risolvere problemi di diffusione, trasporto e vibrazione. Il quinto capitolo invita a familiarizzare con i risultati di base negli spazi di Hilbert, nella teoria delle distribuzioni (o funzioni generalizzate) di Schwartz e in quella degli spazi di Sobolev più comuni. Il sesto ed ultimo capitolo riguarda la formulazione variazionale o debole dei più importanti problemi iniziali e/o al bordo per equazioni ellittiche e di evoluzione. Completano il testo due appendici A e B, con un rapido cenno a problemi di Sturm-Liouville e funzioni di Bessel (A) e ad alcune formule ed identità di uso comune (B).

L'introduzione ad ogni capitolo contiene una sintesi degli strumenti teorici più utilizzati. Gli esercizi sono suddivisi in due gruppi:

– problemi risolti, che costituiscono dei modelli metodologici di riferimento, la cui soluzione è presentata in dettaglio

– esercizi proposti, che il lettore è invitato ad affrontare autonomamente. Anche di questi è presentata la soluzione, a volte in forma sintetica.

Gli esercizi contrassegnati con uno o due asterischi si presentano come complementi teorici e possono risultare particolarmente impegnativi.

Vogliamo ringraziare i numerosi colleghi che con i loro suggerimenti hanno contribuito al miglioramento del testo e in particolare Anna Zaretti e Cristina Cerutti.

Infine, desideriamo ringraziare Francesca Bonadei, di Springer-Verlag Italia, per aver incoraggiato e seguito la stesura del volume.

Indice

1

Diffusione

1. Richiami di teoria

Il principale riferimento teorico per i problemi e gli esercizi contenuti in questo capitolo è [S], Capitolo 2. Richiamiamo alcuni concetti e risultati di uso frequente, in relazione all'equazione di diffusione

$$u_t - D\Delta u = f,$$

in un dominio cilindrico $Q_T = \Omega \times (0, T)$, dove Ω è un dominio (aperto connesso) in $\mathbf{R}^n$.

• *Frontiera parabolica.* L'unione della base inferiore di Q_T (data da $\Omega \times \{0\}$) e della superficie laterale $S_T = \Omega \times [0, T]$ costituisce la *frontiera parabolica di* Q_T, che si indica con $\partial_p Q_T$. È su $\partial_p Q_T$ che vanno assegnati i dati nei problemi ben posti per l'equazione di diffusione.

• *Principio di massimo.* Siano Ω limitato e $w \in C^{2,1}(Q_T) \cap C(\overline{Q}_T)$ *supercalorica* (*risp. subcalorica*), *cioé tale che*

(1) $$w_t - D\Delta w = q \le 0 \qquad (\text{risp. } \ge 0) \qquad \text{in } Q_T.$$

Allora il massimo (risp. minimo) di w è assunto sulla frontiera parabolica $\partial_p Q_T$ di Q_T:

$$\max_{\overline{Q}_T} w = \max_{\partial_p Q_T} w.$$

In particolare, se w è negativa (risp. positiva) su $\partial_p Q_T$, allora è negativa (risp. positiva) in tutto Q_T. Se poi $q = 0$ il massimo ed il minimo di u sono assunti sulla frontiera parabolica $\partial_p Q_T$ di Q_T.

- Soluzione fondamentale e problema di Cauchy globale. La funzione

$$\Gamma_D(\mathbf{x}, t) = \frac{1}{(4\pi Dt)^{n/2}} e^{-\frac{|\mathbf{x}|^2}{4Dt}} \qquad t > 0$$

si chiama *soluzione fondamentale* dell'equazione di diffusione; per $t > 0$ è soluzione di $u_t - D\Delta u = 0$ e inoltre, se $\delta(\mathbf{x})$ indica la *delta di Dirac* nell'origine,

$$\lim_{t \downarrow 0} \Gamma_D(\mathbf{x}, t) = \delta(\mathbf{x}), \quad \int_{\mathbf{R}^n} u(\mathbf{x}, t)\, d\mathbf{x} = 1, \text{ per ogni } t > 0.$$

La soluzione fondamentale permette di costruire la soluzione del problema di Cauchy globale

$$\begin{cases} u_t - D\Delta = f(\mathbf{x}, t) & \text{in } \mathbf{R}^n \times (0, \infty) \\ u(\mathbf{x}, 0) = g(\mathbf{x}) & \text{in } \mathbf{R}^n \end{cases}$$

mediante la formula

$$u(\mathbf{x}, t) = \int_{\mathbf{R}^n} \Gamma_D(\mathbf{x} - \mathbf{y}, t) g(\mathbf{y})\, d\mathbf{y} + \int_0^t \int_{\mathbf{R}^n} \Gamma(\mathbf{x} - \mathbf{y}, t - s) f(\mathbf{y}, s)\, d\mathbf{y} ds,$$

valida, per esempio, se $|g(\mathbf{x})| \le c e^{A|\mathbf{x}|}$, f è limitata e f, f_t, f_{x_j}, $f_{x_i x_j}$ sono continue in $\mathbf{R}^n \times (0, +\infty)$. Il dato iniziale è assunto nel senso che, se $\mathbf{x}_0$ è un punto in cui g è continua, allora

$$u(\mathbf{x}, t) \to g(\mathbf{x}_0) \qquad \text{se } (\mathbf{y}, t) \to (\mathbf{x}_0, 0), \, t > 0.$$

- *Passeggiata aleatoria e soluzione fondamentale* ($n = 1$). Consideriamo una particella di massa unitaria in moto lungo l'asse x, secondo le seguenti regole.

(1) In un tempo τ la particella si muove di h, partendo da $x = 0$.
(2) Essa si muove a destra o a sinistra con probabilità $p = \frac{1}{2}$, in modo indipendente dal passo precedente.

All'istante $t = N\tau$, cioè dopo N passi, la particella si troverà in un punto $x = mh$, dove N è un intero naturale e m è un intero relativo. La probabilità $p(x, t)$ che la particella si trovi in x al tempo t è soluzione del problema discreto

(2) $$p(x, t + \tau) = \frac{1}{2} p(x - h, t) + \frac{1}{2} p(x + h, t)$$

con le condizioni iniziali

$$p(0, 0) = 1 \text{ e } p(x, 0) = 0 \quad \text{se } x \ne 0.$$

Passando al limite nella (2) per $h, \tau \to 0$, mantenendo $\dfrac{h^2}{\tau} = 2D = $ costante e interpretando p come densità di probabilità, si ottiene l'equazione $p_t = Dp_{xx}$ e le condizioni iniziali diventano

$$\lim_{t \downarrow 0} p(x, t) = \delta.$$

Abbiamo già constatato che l'unica soluzione è data dalla soluzione fondamentale dell'equazione di diffusione:

$$p(x, t) = \Gamma_D(x, t).$$

2. Problemi risolti

- **2.1– 2.8 :** Metodo di separazione delle variabili.
- **2.9 – 2.12 :** Uso del principio di massimo.
- **2.13 – 2.19 :** Applicazioni della soluzione fondamentale.
- **2.20 – 2.23 :** Uso delle trasformate di Fourier e Laplace.
- **2.24 – 2.27 :** Problemi in dimensione maggiore di uno.

2.1. Metodo di separazione delle variabili

Problema 2.1. (Modelli di conduzione per una sbarra omogenea). *Conside-riamo una sbarra di materiale omogeneo di densità lineare $\rho(x) \geq \rho_0 > 0$ e sezione $S(x)$, variabili, dislocata lungo l'intervallo $0 \leq x \leq L$, (con $S(x) \ll L$). Supponiamo che la superficie laterale sia termicamente isolata e che la tempe-ratura u al tempo $t = 0$ sia $u(x, 0) = g(x)$. Scrivere il modello matematico che regola l'evoluzione di u per $t > 0$, corrispondente ai seguenti tre casi.*

a) Gli estremi sono termicamente isolati.

b) Si mantiene un flusso entrante di Q_0 e Q_L (calorie al secondo) agli estremi $x = 0$ e $x = L$, rispettivamente, per $t > 0$.

c) Agli estremi 0 ed L è presente uno scambio convettivo di calore (legge di Newton) con l'ambiente circostante, che si trova a temperatura $\theta = \theta(t)$.

Soluzione

Poichè la sezione è molto minore della lunghezza possiamo adottare un modello monodimensionale. Per ricavarlo isoliamo un cilindro di sbarra di volume V tra i punti $x, x + dx$. Assumiamo che il flusso $\mathbf{q}$ di calore per conduzione[1] segua la legge di Fourier, cioè:

$$\mathbf{q} = \mathbf{q}(x) = -\kappa u_x \mathbf{i}. \qquad (\kappa \text{ costante}).$$

Assumiamo, inoltre, la legge costitutiva $e = c_v u$ per la densità di energia[2], con c_v costante. Poichè la sbarra è termicamente isolata e non vi sono sorgenti distribuite esterne, la legge di conservazione dell'energia dà, in tutti e tre i casi

$$-\frac{d}{dt} \int_V c_v \rho u \, dv = \int_{\partial V} -\kappa u_x \mathbf{i} \cdot \boldsymbol{\nu} \, d\sigma.$$

Essendo $u = u(x, t)$ e $\rho = \rho(x)$, abbiamo:

$$\frac{d}{dt} \int_V c_v \rho u \, dv = c_v \int_x^{x+dx} \rho(x) S(x) u_t(x, t) \, dx$$

mentre, essendo $\mathbf{i} \cdot \boldsymbol{\nu} = 0$ sul bordo del cilindretto,

$$\int_{\partial V} -\kappa u_x \mathbf{i} \cdot \boldsymbol{\nu} \, d\sigma = -\kappa [S(x + dx) u_x(x + dx, t) - S(x) u_x(x, t)].$$

---

[1] Calorie al secondo per unità di superficie.
[2] Energia per unità di massa, per unità di volume.

Uguagliando, dividendo per dx e passando al limite per $dx \to 0$, si ottiene l'equazione

$$c_v \rho S u_t = \kappa \left(S u_x \right)_x$$

in $0 < x < L$, $t > 0$.

a) In questo caso il flusso di calore attraverso gli estremi della sbarra è nullo; le condizioni corrispondenti sono, perciò condizioni di Neumann omogenee:

$$-u_x\left(0, t\right) = u_x\left(L, t\right) = 0.$$

b) In tal caso si hanno condizioni di Neumann non omogenee:

$$\kappa S\left(0\right) u_x\left(0, t\right) = -Q_0, \quad \kappa S\left(L\right) u_x\left(L, t\right) = Q_L.$$

c) Assumendo la legge di Newton, il flusso entrante di calore agli estremi è proporzionale alla differenza tra la temperatura dell'ambiente circostante e quella della sbarra. Se $h > 0$ è il coefficiente di trasferimento agli estremi, si ottengono le condizioni di Robin:

$$-\kappa u_x\left(0, t\right) = h\left[\theta\left(t\right) - u\left(0, t\right)\right], \quad \kappa u_x\left(L, t\right) = h\left[\theta\left(t\right) - u\left(L, t\right)\right].$$

Problema 2.2. (Cauchy-Dirichlet). *Siano $D > 0$, costante, e $g \in C^1\left([0, \pi]\right)$, con $g\left(0\right) = g\left(\pi\right) = 0$. Risolvere, usando il metodo di separazione delle variabili, il seguente problema:*

$$\begin{cases} u_t(x, t) - D u_{xx}(x, t) = 0 & 0 < x < \pi,\, t > 0 \\ u(x, 0) = g(x) & 0 \leq x \leq \pi \\ u(0, t) = u(\pi, t) = 0 & t > 0. \end{cases}$$

Esaminare unicità e dipendenza continua.

Soluzione

Due osservazioni preliminari. La prima è che la scelta dell'intervallo $[0, \pi]$ per la variabile spaziale è puramente di comodo (ci permetterà di utilizzare gli sviluppi in serie di Fourier su intervalli che sono multipli interi di π, alleggerendo la notazione). Nel caso che la variabile spaziale y variasse tra 0 ed $L > 0$, si può utilizzare gli sviluppi in serie di Fourier sugli intervalli appropriati oppure riportarsi all'intervallo $[0, \pi]$ mediante il cambiamento di scala $y = xL/\pi$, $v\left(y, t\right) = u\left(\pi y/L, t\right)$; si ottiene infatti per v il problema

$$\begin{cases} v_t - \frac{DL^2}{\pi^2} v_{yy} = 0 & 0 < y < \pi,\, t > 0 \\ v(y, 0) = g(\pi y/L) & 0 \leq x \leq \pi \\ v(0, t) = v(\pi, t) = 0 & t > 0. \end{cases}$$

Inoltre osserviamo che la condizione al contorno è di Dirichlet *omogenea*. Ciò rende molto più diretta l'applicazione del metodo di separazione delle variabili. La prima parte della procedura consiste nel cercare soluzioni *non nulle* del tipo

$$u(x, t) = v(x) w(t).$$

Sostituendo nell'equazione si ottiene

$$v(x)w'(t) - Dv''(x)w(t) = 0,$$

da cui, dividendo per $v(x)w(t)$ (assumendo che tale quantità non si annulli) e riarrangiando i termini:

$$\frac{1}{D}\frac{w'(t)}{w(t)} = \frac{v''(x)}{v(x)}.$$

Ora, il primo membro non dipende dalla variabile x mentre il secondo non dipende dalla variabile t, ed i due sono uguali. Se ne deduce che devono essere uguali alla medesima costante $\lambda \in \mathbf{R}$. Si ottiene quindi

$$w'(t) - \lambda Dw(t) = 0,$$

con soluzione

(3) $$w(t) = Ce^{\lambda Dt}, \ C \in \mathbf{R},$$

e

(4) $$v''(x) - \lambda v(x) = 0.$$

Le condizioni di Dirichlet impongono $v(0)w(t) = v(\pi)w(t) = 0$ per ogni $t > 0$, cioè

(5) $$v(0) = v(\pi) = 0.$$

Il problema ai limiti (4), (5) ha soluzioni non nulle solo per valori speciali di λ, che si chiamano **autovalori**. Le corrispondenti soluzioni si chiamano **autofunzioni**. Distinguiamo tre casi.

   Caso $\lambda = \mu^2 > 0$. L'integrale generale è

$$v(x) = C_1 e^{\mu x} + C_2 e^{-\mu x}.$$

Si ottiene poi

$$\begin{cases} C_1 & + & C_2 & = & 0 \\ e^{\mu\pi}C_1 & + & e^{-\mu\pi}C_2 & = & 0, \end{cases}$$

da cui $C_1 = C_2 = 0$. Di conseguenza otteniamo solo la soluzione identicamente nulla.

   Caso $\lambda = 0$. La situazione è sostanzialmente analoga alla precedente. Abbiamo

$$v(x) = C_1 + C_2 x,$$

che, date le condizioni nulle di Dirichlet, fornisce immediatamente $C_1 = C_2 = 0$.

   Caso $\lambda = -\mu^2 < 0$. Abbiamo

$$v(x) = C_1 \cos \mu x + C_2 \sin \mu x, \qquad v(0) = v(\pi) = 0.$$

Da $v(0) = 0$ deduciamo $C_1 = 0$; da $v(\pi) = 0$ si ottiene

$$C_2 \sin \mu\pi = 0 \implies \mu = k \text{ intero positivo e } C_2 \text{ arbitrario.}$$

Gli autovalori sono dunque $\lambda_k = -k^2$ e le autofunzioni sono $v_k(x) = \sin kx$. Ricordando la (3), abbiamo trovato le infinite soluzioni

$$\varphi_k(x, t) = Ce^{-k^2 Dt} \sin kx, \ k = 1, 2, ...,$$

che soddisfano le condizioni $\varphi_k(0) = \varphi_k(\pi) = 0$. Nessuna di esse soddisfa la condizione iniziale $u(x,0) = g(x)$, tranne nel caso in cui $g(x) = C \sin mx$, con m intero. L'idea è di usare la linearità del problema sovrapponendo le v_k e cercando di determinare i coefficienti della sovrapposizione in modo che anche la condizione iniziale sia soddisfatta. Si pone cioè come candidata soluzione:

$$u(x,t) = \sum_{k=1}^{\infty} c_k e^{-k^2 Dt} \sin kx$$

e si impone

(6) $$u(x,0) = \sum_{k=1}^{\infty} c_k \sin kx = g(x).$$

Osserviamo che $u(x,0)$ si presenta come una serie di Fourier di soli seni; prolunghiamo allora g come funzione dispari in $[-\pi, \pi]$ e sviluppiamola in serie di soli seni:

$$g(x) = \sum_{k=1}^{\infty} g_k \sin kx, \qquad g_k = \frac{2}{\pi} \int_0^{\pi} g(x) \sin kx \ dx.$$

Dal confronto con la (6), deve essere $c_k = g_k$ e otteniamo così la soluzione

(7) $$u(x,t) = \sum_{k=1}^{\infty} g_k v_k(x,t) = \sum_{k=1}^{\infty} g_k e^{-k^2 Dt} \sin kx.$$

• *Analisi della* (7). La funzione g è di classe $C^1([0,\pi])$ e si annulla agli estremi, perciò, il suo prolungamento dispari sull'intervallo $[-\pi, \pi]$ è di classe $C^1([-\pi, \pi])$. La teoria delle serie di Fourier assicura che $\sum_{k=1}^{\infty} |g_k|$ è convergente . Poiché anche

$$\left| g_k e^{-k^2 Dt} \right| \le |g_k|$$

la (6) converge uniformemente in tutta la striscia $[0,\pi] \times [0,\infty)$ ed è possibile scambiare l'operazione di limite e di somma. Ciò assicura che la (7) è continua in $[0,\pi] \times [0,\infty)$. D'altra parte, se $t \ge t_0 > 0$, la rapida convergenza a zero dell'esponenziale per $k \to \infty$ permette di derivare termine a termine (fino a qualunque ordine di derivazione) ed in particolare

$$u_t - Du_{xx} = \sum_{k=1}^{\infty} g_k \left[(v_k)_t - D(v_k)_{xx} \right] = 0,$$

per cui la (7) è soluzione dell'equazione differenziale nell'interno della striscia.

• *Unicità e dipendenza continua.* L'unicità di una soluzione continua in $[0,\pi] \times [0,\infty)$ e la dipendenza continua dai dati seguono dal principio di massimo: se indichiamo con u_g la soluzione corrispondente al dato g,

$$\max |u_{g_1} - u_{g_2}| \le \max |g_1 - g_2|.$$

Problema 2.3. (Cauchy-Neumann). *Siano* $D > 0$, *costante, e* $g \in C^1([0,\pi])$ *tale che* $g'(0) = g'(\pi) = 0$. *Risolvere, usando il metodo di separazione delle variabili, il seguente problema:*

$$\begin{cases} u_t(x,t) - Du_{xx}(x,t) = 0 & 0 < x < \pi, \, t > 0 \\ u(x,0) = g(x) & 0 \le x \le \pi \\ -u_x(0,t) = 0, \; u_x(\pi,t) = 0 & t > 0. \end{cases}$$

Esaminare unicità e dipendenza continua dal dato iniziale.

Soluzione

Si tratta di un problema di Cauchy-Neumann con condizioni al bordo omogenee. Procedendo come nell'esercizio precedente, si comincia a cercare soluzioni *non nulle* del tipo

$$u(x,t) = v(x)w(t)$$

pervenendo alle medesime equazioni. Si ottiene quindi

$$w'(t) - \lambda D w(t) = 0,$$

con integrale generale

(8) $$w(t) = Ce^{\lambda D t}, \quad C \in \mathbf{R}.$$

Occorre poi determinare autovalori ed autofunzioni del problema

$$\begin{cases} v''(x) - \lambda v(x) = 0 \\ v'(0) = v'(\pi) = 0 \end{cases}$$

con λ costante reale. Al solito, distinguiamo tre casi.

Caso $\lambda = \mu^2 > 0$. L'integrale generale è

$$v(x) = C_1 e^{\mu x} + C_2 e^{-\mu x}.$$

Le condizioni di Neumann impongono $v'(0)w(t) = v'(\pi)w(t) = 0$ per ogni $t > 0$. Si ottiene

$$\begin{cases} \mu C_1 & - & \mu C_2 & = & 0 \\ e^{\mu\pi}C_1 & - & e^{-\mu\pi}C_2 & = & 0, \end{cases}$$

da cui $C_1 = C_2 = 0$, essendo $\mu\left(e^{-\mu\pi} + e^{\mu\pi}\right) \neq 0$. Questo caso produce solo la soluzione identicamente nulla.

Caso $\lambda = 0$. Abbiamo

$$v(x) = C_1 + C_2 x,$$

che, date le condizioni nulle di Neumann, fornisce immediatamente $C_2 = 0$ e C_1 arbitraria. In questo caso abbiamo autofunzioni costanti.

Caso $\lambda = -\mu^2 < 0$. Abbiamo

$$v(x) = C_1 \cos\mu x + C_2 \sin\mu x, \qquad v'(0) = v'(\pi) = 0.$$

Essendo

$$v'(x) = -\mu C_1 \sin\mu x + \mu C_2 \cos\mu x,$$

da $v'(0) = 0$ deduciamo $C_2 = 0$; da $v'(\pi) = 0$ si ottiene

$$C_1 \sin \mu\pi = 0 \implies \mu = k \in \mathbf{N}, \, C_2 \text{ arbitrario.}$$

Gli autovalori sono dunque $\lambda_k = -k^2$ e le autofunzioni sono $v_k(x) = \cos kx$.

Ricordando la (3), abbiamo trovato le infinite soluzioni

$$\varphi_k(x, t) = Ce^{-k^2 Dt} \cos kx, \, k \in \mathbf{N}$$

che soddisfano le condizioni $\varphi_k'(0) = \varphi_k'(\pi) = 0$. Nessuna di esse soddisfa la condizione iniziale $u(x, 0) = g(x)$, tranne nel caso in cui $g(x) = C \cos mx$, con m intero. Cerchiamo come candidata soluzione:

$$u(x, t) = \sum_{k=0}^{\infty} c_k e^{-k^2 Dt} \cos kx$$

scegliendo i coefficienti c_k in modo che

(9)
$$u(x, 0) = \sum_{k=1}^{\infty} c_k \cos kx = g(x).$$

Osserviamo che $u(x, 0)$ si presenta come una serie di Fourier di soli coseni; prolunghiamo allora g come funzione pari in $[-\pi, \pi]$ e sviluppiamola in serie di soli coseni:

$$g(x) = \frac{g_0}{2} + \sum_{k=1}^{\infty} g_k \cos kx, \qquad g_k = \frac{2}{\pi} \int_0^{\pi} g(x) \cos kx \, dx.$$

Si noti che $g_0/2$ è il valor medio del dato iniziale g sull'intervallo $[0, \pi]$. Dal confronto con la (9), deve essere $c_0 = g_0/2$, $c_k = g_k$ e otteniamo così la soluzione

(10)
$$u(x, t) = \frac{g_0}{2} + \sum_{k=1}^{\infty} g_k v_k(x, t) = \frac{g_0}{2} + \sum_{k=1}^{\infty} g_k e^{-k^2 Dt} \cos kx.$$

• *Analisi della* (10). La funzione g è di classe $C^1([0, \pi])$ con derivata nulla agli estremi, perciò il suo prolungamento pari sull'intervallo $[-\pi, \pi]$ è di classe $C^1([-\pi, \pi])$. La teoria delle serie di Fourier assicura allora che $\sum_{k=1}^{\infty} |g_k|$ è convergente. Poiché

$$\left| g_k e^{-k^2 Dt} \right| \le |g_k|$$

la (10) converge uniformemente in tutta la striscia $[0, \pi] \times [0, \infty)$ ed è possibile scambiare l'operazione di limite e di somma. Ciò assicura che la (10) è continua in $[0, \pi] \times [0, \infty)$. Controlliamo ora le condizioni di Neumann agli estremi. Sia $t_0 > 0$; per t vicino a t_0, si può derivare termine a termine, ottenendo

(11)
$$u_x(x, t) = -\sum_{k=1}^{\infty} k g_k e^{-k^2 Dt} \sin kx.$$

Essendo[3]

$$\left| kg_k e^{-k^2 Dt} \right| \leq \frac{1}{\sqrt{2eDt}} \left| g_k \right|,$$

la serie (11) converge uniformemente in $[0,\pi] \times [t_0, \infty)$, per ogni $t_0 > 0$. In particolare

$$\lim_{(x,t)\to(0,t_0)} u_x(x,t) = -\sum_{k=1}^{\infty} kg_k \lim_{(x,t)\to(0,t_0)} e^{-k^2 Dt} \sin kx = 0$$

$$\lim_{(x,t)\to(\pi,t_0)} u_x(x,t) = -\sum_{k=1}^{\infty} kg_k \lim_{(x,t)\to(\pi,t_0)} e^{-k^2 Dt} \sin kx = 0.$$

La funzione è quindi di classe C^1 in ogni striscia del tipo $[0,\pi] \times [t_0, \infty)$. Calcoli analoghi mostrano che se $t \geq t_0 > 0$, la rapida convergenza a zero dell'esponenziale per $k \to \infty$ permette di derivare (di ogni ordine di derivazione) termine a termine ed in particolare

$$u_t - Du_{xx} = \sum_{k=1}^{\infty} g_k \left[(\varphi_k)_t - D (\varphi_k)_{xx} \right] = 0$$

per cui la (10) è effettivamente soluzione dell'equazione differenziale nell'interno della striscia $[0,\pi] \times (0,\infty)$.

• *Unicità e dipendenza continua.* Supponiamo che vi siano due soluzioni u e v dello stesso problema, continue in $[0,\pi] \times [0,\infty)$ e di classe C^1 in $[0,\pi] \times (0,\infty)$. Poniamo $w = u - v$ e

$$E(t) = \int_0^{\pi} w^2(x,t)\, dx.$$

Abbiamo $E(t) \geq 0$, $E(0) = 0$, $\lim_{t\downarrow 0} E(t) = 0$ e, per $t > 0$,

$$E'(t) = 2\int_0^{\pi} ww_t\, dx = 2D \int_0^{\pi} ww_{xx}\, dx.$$

Integrando per parti, ricordando che w_x è nulla agli estremi, si trova

$$E'(t) = -2D \int_0^{\pi} (w_x)^2\, dx \leq 0.$$

Ne segue che E è decrescente e quindi $E = 0$ per ogni $t \geq 0$. Poiché w è continua, si deduce che $w(x,t) \equiv 0$.

Osserviamo poi che, per l'uguaglianza di Bessel,

$$\sup_{t>0} \| u(\cdot, t) \|_{L^2(0,\pi)}^2 = \sup_{t>0} \int_0^{\pi} u(x,t)^2\, dx$$

$$\leq \pi \sum_{k=0}^{\infty} |g_k|^2 = \pi \| g \|_{L^2(0,\pi)}^2$$

che mostra la dipendenza continua (in media quadratica) dal dato iniziale.

---

[3]Massimizzare la funzione $f(x) = xe^{-x^2 Dt}$.

Problema 2.4. (Cauchy-Neumann, stato stazionario e comportamento asintotico). *Sia u soluzione del problema:*

$$\begin{cases} u_t(x,t) = Du_{xx}(x,t) & 0 < x < L, \, t > 0 \\ u(x,0) = g(x) & 0 \le x \le L \\ -u_x(0,t) = u_x(L,t) = 0 & t > 0. \end{cases}$$

a) *Interpretare il problema supponendo che u sia la concentrazione (massa per unità di lunghezza) di una sostanza soggetta a diffusione. Giustificare intuitivamente il fatto che*

$$u(x,t) \to U \quad \text{(costante)} \quad \text{per } t \to +\infty$$

dove U è una costante. Integrando opportunamente l'equazione, trovare il valore di U.

b) *Supponiamo che $g \in C([0,L])$ e che u sia continua in $[0,L] \times [0,\infty)$ e di classe C^1 in $[0,L] \times [t_0,\infty)$, per ogni $t_0 > 0$. Mostrare che $u(x,t) \to U$ per $t \to +\infty$ in media quadratica, cioè*

$$\int_0^L (u(x,t) - U)^2 dx \to 0 \qquad \text{per } t \to \infty.$$

c) *Sia $g \in C^1([0,L])$ con $g'(0) = g'(\pi) = 0$. Usando la formula per u trovata nel problema 2.3, mostrare che $u(x,t) \to U$ uniformemente in $[0,L]$, per $t \to +\infty$.*

Soluzione

a) Se l'equazione regola la diffusione di una concentrazione (unidimensionale) di una sostanza allora le condizioni al contorno di Neumann ci dicono che il flusso attraverso gli estremi della sostanza è nullo. È quindi ragionevole aspettarsi che la massa totale venga conservata, e che la sostanza tenda a distribuirsi uniformemente, raggiungendo quindi densità costante. D'altra parte, le uniche soluzioni stazionarie (indipendenti da t) del problema sono proprio le costanti. Se integriamo l'equazione rispetto a x su $[0,L]$ e sfruttiamo le condizioni di Neumann, otteniamo

$$\int_0^L u_t(x,t)\,dx = \int_0^L Du_{xx}(x,t)\,dx = Du_x(L,t) - Du_x(0,t) = 0,$$

da cui

(12) $$\frac{d}{dt}\int_0^L u(x,t)\,dx = 0,$$

che è appunto la conservazione della massa. Essendo u continua in $[0,L] \times [0,\infty)$, si ha che

$$\int_0^L u(x,t)\,dx \to \int_0^L g(x)\,dx \qquad \text{per } t \to 0.$$

Otteniamo quindi

$$\int_0^L u(x,t)\,dx \equiv \int_0^L g(x)\,dx.$$

Di conseguenza, se $u(x,t) \to U$ per $t \to +\infty$ necessariamente si ha

$$U = \frac{1}{L} \int_0^L g(x)\,dx.$$

Dimostriamo ora che effettivamente u tende alla costante U appena definita. Poniamo $w(x,t) = u(x,t) - U$. Chiaramente $w(x,0) = g(x) - U$ e, per la (12), la funzione w è a media spaziale nulla , cioè $\int_0^L w(x,t)\,dx \equiv 0$, per ogni $t \geq 0$. Come nel problema 2.3, se

$$E(t) = \int_0^L w^2(x,t)\,dx$$

si ottiene

$$E'(t) = -2D \int_0^L w_x^2(x,t)\,dx.$$

Alla fine dell'esercizio mostreremo che[4]

(13)
$$\int_0^L w_x^2(x,t)\,dx \geq \frac{E(t)}{L^2}.$$

Abbiamo quindi la seguente *disequazione differenziale* (ordinaria):

$$E'(t) \leq -\frac{2D}{L^2} E(t)$$

ossia

$$\frac{d}{dt} \log E(t) \leq -\frac{2D}{L^2}.$$

Integrando tra 0 e t si ha,

$$\log E(t) - \log E(0) \leq -\frac{2D}{L^2} t$$

ed infine

$$E(t) \leq E(0)e^{-\frac{2D}{L^2}t}.$$

Quindi, per $t \to +\infty$, $E(t)$ tende a 0, che significa

$$\int_0^L (w(x,t) - U)^2 dx \to 0 \qquad \text{per } t \to \infty,$$

ossia $u(x,t)$ tende a U in media quadratica.

b) Sia $g \in C^1([0,L])$ e $g'(0) = g'(\pi) = 0$. Utilizziamo l'espressione analitica della soluzione, ottenuta nel problema 2.3. Passando dall'intervallo $[0,\pi]$ all'intervallo $[0,L]$ si ottiene facilmente

$$u(x,t) = \frac{a_0}{2} + \sum_{n=1}^{+\infty} a_n e^{-D\lambda_n^2 t} \cos \lambda_n x,$$

dove $\lambda_n = n\pi/L$, $a_n = \frac{2}{L} \int_0^L g(x) \cos \lambda_n x\,dx$. Ora, se $n \geq 1$, $t > 0$,

$$\left| a_n e^{-D\lambda_n^2 t} \cos \lambda_n x \right| \leq e^{-D\lambda_1^2 t} |a_n|$$

---

[4]Disuguaglianza di Poincaré.

ed essendo $g \in C^1([0,L])$, $g'(0) = g'(\pi) = 0$,

$$\sum_{n=1}^{+\infty} |a_n| = S < \infty.$$

Si ha dunque

$$\left| \sum_{n=1}^{+\infty} a_n e^{-D\lambda_n^2 t} \cos \lambda_n x \right| \le e^{-D\lambda_1^2 t} \sum_{n=1}^{+\infty} |a_n| = e^{-D\lambda_1^2 t} S \to 0 \qquad \text{per } t \to +\infty.$$

Si ricava quindi che, per $t \to +\infty$, $u(x,t)$ tende (con velocità esponenziale) a $a_0/2 = U$, uniformemente in x.

• *Dimostrazione della* (13). Dal teorema del valor medio, per ogni $t > 0$ si può trovare $x(t)$ tale che

$$w(x(t),t) = \frac{1}{L} \int_0^L w(x,t)\, dx = 0.$$

Per il teorema fondamentale del calcolo si ha, allora:

$$w(x,t) = \int_{x(t)}^x w_x(s,t)\, ds$$

e, per la disuguaglianza di Schwarz:

$$|w(x,t)| = \left| \int_{x(t)}^x w_x(s,t)\, ds \right| \le \int_0^L |w_x(s,t)|\, ds \le \sqrt{L} \left(\int_0^L w_x^2(s,t)\, ds \right)^{1/2}.$$

Quadrando entrambi i membri ed integrando si $[0,L]$ si ha:

$$\int_0^L w^2(s,t)\, ds \le L^2 \int_0^L w_x^2(s,t)\, ds.$$

Problema 2.5. (Cauchy-Neumann; equazione non omogenea). *Risolvere, usando il metodo di separazione delle variabili, il seguente problema:*

$$\begin{cases} u_t(x,t) - u_{xx}(x,t) = tx & 0 < x < \pi,\, t > 0 \\ u(x,0) = 1 & 0 \le x \le \pi \\ u_x(0,t) = 0,\ u_x(\pi,t) = 0 & t > 0. \end{cases}$$

Soluzione

Si tratta di un problema di Cauchy-Neumann *non omogeneo,* con condizioni al bordo omogenee. Per ogni $T > 0$ fissato, la funzione $f(t,x) = tx$ è limitata in $[0,\pi] \times [0,T]$ e quindi esiste un'unica soluzione continua in $[0,\pi] \times [0,T]$ del problema. Per usare il metodo di separazione delle variabili, conviene considerare prima l'equazione omogenea ed in particolare il problema agli autovalori associato:

$$\begin{cases} v''(x) - \lambda v(x) = 0 \\ v'(0) = v'(\pi) = 0. \end{cases}$$

Nell'esercizio 2.3 abbiamo trovato che gli autovalori sono $\lambda_k = -k^2$ e le autofunzioni sono $v_k(x) = \cos kx$. Scriviamo ora la candidata soluzione nella forma

$$u(x,t) = \sum_{k=0}^{+\infty} c_k(t) v_k(x)$$

e imponiamo che (ricordare che $v_k'' = -k^2 v_k$):

$$u_t - u_{xx} = \sum_{k=0}^{+\infty} \left[c_k'(t) + k^2 c_k(t) \right] v_k(x) = tx$$

e che

$$u(x,0) = \sum_{k=0}^{+\infty} c_k(0) v_k(x) = 1.$$

Sviluppiamo allora $f(x) = x$ in serie di coseni. Si trova:

$$x = \frac{\pi}{2} - \frac{4}{\pi} \sum_{k=0}^{+\infty} \frac{\cos(2k+1)x}{(2k+1)^2}$$

con serie uniformemente convergente in $[0, \pi]$. Confrontando le ultime tre equazioni, occorre che i coefficienti $c_k(t)$ siano soluzioni dei seguenti problemi di Cauchy:

$c_0'(t) = \frac{\pi}{2}t,$ $\qquad\qquad\qquad\qquad\qquad c_0(0) = 1;$

$c_{2k}'(t) + 4k^2 c_{2k}(t) = 0,$ $\qquad\qquad\qquad c_k(0) = 0, \ k \geq 1;$

$c_{2k+1}'(t) + (2k+1)^2 c_{2k+1}(t) = -\frac{4}{\pi}\frac{1}{(2k+1)^2}t, \quad c_{2k+1}(0) = 0, \ k \geq 0.$

Risolvendo, si trova:

$c_0(t) = \frac{\pi}{4}t^2 + 1;$

$c_{2k}(t) = 0,$ $\qquad\qquad\qquad\qquad\qquad\qquad\qquad k \geq 1;$

$c_{2k+1}(t) = -\frac{4}{\pi(2k+1)^4}\left[t + \frac{1}{(2k+1)^2}\left(e^{-(2k+1)^2 t} - 1 \right) \right], \quad k \geq 0.$

La soluzione è, dunque (Fig. 1):

$$u(x,t) = \frac{\pi}{4}t^2 + 1 + \sum_{k=0}^{+\infty} c_{2k+1}(t) \cos(2k+1)x.$$

- *Analisi della soluzione.* Poiché

$$\left| \left(e^{-(2k+1)^2 t} - 1 \right) \cos(2k+1)x \right| \leq 2$$

deduciamo che la serie

$$\sum_{k=0}^{+\infty} \frac{e^{-(2k+1)^2 t} - 1}{(2k+1)^6} \cos(2k+1)x,$$

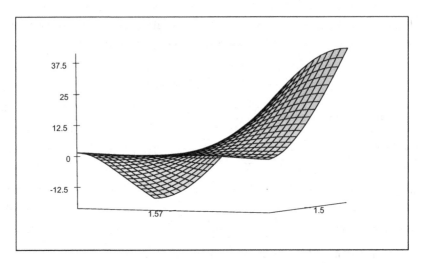

Figura 1. La soluzione del problema 2.5 per $0 < x < 3$, $0 < t < 3$.

le serie delle derivate parziali prime e seconde rispetto ad x

$$-\sum_{k=0}^{+\infty} \frac{e^{-(2k+1)^2 t} - 1}{(2k+1)^5} \sin(2k+1)\, x, \quad -\sum_{k=0}^{+\infty} \frac{e^{-(2k+1)^2 t} - 1}{(2k+1)^4} \cos(2k+1)\, x,$$

e la serie della derivata parziale rispetto a t,

$$-\sum_{k=0}^{+\infty} \frac{e^{-(2k+1)^2 t}}{(2k+1)^4} \cos(2k+1)\, x,$$

sono tutte uniformemente convergenti in $[0, \pi] \times [0, \infty)$. Queste derivate si possono perciò scambiare col segno di somma e quindi u è di classe C^2 in $[0, \pi] \times [0, \infty)$. In particolare segue che u è soluzione dell'equazione di diffusione in $(0, \pi) \times (0, \infty)$ e assume i dati con continuità.

Problema 2.6. (Cauchy-Neumann, non omogeneo). *Risolvere, usando il metodo di separazione delle variabili, il seguente problema:*

$$\begin{cases} u_t(x,t) - u_{xx}(x,t) = 0 & 0 < x < \pi, \, t > 0 \\ u(x,0) = 0 & 0 \leq x \leq \pi \\ u_x(0,t) = 0, \; u_x(\pi,t) = U & t > 0. \end{cases}$$

Se $U \neq 0$, può esistere una soluzione stazionaria $u_\infty = u_\infty(x)$?

Soluzione

Si tratta di un problema di Cauchy-Neumann con condizioni al bordo non omogenee. Per usare il metodo di separazione delle variabili, conviene riportarsi a condizioni omogenee ponendo

$$w(x,t) = u(x,t) - v(x)$$

dove $v_x(0) = 0$ e $v_x(\pi) = U$. Per esempio si può scegliere

$$v(x) = \frac{Ux^2}{2\pi}.$$

La funzione w è soluzione del problema non omogeneo

$$\begin{cases} w_t(x,t) - w_{xx}(x,t) = U/\pi & 0 < x < \pi,\, t > 0 \\ w(x,0) = -Ux^2/2\pi & 0 \le x \le \pi \\ w_x(0,t) = 0,\ w_x(\pi,t) = 0 & t > 0. \end{cases}$$

Come nel problema 2.5, date le condizioni di Neumann omogenee, scriviamo

$$w(x,t) = \frac{c_0(t)}{2} + \sum_{k=1}^{\infty} c_k(t) \cos kx$$

in modo che le condizioni di Neumann siano (formalmente) soddisfatte. Dobbiamo determinare i coefficienti $c_k(t)$ in modo che

$$w_t - w_{xx} = \frac{c_0'(t)}{2} + \sum_{k=1}^{\infty}[c_k'(t) + k^2 c_k(t)]\cos kx = \frac{U}{\pi}$$

e

$$w(x,0) = \frac{c_0(0)}{2} + \sum_{k=1}^{\infty} c_k(0)\cos kx = -\frac{Ux^2}{2\pi}.$$

Scriviamo lo sviluppo $g(x) = \frac{Ux^2}{2\pi}$ in serie di coseni. Si trova

$$\frac{Ux^2}{2\pi} = \frac{U}{2\pi}\left\{ \frac{\pi^2}{3} + 4\sum_{k=1}^{\infty} \frac{(-1)^k}{k^2}\cos kx \right\}$$

con la serie uniformemente convergente in $[0,\pi]$. Confrontando le ultime tre formule, occorre che i $c_k(t)$ siano soluzioni dei seguenti problemi di Cauchy:

$$c_0'(t) = \frac{2U}{\pi}, \qquad c_0(0) = -\frac{U\pi}{3};$$

$$c_k'(t) + k^2 c_k(t) = 0, \quad c_k(0) = \frac{2U}{\pi}\frac{(-1)^{k+1}}{k^2}, \quad k \ge 1.$$

Si trova:

$$c_0(t) = \frac{2U}{\pi}t - \frac{U\pi}{3};$$

$$c_k(t) = \frac{2U}{\pi}\frac{(-1)^{k+1}}{k^2}e^{-k^2 t}, \quad k \ge 1.$$

La soluzione è dunque:

(14) $$u(x,t) = \frac{U}{\pi}t + \frac{Ux^2}{2\pi} - \frac{U\pi}{6} + \frac{2U}{\pi}\sum_{k=1}^{\infty} \frac{(-1)^{k+}}{k^2}e^{-k^2 t}\cos kx.$$

Se $U \ne 0$ non può esistere una soluzione stazionaria $u_\infty = u_\infty(x)$, in quanto dovrebbe essere soluzione del problema $u_\infty''(x) = 0$, $u_\infty'(0) = 0$, $u_\infty'(\pi) = U$, e questo problema non ha soluzione.

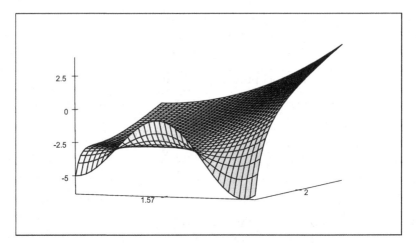

Figura 2. La soluzione del problema 2.6 ($U = \pi$).

• *Analisi della* (14). La serie è uniformemente convergente in $[0, \pi] \times [0, \infty)$ e quindi u è ivi continua. Le derivate di qualunque ordine si possono scambiare col segno di somma $[0, \pi] \times [t_0, \infty)$ per ogni $t_0 > 0$ e quindi u è soluzione dell'equazione di diffusione in $(0, \pi) \times (0, \infty)$.

Problema 2.7. (Misto Neumann-Robin). *Una sbarra di materiale omogeneo, avente lunghezza L, è isolata lateralmente ed all'estremo $x = 0$. L'altro estremo è soggetto a radiazione secondo la legge di Newton (il flusso di calore dall'estremo è proporzionale alla differenza della temperatura u e quella dell'ambiente, uguale ad U).*

a) *Scrivere il modello matematico per l'evoluzione di u per $t > 0$.*

b) *Usando il metodo di separazione delle variabili, risolvere il problema, supponendo $g \in C^1(\mathbf{R})$, periodica di periodo L. Analizzare il comportamento per $t \to +\infty$.*

Soluzione

a) Posto D il coefficiente di risposta termica della sbarra, $\gamma > 0$ il coefficiente di proporzionalità che compare nella legge di Newton per l'estremo $x = L$ e g la distribuzione di temperatura all'istante $t = 0$, si ha il problema di Robin:

$$\begin{cases} u_t(x,t) - Du_{xx}(x,t) = 0 & 0 < x < L, \, t > 0 \\ u(x,0) = g(x) & 0 \le x \le L \\ u_x(0,t) = 0 \\ u_x(L,t) = -\gamma(u(L,t) - U) & t > 0. \end{cases}$$

b) Visto che la condizione di Robin in $x = L$ è non omogenea, poniamo $z(x,t) = u(x,t) - U$. La nuova incognita soddisfa il problema omogeneo

$$\begin{cases} z_t(x,t) - Dz_{xx}(x,t) = 0 & 0 < x < L,\ t > 0 \\ z(x,0) = g(x) - U & 0 \le x \le L \\ z_x(0,t) = 0 & \\ z_x(L,t) = -\gamma z(L,t) & t > 0. \end{cases}$$

Cercando soluzioni del tipo $z(x,t) = v(x)w(t)$ ci troviamo a dover risolvere l'equazione

$$w'(t) - \lambda D w(t) = 0$$

con integrale generale

$$w(t) = Ce^{\lambda Dt}, C \in \mathbb{R},$$

e il problema agli autovalori

(15)
$$\begin{cases} v''(x) + \lambda^2 v(x) = 0 \\ v'(0) = 0 \\ v'(L) = -\gamma v(L). \end{cases}$$

Distinguiamo tre casi:

Caso $\lambda = \mu^2 > 0$. Si ottiene

$$v(x) = C_1 e^{\mu x} + C_2 e^{-\mu x}$$

e poi

$$\begin{cases} \mu C_1 - \mu C_2 = 0 \\ (\mu + \gamma)e^{\mu L} C_1 - (\mu - \gamma)e^{-\mu L} C_2 = 0. \end{cases}$$

Essendo[5] $\mu \left[(\mu + \gamma)e^{\mu L} - (\mu - \gamma)e^{-\mu L} \right] \ne 0$, si ottiene $C_1 = C_2 = 0$.

Caso $\lambda = 0$. Abbiamo

$$v(x) = C_1 + C_2 x,$$

che, date le condizioni di Robin, fornisce $C_1 = C_2 = 0$ e cioè ancora la soluzione nulla.

Caso $\lambda = -\mu^2 < 0$. Abbiamo

$$v(x) = C_1 \cos \mu x + C_2 \sin \mu x.$$

Poiché

$$v'(x) = -\mu C_1 \sin \mu x + \mu C_2 \cos \mu x$$

la condizione $v'(0) = 0$ implica $C_2 = 0$, mentre la condizione $v'(L) = -\gamma v(L)$ implica

$$\mu \sin \mu L = \gamma \cos \mu L$$

ossia

(16)
$$\tan \mu L = \frac{\gamma}{\mu}.$$

---

[5]Infatti $e^{2\mu L} > (\mu - \gamma)/(\mu + \gamma)$ per ogni $\mu, \gamma > 0$.

Ponendo $s = \mu L$, la (16) equivale a $\tan s = \gamma L/s$. In Figura 3 si vede che, per $s > 0$, i grafici della tangente $y = \tan s$ e dell'iperbole $y = \gamma L/s$ si intersecano in infiniti punti che indichiamo con $0 < s_1 = \mu_1 L < s_2 = \mu_2 L < \dots$. Si noti che

$$(n-1)\pi < \mu_n L < n\pi$$

e quindi $\mu_n \sim n\pi/L$ per $n \to \infty$. Ne segue che anche $\tan \mu_n L$ e $\sin \mu_n L$ tendono a zero per $n \to \infty$. Troviamo così gli autovalori

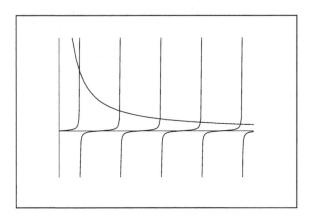

Figura 3.

$$\lambda_n = -\mu_n^2 = -\frac{s_n^2}{L^2}$$

e le autofunzioni $v_n(x) = C \cos \mu_n x$. La candidata soluzione è, dunque,

$$z(x,t) = \sum_{n=1}^{+\infty} a_n e^{-D\mu_n^2 t} \cos \mu_n x.$$

La condizione iniziale impone che

$$z(x,0) = \sum_{n=1}^{+\infty} a_n \cos \mu_n x = g(x) - U, \qquad 0 \le x \le L.$$

Ora, il problema (15) è un problema di *Sturm-Liouville regolare*[6] e pertanto le autofunzioni $v_n(x) = \cos \mu_n x$ hanno le proprietà di ortogonalità

$$\int_0^L v_n(x) v_m(x)\, dx = \begin{cases} 0 & m \ne n \\ \frac{L}{2} + \frac{\sin(2\mu_n L)}{4\mu_n} \equiv \beta_n & m = n. \end{cases}$$

Si noti che $\beta_n \to L/2$ se $n \to \infty$. Se $g \in C^1([0,L])$, si può scrivere

$$g(x) - U = \sum_{n=1}^{+\infty} g_n \cos \mu_n x$$

---

[6]Appendice A.

dove

(17)
$$g_n = \frac{1}{\beta_n} \int_0^L [g(x) - U] \cos \mu_n x \, dx.$$

Troviamo così

(18)
$$z(x,t) = \sum_{n=1}^{+\infty} g_n e^{-D\mu_n^2 t} \cos \mu_n x$$

ed infine $u(x,t) = z(x,t) + U$.

• *Analisi della* (18). Ricordiamo che $\mu_n \sim n\pi/L$. Ne segue che anche $\tan \mu_n L$ e $\sin \mu_n L$ tendono a zero per $n \to \infty$. Inoltre, $\beta_n \to L/2$ se $n \to \infty$. Abbiamo allora, date le ipotesi su g:

$$|g_n| \leq \frac{1}{\beta_n} \int_0^L |g(x) - U| \, dx \leq M$$

e

$$\left| g_n e^{-D\mu_n^2 t} \cos \mu_n x \right| \leq M e^{-D\mu_n^2 t}.$$

La serie (18) è perciò uniformemente convergente in $[0,\pi] \times [t_0,\infty)$ e le derivate di qualunque ordine si possono scambiare col segno di somma, per ogni $t_0 > 0$; u è dunque soluzione dell'equazione di diffusione in $(0,\pi) \times (0,\infty)$. Per $t \to +\infty$ si ha $z(z,t) \to 0$, uniformemente in $[0,\pi]$, e quindi $u(x,t) \to U$.

Problema 2.8. (Problema ai valori finali; equazione *backward*). Sia *u soluzione del problema ai valori* **finali**:

(19)
$$\begin{cases} u_t(x,t) - u_{xx}(x,t) = 0 & 0 < x < \pi, 0 < t < T \\ u(x,T) = g(x) & 0 \leq x \leq \pi \\ u(0,t) = u(\pi,t) = 0 & 0 < t < T. \end{cases}$$

a) *Mostrare che il cambio di variabile* $t = T - s$ *riduce il problema (19) per l'equazione forward in un problema ai valori iniziali per l'equazione backward.*

b) *Risolvere (formalmente) con la separazione di variabili, indicando sotto quali ipotesi sul dato g la formula trovata è effettivamente una soluzione del problema.*

c) *Usando il dato iniziale* $g_n(x) = \frac{1}{n} \sin nx$, *mostrare che non c'è dipendenza continua dai dati.*

Soluzione

a) Ponendo $t = T - s$ e $v(x,s) = u(x, T-s)$, si ha

$$v_s(x,s) = -u_t(T-s) \quad \text{e} \quad v(x,0) = u(x,T),$$

per cui il problema per v è:

$$\begin{cases} v_s(x,s) + v_{xx}(x,s) = 0 & 0 < x < \pi, 0 < s < T \\ v(x,0) = g(x) & 0 \leq x \leq \pi \\ v(0,s) = u(1,s) = 0 & 0 < s < T \end{cases}$$

dove l'equazione è *backward* e dove g è un dato iniziale.

b) Esattamente come nel problema 2.2, si trova la formula seguente per la candidata soluzione

$$u(x,t) = \sum_{k=1}^{\infty} c_k v_k(x,t) = \sum_{k=1}^{\infty} c_k e^{-k^2 t} \sin kx.$$

Questa volta, occorre scegliere i coefficienti c_k in modo che $u(x,T) = g(x)$ e quindi, se

$$g(x) = \sum_{k=1}^{\infty} g_k \sin kx,$$

deve essere

$$c_k = g_k e^{k^2 T}.$$

Si trova, infine,

(20) $$u(x,t) = \sum_{k=1}^{\infty} c_k v_k(x,t) = \sum_{k=1}^{\infty} g_k e^{k^2(T-t)} \sin kx.$$

Rispetto al caso dei valori iniziali, si nota che ora l'esponenziale, essendo l'esponente positivo per $t < T$, "gioca contro" la convergenza. Per assicurare la possibilità di derivare sotto il segno di somma e quindi di controllare che la (20) sia effettivamente una soluzione, occorre che i coefficienti g_k tendano a zero *molto rapidamente*. Una ipotesi sufficiente per poter effettuare le operazioni indicate è che

(21) $$\sum_{k=1}^{\infty} |g_k| e^{k^2 T} < \infty.$$

In particolare, la (21) implica che $g_k = o(k^{-m})$ per ogni $m \geq 1$ ossia che g **deve** essere prolungabile come funzione dispari, periodica di periodo 2π, e almeno di classe $C^{\infty}(\mathbf{R})$. Ciò non è, in realtà, sorprendente se si pensa che, nel problema *forward*, anche partendo da un dato iniziale irregolare per $t = 0$, la soluzione è di classe $C^{\infty}(\mathbf{R})$ immediatamente per $t > 0$, almeno in $0 < x < \pi$; il dato finale deve dunque tener conto dell'effetto *fortemente regolarizzante* dell'equazione di diffusione.

c) Scegliamo come dato finale

$$g_n(x) = \frac{1}{n} \sin nx.$$

La (20) dà

$$u_n(x,t) = \frac{1}{n} e^{n^2(T-t)} \sin nx.$$

Poiché

$$|g_n(x)| = \frac{1}{n} |\sin nx| \leq \frac{1}{n},$$

$g_n \to 0$ uniformemente in $\mathbf{R}$, per $n \to \infty$; d'altra parte, se $n = 2m + 1$

$$\left| u_n\left(\frac{\pi}{2}, 0\right) \right| = \frac{1}{n} e^{n^2 T} \to \infty$$

per $n \to \infty$. Ne segue che la soluzione non dipende con continuità dai dati ed il problema non è ben posto.

2.2. Uso del principio di massimo

Problema 2.9. (Principio di massimo). *Sia u soluzione del problema*

$$\begin{cases} u_t(x,t) - u_{xx}(x,t) = 0 & 0 < x < 1, \, t > 0 \\ u(x,0) = \sin \pi x & 0 \leq x \leq 1 \\ u(0,t) = 2te^{1-t}, \, u(1,t) = 1 - \cos \pi t & t > 0 \end{cases}$$

continua[a] nella semistriscia $S = [0,1] \times [0,\infty)$.

a) *Provare che u è non negativa.*

b) *Trovare una limitazione superiore per i valori* $u\left(\frac{1}{2},\frac{1}{2}\right)$ *e* $u\left(\frac{1}{2},3\right)$.

[a]Si noti che i dati si raccordano in modo continuo.

Soluzione

a) La frontiera parabolica $\partial_p S$ della striscia è l'unione delle semirette $x = 0$, $x = 1$, $t > 0$ e del segmento $0 \leq x \leq 1$, sull'asse x ($t = 0$). Per il principio di massimo, u è non negativa in tutta la striscia se $u \geq 0$ su $\partial_p S$. Sulle semirette si ha $2te^{-t} \geq 0$, e $1 - \cos \pi x \geq 0$; anche il dato iniziale $\sin \pi x$ è non negativo. Concludiamo dunque che $u \geq 0$ in S.

b) Sempre per il principio di massimo, il valore $u\left(\frac{1}{2},\frac{1}{8}\right)$ non supera il massimo dei dati sulla frontiera parabolica del rettangolo $S_{1/8} = [0,1] \times [0,\frac{1}{8})$ data da

$$\{0 \leq x \leq 1, t = 0\} \cup \left\{x = 0, \, 0 \leq t \leq \frac{1}{8}\right\} \cup \left\{x = 1, \, 0 \leq t \leq \frac{1}{8}\right\}.$$

Il massimo del dato iniziale e di $1 - \cos \pi t$ è uguale a 1. Il grafico di $2te^{1-t}$ (indicato in figura 4) presenta un massimo globale pari a 2 in $t = 1$; nell'intervallo $[0, 1/8]$ il suo massimo è $e^{7/8}/4 \simeq 0.59972 < 1$. Possiamo solo dire che $u\left(\frac{1}{2},\frac{1}{8}\right) < 1$. Con lo stesso ragionamento si ricava $u\left(\frac{1}{2},3\right) \leq 2$. In realtà, si può dire che $u(x,t) \leq 2$ in tutta la striscia S.

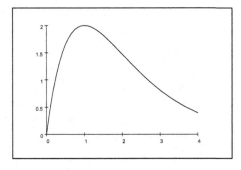

Figura 4. Grafico di $2te^{1-t}$.

Problema 2.10. (Comportamento asintotico). *Sia u soluzione continua nella semistriscia $S = [0,1] \times [0,\infty)$ del problema*

$$\begin{cases} u_t(x,t) - u_{xx}(x,t) = 0 & 0 < x < 1, t > 0 \\ u(x,0) = x(1-x) & 0 \le x \le 1 \\ u(0,t) = u(1,t) = 0 & t > 0. \end{cases}$$

Dopo aver mostrato che u è non negativa, determinare due numeri positivi α, β, in modo che

$$u(x,t) \le w(x,t) \equiv \alpha x(1-x)e^{-\beta t}$$

Dedurre che $u(x,t) \to 0$ uniformemente in $[0,L]$ per $t \to +\infty$.

Soluzione

Cominciamo col dimostrare che $u \ge 0$. A tale scopo ricordiamo che, in base al principio di massimo, è sufficiente controllare che $u \ge 0$ sulla frontiera parabolica $\partial_p S$ della semistriscia S. Infatti, per $t = 0$, $u(x,0) = x(1-x)$ che è nonnegativa in $[0,1]$. Inoltre $u = 0$ sui lati $x = 0$ e $x = 1$. Dunque, $u \ge 0$.

Per determinare i parametri in modo che w sia maggiore di u, l'idea è di applicare ancora il principio di massimo, stavolta alla funzione continua $v = w - u$. Più precisamente, cerchiamo α, β in modo che $v \ge 0$ su $\partial_p S$ e che sia una *soprasoluzione* (cioè $v_t - v_{xx} \ge 0$). Abbiamo:

$$\begin{aligned} w(x,0) &= \alpha x(1-x) \\ w_t(x,t) &= -\alpha\beta x(1-x)e^{-\beta t} \\ w_{xx}(x,t) &= -2\alpha e^{-\beta t}, \end{aligned}$$

per cui:

$$\begin{cases} v_t(x,t) - v_{xx}(x,t) = \alpha(2 - \beta x(1-x))e^{-\beta t} & 0 < x < 1, t > 0 \\ v(x,0) = (\alpha - 1)x(1-x) & 0 \le x \le 1 \\ v(0,t) = v(1,t) = 0 & t > 0. \end{cases}$$

Determiniamo $\beta > 0$ in modo che

$$2 - \beta x(1-x) \ge 0.$$

Poiché $x(1-x) \le \frac{1}{4}$, si ha

$$2 - \beta x(1-x) \ge 2 - \frac{1}{4}\beta$$

e quindi è sufficiente scegliere $0 < \beta \le 8$. Controlliamo ora il segno di v su $\partial_p S$. Sui lati di S si ha $v \ge 0$, mentre per $t = 0$,

$$v(x,0) = (\alpha - 1)x(1-x) \ge 0$$

se $\alpha \ge 1$. Pertanto, $v \ge 0$ su $\partial_p S$ se $\alpha \ge 1$.

Riassumendo, per $\alpha \ge 1$ e $0 < \beta \le 8$, v è soprasoluzione non negativa. Con queste scelte si può quindi applicare il principio di massimo a v, ottenendo la sua non negatività. Si ha perciò

$$0 \le u(x,t) \le \alpha x(1-x)e^{-\beta t} \le \frac{\alpha}{4}e^{-\beta t}$$

essendo $x(1-x) \leq 1/4$. Poiché $\beta > 0$, $e^{-\beta t} \to 0$ per $t \to \infty$ e quindi $u(x,t) \to 0$ uniformemente in $[0,1]$ per $t \to +\infty$.

Problema 2.11. (Stato stazionario e comportamento asintotico). *È dato il problema*

$$\begin{cases} u_t(x,t) - u_{xx}(x,t) = 1 & 0 < x < 1, t > 0 \\ u(x,0) = 0 & 0 \leq x \leq 1 \\ u(0,t) = u(1,t) = 0 & t > 0 \end{cases}$$

a) Determinarne la soluzione stazionaria $u^s = u^s(x)$ che soddisfa le condizioni al bordo.

b) Mostrare che $u(x,t) \leq u^s(x)$ per $t > 0$.

c) Determinare $\beta > 0$ in modo che $u(x,t) \geq (1 - e^{-\beta t})u^s(x)$.

d) Dedurre che $u(x,t)$ tende a $u^s(x)$ per $t \to +\infty$, uniformemente su $[0,1]$.

e) Controllare il risultato risolvendo il problema con il metodo di separazione delle variabili.

Soluzione

a) Ricordiamo che si dice stazionaria una soluzione che non dipende dal tempo (e quindi tale che $u_t(x,t) \equiv 0$). Si tratta quindi di trovare una funzione $u^s(x) = \psi(x)$ tale che

$$\begin{cases} -\psi''(x) = 1, & 0 < x < 1, \\ \psi(0) = \psi(1) = 0. \end{cases}$$

La soluzione è la parabola

$$u^s(x) = \frac{1}{2}x(1-x).$$

b) Poniamo $v(x,t) = u^s(x) - u(x,t)$. Allora

$$v_t(x,t) - v_{xx}(x,t) = 0, \qquad 0 < x < 1, t > 0.$$

Essendo u continua nella chiusura della striscia $S = [0,1] \times (0,\infty)$, per dimostrare che è non negativa, il base al principio di massimo è sufficiente controllare che i dati iniziali e ai lati sono non negativi. Infatti $v(0,t) = v(1,t) = 0$ se $t > 0$ e

$$v(x,0) = \frac{1}{2}x(1-x) \geq 0,$$

se $0 \leq x \leq 1$. Dal principio di massimo deduciamo dunque, $v \geq 0$ ossia $u^s \geq u$.

c) Come nel problema 2.10, poniamo $w(x,t) = u(x,t) - (1 - e^{-\beta t})u^s(x)$ e cerchiamo $\beta > 0$ in modo che $w \geq 0$ su $\partial_p S$ e che sia una soprasoluzione. Essendo

$$\partial_t[(1 - e^{-\beta t})u^s(x)] = -\frac{\beta}{2}x(1-x)e^{-\beta t}$$
$$\partial_{xx}[(1 - e^{-\beta t})u^s(x)] = -e^{-\beta t},$$

si ottiene

$$\begin{cases} w_t(x,t) - w_{xx}(x,t) = 1 + e^{-\beta t}(1 - \frac{\beta}{2}x + \frac{\beta}{2}x^2) & 0 < x < 1, t > 0 \\ w(x,0) = 0 & 0 \leq x \leq 1 \\ w(0,t) = w(1,t) = 0 & t > 0. \end{cases}$$

Si tratta quindi di trovare i valori di β che rendono non negativo il secondo membro dell'equazione. A quel punto l'applicazione diretta del principio di massimo fornisce la non negatività di w e la disuguaglianza richiesta. Il secondo membro dell'equazione differenziale è nonnegativo se

$$1 + e^{-\beta t}\left(1 + \frac{\beta}{2}x^2\right) \geq e^{-\beta t}\frac{\beta}{2}x.$$

Essendo $\frac{\beta}{2}xe^{-\beta t} \leq \frac{\beta}{2}$ per $0 < x < 0$ e $t \geq 0$, è sufficiente richiedere

$$1 \geq \frac{\beta}{2}$$

ossia $\beta \leq 2$.

d) Sia $\beta \leq 2$. Si ha, allora:

$$(1 - e^{-\beta t})u^s(x) \leq u(x,t) \leq u^s(x),$$

cioè

$$0 \leq u^s(x) - u(x,t) \leq e^{-\beta t}u^s(x).$$

Di conseguenza

$$\sup_{x \in [0,1]} |u^s(x) - u(x,t)| \leq \sup_{x \in [0,1]} e^{-\beta t}u^s(x) \leq \frac{1}{8}e^{-\beta t} \to 0 \qquad \text{per } t \to +\infty.$$

Quindi $u(x,t) \to 0$ uniformemente in $[0,1]$ per $t \to +\infty$.

e) La soluzione è della forma

$$w(x,t) = \frac{1}{2}x(1-x) + \sum_{k=1}^{\infty} c_k e^{-k^2 t}\sin 2\pi kx$$

dove i c_k sono scelti in modo che

$$w(x,0) = \frac{1}{2}x(1-x) + \sum_{k=1}^{\infty} c_k \sin 2\pi kx = 0.$$

Si vede comunque che

$$\left| w(x,t) - \frac{1}{2}x(1-x) \right| \leq Se^{-t} \to 0, \text{ per } t \to \infty,$$

dove $S = \sum_{k=1}^{\infty} |c_k|$, convergente poichè il dato iniziale è regolare in $[0,1]$ e si annulla agli estremi.

Nota. Nel prossimo esercizio si mostra che se una soluzione dell'equazione di diffusione ha un massimo o un minimo in un punto (x_0, t_0) sulla superficie laterale di un cilindro, la derivata u_x *non si può* annullare in (x_0, t_0). Questo risultato è noto come *principio di Hopf*.

Problema 2.12**. (Principio di Hopf). *Sia u soluzione di*

$$u_t(x,t) - u_{xx}(x,t) = 0$$

nel rettangolo $S_T = (0,1) \times (0,T)$, continua in $\overline{S}_T$. Assumiamo inoltre che $u_x(x,t)$ sia continua in $[0,1] \times (0,T]$.

a) *Sia $0 < t_0 \leq T$ e*

$$u(x,t) > m, \qquad \text{per } 0 \leq x \leq 1,\ 0 < t < t_0.$$

Infine, sia $u(0,t_0) = m$. Mostrare che $u_x(0,t_0) > 0$ (non può annullarsi)[a].

b) *Dedurre che se u è soluzione del problema di Neumann*

$$\begin{cases} u_t(x,t) - u_{xx}(x,t) = 0 & \text{in } S_T \\ u(x,0) = g(x) & 0 \leq x \leq 1 \\ u_x(0,t) = u_x(1,t) = 0 & 0 < t \leq T, \end{cases}$$

allora

$$\min_{[0,1]} g = \min_{\overline{S}_T} u \leq \max_{\overline{S}_T} u = \max_{[0,1]} g$$

e u è l'unica soluzione.

---

[a]Suggerimento: osservare che la funzione

$$z(x,t) = \frac{e^x - 1}{e}$$

si annulla per $x = 0$ e $z_x(0,t) = 1/e > 0$

Soluzione

a) Poniamo anzitutto $v = u - m$ in modo che $v(0,t_0) = 0$ e $v > 0$ se $0 \leq x \leq 1$, $0 < t < t_0$. L'idea è di trovare una funzione w tale che sia minore di v in un intorno di $(0,t_0)$, che si annulli in $(0,t_0)$ e che $w_x(0,t_0) > 0$. Infatti, in tal caso si avrebbe:

$$\frac{v(h,t_0) - v(0,t_0)}{h} > \frac{w(h,t_0) - w(0,t_0)}{h}$$

e passando al limite per $h \to 0^+$ risulterebbe

$$v_x(0,t_0) \geq w_x(0,t_0) > 0.$$

Scegliamo come intorno di $(0,t_0)$ il rettangolo

$$Q = \left(0, \frac{1}{2}\right) \times \left(\frac{t_0}{2}, t_0\right).$$

Osserviamo che la funzione

$$z(x,t) = \frac{e^x - 1}{e}$$

si annulla per $x = 0$. Inoltre, in Q si ha

$$0 \leq z \leq \frac{\sqrt{e} - 1}{e} \equiv a,$$

$$z_x(0, t_0) = \frac{1}{e} > 0,$$

$$z_{xx} = e^{x-1} > 0.$$

Sia m_0 (> 0) il minimo di v sui lati $x = 1/2$ e $t = t_0/2$ di ∂Q. Poniamo

$$w(x) = \frac{a}{m_0} z(x).$$

Allora w è sottosoluzione nonnegativa dell'equazione di diffusione, minore di v sulla frontiera parabolica di Q, si annulla per $x = 0$ e $w_x(0, t_0) = \frac{a}{m_0}\frac{1}{e} > 0$. Abbiamo trovato w con le caratteristiche desiderate.

b) Proviamo che $\min_{[0,1]} g = \min_{\overline{S}} u$. Il caso del massimo è analogo. Supponiamo che $\min_{[0,1]} g > \min_{\overline{S}_T} u$. Allora, per il principio di massimo, il minimo di u in $\overline{S}_T$ deve essere assunto in uno o più punti sui lati di S_T. Se $(0, t_0)$ oppure $(1, t_0)$, con $0 < t_0 \leq T$, è il punto di minimo con coordinata t minima, allora, per il punto a) dovrebbe avere derivata spaziale non nulla; ma questo contraddice le condizioni omogenee di Neumann.

Infine, l'unicità della soluzione del problema di Neumann segue dal fatto che la differenza tra due soluzioni con gli stessi dati avrebbe dato iniziale nullo.

2.3. Applicazioni del concetto di soluzione fondamentale

Problema 2.13. (Sorgente puntiforme, non istantanea). *Una sostanza inquinante di concentrazione $u = u(x, t)$ (massa per unità di lunghezza) diffonde, con coefficiente di diffusione D, lungo un canale stretto (l'asse x). In $x = 0$ è presente una sorgente di inquinante di intensità $q = q(t)$ (massa al secondo per unità di lunghezza) dove*

$$q(t) = \begin{cases} Q & 0 < t < T \\ 0 & t > T. \end{cases}$$

Determinare la concentrazione di inquinante nel punto $x = 0$, al tempo t, e il suo andamento asintotico per $t \to \infty$.

Soluzione

Per $t < 0$ la concentrazione è nulla; per $t > s$, ricordiamo che $\Gamma_D(0, t - s)$ rappresenta la concentrazione in $x = 0$, al tempo t, dovuta ad una sorgente di intensità unitaria situata in $x = 0$ all'istante $t = s$. Se la sorgente al tempo $t = s$ ha intensità $q(s)$, il suo contributo alla concentrazione in $x = 0$, al tempo t è

$$\Gamma_D(0, t - s)q(s) = \begin{cases} 0 & t < s \\ \dfrac{1}{\sqrt{4\pi D(t - s)}} q(s) & t > s. \end{cases}$$

La somma dei contributi al variare di $s < t$ dà

$$u(0, t) = \int_0^{+\infty} \Gamma_D(0, t - s)q(s)\, ds.$$

Di conseguenza, se $t < T$,

$$u(0, t) = \int_0^t Q\Gamma_D(0, t - s)\, ds = \frac{Q}{\sqrt{4\pi D}} \int_0^t \frac{1}{\sqrt{t - s}}\, ds = \frac{Q}{\sqrt{\pi D}} \sqrt{t},$$

mentre, se $t > T$,

$$u(0, t) = \int_0^T \Gamma_D(0, t - s)\, ds = \frac{Q}{\sqrt{4\pi D}} \int_0^T \frac{1}{\sqrt{t - s}}\, ds = \frac{Q}{\sqrt{\pi D}}[\sqrt{t} - \sqrt{t - T}].$$

Per $t \to \infty$, si ha:

$$u(0, t) = \frac{Q}{\sqrt{\pi D}}[\sqrt{t} - \sqrt{t - T}] = \frac{Q}{\sqrt{\pi D}} \frac{T}{\sqrt{t} + \sqrt{t - T}} \sim \frac{2QT}{\sqrt{\pi D}} \frac{1}{\sqrt{t}}.$$

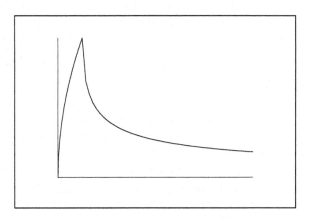

Figura 5. Andamento della concentrazione $u(0, t)$ nel problema 2.13.

Problema 2.14. (La funzione errore). *Trovare tutte le soluzioni dell'equazione* $u_t(x, t) - Du_{xx}(x, t) = 0$ *aventi la forma*

$$u(x, t) = v\left(\frac{x}{\sqrt{t}}\right).$$

Utilizzare il risultato per ritrovare la funzione $\Gamma_D(x, t)$.

Soluzione

Si tratta di sostituire nell'equazione. Per comodità di notazione, poniamo

$$\xi = \frac{x}{\sqrt{t}} \quad \text{da cui si ottiene} \quad \frac{\partial \xi}{\partial t} = -\frac{x}{2t\sqrt{t}}, \quad \frac{\partial \xi}{\partial x} = \frac{1}{\sqrt{t}}, \quad \frac{\partial^2 \xi}{\partial x^2} = 0.$$

Abbiamo perciò:

$$u_t(x, t) = -\frac{x}{2t\sqrt{t}} v'(\xi), \qquad u_x(x, t) = \frac{1}{\sqrt{t}} v'(\xi), \quad u_{xx}(x, t) = \frac{1}{t} v''(\xi)$$

e quindi deve essere

$$-\frac{x}{2t\sqrt{t}}v'(\xi) - D\frac{1}{t}v''(\xi) = 0,$$

cioè

$$\frac{\xi}{2D}v'(\xi) + v''(\xi) = 0.$$

Questa è un'equazione ordinaria lineare, del prim'ordine rispetto all'incognita v', che fornisce

$$v'(\xi) = C\exp\left(-\frac{\xi^2}{2D}\right),$$

da cui, integrando ulteriormente,

$$v(\xi) = C_1 + C_2\int\exp\left(-\frac{\xi^2}{2D}\right) = C_1 + C_2\int_0^{\frac{\xi}{\sqrt{4D}}} e^{-z^2}\,dz.$$

Definiamo[7]

$$\mathrm{erf}(x) = \frac{2}{\sqrt{\pi}}\int_0^x e^{-z^2}\,dz \qquad \text{(funzione degli errori di Gauss)},$$

e così possiamo scrivere

$$u(x,t) = C_1 + C_2\,\mathrm{erf}\left(\frac{x}{\sqrt{4Dt}}\right).$$

Ponendo $C_2 = \frac{1}{\pi}$ si ha

$$\Gamma_D(x,t) = u_x(x,t).$$

Nota. La funzione errore è invariante rispetto al cambio di variabili (dilatazioni paraboliche) $x \mapsto \lambda x$, $t \mapsto \lambda^2 t$; queste soluzioni si dicono *autosimili* (*selfsimilar solution*) e sono molto utili quando anche il dominio ed i dati sono invarianti per dilatazioni paraboliche (si veda l'Esercizio 3.11).

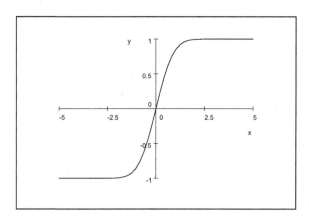

Figura 6. La funzione erf (x).

---

[7] *erf* sta per *error function*.

Problema 2.15. (Barriere assorbenti e condizioni di Dirichlet; metodo delle immagini). *Consideriamo la passeggiata aleatoria simmetrica[a] unidimensionale di una particella di massa unitaria, inizialmente nell'origine. Siano h e τ, i passi spaziale e temporale, rispettivamente, e sia $p = p(x, t)$ la probabilità di transizione[b]. Supponiamo che una barriera assorbente sia posta in $L = \overline{m}h > 0$. Con ciò si intende che, se la particella si trova in $L - h$ al tempo t e si muove verso destra, al tempo $t + \tau$ viene assorbita e si ferma in L. Si chiede:*

a) Quale problema risolve $p = p(x, t)$ quando si passa al limite per $h, \tau \to 0$, mantenendo $h^2 / \tau = 1$?

b) Trovare l'espressione analitica di p.

c) Mostrare che, nel moto limite, la particella raggiunge L in tempo finito con probabilità 1; osservare, in particolare, che, per $t > 0$,

$$\int_{-\infty}^{L} p(x, t)\, dx < 1.$$

---

[a][S], Capitolo 2.
[b]Ossia la probabilità che la particella si trovi in x al tempo t.

Soluzione

a) Trattandosi di una passeggiata simmetrica, la densità limite p è soluzione dell'equazione

$$p_t - \frac{1}{2}p_{xx} = 0$$

per $x < L$ e $t > 0$; poichè parte dall'origine, si ha

$$p(x, 0) = \delta$$

in $(-\infty, L)$. Per analizzare che cosa succede in $x = L$, usiamo la condizione di assorbimento, in base alla quale, la particella che si trova in $L - h$ al tempo $t + \tau$ può provenire solo dal punto $L - 2h$ con probabilità $1/2$. Dal teorema delle probabilità totali, abbiamo dunque,

(22)
$$p(L - h, t + \tau) = \frac{1}{2}p(L - 2h, t).$$

Se passiamo al limite per $h, \tau \to 0$, troviamo che deve essere

$$p(L, t) = 0$$

e cioè una *condizione di Dirichlet omogenea*.

b) Per trovare $p(x, t)$, usiamo il **metodo delle immagini** che consiste, anzitutto, nel sistemare un'altra barriera assorbente nel punto $2L$, simmetrico dell'origine rispetto ad L. Sfruttando la linearità dell'equazione del calore, consideriamo la differenza delle soluzioni fondamentali con condizioni iniziali $\delta(x)$ e $\delta(x - 2L)$ rispettivamente:

(23)
$$p^A(x, t) = \Gamma(x, t) - \Gamma(x - 2L, t) = \Gamma(x, t) - \Gamma(2L - x, t).$$

La p^A così definita è precisamente la soluzione cercata, in quanto, per $-\infty < x < L$, si ha

$$p^A(x, 0) = \Gamma(x, 0) - \Gamma(2L - x, 0) = \delta$$

e

$$p^A(L, t) = \Gamma(L, t) - \Gamma(L, t) = 0.$$

c) Indichiamo con $X(t)$ la posizione della particella al tempo t e con T_L *il primo istante in cui la particella raggiunge il punto L*. T_L è una variabile aleatoria definita precisamente dalla formula

$$T_L = \inf_s \{X(s) = L\}.$$

Vogliamo mostrare che la probabilità dell'evento $\{T_L < \infty\}$ è uguale a 1. Ciò segue se facciamo vedere che

$$\text{Prob}\{T_L > t\} \to 0 \text{ se } t \to \infty.$$

Ora, l'evento $\{T_L > t\}$ si verifica se e solo se, al tempo t, la particella si trova nell'intervallo $(-\infty, L)$, (quindi, in particolare, non ha ancora raggiunto L). La probabilità di trovarsi nell'intervallo $(-\infty, L)$ è

$$
\begin{aligned}
\text{Prob}\{T_L > t\} &= \int_{-\infty}^{L} p^A(x, t)\, dx \\
&= \int_{-\infty}^{L} [\Gamma(x, t) - \Gamma(x - 2L, t)]\, dx \\
&= \frac{1}{\sqrt{2\pi t}} \int_{-\infty}^{L} [e^{-\frac{x^2}{2t}} - e^{-\frac{(x-2L)^2}{2t}}]\, dx \\
&= \frac{1}{\sqrt{2\pi t}} \int_{-L}^{L} e^{-\frac{x^2}{2t}}\, dx \\
(x &= \sqrt{2t}y) = \frac{1}{\sqrt{\pi}} \int_{-L/\sqrt{2t}}^{L/\sqrt{2t}} e^{-y^2}\, dy.
\end{aligned}
$$

Se ora $t \to \infty$,

$$\text{Prob}\{T_L > t\} \to 0.$$

Problema 2.16. (Problemi sulla semiretta; metodo di riflessione). *Sia* g : $[0, +\infty) \to \mathbf{R}$ *una funzione continua e limitata.*

a) *Trovare una formula per la soluzione del seguente problema*

$$\begin{cases} u_t(x,t) - Du_{xx}(x,t) = 0 & x > 0, t > 0 \\ u(x,0) = g(x) & x > 0 \\ u(0,t) = 0 & t > 0, \end{cases}$$

estendendo il dato iniziale in modo dispari ed usando la formula per il problema di Cauchy globale.

b) *Trovare una formula per la soluzione del problema*

$$\begin{cases} u_t(x,t) - Du_{xx}(x,t) = 0 & x > 0, t > 0 \\ u(x,0) = g(x) & x > 0 \\ u_x(0,t) = 0 & t > 0 \end{cases}$$

estendendo il dato iniziale in modo pari ed usando la formula per il problema di Cauchy globale.

c) *Mostrare che le formule trovate danno l'unica soluzione limitata dei due problemi.*

Soluzione

a) In questo caso estendiamo g in modo dispari, ponendo

$$\tilde{g}(x) = \begin{cases} g(x) & x \geq 0 \\ -g(-x) & x \leq 0 \end{cases} \qquad \text{(riflessione dispari)}.$$

Si osservi che la funzione così definita è continua su $\mathbf{R}$ solo se $g(0) = 0$. Consideriamo il problema di Cauchy globale

$$\begin{cases} u_t(x,t) - Du_{xx}(x,t) = 0 & x \in \mathbf{R}, t > 0 \\ u(x,0) = \tilde{g}(x) & x \in \mathbf{R}. \end{cases}$$

La soluzione risulta essere, per ogni $x \in \mathbf{R}$ e $t > 0$,

$$\begin{aligned} \tilde{u}(x,t) &= \int_R \Gamma_D(x-y,t)\tilde{g}(y)\,dy \\ &= \int_0^{+\infty} \Gamma_D(x-y,t)g(y)\,dy - \int_{-\infty}^0 \Gamma_D(x-y,t)g(-y)\,dy \\ &= \int_0^{+\infty} \Gamma_D(x-y,t)g(y)\,dy - \int_0^{+\infty} \Gamma_D(x+y,t)g(y)\,dy \end{aligned}$$

dove nell'ultimo integrale abbiamo scritto y al posto di $-y$ e scambiato gli estremi di integrazione. Sia ora $u(x,t)$ la restrizione della funzione $\tilde{u}$ sul primo quadrante. Dal calcolo precedente si ottiene

$$(24) \qquad u(x,t) = \int_0^{+\infty} [\Gamma_D(x-y,t) - \Gamma_D(x+y,t)]\,g(y)\,dy.$$

• *Analisi della* (24). Chiaramente u è limitata e risolve l'equazione del calore nel quadrante $x > 0$, $t > 0$. Inoltre, essendo Γ_D una funzione pari rispetto alla variabile spaziale, si ha[8]

$$u(0,t) = \int_0^{+\infty} \left[\Gamma_D(-y,t) - \Gamma_D(y,t)\right] g(y)\, dy = 0 \qquad \text{per ogni } t > 0.$$

Quindi u soddisfa anche la condizione di Dirichlet sulla semiretta $x = 0$. Ponendo

$$g^+(x) = \begin{cases} g(x) & x \geq 0 \\ 0 & x < 0 \end{cases} \quad \text{e } g^-(x) = \begin{cases} 0 & x \geq 0 \\ g(-x) & x < 0 \end{cases}$$

si può scrivere

$$u(x,t) = u^+(x,t) - u^-(x,t) \equiv \int_{-\infty}^{+\infty} \Gamma_D(x-y,t) g^+(y)\, dy - \int_{-\infty}^{+\infty} \Gamma_D(x-y,t) g^-(y)\, dy.$$

Ne segue subito che, per ogni $x_0 > 0$, se $(x,t) \to (x_0, 0)$ si ha

$$u^+(x,t) \to g(x_0), \text{ e } u^-(x,t) \to 0,$$

essendo g continua in x_0. Dunque u è continua nella chiusura del quadrante, *tranne* eventualmente l'origine e in particolare $u(x,0) = g(x)$, $x > 0$. La continuità nell'origine si ha se e solo se $g(0) = 0$. Infatti, solo in questo caso, entrambe g^+ e g^- sono continue in $x = 0$.

b) La strategia è perfettamente analoga a quella del punto precedente. Estendiamo però g in modo pari, ponendo

$$\tilde{g}(x) = \begin{cases} g(x) & x \geq 0 \\ g(-x) & x \leq 0 \end{cases} \qquad \text{(riflessione pari)}.$$

e consideriamo il problema di Cauchy globale con dato $\tilde{g}$. La soluzione è data da

$$\begin{aligned} \tilde{u}(x,t) &= \int_R \Gamma_D(x-y,t)\tilde{g}(y)\, dy = \\ &= \int_0^{+\infty} \Gamma_D(x-y,t)g(y)\, dy + \int_{-\infty}^0 \Gamma_D(x-y,t)g(-y)\, dy = \\ &= \int_0^{+\infty} \Gamma_D(x-y,t)g(y)\, dy + \int_0^{+\infty} \Gamma_D(x+y,t)g(y)\, dy. \end{aligned}$$

Indichiamo con $u(x,t)$ la restrizione della funzione $\tilde{u}$ sul primo quadrante. Si ottiene

(25) $$u(x,t) = \int_0^{+\infty} \left[\Gamma_D(x-y,t) + \Gamma_D(x+y,t)\right] g(y)\, dy.$$

• *Analisi della* (25). Come prima, u è limitata e risolve l'equazione del calore nel quadrante $x > 0, t > 0$. Osserviamo che $\tilde{g}$ è continua anche in $x = 0$, per cui u assume con continuità il dato di Cauchy su tutta la semiretta $x \geq 0$. Per controllare la condizione di Neumann, dobbiamo calcolare $u_x(0,t)$. Osserviamo che

$$\partial_x \Gamma_D(x \pm y, t) = \partial_x \frac{1}{\sqrt{4\pi D t}} \exp\left(-\frac{(x \pm y)^2}{4Dt}\right) = -\frac{x \pm y}{2Dt} \Gamma_D(x \pm y, t)$$

---

[8]Non ci sono problemi nel passare al limite per $x \to 0^+$, quando $t > 0$.

e quindi, calcolando in $x = 0$,

$$\partial_x \Gamma_D(\pm y, t) = \mp \frac{y}{2Dt} \Gamma_D(y, t).$$

Ora, per $t > 0$ si può derivare sotto il segno di integrale, ottenendo

$$
\begin{aligned}
u_x(0, t) &= \int_0^{+\infty} [\partial_x \Gamma_D(-y, t) + \partial_x \Gamma_D(y, t)] g(y)\, dy \\
&= \int_0^{+\infty} \frac{y}{2Dt} [\Gamma_D(y, t) - \Gamma_D(y, t)] g(y)\, dy \\
&= 0.
\end{aligned}
$$

c) Se esistessero due soluzioni limitate, il procedimento di riflessione produrrebbe due soluzioni limitate dello stesso problema di Dirichlet globale, in contraddizione con la teoria generale.

Nota. Le funzioni

$$\Gamma_D^-(x, y, t) = \Gamma_D(x - y, t) - \Gamma_D(x + y, t)$$

e

$$\Gamma_D^+(x, y, t) = \Gamma_D(x - y, t) + \Gamma_D(x + y, t)$$

si dicono *soluzioni fondamentali per i problemi di Cauchy–Dirichlet e di Cauchy–Neumann per il quadrante $t > 0$, $x > 0$*.

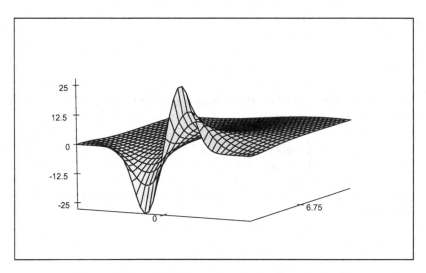

Figura 7. $\Gamma_{1/4}^-(x, t)\, \Gamma =_{1/4}(x - 1, t) - \Gamma_{1/4}(x + 1, t)$.

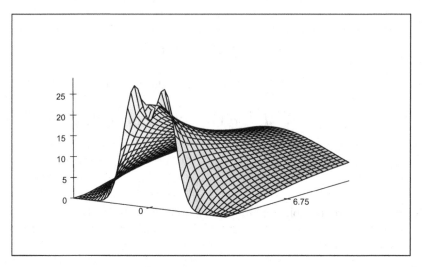

Figura 8. $\Gamma_{1/4}^+ = \Gamma_{1/4}(x-1,t) + \Gamma_{1/4}(x+1,t)$.

Problema 2.17. (Metodo di riflessione per un intervallo finito). *Adattando il metodo di riflessione usato nel punto b) del problema precedente, dedurre una formula per la soluzione del problema.*

(26)
$$
\begin{cases}
u_t - Du_{xx} = 0 & 0 < x < L,\, t > 0 \\
u_x(x,0) = g(x) & 0 \le x \le L \\
u_x(0,y,t) = u_x(1,y,t) = 0 & t > 0
\end{cases}
$$

dove g è continua in $[0,L]$.

Soluzione

Date le condizioni omogenee di Neumann prolunghiamo prima g in modo pari sull'intervallo $[-L, L]$, ponendo

$$
\tilde{g}(x) = \begin{cases} g(x) & 0 \le x \le L \\ g(-x) & -L \le x < 0 \end{cases} \qquad \text{(riflessione pari)}.
$$

Estendiamo poi $\tilde{g}$ a tutto $\mathbf{R}$ ponendola uguale a zero fuori dall'intervallo $[-L, L]$; infine, definiamo

$$
g^*(x) = \sum_{n=-\infty}^{+\infty} \tilde{g}(x - 2nL).
$$

La g^* è continua, periodica di periodo $2L$ e coincide con $\tilde{g}$ su $[-L, L]$. Si noti che, per ogni x, solo un addendo della serie è non nullo. Risolviamo ora il problema di

Cauchy-Dirichlet globale con dato iniziale g^* mediante la formula

(27)
$$u(x,t) = \int_{-\infty}^{+\infty} \Gamma_D(x-y,t)\,g^*(y)\,dy$$

$$= \sum_{n=-\infty}^{+\infty} \int_{-\infty}^{+\infty} \Gamma_D(x-y,t)\,\widetilde{g}(y-2nL)\,dy.$$

Ricordando che $\widetilde{g}(y-2nL)$ è nulla fuori dall'intervallo $(2n-1)L \le y \le (2n+1)L$, si può scrivere

$$u(x,t) = \sum_{n=-\infty}^{+\infty} \int_{(2n-1)L}^{(2n+1)L} \Gamma_D(x-y,t)\,\widetilde{g}(y-2nL)\,dy \underset{(y-2nL)\longrightarrow y}{=}$$

$$= \sum_{n=-\infty}^{+\infty} \int_{-L}^{L} \Gamma_D(x-y-2nL,t)\,\widetilde{g}(y)\,dy$$

$$= \sum_{n=-\infty}^{+\infty} \int_{0}^{L} [\Gamma_D(x-y-2nL,t)+\Gamma_D(x+y-2nL,t)]g(y)\,dy$$

$$\equiv \int_{0}^{L} N_D(x,y,t)\,g(y)\,dy$$

dove

$$N_D(x,y,t) = \sum_{n=-\infty}^{+\infty} [\Gamma_D(x-y-2nL,t)+\Gamma_D(x+y-2nL,t)].$$

La restrizione di u all'intervallo $[0,L]$ è la soluzione di (26). Controlliamo.

Dato iniziale. Dalla formula (27), u certamente è soluzione dell'equazione di diffusione   inoltre, essendo g^* continua, si ricava subito che, se $x_0 \in [0,L]$,

$$u(x,t) \to g^*(x_0) = g(x_0), \text{ se } (x,t) \to (x_0,0).$$

Calcoliamo il flusso in $x=0$; per $t>0$ si può derivare sotto il segno di integrale, per cui è sufficiente verificare le condizioni di flusso sul *nucleo* N_D; si trova:

$$\partial_x N_D(0,y,t) =$$

$$= \frac{1}{2Dt} \sum_{n=-\infty}^{+\infty} [(-y-2nL)\Gamma_D(y+2nL,t)+(y-2nL)\Gamma_D(y-2nL,t)]$$

$$= \frac{1}{2Dt} \sum_{n=-\infty}^{+\infty} [-(y+2nL)\Gamma_D(y+2nL,t)+(y+2nL)\Gamma_D(y+2nL,t)]$$

$$= 0.$$

Per il flusso in $x=L$, si trova, cambiando opportunamente gli indici di sommatoria:

$$\partial_x N_D(L,y,t) =$$

$$= \frac{1}{2Dt} \sum_{n=-\infty}^{+\infty} (L - y - 2nL) \, \Gamma_D (L - y - 2nL, t)$$

$$+ \frac{1}{2Dt} \sum_{n=-\infty}^{+\infty} (L + y - 2nL) \, \Gamma_D (L + y - 2nL, t)$$

$$= 0$$

per la simmetria di Γ_D. Le condizioni di Neumann sono dunque verificate.

Nota. La funzione $N_D = N_D(x, y, t)$ si chiama *soluzione fondamentale con condizioni di Neumann, per l'intervallo* $[0, L]$. Incidentalmente, poiché la soluzione corrispondente al dato iniziale $g(x) = 1$ è $u(x, t) = 1$, si deduce che

$$1 = \int_0^L N_D(x, y, t) dy.$$

In particolare, se $|g(x)| \leq \varepsilon$, si deduce $|u(x, t)| \leq \varepsilon$, mostrando un'idilliaca dipendenza continua di u dal dato iniziale.

Problema 2.18. (Principio di Duhamel). *Consideriamo il problema di Cauchy–Neumann*

(28)
$$\begin{cases} u_t(x, t) - Du_{xx}(x, t) = f(x, t) & 0 < x < L, \, t > 0 \\ u(x, 0) = 0 & 0 \leq x \leq L \\ u_x(0, t) = u_x(L, t) = 0 & t > 0. \end{cases}$$

Sia f continua per $0 \leq x \leq L$, $t \geq 0$. Mostrare che, se $v(x, t; \tau)$, con $t \geq \tau \geq 0$, è la soluzione di

(29)
$$\begin{cases} v_t(x, t; \tau) - Dv_{xx}(x, t; \tau) = 0 & 0 < x < L, \, t > \tau \\ v(x, \tau; \tau) = f(x, \tau) & 0 \leq x \leq L \\ v_x(0, t; \tau) = v_x(L, t; \tau) = 0 & t > 0 \end{cases}$$

allora la soluzione di (28) è data da

$$u(x, t) = \int_0^t v(x, t; \tau) \, d\tau.$$

Dare una formula esplicita ed esaminare la dipendenza continua di u da f.

Soluzione

Poiché f è continua per $0 \leq x \leq L$, $t \geq 0$, dal problema precedente si deduce che la soluzione del problema (29) è per ogni τ, $0 \leq \tau \leq t$,

$$v(x, t; \tau) = \int_0^L N_D(x, y, t - \tau) f(y, \tau) \, dy$$

ed è continua nello stesso insieme. In tal caso si ha, per ogni $0 < x < L$, $t > 0$:

$$u_t(x,t) = v(x,t,t) + \int_0^t v_t(x,t;\tau)\,d\tau = f(x,t) + \int_0^t v_t(x,t;\tau)\,d\tau$$

$$u_{xx}(x,t) = \int_0^t v_{xx}(x,t;\tau)\,d\tau.$$

Quindi

$$u_t - Du_{xx} = f(x,t) \qquad 0 < x < L,\, t > 0$$

e inoltre $u(x,0) = 0$. Concludiamo che u è soluzione di (28). Una formula esplicita per u è la seguente:

$$u(x,t) = \int_0^t v(x,t;\tau)\,d\tau = \int_0^t \int_0^L N_D(x,y,t-\tau)\,f(y,\tau)\,dy\,d\tau.$$

Una formula alternativa segue dal metodo di separazione delle variabili. Infatti, per $v(x,t;\tau)$ si trova la formula

$$v(x,t;\tau) = \frac{f_0(\tau)}{2} + \sum_{k=1}^{\infty} f_k(\tau)\, e^{-n^2\pi^2(t-\tau)/L} \cos\left(\frac{k\pi}{L}x\right)$$

dove

$$f_0(\tau) = \frac{2}{L}\int_0^L f(y,\tau)\,dy,$$

$$f_k(\tau) = \frac{2}{L}\int_0^L f(y,\tau)\cos\left(\frac{k\pi}{L}x\right)\,dy,$$

da cui

$$u(x,t) = \frac{1}{2}\int_0^t f_0(\tau)\,d\tau + \sum_{k=1}^{\infty} \cos\left(\frac{k\pi}{L}x\right)\int_0^t f_k(\tau)\, e^{-n^2\pi^2(t-\tau)/L}d\tau.$$

• *Dipendenza continua.* Si noti che, essendo

$$\int_0^L N_D(x,y,t-\tau)\,dy = 1$$

per $t > \tau$, se

$$|f(y,\tau)| \le \varepsilon$$

per

$$0 \le \tau \le T, 0 \le y \le L,$$

si ha:

$$|u(x,t)| \le \int_0^t \int_0^L N_D(x,y,t-\tau)\,|f(y,\tau)|\,dy\,d\tau \le T\varepsilon$$

che mostra dipendenza continua su intervalli di tempo *finiti*.

Problema 2.19*. *Sia g limitata^a ($|g(x)| \leq M$ per ogni $x \in \mathbf{R}$) e*

$$u(x,t) = \int_{\mathbf{R}} \Gamma_D(x-y,t)\, g(y)\, dy.$$

Mostrare che, se g è continua in x_0, allora $u(x,t) \to g(x_0)$ per $(x,t) \to (x_0, 0)$.

^{a}Basta, in realtà, che esistano due numeri C ed A tali che$|g(x)| \leq Ce^{Ax^2}$.

Soluzione

Ricordiamo che $\int_{\mathbf{R}} \Gamma_D(x-y,t)\, dy = 1$, per ogni $t > 0$, $x \in \mathbf{R}$. Possiamo perciò scrivere

(30)
$$u(x,t) - g(x_0) = \int_{\mathbf{R}} \Gamma_D(x-y,t)\,[g(y) - g(x_0)]dy.$$

Fissato $\varepsilon > 0$, sia δ_ε tale che, se $|y - x_0| \leq 2\delta_\varepsilon$ allora

$$|g(y) - g(x_0)| < \varepsilon.$$

Scriviamo ora:

$$\int_{\mathbf{R}} \Gamma_D(x-y,t)\,[g(y)-g(x_0)]dy = \int_{\{|y-x_0| \leq 2\delta_\varepsilon\}} \cdots\, dy + \int_{\{|y-x_0| > 2\delta_\varepsilon\}} \cdots\, dy.$$

Abbiamo:

$$\left| \int_{\{|y-x_0| \leq 2\delta_\varepsilon\}} \cdots\, dy \right| \leq \int_{\{|y-x_0| \leq 2\delta_\varepsilon\}} \Gamma_D(x-y,t)\, \underbrace{|g(y) - g(x_0)|}_{\leq \varepsilon} dy \leq \varepsilon.$$

Per il secondo integrale, osserviamo che, se $|x - x_0| \leq \delta_\varepsilon$ e $|y - x_0| > 2\delta_\varepsilon$, allora $|x - y| > \delta_\varepsilon$; dunque, se $|x - x_0| \leq \delta_\varepsilon$ si può scrivere:

$$\left| \int_{\{|y-x_0| > 2\delta_\varepsilon\}} \cdots\, dy \right| \leq \int_{\{|y-x| > \delta_\varepsilon\}} \Gamma_D(x-y,t)\, \underbrace{|g(y) - g(x_0)|}_{\leq 2M} dy$$

$$\leq \frac{2M}{\sqrt{4\pi Dt}} \int_{\{|y-x| > \delta_\varepsilon\}} e^{-\frac{(x-y)^2}{4Dt}}\, dy = \left(y - x = z\sqrt{4\pi Dt} \right)$$

$$\leq \frac{1}{\sqrt{\pi}} \int_{\frac{\delta_\varepsilon}{\sqrt{4\pi Dt}}}^{+\infty} e^{-z^2}\, dz \to 0 \quad \text{per } t \downarrow 0.$$

Concludiamo che, se $|x - x_0| \leq \delta_\varepsilon$ e $t > 0$ è sufficientemente piccolo,

$$|u(x,t) - g(x_0)| \leq 2\varepsilon$$

che è quello che si voleva dimostrare.

2.4. Uso delle trasformate di Fourier e Laplace

Problema 2.20. (Trasformata di Fourier e soluzione fondamentale).
   a) *Usando la trasformata di Fourier rispetto ad x, ritrovare la formula per la soluzione del problema di Cauchy globale*

$$\begin{cases} u_t - D u_{xx} = f(x,t) & -\infty < x < \infty, \ t > 0 \\ u(x,0) = g(x) & -\infty < x < \infty. \end{cases}$$

   b) *Sotto l'ipotesi che g ed f siano funzioni in $L^2(\mathbf{R})$ e $L^2(\mathbf{R}^2)$, rispettivamente, precisare il significato della condizione iniziale.*

Soluzione

Definiamo $\widehat{u}(\xi,t) = \int_{\mathbf{R}} u(x,t) e^{-ix\xi} d\xi$, trasformata di Fourier parziale di u. Allora $\widehat{u}$ soddisfa (formalmente) il problema di Cauchy

$$\begin{cases} \widehat{u}_t + D\xi^2 \widehat{u} = \widehat{f}(\xi,t) & t > 0 \\ \widehat{u}(\xi,0) = \widehat{g}(\xi) \end{cases}$$

$\xi \in \mathbf{R}$, dove $\widehat{f}$ è la trasformata di Fourier parziale di f. Si trova dunque

$$\widehat{u}(\xi,t) = \widehat{g}(\xi) e^{-D\xi^2 t} + \int_0^t e^{-D\xi^2(t-s)} \widehat{f}(\xi,s)\, ds \equiv \widehat{u}_1(\xi,t) + \widehat{u}_2(\xi,t).$$

Ricordiamo ora che l'antitrasformata dell'esponenziale $e^{-D\xi^2 t}$ è $\Gamma_D(x,t)$ e che l'antitrasformata di un prodotto è la convoluzione delle antitrasformate; si ottiene perciò:

$$\begin{aligned} u(x,t) &= \int_{\mathbf{R}} \Gamma_D(x-y,t) g(y)\, dy + \int_0^t \int_{\mathbf{R}} \Gamma_D(x-y,t-s) f(y,s)\, ds \\ &\equiv u_1(x,t) + u_2(x,t). \end{aligned}$$

• *Analisi della condizione iniziale.* Abbiamo proceduto formalmente; se g ed f sono funzioni, per esempio, in $L^2(\mathbf{R})$ e $L^2(\mathbf{R}^2)$, le operazioni effettuate sono lecite ed il dato iniziale $u(x,0)$ è assunto "in senso L^2", cioè

$$\lim_{t \downarrow 0} \int_{\mathbf{R}} [u(x,t) - g(x)]^2 dx = 0.$$

Infatti, per l'identità di Parseval, si ha

$$\begin{aligned} \int_{\mathbf{R}} [u(x,t) - g(x)]^2 dx &= \int_{\mathbf{R}} [\widehat{u}(\xi,t) - \widehat{g}(\xi)]^2 d\xi \\ &\leq \int_{\mathbf{R}} |\widehat{u}_1(\xi,t) - \widehat{g}(\xi)|^2 d\xi + \int_{\mathbf{R}} |\widehat{u}_2(\xi,t)|^2 d\xi. \end{aligned}$$

Ora, per ogni $K > 0$, fissato, si può scrivere:

$$\begin{aligned} \int_{\mathbf{R}} |\widehat{u}_1(\xi,t) - \widehat{g}(\xi)|^2 d\xi &= \int_{\mathbf{R}} \left| e^{-D\xi^2 t} - 1 \right|^2 |\widehat{g}(\xi)|^2 d\xi \\ &= \int_{|\xi|>K} \cdots d\xi + \int_{|\xi|<K} \cdots d\xi \equiv I_1 + I_2. \end{aligned}$$

Per il primo integrale si ha, essendo $\left|e^{-D\xi^2 t} - 1\right|^2 \le 4$:

$$I_1 \le 4 \int_{|\xi|>K} |\widehat{g}(\xi)|^2 \, d\xi \le \varepsilon$$

se scegliamo $K = K_0$ abbastanza grande. Per il secondo, una volta fissato $K = K_0$, si può usare il teorema della convergenza dominata e concludere che, se $t < t_\varepsilon \to 0$, $I_2 < \varepsilon$. Pertanto $u_1(x,t) \to g(x)$ in $L^2(\mathbf{R})$ per $t \to 0$.

Analogamente, essendo $e^{-D\xi^2(t-s)} \le 1$ se $0 < s < t$, e, per la disuguaglianza di Schwarz,

$$\left(\int_0^t \left|\widehat{f}(\xi,s)\right| ds\right)^2 \le t \int_0^t \left|\widehat{f}(\xi,s)\right|^2 ds,$$

si può scrivere

$$\int_{\mathbf{R}} |\widehat{u}_2(\xi,t)|^2 \, d\xi = \int_{\mathbf{R}} \left|\int_0^t e^{-D\xi^2(t-s)} \widehat{f}(\xi,s) \, ds\right|^2 d\xi$$

$$\le t \int_{\mathbf{R}} \int_0^t \left|\widehat{f}(\xi,s)\right|^2 ds \, d\xi$$

e quindi $u_2(x,t) \to 0$ in $L^2(\mathbf{R})$ per $t \to 0$.

Problema 2.21. (Condizioni di Dirichlet sulla semiretta).

a) *Usando la trasformata-seno di Fourier, trovare una formula per una soluzione limitata del problema*

(31)
$$\begin{cases} u_t(x,t) - u_{xx}(x,t) = 0 & x > 0, \, t > 0 \\ u(x,0) = 0 & x \ge 0 \\ u(0,t) = g(t) & t > 0, \end{cases}$$

dove g è continua, limitata e in $L^2(0,\infty)$. Mostrare che è l'unica soluzione con le proprietà indicate.

b) *Provare che, senza la condizione $g \in L^2(0,\infty)$, il problema (31) non ha, in generale, soluzione unica. (Le funzioni*

$$w_1(x,t) = e^x \cos(2t + x) \quad e \quad w_2(x,t) = e^{-x} \cos(2t - x)$$

possono essere utili).

Soluzione

a) La *trasformata-seno* di Fourier rispetto a x è definita da:

$$S(u)(\xi,t) = U(\xi,t) = \frac{2}{\pi} \int_0^\infty u(x,t) \sin(\xi x) \, dx.$$

Si noti che U è una funzione dispari di ξ. Ricordando la formula

$$S(u_{xx})(\xi,t) = \frac{2}{\pi}\xi u(0,t) - \xi^2 U(\xi,t),$$

si deduce che U è soluzione del problema

$$\begin{cases} U_t(\xi,t) + \xi^2 U(\xi,t) = \frac{2}{\pi}\xi g(t) & \xi > 0,\, t > 0 \\ U(\xi,0) = 0 & \xi \geq 0. \end{cases}$$

Si trova

$$U(\xi,t) = \frac{2}{\pi}\xi \int_0^t e^{-\xi^2(t-s)} g(s)\, ds.$$

Eseguendo la trasformata inversa, si ha:

$$\begin{aligned} u(x,t) &= \int_0^\infty U(\xi,t)\sin(\xi x)d\xi = \frac{1}{\pi}\int_0^t g(s)\left[\int_0^\infty 2\xi e^{-\xi^2(t-s)}\sin(\xi x)d\xi\right] ds \\ &= -\int_0^t \frac{g(s)}{\pi(t-s)}\left\{\left[\sin(\xi x)e^{-\xi^2(t-s)}d\xi\right]_0^\infty - x\int_0^\infty e^{-\xi^2(t-s)}\cos(\xi x)d\xi\right\} ds \\ &= \frac{x}{\pi}\int_0^t \frac{g(s)}{t-s}\left[\int_0^\infty e^{-\xi^2(t-s)}\cos(\xi x)d\xi\right] ds. \end{aligned}$$

Osserviamo che:

$$\int_0^\infty e^{-a\xi^2}\cos(\xi x)d\xi = \frac{1}{2}\int_{-\infty}^\infty e^{-a\xi^2 + i\xi x}d\xi = \sqrt{\frac{\pi}{4a}}e^{-\frac{x^2}{4a}}.$$

Sostituendo $a = t - s$, si trova, infine

$$(32) \qquad u(x,t) = \frac{x}{2\sqrt{\pi}}\int_0^t \frac{g(s)}{(t-s)^{3/2}}e^{-\frac{x^2}{4(t-s)}}\, ds.$$

• *Analisi della soluzione***. Occorre controllare che la (32) sia effettivamente soluzione limitata del nostro problema. Lasciamo al lettore la dimostrazione della limitatezza cominciamo col verificare che è soluzione dell'equazione differenziale nel quadrante $x > 0, t > 0$. Osserviamo che u si può riscrivere nella forma più significativa seguente:

$$u(x,t) = -2\int_0^t \Gamma_x(x,t-s)\, g(s)\, ds$$

dove

$$\Gamma(x,t) = \frac{1}{\sqrt{4\pi t}}\exp\left(-\frac{x^2}{4t}\right)$$

è la soluzione fondamentale per l'operatore $\partial_t - \partial_{xx}$. Il nucleo $\Gamma_x(x,t)$ è soluzione dell'equazione di diffusione nel quadrante $x > 0, t > 0$ e quindi, se è possibile la derivazione sotto il segno di integrale, anche u è soluzione nello stesso insieme. Poiché g è limitata, si può passare sotto il segno di integrale con le derivate rispetto ad x. Un pò più delicata è la derivazione rispetto a t. Abbiamo:

$$\frac{u(x,t+h) - u(x,h)}{h} = \frac{-2}{h}\left[\int_0^{t+h}\Gamma_x(x,t+h-s)\, g(s)\, ds - \int_0^t \Gamma_x(x,t-s)\, g(s)\, ds\right]$$

$$= \frac{-2}{h}\left[\int_0^t \left[\Gamma_x\left(x,t+h-s\right) - \Gamma_x\left(x,t-s\right)\right]g\left(s\right)ds + \int_t^{t+h}\Gamma_x\left(x,t+h-s\right)g\left(s\right)ds\right]$$

$$\equiv I_1 + I_2.$$

Fissiamo $x > 0$ ed osserviamo che, per ogni $b > 0$, la funzione

(33)
$$t \mapsto t^{-b}e^{-\frac{x^2}{4t}}$$

ha un massimo nel punto $t_0 = x^2/4b$. Ne segue che

$$\partial_t \Gamma_x\left(x,t\right) = \frac{x}{\sqrt{4\pi}}e^{-x^2/4t}\left(-\frac{3}{2}t^{-5/2} - \frac{x^2}{4}t^{-7/2}\right)$$

è limitata per cui, se $h \to 0$,

$$I_1 \to -2\int_0^t \partial_t \Gamma_x\left(x,t-s\right)g\left(s\right)ds.$$

D'altra parte,

$$\frac{1}{h}\int_t^{t+h}\Gamma_x\left(x,t+h-s\right)g\left(s\right)ds = \frac{1}{h}\int_0^h \Gamma_x\left(x,s\right)g\left(t+h-s\right)ds$$

e dato che, se $s \leq h \ll x^2$,

$$\Gamma_x\left(x,s\right) < C\frac{x}{\sqrt{4\pi}}h^{-3/2}e^{-x^2/4h},$$

deduciamo che $I_2 \to 0$, per $h \to 0$. Possiamo dunque concludere che

$$u_t - u_{xx} = -2\int_0^t (\partial_t - \partial_{xx})\Gamma_x\left(x,t-s\right)g\left(s\right)ds = 0.$$

Vediamo ora i dati iniziali e al bordo. Se $x_0 > 0$, è facile verificare, utilizzando la (33), che $u\left(x,t\right) \to 0$ se $(x,t) \to (x_0,0)$. Controlliamo ora il dato sulla semiretta $x = 0$, $t > 0$. Notiamo che, anzitutto,

$$\lim_{x\downarrow 0} -2\int_0^t \Gamma_x\left(x,t-s\right)ds = (z = x^2/4\left(t-s\right))$$

$$= \lim_{x\downarrow 0}\frac{1}{\sqrt{\pi}}\int_{x^2/4t}^{\infty} z^{-1/2}e^{-z}dz = \frac{1}{\sqrt{\pi}}\int_0^{\infty} z^{-1/2}e^{-z}dz$$

$$= \frac{1}{\sqrt{\pi}}\int_{-\infty}^{\infty} e^{-z^2}dz = 1.$$

Allora, per $\delta > 0$, $t_0 > 0$, fissati, abbiamo:

$$u\left(x,t\right) - g\left(t_0\right)\left[-2\int_0^t \Gamma_x\left(x,t-s\right)ds\right] =$$

$$= -2\int_0^{t-\delta}\Gamma_x\left(x,t-s\right)\left[g\left(t_0\right) - g\left(s\right)\right]ds - 2\int_{t-\delta}^t \Gamma_x\left(x,t-s\right)\left[g\left(t_0\right) - g\left(s\right)\right]ds.$$

Il primo integrale a destra tende a zero se $x \to 0$, data l'espressione analitica di Γ_x. Il secondo è più piccolo di 2ε, se δ e t sono scelti in modo che $|g\left(t_0\right) - g\left(s\right)| < \varepsilon$. Quindi, $u\left(x,t\right) \to g\left(t_0\right)$ se $(x,t) \to (0,t_0)$.

b) Osserviamo subito che le funzioni w_1 e w_2 sono soluzioni di $w_t - w_{xx} = 0$ (in tutto il piano x, t); inoltre

$$w_1(x, 0) = e^x \cos x, \quad w_1(0, t) = \cos 2t$$
$$w_1(x, 0) = e^{-x} \cos x, \quad w_1(0, t) = \cos 2t.$$

Modifichiamole in modo da avere dato iniziale nullo e lo stesso dato di Dirichlet su $x = 0$, $t > 0$. A questo scopo, ricordiamo dal Problema 2.16 che le funzioni[9]

$$(34) \qquad v_1(x, t) = \int_0^{+\infty} \Gamma^-(x, y, t)\, e^y \cos y\, dy$$

$$(35) \qquad v_2(x, t) = \int_0^{+\infty} \Gamma^-(x, y, t)\, e^{-y} \cos y\, dy$$

sono soluzioni di $v_t - v_{xx} = 0$ nel quadrante $x > 0, t > 0$, con dato laterale nullo e dato iniziale

$$v_1(x, 0) = e^x \cos x, \quad v_2(x, 0) = e^{-x} \cos x,$$

rispettivamente. Allora, le funzioni

$$u_1 = w_1 - v_1, \quad u_2 = w_2 - v_2$$

hanno dato iniziale nullo, dato di Dirichlet su $x = 0$ uguale a $\cos 2t$ ed è facile controllare che sono diverse (per esempio nel punto $\left(\frac{\pi}{2}, \frac{\pi}{2}\right)$). Il problema non ha dunque soluzione unica. Si noti che $g(t) = \cos 2t$ è di classe $C^\infty(\mathbf{R})$, è limitata ma *non è in* $L^2(\mathbf{R})$.

Problema 2.22. (*Coefficiente di reazione lineare*). *Mediante l'uso della trasformata di Fourier, risolvere il seguente problema:*

$$\begin{cases} u_t = u_{xx} + xu & x \in \mathbf{R},\, t > 0 \\ u(x, 0) = g(x) & x \in \mathbf{R} \end{cases}$$

dove g è continua e a quadrato sommabile in $\mathbf{R}$. Esaminare l'effetto del termine di reazione scegliendo $g(x) = \delta(x)$. Cambia qualcosa se il termine di reazione è $-xu$?

Soluzione

Sia

$$\widehat{u}(\xi, t) = \int_{\mathbf{R}} u(x, t)\, e^{-ix\xi} d\xi$$

la trasformata di Fourier parziale di u. Allora, ricordando che la trasformata di $xu(x, t)$ è $i\widehat{u}_\xi(\xi, t)$, $\widehat{u}$ soddisfa (formalmente) il problema di Cauchy.

$$\begin{cases} \widehat{u}_t - i\widehat{u}_\xi = -\xi^2 \widehat{u} & -\infty < \xi < \infty,\, t > 0 \\ \widehat{u}(\xi, 0) = \widehat{g}(\xi) & -\infty < \xi < \infty. \end{cases}$$

---

[9]Si veda la **nota** alla fine del Problema 2.16.

L'equazione differenziale è lineare non omogenea del prim'ordine e si puo risolvere col metodo delle caratteristiche, presentato nel Capitolo 3. Le curve caratteristiche, di equazioni parametriche

$$t = t(\tau), \xi = \xi(\tau), z = z(\tau)$$

sono soluzioni del sistema

$$\begin{cases} \dfrac{dt}{d\tau} = 1, & t(0) = 0 \\[2mm] \dfrac{d\xi}{d\tau} = -i, & \xi(0) = s \\[2mm] \dfrac{dz}{d\tau} = -\xi^2 z, & z(0) = \widehat{g}(s). \end{cases}$$

Dalle prime due, si trova $t = \tau$, $\xi = s - i\tau$. La terza dà

$$z(\tau, s) = \widehat{g}(s) e^{-s^2\tau - is\tau^2 + \frac{\tau^3}{3}}.$$

Eliminando i parametri s, τ, si trova

$$\widehat{u}(\xi, t) = \widehat{g}(\xi + i\tau) e^{-\xi^2 t - i\xi t^2 + \frac{t^3}{3}}$$

ed infine

$$u(x, t) = \frac{1}{2\pi} e^{\frac{t^3}{3}} \int_{\mathbf{R}} e^{i\xi(x-t^2)} e^{-\xi^2 t} \widehat{g}(\xi + it)\, d\xi.$$

Ricordiamo ora che $\widehat{g}(\xi + it)$ è la trasformata di

$$e^{xt} g(x),$$

mentre $e^{-\xi^2 t}$ è la trasformata di

$$\Gamma_1(x, t) = \frac{1}{\sqrt{4\pi t}} e^{-\frac{x^2}{4t}}.$$

Ne segue la formula

$$u(x, t) = \int_{\mathbf{R}} \Gamma_1(x - t^2 - y, t) e^{yt + \frac{t^3}{3}} g(y)\, dy.$$

Se $g(x) = \delta(x)$, abbiamo (figura **8**)

$$(36) \qquad u(x, t) = e^{\frac{t^3}{3}} \Gamma_1(x - t^2, t)$$

$$(37) \qquad = \frac{1}{\sqrt{4\pi t}} \exp\left\{ \frac{t^3}{3} - \frac{(x - t^2)^2}{4t} \right\}$$

$$\qquad = \frac{1}{\sqrt{4\pi t}} \exp\left\{ \frac{t^3}{12} - \frac{(x - 2t^2)x}{4t} \right\}.$$

Si vede quindi che, per $t \to \infty$, la soluzione diverge a $+\infty$ in ogni punto x. Il termine di reazione cancella quindi l'effetto di smorzamento dovuto alla diffusione. Se ci fosse $-x$ al posto di x non cambierebbe nulla: basta porre $y = -x$ e ci si riporta al caso precedente.

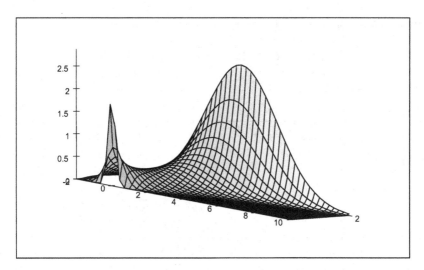

Figura 9. Effetto del termine di reazione xu: la soluzione (36) per $0 < x < 10$, $0.07 < t < 2$.

Problema 2.23. *La temperatura di una sbarra omogenea di lunghezza L e piccola sezione è nulla. Determinare una formula per la temperatura sapendo che*

$$u(0+,t) = \delta(t), \qquad u(L,t) = 0, \ t > 0,$$

dove $\delta(t)$ indica la distribuzione di Dirac nell'origine. Usare la trasformata di Laplace.

Soluzione

Supponendo che u ammetta trasformata di Laplace rispetto a t, sia

$$\mathcal{L}(u)(x,\zeta) = U(x,\zeta) = \int_0^\infty e^{-\zeta t} u(x,t)\, dt$$

definita nel semipiano $\operatorname{Re}\zeta > \alpha$. Allora, ricordando che

$$\mathcal{L}(u_t)(x,\zeta) = \zeta U(x,\zeta) - u(x,0) = \zeta U(x,\zeta),$$

si deduce che U è soluzione del problema[10]

$$\begin{aligned}
\zeta U - U_{xx} &= 0, & 0 < x < L \\
U(0,\zeta) &= 1, & U(L,\zeta) = 0.
\end{aligned}$$

Risolvendo l'equazione ordinaria si ha:

$$U(x,\zeta) = C_1 e^{\sqrt{\zeta}\,x} + C_2 e^{-\sqrt{\zeta}\,x}$$

dove

$$\sqrt{\zeta} = \sqrt{|\zeta|}\, e^{i\frac{\arg\zeta}{2}}.$$

---

[10]Poniamo per semplicità $D = 1$.

Imponendo le condizioni agli estremi, si trova

$$C_1 + C_2 = 1, \quad C_1 e^{\sqrt{\zeta}L} + C_2 e^{-\sqrt{\zeta}L} = 0,$$

da cui

$$C_2 = \frac{e^{\sqrt{\zeta}L}}{2\sinh\left(\sqrt{\zeta}L\right)} \quad e \quad C_1 = -\frac{e^{-\sqrt{\zeta}L}}{2\sinh\left(\sqrt{\zeta}L\right)}.$$

Dunque

$$
\begin{aligned}
U(x,\zeta) &= \frac{e^{\sqrt{\zeta}(L-x)} - e^{\sqrt{\zeta}(x-L)}}{e^{\sqrt{\zeta}L} - e^{-\sqrt{\zeta}L}} \\
&= \frac{\sinh\left[\sqrt{\zeta}(L-x)\right]}{\sinh\left(\sqrt{\zeta}L\right)}.
\end{aligned}
$$

Per antitrasformare U, ricordiamo che[11] l'antitrasformata della funzione $\psi(a,\zeta) = e^{-a\sqrt{\zeta}}$ è la funzione

$$\Psi(a,t) = \frac{a}{2\sqrt{\pi}} t^{-3/2} e^{-a^2/4t}.$$

Cerchiamo quindi di esprimere U come somma di termini del tipo $e^{-a\sqrt{\zeta}}$. Per $\zeta > 0$, scriviamo:

$$
\begin{aligned}
\frac{e^{\sqrt{\zeta}(L-x)} - e^{\sqrt{\zeta}(x-L)}}{e^{\sqrt{\zeta}L} - e^{-\sqrt{\zeta}L}} &= \frac{e^{-x\sqrt{\zeta}} - e^{-(2L-x)\sqrt{\zeta}}}{1 - e^{-2\sqrt{\zeta}L}} \\
&= \left[e^{-x\sqrt{\zeta}} - e^{-(2L-x)\sqrt{\zeta}}\right] \sum_{n=0}^{\infty} e^{-2nL\sqrt{\zeta}} \\
&= \sum_{n=0}^{\infty} e^{-(2nL+x)\sqrt{\zeta}} - \sum_{n=1}^{\infty} e^{-(2nL-x)\sqrt{\zeta}} \\
&= \sum_{n=0}^{\infty} \psi(2nL+x,\zeta) - \sum_{n=1}^{\infty} \psi(2nL-x,\zeta).
\end{aligned}
$$

Abbiamo, così, osservando che Ψ è dispari rispetto alla variabile a:

$$
\begin{aligned}
u(x,t) &= \sum_{n=-\infty}^{\infty} \Psi(2nL+x,t) \\
&= \frac{1}{2\sqrt{\pi}t^{3/2}} \sum_{n=-\infty}^{\infty} (2nL+x) e^{-(2nL+x)^2/4t}.
\end{aligned}
$$

---

[11]Vedere tabella in Appendice B.

2.5. Problemi in dimensione maggiore di uno

Problema 2.24. (Cauchy-Dirichlet nel rettangolo). *Le superfici di un piatto sottile rettangolare di lunghezza a e larghezza b sono isolate termicamente mentre i suoi quattro lati sono mantenuti a temperatura zero. Determinare l'evoluzione della temperatura conoscendo la temperatura iniziale e sapendo che essa non varia con lo spessore.*

Soluzione

Il problema è tipicamente bidimensionale, potendosi assumere $u = u(x, y, t)$. Avremo (per semplicità poniamo il coeficiente di diffusione $D = 1$):

$$u_t - (u_{xx} + u_{yy}) = 0, \qquad 0 < x < a, 0 < y < b, t > 0$$

con la condizione iniziale

$$u(x, y, 0) = g(x, y)$$

e le condizioni di Dirichlet

$$\begin{cases} u(0, y, t) = 0, & u(a, y, t) = 0, \quad 0 < x < a, t > 0 \\ u(x, 0, t) = 0, & u(x, b, t) = 0, \quad 0 < x < a, t > 0. \end{cases}$$

Si può usare il metodo di separazione delle variabili. Cerchiamo prima soluzioni non nulle della forma

$$u(x, y, t) = v(x, y) z(t)$$

che soddisfino le condizioni di Dirichlet. Sostituendo nell'equazione e separando le variabili si ottiene:

$$\frac{v_{xx} + v_{yy}}{v} = -\frac{z'}{z} = \lambda.$$

Per z non ci sono problemi; si ha:

$$z(t) = c e^{-\lambda t}.$$

Per v si trova il *problema agli autovalori*

$$(38) \qquad\qquad v_{xx} + v_{yy} = \lambda v$$

nel rettangolo $(0, a) \times (0, b)$, con le condizioni

$$(39) \qquad \begin{cases} v(0, y) = 0, & v(a, y) = 0, \quad 0 \le y \le b \\ v(x, 0) = 0, & v(x, b) = 0, \quad 0 \le x \le a. \end{cases}$$

Separiamo ulteriormente le variabili, ponendo

$$v(x, y) = X(x) Y(y).$$

Sostituendo nella (38) e separando le variabili, si ha

$$\frac{Y''(y)}{Y(y)} - \lambda = -\frac{X''(x)}{X(x)} = \mu$$

dove μ è costante. Ponendo

$$\nu = -\lambda - \mu,$$

abbiamo quindi i seguenti due problemi agli autovalori per X e Y:

$$X'' + \mu X = 0 \quad 0 < x < a \quad X(0) = X(a) = 0$$
$$Y'' + \nu Y = 0 \quad 0 < y < b. \quad Y(0) = Y(b) = 0.$$

Abbiamo già risolto questi problemi in alcuni esercizi precedenti. Le autofunzioni e i corrispondenti autovalori sono:

$$X_m(x) = A_m \sin\left(\frac{m\pi x}{a}\right) \qquad \mu_m = \frac{m^2\pi^2}{a^2} \qquad m = 1, 2, \ldots$$

$$Y_n(x) = B_n \sin\left(\frac{n\pi y}{b}\right) \qquad \nu_n = \frac{n^2\pi^2}{b^2} \qquad n = 1, 2, \ldots.$$

Poiché

$$\lambda = -(\nu + \mu),$$

concludiamo che gli autovalori per il problema (38), (39) sono

$$\lambda_{mn} = -\pi^2 \left(\frac{m^2}{a^2} + \frac{n^2}{b^2}\right), \qquad m, n = 1, 2, \ldots$$

con corrispondenti autofunzioni

$$v_{mn}(x, y) = C_{mn} \sin\left(\frac{m\pi x}{a}\right) \sin\left(\frac{n\pi y}{b}\right), \qquad m, n = 1, 2, \ldots$$

Riassumendo, abbiamo trovato soluzioni a variabili separate del tipo

$$u_{mn}(x, y, t) = C_{mn} e^{-\pi^2\left(\frac{m^2}{a^2} + \frac{n^2}{b^2}\right)t} \sin\left(\frac{m\pi x}{a}\right) \sin\left(\frac{n\pi y}{b}\right)$$

che si annullano sul bordo del rettangolo. Per soddisfare anche la condizione iniziale, sovrapponiamo le u_{mn} definendo:

$$(40) \qquad u(x, y, t) = \sum_{m,n=1}^{\infty} C_{mn} e^{-\pi^2\left(\frac{m^2}{a^2} + \frac{n^2}{b^2}\right)t} \sin\left(\frac{m\pi x}{a}\right) \sin\left(\frac{n\pi y}{b}\right)$$

e imponendo che

$$\sum_{m,n=1}^{\infty} C_{mn} \sin\left(\frac{m\pi x}{a}\right) \sin\left(\frac{n\pi y}{b}\right) = g(x, y).$$

Se assumiamo che g sia sviluppabile in serie doppia di seni, basterà che i C_{mn} uguaglino i corrispondenti coefficienti di Fourier di g e cioè:

$$C_{mn} = \frac{4}{ab} \int_0^a \int_0^b \sin\left(\frac{m\pi x}{a}\right) \sin\left(\frac{n\pi y}{b}\right) g(x, y) \; dxdy.$$

Come al solito, se g è abbastanza regolare, ad esempio di classe C^1 nella chiusura del rettangolo, la serie è uniformemente convergente e la rapida convergenza a zero degli esponenziali assicura che la (40) sia soluzione del problema.

Problema 2.25. (Trasformata di Fourier nel semipiano). *Sia* $g = g(x,y)$: $\mathbf{R} \times [0,+\infty) \to \mathbf{R}$ *una funzione continua e limitata. Si risolva, utilizzando la trasformata di Fourier, il seguente problema di Cauchy–Dirichlet nel settore* $S = \mathbf{R} \times (0,+\infty) \times (0,+\infty)$:

$$\begin{cases} u_t(x,y,t) - \Delta u(x,y,t) = 0 & x \in \mathbf{R},\ y > 0,\ t > 0 \\ u(x,y,0) = g(x,y) & x \in \mathbf{R},\ y > 0 \\ u(x,0,t) = 0 & x \in \mathbf{R},\ t > 0. \end{cases}$$

Soluzione

Sia $\widehat{u}(\xi,y,t) = \int_{\mathbf{R}} u(x,y,t) e^{-ix\xi} d\xi$, trasformata di Fourier parziale di u rispetto a x. Allora, ricordando che la trasformata di $u_{xx}(x,y,t)$ è $-\xi^2 \widehat{u}(\xi,y,t)$, $\widehat{u}(\xi,\cdot,\cdot)$ soddisfa (formalmente) il problema di Cauchy nel quadrante $y > 0$, $t > 0$,

$$\begin{cases} \widehat{u}_t - \widehat{u}_{yy} + \xi^2 \widehat{u} = 0 & y > 0,\ t > 0 \\ \widehat{u}(\xi,y,0) = \widehat{g}(\xi,y) & y > 0 \\ \widehat{u}(\xi,0,t) = 0 & t > 0. \end{cases}$$

con $\xi \in \mathbf{R}$. Eliminiamo il termine di reazione ponendo $v(\xi,y,t) = e^{\xi^2 t} \widehat{u}(\xi,y,t)$; la funzione v è soluzione dell'equazione $v_t - v_{yy} = 0$ con gli stessi dati iniziale e al bordo. Col metodo di riflessione del problema 2.16 troviamo:

$$v(\xi,y,t) = \int_0^{+\infty} [\Gamma_1(y-z,t) - \Gamma_1(y+z,t)] \, \widehat{g}(\xi,z) \, dz$$

e poi

$$u(\xi,y,t) = e^{-\xi^2 t} \int_0^{+\infty} [\Gamma_1(y-z,t) - \Gamma_1(y+z,t)] \, \widehat{g}(\xi,z) \, dz$$

dove $\Gamma_1(y,t)$ è la soluzione fondamentale per l'operatore $\partial_t - \partial_{yy}$. Osserviamo ora che l'antitrasformata di $e^{-\xi^2 t} \widehat{g}(\xi,y)$ è data da

$$\int_{-\infty}^{+\infty} \Gamma_1(x-w,t) \, g(w,y) \, dw$$

e che

$$\begin{aligned} \Gamma_1(x,t)\Gamma_1(y,t) &= \frac{1}{2\sqrt{\pi t}} e^{-\frac{x^2}{4t}} \frac{1}{2\sqrt{\pi t}} e^{-\frac{y^2}{4t}} \\ &= \frac{1}{4\pi t} e^{-\frac{x^2+y^2}{4t}} = \Gamma_1(x,y,t) \end{aligned}$$

dove $\Gamma_1(x,y,t)$ è la soluzione fondamentale per l'operatore $\partial_t - (\partial_{xx} + \partial_{yy})$. La formula finale è:

$$u(x,y,t) = \int_{-\infty}^{+\infty} \int_0^{+\infty} [\Gamma_1(x-w,y-z,t) - \Gamma_1(x-w,y+z,t)] g(w,z) \, dz dy.$$

Essendo g continua e limitata, l'analisi della soluzione si effettua come nel Problema 2.16. In particolare, per ogni $x_0 \in \mathbf{R}$ e $y_0 > 0$, se $(x,y,t) \to (x_0,y_0,0)$, si ha

$$u(x,y,t) \to g(x_0,y_0)$$

e perciò u è continua nella chiusura del settore S, *tranne* eventualmente sul semi-piano $y = 0$. La continuità su $y = 0$ si ha se e solo se $g(x, 0) = 0$.

Problema 2.26. (Cauchy-Dirichlet nella sfera). *Sia B_R una sfera di raggio R in $\mathbf{R}^3$, di materiale omogeneo, avente temperatura $U > 0$ (costante) all'istante $t = 0$. Descrivere come evolve la temperatura di B_R in ogni suo punto, nel caso in cui la temperatura sulla superficie venga mantenuta costantemente uguale a 0. Verificare che la temperatura al centro tende a zero esponenzialmente per $t \to +\infty$.*

Soluzione

Il problema è invariante per rotazioni e quindi la temperatura dipende solo dal tempo e dalla distanza dal centro della sfera, che supponiamo sia l'origine; cioè $u = u(r, t)$ dove $r = |\mathbf{x}|$. L'equazione per u è[12]:

$$u_t - \Delta u = u_t - \left(u_{rr} + \frac{2}{r} u_r \right) = 0, \qquad 0 < r < R, t > 0$$

con le condizioni

$$\begin{aligned} u(r, 0) &= U, \qquad 0 \le r < R \\ u(R, t) &= 0, \ |u(0, t)| < \infty, \ t > 0. \end{aligned}$$

Sfruttando l'identità

$$(41) \qquad\qquad u_{rr} + \frac{2}{r} u_r = \frac{1}{r} (ru)_{rr}$$

possiamo porre $v = ru$ e scrivere per v il problema unidimensionale:

$$\begin{cases} v_t - v_{rr} = 0 & 0 < r < R, t > 0 \\ v(r, 0) = rU & 0 \le r < R \\ v(R, t) = v(0, t) = 0 & t > 0. \end{cases}$$

Ricordando la soluzione del problema 2.2, si ha

$$v(r, t) = \sum_{k=1}^{\infty} c_k \exp\left[-\frac{k^2 \pi^2}{R^2} t \right] \sin \frac{k\pi r}{R}$$

dove

$$c_k = \frac{2U}{R} \int_0^R r \sin \frac{k\pi r}{R} dr = \frac{2RU}{\pi k} (-1)^{k+1}.$$

Troviamo, infine:

$$u(r, t) = \frac{2RU}{\pi r} \sum_{k=1}^{\infty} \frac{(-1)^{k+1}}{k} \exp\left[-\frac{k^2 \pi^2}{R^2} t \right] \sin \frac{k\pi r}{R}.$$

---

[12]Per l'espressione dell'operatore di Laplace Δ in coordinate polari si veda l'Appendice B.

L'analisi della soluzione segue la falsariga di quella del Problema 2.2. In particolare, per il principio di massimo, $u(r, t) \geq 0$; inoltre, se $t > 0$, si può passare al limite per $r \to 0$ e determinare la temperatura al centro della sfera; si trova

$$0 \leq u(0, t) = 2U \sum_{k=1}^{\infty} (-1)^{k+1} \exp\left[-\frac{k^2\pi^2}{R^2}t\right] \leq 2U \exp\left[-\frac{\pi^2}{R^2}t\right]$$

essendo la serie a termini decrescenti con segno alternato. Si deduce quindi che $u(0, t) \to 0$ con velocità esponenziale.

Problema 2.27. (Cauchy-Dirichlet in un cilindro). *Determinare la temperatura u, interna al cilindro*

$$\mathbf{C} = \left\{(x, y, z) : r^2 \equiv x^2 + y^2 < R^2, 0 < z < b\right\},$$

sapendo che la superficie del cilindro è tenuta a temperatura $u = 0$ e che inizialmente la temperatura è $g = g(r, z)$.

Soluzione

Il problema da risolvere è a simmetria assiale e le coordinate cilindriche sono le più comode. Sia allora $u = u(r, z, t)$; in queste coordinate, abbiamo[13]

$$\Delta u = u_{rr} + \frac{1}{r}u_r + u_{zz}.$$

Dobbiamo trovare u, *limitata*, tale che:

$$\begin{cases} u_t - D(u_{rr} + \frac{1}{r}u_r + u_{zz}) = 0 & 0 < r < R, 0 < z < b, t > 0 \\ u(r, z, 0) = g(r, z) & 0 < r < R, 0 < z < b, \\ u(r, z, t) = 0 & \text{se } r = R \text{ oppure se } z = 0 \text{ o } z = b, t > 0. \end{cases}$$

Cerchiamo soluzioni a variabili separate $u(r, z, t) = v(r, z)w(t)$ che soddisfino le condizioni di Dirichlet. Sostituendo nell'equazione differenziale e separando, troviamo per w l'equazione

$$w'(t) = D\lambda w(t),$$

da cui $w(t) = ce^{\lambda D t}$, e per v il problema agli autovalori

(42)
$$\begin{cases} v_{rr} + \frac{1}{r}v_r + v_{zz} = \lambda v & 0 < r < R, 0 < z < b, \\ v(r, z, t) = 0 & \text{se } r = R \text{ oppure se } z = 0 \text{ o } z = b, t > 0 \end{cases}$$

dove inoltre v deve essere *limitata*. Risolviamo anche questo problema usando la separazione di variabili, ponendo $v(r, z) = h(r)Z(z)$. Sostituendo e separando le variabili, si ha:

$$\frac{\left[h''(r) + \frac{1}{r}h'(r) - \lambda h(r)\right]}{h(r)} = -\frac{Z''(z)}{Z(z)} = \mu \text{ (costante)}$$

da cui i problemi agli autovalori:

(43)
$$Z'' + \mu Z = 0, \qquad Z(0) = Z(b) = 0$$

---

[13]Appendice B.

e, ponendo $\nu = -\lambda - \mu$,

$$(44) \qquad h''(r) + \frac{1}{r}h'(r) + \nu h(r) = 0, \qquad h(R) = 0, \ h \text{ limitata.}$$

Il problema (43) è risolto da

$$Z_m(z) = A_m \sin\left(\frac{m\pi z}{b}\right) \quad \mu_m = \frac{m^2\pi^2}{b^2} \quad m = 1, 2, \dots.$$

Il problema (44) ha soluzioni non banali solo se $\nu = \gamma^2 > 0$. Questo si vede moltiplicando per rh l'equazione ed integrando per parti in $(0, R)$; infatti, si trova:

$$0 = \int_0^R (rhh'' + h'h)dr + \nu \int_0^R rh^2 dr = [rhh']_0^R - \int_0^R r(h')^2 dr + \nu \int_0^R rh^2 dr$$

da cui, necessariamente

$$\nu = \int_0^R r(h')^2 dr / \int_0^R rh^2 dr > 0.$$

L'equazione nel problema (44) è allora un'*equazione di Bessel di ordine zero*[14] e le sole soluzioni limitate sono del tipo (abbiamo posto $\nu = \gamma^2, \gamma > 0$)

$$h(r) = J_0(\gamma r)$$

ove

$$J_0(s) = \sum_{k=0}^{\infty} \frac{(-1)^k}{(2^k k!)^2} s^{2k} = 1 - \frac{s^2}{4} + \frac{s^4}{32} - \cdots$$

è la *funzione di Bessel di ordine zero*. Affinché la condizione $h(R) = 0$ sia soddi-

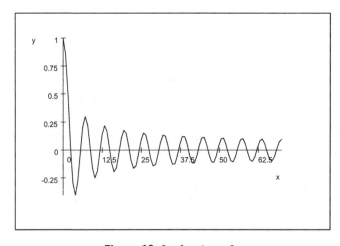

Figura 10. La funzione J_0.

---

[14]Appendice A.

sfatta, occorre richiedere che
$$J_0\left(\gamma R\right) = 0.$$
Ora, J_0 ha infiniti zeri semplici in $(0,\infty)$, $s_1 < s_2 < \cdots < s_n < \cdots$, per cui troviamo infiniti autovalori
$$\nu_n = \gamma_n^2 = s_n^2/R^2,$$
con corrispondenti autofunzioni
$$h_n\left(r\right) = J_0\left(\frac{s_n r}{R}\right).$$
Ricordando che $\lambda = -\nu - \mu$, si ricava la doppia infinità di autovalori
$$\lambda_{nm} = -\frac{s_n^2}{R^2} - \frac{m^2\pi^2}{b^2}$$
per il problema (42), con corrispondenti autofunzioni
$$v_{mn}\left(r,t\right) = c_{mn}\sin\left(\frac{m\pi z}{b}\right)J_0\left(\frac{s_n r}{R}\right) \qquad m, n = 1, 2, \ldots$$
Ricordando che $w\left(t\right) = c e^{-\lambda Dt}$, possiamo costruire la candidata soluzione nella forma
$$u\left(r,z,t\right) = \sum_{m,n=1}^{\infty} c_{mn}\sin\left(\frac{m\pi z}{b}\right)J_0\left(\frac{s_n r}{R}\right)\exp\left(-D\left[\frac{s_n^2}{R^2} + \frac{m^2\pi^2}{b^2}\right]t\right).$$
I coefficienti c_{mn} vanno scelti in modo che
$$(45) \qquad \sum_{m,n=1}^{\infty} c_{mn}\sin\left(\frac{m\pi z}{b}\right)J_0\left(\frac{s_n r}{R}\right) = g\left(r,z\right).$$
Per ricavarli, ricordiamo che le funzioni
$$\varphi_n\left(r\right) = J_0\left(\frac{s_n r}{R}\right)$$
hanno le seguenti proprietà di ortogonalità[15]
$$\int_0^R r\varphi_n\left(r\right)\varphi_m\left(r\right)dr = \begin{cases} 0 & m \neq n \\ \frac{R^2}{2}J_1\left(s_n\right)^2 & m = n \end{cases}.$$
Moltiplichiamo ora la (45) per
$$rJ_0\left(s_k r/R\right)\sin\left(j\pi z/b\right)$$
e integriamo su $(0,R) \times (0,b)$. Tenendo conto delle relazioni di ortogonalità delle funzioni di Bessel e di quelle delle funzioni trigonometriche, si ricava:
$$c_{jk} = \frac{4}{bR^2 J_1\left(s_k\right)^2}\int_0^R\int_0^b r\sin\left(\frac{j\pi z}{b}\right)J_0\left(\frac{s_k r}{R}\right)g\left(r,z\right)\,drdz.$$
La soluzione formale così trovata è veramente una soluzione sotto ipotesi di sufficiente regolarità del dato g.

---

[15]Appendice A.

3. Esercizi proposti

Esercizio 3.1. *Sia u la temperatura di una sbarra di materiale omogeneo di densità ρ e sezione (piccola) costante, che occupa l'intervallo $0 \leq x \leq L$. Sia $u(x, 0) = g(x)$. Supponiamo che:*

i) la superficie laterale della sbarra non sia isolata termicamente e vi sia uno scambio di calore col mezzo circostante, a temperatura θ, che obbedisce alla legge di Newton.

ii) La sbarra sia termicamente isolata agli estremi.

iii) La sbarra sia riscaldata dal passaggio di una corrente elettrica di intensità I.

Scrivere il modello matematico che descrive l'evoluzione di u per $t > 0$.

Esercizio 3.2. *Un tubo di sezione costante S e lunghezza L è riempito di una sostanza omogenea di porosità costante α (rapporto del volume dei pori e del volume totale). All'interno del tubo, un gas, la cui concentrazione indichiamo con $u = u(x, t)$, $0 < x < L$, diffonde secondo la* **legge di Nerst:**

$$Q = -Du_x$$

dove $Q = Q(x, t)$ indica la quantità di gas che passa nell'unità di tempo attraverso l'elemento di superficie S, nel punto x al tempo t, nella direzione positiva dell'asse x. Le pareti sono a perfetta tenuta. Scrivere il modello matematico per la determinazione di u per $t > 0$, corrispondente ai seguenti due casi: $u(x, 0) = g(x)$ e inoltre:

a) *A partire da $t = 0$, nell'estremo $x = 0$ si mantiene una concentrazione di gas pari a $c = c(t)$, mentre l'estremo $x = L$ è a tenuta perfetta.*

b) *Si mantiene un flusso entrante di gas uguale a c_0 nell'estremo $x = 0$; in $x = L$ c'è un diaframma poroso che permette una fuoruscita di gas in accordo alla legge di Newton. Non c'è gas nell'ambiente circostante.*

Esercizio 3.3. *Siano $D > 0$, costante, e $g \in C^1([0, \pi])$. Risolvere, usando il metodo di separazione delle variabili, il seguente problema misto:*

(46)
$$\begin{cases} u_t(x, t) - Du_{xx}(x, t) = 0 & 0 < x < \pi,\, t > 0 \\ u(x, 0) = 2\sin\left(\frac{3}{2}x\right) & 0 \leq x \leq \pi \\ u(0, t) = u_x(\pi, t) = 0 & t > 0. \end{cases}$$

Trovare una formula per la soluzione con dato iniziale generico $u(x, 0) = g(x)$.

Esercizio 3.4. *Siano $D > 0, h > 0$, costanti, e $g \in C^1([0, \pi])$. Risolvere, usando il metodo di separazione delle variabili, il seguente problema misto:*

(47)
$$\begin{cases} u_t(x, t) - Du_{xx}(x, t) = 0 & 0 < x < L,\, t > 0 \\ u(x, 0) = U & 0 \leq x \leq L \\ u(0, t) = 0 & \\ u_x(L, t) + hu(L, t) = 0 & t > 0 \end{cases}$$

Esercizio 3.5.   *Sia u soluzione dell'equazione*

$$u_t = Du_{xx} + bu_x + cu.$$

a) *Determinare h e k in modo che la funzione*

$$v(x,t) = u(x,t) e^{hx+kt}$$

sia soluzione dell'equazione $v_t - Dv_{xx} = 0$.
b) *Scrivere la formula per il problema di Cauchy globale, con dato iniziale $u(x,0) = u_0(x)$.*

Esercizio 3.6.   *Risolvere il seguente problema di Cauchy-Dirichlet, usando il metodo di separazione delle variabili:*

$$\begin{cases} u_t = u_{xx} + mu + \sin 2\pi x + 2\sin 3\pi x & 0 < x < 1, t > 0 \\ u(x,0) = 0 & 0 < x < 1 \\ u(0,t) = u(1,t) = 0 & t > 0 \end{cases}$$

Esercizio 3.7.   *(Condizione periodica ad un estremo). Scrivere una soluzione formale del seguente problema:*

$$\begin{cases} u_t = Du_{xx} & 0 < x < 1, -\infty < t < -\infty \\ u(0,t) = 0, \quad u(1,t) = p(t) & -\infty < t < -\infty \end{cases}$$

dove p è una funzione di classe $C^1(\mathbf{R})$, periodica di periodo T: $p(t+T) = p(t)$. Esaminare il caso $D = 1$, $p(t) = \cos 2t$.

Esercizio 3.8.   *Sia g limitata ($|g(x)| \le M$ per ogni $x \in \mathbf{R}$) e*

$$u(x,t) = \int_{\mathbf{R}} \Gamma_D(x - y, t) g(y) \, dy$$

Esaminare

$$\lim_{(x,t) \to (x_0, 0)} u(x,t)$$

nel caso in cui g ha una discontinuità a salto in x_0.

Esercizio 3.9.   *Scrivere la soluzione del problema di Cauchy globale con dato iniziale uguale alla funzione caratteristica dell'intervallo $(0,1)$. In quale senso i valori iniziali sono assunti?*

Esercizio 3.10.   *Adattando il metodo di riflessione usato nel punto a) del Problema 2.16, trovare una formula per la soluzione del problema.*

(48) $$\begin{cases} u_t - Du_{xx} = 0 & 0 < x < L, t > 0 \\ u(x,0) = g(x) & 0 \le x \le L \\ u(0,t) = u(L,t) = 0 & t > 0 \end{cases}$$

dove g è continua in $[0,L]$, $g(0) = g(L) = 0$.

Esercizio 3.11. *Risolvere i seguenti problemi:*

$$u_t - u_{xx} = 0 \qquad \text{nel quadrante } x > 0,\ t > 0,$$

con le condizioni:

a) $u(0,t) = 0$, $u(x,0) = U$;

b) $u(0,t) = U$, $u(x,0) = 0$;

c) $u(0,t) = 0$,

$$u(x,0) = \begin{cases} 0 & 0 < x < L \\ 1 & L < x < \infty. \end{cases}$$

Esercizio 3.12. In riferimento al problema 2.15:

a) *calcolare la probabilità che la particella raggiunga L prima dell'istante t,* ossia[16]

$$F(L,t) = \text{Prob}\{T_L \le t\}.$$

b) *Determinare la probabilità che la particella sia assorbita in $x = L$, nell'intervallo di tempo $(t, t + dt)$.*

Esercizio 3.13. (Barriere riflettenti e condizioni di Neumann). *In riferimento alla passeggiata aleatoria del Problema 2.15, consideriamo il caso in cui una barriera riflettente sia posta nel punto $L = mh$. Con ciò si intende che se la particella si trova in $L - \frac{h}{2}$ al tempo t, e si muove verso destra, viene riflessa e si ritrova in $L - \frac{h}{2}$ al tempo $t + \tau$. Si chiede:*

a) *Quale problema risolve la probabilità di transizione $p = p(x,t)$ quando si passa al limite per $h, \tau \to 0$, con $h^2/\tau = 2D$?*

b) *Trovare l'espressione analitica di p.*

Esercizio 3.14. (Principio di Duhamel). *Consideriamo il problema di Cauchy–Dirichlet*

(49) $\qquad \begin{cases} u_t(x,t) - D u_{xx}(x,t) = f(x,t) & 0 < x < L,\ t > 0 \\ u(x,0) = 0 & 0 \le x \le L \\ u(0,t) = u(L,t) = 0 & t > 0. \end{cases}$

Sia f continua per $0 \le x \le L$, $t \ge 0$. Mostrare che, se $v(x,t;\tau)$, con $t \ge \tau \ge 0$, è la soluzione di

(50) $\qquad \begin{cases} v_t(x,t;\tau) - D v_{xx}(x,t;\tau) = 0 & 0 < x < L,\ t > \tau \\ v(x,\tau;\tau) = f(x,\tau) & 0 \le x \le L \\ v(0,t;\tau) = v(L,t;\tau) = 0 & t > 0 \end{cases}$

allora la soluzione di (28) è data da

$$u(x,t) = \int_0^t v(x,t;\tau)\, d\tau.$$

---

[16] $F(L,t) = P\{T_L \le t\}$ si chiama funzione di distribuzione (della probabilità) per la variabile T_L. La sua derivata F_t è la densità (di probabilità associata).

Dare una formula esplicita per u.

Esercizio 3.15. *Un filo circolare di sezione costante S e lunghezza L, (che pensiamo centrato nell'origine) ha un profilo iniziale di temperatura noto ed è successivamente riscaldato dal passaggio di una corrente sinusoidale di intensità $I(t)$. Scrivere il modello matematico per la temperatura u e trovare l'espressione analitica di u.*

Esercizio 3.16. (Condizioni di Neumann sulla semiretta; trasformata-coseno di Fourier). a) *Trovare una formula per una soluzione limitata del problema*

(51)
$$\begin{cases} u_t(x,t) - u_{xx}(x,t) = 0 & x > 0,\ t > 0 \\ u(x,0) = 0 & x \geq 0 \\ u_x(0,t) = g(t) & t > 0. \end{cases}$$

dove g è continua, limitata e in $L^2(0,\infty)$. Mostrare che è l'unica soluzione limitata.

b) *Provare che, senza la condizione $g \in L^2(0,\infty)$, il problema (51) non ha, in generale, soluzione unica, usando le funzioni*

$$w_1(x,t) = e^x \sin(2t + x) \quad \text{e} \quad w_2(x,t) = -e^{-x}\sin(2t - x).$$

Esercizio 3.17. (Drift variabile). *Mediante l'uso della trasformata di Fourier, risolvere il seguente problema:*

$$\begin{cases} u_t = u_{xx} + x u_x & x \in \mathbf{R},\ t > 0 \\ u(x,0) = g(x) & x \in \mathbf{R} \end{cases}$$

dove g è continua e a quadrato sommabile in $\mathbf{R}$. Esaminare l'effetto del termine di trasporto quando $g(x) = \delta(x - x_0)$.

Esercizio 3.18. *La temperatura di una sbarra omogenea semi-infinita e di piccola sezione è nulla. Determinare una formula per la temperatura sapendo che*

$$u(0+,t) = \delta(t), \qquad u(\infty,t) = 0,$$

dove $\delta(t)$ indica la distribuzione di Dirac nell'origine. Usare la trasformata di Laplace.

Esercizio 3.19. (Cauchy-Neumann per la sfera). *Sia B_R una sfera di raggio R e in $\mathbf{R}^3$, di materiale omogeneo. Descrivere come evolve la temperatura di B_R in ogni suo punto, nel caso in cui un flusso di calore di intensità q (costante) entri attraverso la superficie sapendo che la temperatura iniziale è qr, dove r è la distanza dal centro.*

Esercizio 3.20. (Trasformata di Fourier e soluzione fondamentale). *Usando la trasformata di Fourier rispetto a $\mathbf{x}$, ritrovare la formula per la soluzione del problema di Cauchy globale, in dimensione n.*

$$\begin{cases} u_t - D\Delta u = f(\mathbf{x},t) & \mathbf{x} \in \mathbf{R}^n < \infty,\ t > 0 \\ u(\mathbf{x},0) = g(\mathbf{x}) & \mathbf{x} \in \mathbf{R}^n. \end{cases}$$

Sotto l'ipotesi che g ed f siano funzioni in $L^2(\mathbf{R}^n)$ e $L^2(\mathbf{R}^{n+1})$, rispettivamente, precisare il significato della condizione iniziale.

Esercizio 3.21.   *Determinare la temperatura $u = u(x, y, z, t)$ nella regione compresa tra due piani paralleli $z = 0$ e $z = 1$ sapendo che $u = 0$ sui due piani e che inizialmente è*

$$u(x, y, z, 0) = g(x, y, z).$$

Esercizio 3.22.   (Principio di massimo). *Consideriamo in $\mathbf{R}^{n+1}$ il cilindro*

$$Q_T = \Omega \times (0, T),$$

dove $\Omega \subset \mathbf{R}^n$ è un dominio limitato, e la sua frontiera parabolica

$$\partial_p Q_T = \partial\Omega \times [0, T] \cup (\Omega \times \{0\}).$$

Siano

$$a = a(\mathbf{x}, t), \ \mathbf{b} = \mathbf{b}(\mathbf{x}, t) \in \mathbf{R}^n, \ c = c(\mathbf{x}, t)$$

funzioni continue in $\overline{Q}_T$ tali che

$$a(\mathbf{x}, \mathbf{t}) \geq a_0 > 0.$$

Sia infine $u \in C^{2,1}(Q_T) \cap C(\overline{Q}_T)$, che soddisfi

$$\mathcal{L}u = u_t - a\Delta u + \mathbf{b} \cdot \nabla u + cu \leq 0 \qquad (\text{risp.} \ \geq 0) \ \text{in } Q_T.$$

a) *Mostrare che, se $c(\mathbf{x}, t) \geq 0$ e u ha un massimo positivo (minimo negativo), allora questo massimo (minimo) è assunto sulla frontiera parabolica, ossia:*

$$\max_{\overline{Q}_T} u = M > 0 \quad \Rightarrow \quad \max_{\partial_p Q_T} u = M.$$

e (rispettivamente)

$$\min_{\overline{Q}_T} u = m < 0 \quad \Rightarrow \quad \min_{\partial_p Q_T} u = m.$$

Dedurre che se $u \leq 0$ su $\partial_p Q_T$ (oppure $u \geq 0$) allora $u \leq 0$ in $\overline{Q}_T$ (oppure $u \geq 0$).

b) *Dedurre che, se g è una funzione continua su $\partial_p Q_T$, il problema di Cauchy–Dirichlet*

$$\begin{cases} \mathcal{L}u = 0 & Q_T \\ u = g & \partial_p Q_T \end{cases}$$

ha un'unica soluzione in $C^{2,1}(Q_T) \cap C(\overline{Q}_T)$.

c) *Mostrare che il precedente punto b) vale anche quando l'ipotesi $c(\mathbf{x}, t) \geq 0$ viene sostituita con l'ipotesi più generale $|c(x, t)| \leq M$.*

Esercizio 3.23.   *Dare una formula esplicita per la soluzione del problema di Cauchy globale (in $\mathbf{R}^3$):*

$$\begin{cases} u_t(\mathbf{x}, t) = a(t)\Delta u(\mathbf{x}, t) + \mathbf{b}(t) \cdot \nabla u(\mathbf{x}, t) + c(t)u(\mathbf{x}, t) & \mathbf{x} \in \mathbf{R}^3, \ t > 0 \\ u(\mathbf{x}, 0) = g(\mathbf{x}) & \mathbf{x} \in \mathbf{R}^3. \end{cases}$$

dove a, b, c ed f sono funzioni continue e $a(t) \geq a_0 > 0$.

Esercizio 3.24. *Rispondere ai seguenti quesiti.*

1. *Sia u soluzione dell'equazione $u_t - u_{xx} = -1$, in $0 < x < 1, t > 0$, tale che*

$$u(x,0) = 0 \quad e \quad u(0,t) = u(1,t) = \sin \pi t.$$

Può esistere un punto x_0, $0 < x_0 < 1$ tale che $u(x_0,1) = 1$?

2. *Stabilire se esiste una soluzione del problema*

$$\begin{cases} u_t + u_{xx} = 0 & -1 < x < 1, 0 < t < T \\ u(x,0) = |x| & -1 < x < 1 \\ u(0,t) = u(1,t) = 0 & 0 < t < T. \end{cases}$$

3. *Controllare che la funzione*

$$u(x,t) = \partial_x \Gamma_1(x,t)$$

è soluzione del problema

$$\begin{cases} u_t - u_{xx} = 0 & x \in \mathbf{R},\ t > 0 \\ u(x,0) = 0 & x \in \mathbf{R}. \end{cases}$$

e che $u(x,t) \to 0$ se $t \to 0$, per ogni x fissato. Non c'è contraddizione col teorema di unicità per il problema di Cauchy globale?

4. *Sia $u = u(x,t)$ soluzione continua del problema di Robin*

$$\begin{cases} u_t - u_{xx} = 0 & 0 < x < 1, 0 < t < T \\ u(x,0) = \sin \pi x & 0 \leq x \leq 1 \\ -u_x(0,t) = u_x(1,t) = -hu,\ h > 0 & 0 \leq t \leq T. \end{cases}$$

Mostrare che u non può avere un minimo negativo. Qual è il massimo di u?

3.1. Soluzioni

Soluzione 3.1. La temperatura soddisfa il seguente problema di Neumann:

$$\begin{cases} u_t = \dfrac{\kappa}{\rho c_v} u_{xx} - \dfrac{\beta}{\rho c_v}(u - \theta) + \gamma \dfrac{I^2 R}{\rho c_v} & 0 < x < L, t > 0 \\ u_x(0,t) = u_x(L,t) = 0 & t > 0 \\ u(x,0) = g(x) & 0 \leq x \leq L. \end{cases}$$

dove: il termine $\gamma \frac{I^2 R}{\rho c}$ è dovuto al calore generato dal passaggio della corrente e $-\frac{\beta}{\rho c}(u - \theta)$ è dovuto allo scambio con l'ambiente circostante.

Soluzione 3.2. Essendo il tubo a perfetta tenuta e non essendoci sorgenti distribuite esterne, in tutti e due i casi, la concentrazione del gas soddisfa l'equazione di diffusione

(52) $$u_t = a u_{xx}$$

in $0 < x < L$, $t > 0$, dove $a = D/\alpha$. Infatti, la quantità di gas presente al tempo t tra x e $x + \Delta x$ è

$$\int_x^{x+\Delta x} \alpha u\,(x, t)\,dx$$

e quindi, la legge di conservazione della massa dà, tenendo conto della legge di Nerst:

$$\int_x^{x+\Delta x} \alpha u_t\,(x, t)\,dx = -D\,[u_x\,(x, t) - u_x\,(x + \Delta x, t)]\,.$$

Dividendo per Δx e passando al limite per $\Delta x \to 0$, si ottiene la (52). Vediamo le condizioni agli estremi.

a) In questo caso abbiamo una condizione di Dirichlet in $x = 0$:

$$u\,(0, t) = c\,(t)$$

e una condizione di Neumann omogenea in $x = L$:

$$u_x\,(L, t) = 0.$$

b) In tal caso si ha una condizione di Neumann non omogenea in $x = 0$:

$$-Du_x\,(0, t) = c_0$$

e una condizione di Robin in $x = L$:

$$Du_x\,(L, t) = -hu\,(L, t)\,.$$

Soluzione 3.3. La soluzione è

(53)
$$u\,(x, t) = 2e^{-\frac{9D}{4}^2 t} \sin\left(\frac{3}{2}x\right)\,.$$

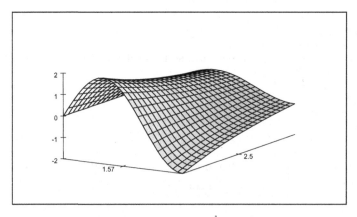

Figura 11. $u\,(x, t) = 2e^{-\frac{1}{4}t} \sin\left(\frac{3}{2}x\right)\,.$

Infatti, se si pone $u\,(x, t) = v\,(x)\,w\,(t)$ si è condotti alle equazioni

$$w'' - \lambda D w = 0$$

con soluzione

$$w(t) = Ce^{\lambda Dt}, \ C \in \mathbf{R},$$

e al problema di Sturm-Liouville

$$v''(x) - \lambda v(x) = 0$$

con condizioni miste

$$v'(0) = v'(\pi) = 0.$$

Nel caso $\lambda = \mu^2 \geq 0$, si trova solo la soluzione nulla. Nel caso $\lambda = -\mu^2 < 0$ gli autovalori sono

$$\lambda_k = -\left(\frac{(2k+1)}{2}\right)^2 \qquad k = 0, 1, \ldots$$

con autofunzioni corrispondenti

$$v_k(x) = \sin\left(\frac{(2k+1)}{2}x\right)$$

Abbiamo così le infinite soluzioni

$$u_k(x,t) = c_k \sin\left(\frac{(2k+1)}{2}x\right) e^{-\left(\frac{(2k+1)}{2}\right)^2 Dt}$$

che soddisfano le condizioni miste agli estremi. Se $c_1 = 2$, u_1 soddisfa anche la condizione iniziale. Si ottiene così la (53).

Con dato iniziale $u(x,0) = g(x)$, la soluzione (formale) è:

$$u(x,t) = \sum_{k=0}^{+\infty} c_k \sin\left(\frac{(2k+1)}{2}x\right) e^{-\left(\frac{(2k+1)}{2}\right)^2 Dt}$$

dove

$$c_k = \frac{2}{\pi} \int_0^\pi g(x) \sin\left(\frac{(2k+1)}{2}x\right) dx$$

sono i coefficienti di Fourier di g rispetto alla famiglia $\{v_k\}$.

Soluzione 3.4. La soluzione è

$$u(x,t) = U \sum_{k=1}^{+\infty} c_k e^{-\mu_k^2 Dt} \sin \mu_k x$$

dove i μ_k sono le soluzioni positive dell'equazione

$$h \tan \mu L = -\mu$$

e

(54)
$$c_k = \frac{\cos \mu_k L - 1}{\alpha_k \mu_k}$$

con

(55)
$$\alpha_k = \frac{L}{2} - \frac{\sin(2\mu_k L)}{4\mu_k}.$$

Infatti, se si pone $u(x,t) = v(x)w(t)$, si è condotti alle equazioni
$$w'' - \lambda Dw = 0$$
con soluzione
$$w(t) = Ce^{\lambda Dt}, \ C \in \mathbf{R},$$
e al problema di Sturm-Liouville
$$v''(x) - \lambda v(x) = 0$$
con condizioni miste
$$v(0) = v'(L) + hv(L) = 0.$$
Nel caso $\lambda = \mu^2 \geq 0$, si trova solo la soluzione nulla. Nel caso $\lambda = -\mu^2 < 0$ si trova
$$v(x) = C_1 \cos \mu x + C_2 \sin \mu x$$
ed essendo
$$v'(x) = -\mu C_1 \sin \mu x + \mu C_2 \cos \mu x,$$
le condizioni miste danno il sistema
$$\begin{cases} C_1 = 0 \\ (\mu \cos \mu L + h \sin \mu L)C_2 = 0. \end{cases}$$
Gli autovalori sono perciò le soluzioni positive μ_k, $k \geq 1$, dell'equazione
$$h \tan \mu L = -\mu$$
e le corrispondenti autofunzioni sono
$$v_k(x) = \sin \mu_k x.$$
La (54) e la (55) seguono dal fatto che
$$\int_0^L \sin \mu_k x \ dx = \frac{\cos \mu_k L - 1}{\mu_k} \quad \text{e} \quad \int_0^L \sin^2 \mu_k x \ dx = \alpha_k.$$

Soluzione 3.5. **a)** Si ha:
$$\begin{aligned} v_t &= [u_t + ku]e^{hx+kt} \\ v_x &= [u_x + hu]e^{hx+kt} \qquad v_{xx} = [u_{xx} + 2hu_x + h^2 u]e^{hx+kt} \end{aligned}$$
e quindi, usando l'uguaglianza $u_t = Du_{xx} + bu_x + cu$,
$$\begin{aligned} v_t - Dv_{xx} &= e^{hx+kt}[u_t - Du_{xx} - 2Dhu_x + (k - Dh^2)u] = \\ &= e^{hx+kt}[(b - 2Dh)u_x + (k - Dh^2 + c)u] \end{aligned}$$
per cui, se scegliamo
$$h = \frac{b}{2D} \qquad k = \frac{b^2}{4D} - c$$
la funzione v soddisfa l'equazione del calore $v_t - Dv_{xx} = 0$.

  b) La formula è
$$u(x,t) = e^{\left(c - \frac{b^2}{4D}\right)t} \int_{\mathbf{R}} e^{\frac{b}{2D}(y-x)} \Gamma_D(y - x, t) u_0(y) \, dy.$$

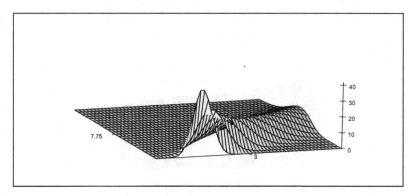

Figura 12. Esercizio 3.5: la funzione $30e^{x-t}\Gamma_1(x,t)$.

> **Soluzione 3.6.** Utilizzando l'esercizio precedente, possiamo semplificare ponendo

$$w(x,t) = u(x,t)e^{-mt}.$$

La funzione w soddisfa l'equazione

$$w_t - w_{xx} = e^{-mt}[\sin 2\pi x + 2\sin 3\pi x]$$

con condizioni nulle di Cauchy-Dirichlet. Poniamo $w(x,t) = v(x)z(t)$. Le autofunzioni associate al problema di Dirichlet sono

$$v_k(x) = \sin k\pi x, \qquad k = 1, 2, \dots$$

con autovalori $\lambda_k = -k^2\pi^2$. Il secondo membro dell'equazione differenziale è della forma

$$e^{-mt}[v_2(x) + v_3(x)],$$

per cui, la candidata soluzione sarà della forma

$$w(x,t) = c_2(t)\sin 2\pi x + 2c_3(t)\sin 3\pi x$$

dove i $c_j(t)$, $j = 1, 2$, si determinano imponendo $c_j(0) = 0$, per via del dato di Dirichlet nullo e

$$w_t - w_{xx} = [c_j'(t) + j^2\pi^2 c_j(t)]\sin j\pi x = e^{-mt}\sin j\pi x$$

ossia

$$c_j'(t) + j^2\pi^2 c_j(t) = e^{-mt}, \qquad c_j(0) = 0.$$

Si trova, se $m \neq j^2\pi^2$,

$$c_j(t) = \frac{1}{j^2\pi^2 - m}\left(e^{-mt} - e^{-j^2\pi^2 t}\right),$$

se $m = j^2\pi^2$,

$$c_j(t) = te^{-j^2\pi^2 t}.$$

La soluzione è dunque

$$u(x,t) = e^{mt}[c_2(t)\sin 2\pi x + 2c_3(t)\sin 3\pi x].$$

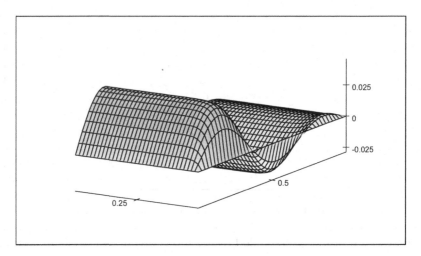

Figura 13. La soluzione dell'esercizio 3.6; $m = 0.5, 0 < t < 0.5$. Reazione, sorgente e diffusione si bilanciano.

Soluzione 3.7.   Sviluppiamo p in serie di Fourier; è conveniente usare la forma complessa:

$$p(t) = \sum_{n=-\infty}^{+\infty} p_n \exp\left(\frac{2\pi int}{T}\right)$$

dove

$$p_n = \frac{1}{T} \int_0^T p(t) \exp\left(\frac{2\pi int}{T}\right).$$

Ricordiamo che, poiché p è a valori reali, si ha

$$p_{-n} = \overline{p_n}.$$

Assumendo, come è plausibile, che u sia periodica di periodo T rispetto a t, poniamo

$$u(x,t) = \sum_{n=-\infty}^{+\infty} p_n u_n(x) \exp\left(\frac{2\pi int}{T}\right)$$

e determiniamo i coefficienti u_n dalle condizioni:

$$u_t - Du_{xx} = \sum_{n=-\infty}^{+\infty} \left[\left(\frac{2\pi in}{T}\right)u_n(x) - Du_n''(x)\right]\exp\left(\frac{2\pi int}{T}\right) = 0,$$

quindi

(56) $$u_n''(x) - \frac{2\pi in}{DT}u_n(x) = 0, \qquad n = 0, \pm 1, \pm 2, \ldots$$

e

(57) $$u_n(0) = 0, \ u_n(1) = 1.$$

Poiché anche u è una funzione reale, si ha

$$u_{-n}(x) = \overline{u_n(x)}$$

e quindi è sufficiente determinare u_n per $n = 0, 1, 2, \dots$ Se $n = 0$, si trova:

$$u_0(x) = x.$$

Se $n > 0$, la soluzione generale della (56) è:

$$u_n(x) = a_n \exp\{c_n(1+i)x\} + b_n \exp\{-c_n(1+i)x\}, \qquad c_n = \sqrt{\frac{\pi n}{DT}}.$$

Le (57) sono soddisfatte se:

$$a_n + b_n = 0, \qquad a_n \exp\{c_n(1+i)\} + b_n \exp\{-c_n(1+i)\} = 1$$

che danno, dopo qualche calcolo elementare:

$$a_n = -b_n = \frac{1}{2i \sin[c_n(1+i)]}.$$

In conclusione, tornando a funzioni reali:

$$u(x,t) = p_0 x + \sum_{n=1}^{+\infty} \mathrm{Re}\left\{ p_n \frac{\sin[c_n(1+i)]x}{\sin[c_n(1+i)]} \exp\left(-\frac{2\pi i n t}{T}\right) \right\}.$$

Nel caso

$$p(t) = \cos 2t = \frac{e^{it} + e^{-it}}{2}$$

si ha $T = \pi$, $c_n = \sqrt{n}$,

$$p_1 = p_{-1} = \frac{1}{2}, \; p_n = 0 \text{ se } n \neq \pm 1$$

e quindi,

$$a_1 = -b_1 = \frac{1}{4i \sin(1+i)}, \; a_n = b_n = 0 \text{ se } n \neq 1.$$

Si trova:

$$u_1(x) = \frac{1}{4i \sin(1+i)}\left[e^{(1+i)x} - e^{-(1+i)x}\right] = \frac{\sin[(1+i)x]}{2 \sin(1+i)}$$

e (vedi figura 14)

$$
\begin{aligned}
u(x,t) &= u_1(x)e^{-2it} + \overline{u_1(x)}e^{2it} = 2\,\mathrm{Re}\left[u_1(x)e^{-2it}\right] \\
&= \mathrm{Re}\left[\frac{\sin[(1+i)x]}{\sin(1+i)} \exp(-2it)\right].
\end{aligned}
$$

Soluzione 3.8. A meno di una traslazione dell'asse x, possiamo sempre supporre che $x_0 = 0$. Poniamo $l^+ = g(0+)$ e $l^- = g(0-)$ e introduciamo i due prolungamenti

$$g^+(x) = \begin{cases} g(x) & x > 0 \\ l^+ & x \leq 0 \end{cases} \qquad g^-(x) = \begin{cases} l^- & x > 0 \\ g(x) & x \leq 0. \end{cases}$$

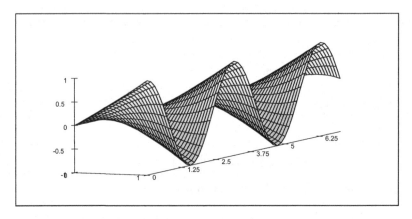

Figura 14. La soluzione del problema 3.7.

Le funzioni g^+ e g^- sono continue in $\mathbf{R}$. Osserviamo ora che si può scrivere

$$u(x,t) = \int_{-\infty}^{0} \Gamma_D(x-y,t)\,g(y)\,dx + \int_{0}^{+\infty} \Gamma_D(x-y,t)\,g(y)\,dy$$
$$\equiv u^+(x,t) + u^-(x,t)$$

e

$$u^+(x,t) = \int_{\mathbf{R}} \Gamma_D(x-y,t)\,g^+(y)\,dy - l^+ \int_{0}^{+\infty} \Gamma_D(x-y,t)\,dy$$
$$u^-(x,t) = \int_{\mathbf{R}} \Gamma_D(x-y,t)\,g^-(y)\,dy - l^- \int_{-\infty}^{0} \Gamma_D(x-y,t)\,dy.$$

Dal Problema 2.18, abbiamo che, se $(x,t) \to (0,0)$ si ha:

$$\int_{\mathbf{R}} \Gamma_D(x-y,t)\,g^+(y)\,dy \to l^+, \qquad \int_{\mathbf{R}} \Gamma_D(x-y,t)\,g^-(y)\,dy \to l^-.$$

Basta dunque esaminare i limiti di

$$\int_{0}^{+\infty} \Gamma_D(x-y,t)\,dy \quad e \quad \int_{-\infty}^{0} \Gamma_D(x-y,t)\,dy.$$

Si ha

$$\int_{0}^{+\infty} \Gamma_D(x-y,t)\,dy = \frac{1}{\sqrt{4D\pi t}} \int_{0}^{+\infty} e^{-\frac{(x-y)^2}{4Dt}}\,dy = \frac{1}{\sqrt{\pi}} \int_{-\frac{x}{\sqrt{4Dt}}}^{+\infty} e^{-z^2}\,dz$$
$$\int_{-\infty}^{0} \Gamma_D(x-y,t)\,dy = \frac{1}{\sqrt{\pi}} \int_{-\infty}^{-\frac{x}{\sqrt{4Dt}}} e^{-z^2}\,dz$$

da cui le seguenti conclusioni:

a) Poiché il limite di $x/\sqrt{t}$ per $(x,t) \to (0,0)$ non esiste, anche il limite di u^+ non esiste. Analogamente non esistono i limiti di u^- e di u.

b) Se $x = o(t)$ (che implica, in particolare, $(x, t) \to (0, 0)$ tangenzialmente all'asse t) allora

$$u^+ \to l^+/2, \ u^- \to l^-/2 \quad \text{e} \quad u \to \left(l^+ + l^- \right)/2.$$

c) Sia ora $t = o(|x|)$ (che implica, in particolare, $(x, t) \to (0, 0)$ tangenzialmente all'asse x); se $x > 0$, $u^+ \to l^+$ e $u^- \to 0$, mentre, se $x < 0$, $u^+ \to 0$ e $u^- \to l^-$. Nel primo caso $u \to l^+$, nel secondo, $u \to l^-$.

Soluzione 3.9.   La soluzione è

$$u(x, t) = \int_0^1 \Gamma_D(x - y, t) \, dy.$$

Sia $(x, t) \to (x_0, 0)$. Dall'esercizio precedente si deduce che:

$$se \ |x_0| > 1, u(x, t) \to 0;$$

se

$$0 < x_0 < 1, u(x, t) \to 1;$$

se, infine, $x_0 = 0$ oppure $x_0 = 1$, il limite non esiste.

Soluzione 3.10.   Date le condizioni omogenee di Dirichlet, prolunghiamo prima g in modo dispari sull'intervallo $[-L, L]$, ponendo

$$\tilde{g}(x) = \begin{cases} g(x) & 0 \le x \le L \\ -g(-x) & -L \le x < 0 \end{cases} \quad \text{(riflessione dispari)}.$$

Estendiamo poi $\tilde{g}$ a tutto $\mathbf{R}$ ponendola uguale a zero fuori dall'intervallo $[-L, L]$ ed infine definiamo

$$g^*(x) = \sum_{n=-\infty}^{+\infty} \tilde{g}(x - 2nL).$$

La g^* è continua (essendo $g(0) = g(L) = 0$), periodica di periodo $2L$ e coincide con $\tilde{g}$ su $[-L, L]$. Si noti che, per ogni x, solo un addendo della serie è non nullo. Risolviamo ora il problema di Cauchy-Dirichlet globale con dato iniziale mediante la formula

$$(58) \qquad u(x, t) = \int_{-\infty}^{+\infty} \Gamma_D(x - y, t) g^*(y) \, dy$$

$$= \sum_{n=-\infty}^{+\infty} \int_{-\infty}^{+\infty} \Gamma_D(x - y, t) \tilde{g}(y - 2nL) \, dy.$$

Ricordando che $\tilde{g}(y - 2nL)$ è nulla fuori dall'intervallo

$$(2n - 1)L \le y \le (2n + 1)L,$$

si può scrivere

$$
u(x,t) = \sum_{n=-\infty}^{+\infty} \int_{(2n-1)L}^{(2n+1)L} \Gamma_D(x-y,t)\,\widetilde{g}(y-2nL)\,dy
$$

$$
\underset{(y-2nL)\longrightarrow y}{=} \sum_{n=-\infty}^{+\infty} \int_{-L}^{L} \Gamma_D(x-y-2nL,t)\,\widetilde{g}(y)\,dy
$$

$$
= \sum_{n=-\infty}^{+\infty} \int_{0}^{L} [\Gamma_D(x-y-2nL,t) - \Gamma_D(x+y-2nL,t)]g(y)\,dy
$$

$$
\equiv \int_{0}^{L} G_D(x,y,t)\,g(y)\,dy
$$

dove

$$
G_D(x,y,t) = \sum_{n=-\infty}^{+\infty} [\Gamma_D(x-y-2nL,t) - \Gamma_D(x+y-2nL,t)].
$$

La restrizione di u all'intervallo $[0,L]$ è la soluzione di (26). Controlliamo il dato iniziale. Dalla formula (27), u certamente è soluzione dell'equazione di diffusione; inoltre, essendo g^* continua, si ricava subito che, se $x_0 \in [0,L]$,

$$
u(x,t) \to g^*(x_0) = g(x_0), \text{ se } (x,t) \to (x_0,0).
$$

Controlliamo i dati di Dirichlet agli estremi. Per $t > 0$ si può passare al limite sotto il segno di integrale, per cui è sufficiente verificare le condizioni sul *nucleo* G_D; si trova, cambiando opportunamente gli indici di sommatoria:

$$
G_D(0,y,t) = \sum_{n=-\infty}^{+\infty} \Gamma_D(y+2nL,t) - \Gamma_D(y-2nL,t)
$$

$$
= \sum_{n=-\infty}^{+\infty} [\Gamma_D(y+2nL,t) - \Gamma_D(y+2nL,t)]
$$

$$
= 0.
$$

Per il flusso in $x = L$, si trova

$$
= \sum_{n=-\infty}^{+\infty} [\Gamma_D(L-y-2nL,t) - \Gamma_D(L+y-2nL,t)]
$$

$$
= \sum_{n=-\infty}^{+\infty} [\Gamma_D(L-y-2nL,t) - \Gamma_D(-L+y+2nL,t)]
$$

$$
= 0.
$$

Dunque le condizioni di Dirichlet sono verificate.

Nota. La funzione $G_D = G_D(x,y,t)$ si chiama *soluzione fondamentale con condizioni di Dirichlet, per l'intervallo* $[0,L]$.

Soluzione 3.11. I problemi nei punti a) e b) sono invarianti per dilatazioni paraboliche e pertanto è ragionevole cercare le soluzioni nella forma indicata nel Problema 2.14:

$$u(x,t) = C_1 + C_2 \operatorname{erf}\left(\frac{x}{2\sqrt{t}}\right).$$

Si controlla ora facilmente che la soluzione (l'unica limitata) del problema **a**) è, essendo $\operatorname{erf}(0) = 0$, $\operatorname{erf}(+\infty) = 1$:

$$u(x,t) = U \operatorname{erf}\left(\frac{x}{2\sqrt{t}}\right).$$

Analogamente, una[17] soluzione del problema b) è[18]:

$$u(x,t) = U\left[1 - \operatorname{erf}\left(\frac{x}{2\sqrt{t}}\right)\right].$$

Per trovare la soluzione di c), usiamo la (24) nel problema 2.16, che dà

$$
\begin{aligned}
u(x,t) &= \int_L^{+\infty} \left[\Gamma_1(x-y,t) - \Gamma_1(x+y,t)\right] dy \\
&= \frac{1}{\sqrt{\pi}} \left[\int_{\frac{(L-x)}{2\sqrt{t}}}^{+\infty} e^{-z^2} dz - \int_{\frac{(L+x)}{2\sqrt{t}}}^{+\infty} e^{-z^2} dy\right] = \\
&= \frac{1}{2}\left[\operatorname{erf}\frac{(L+x)}{2\sqrt{t}} - \operatorname{erf}\frac{(L-x)}{2\sqrt{t}}\right].
\end{aligned}
$$

Soluzione 3.12. **a)** Dalla soluzione del Problema 2.15, tale probabilità è pari a

$$
\begin{aligned}
F(L,t) &= 1 - \int_{-\infty}^{L} p^A(x,t)\, dx = 1 - \frac{1}{\sqrt{2\pi t}} \int_{-L}^{L} e^{-\frac{x^2}{2t}} dx \\
&= \frac{2}{\sqrt{2\pi t}} \int_{L}^{+\infty} e^{-\frac{x^2}{2t}} dx \underset{x=\sqrt{2t}y}{=} \frac{2}{\sqrt{\pi}} \int_{\frac{L}{\sqrt{2t}}}^{+\infty} e^{-\frac{y^2}{2}} dy.
\end{aligned}
$$

b) La probabilità cercata coincide con la probabilità che la particella passi per la prima volta in $x = L$, tra gli istanti t e $t + dt$. Quest'ultimo evento coincide con $\{t < T_L \leq t + dt\}$ e quindi se $dt \sim 0$,

$$P\{t < T_L \leq t + dt\} = F(L, t+dt) - F(L,t) \simeq F_t(L,t)dt.$$

Ne segue che

$$P\{t < T_L \leq t + dt\} = \frac{L}{\sqrt{2\pi}t^{3/2}} e^{-\frac{L^2}{2t}} dt.$$

Nota. Può essere istruttivo usare un altro metodo per trovare la soluzione. Interpretiamo f come il tasso al quale una quantità di calore unitaria, concentrata

---

[17]Mentre nei problemi a) e c) c'è una sola soluzione limitata, per il problema b), non essendo il dato di Dirichlet in $L^2(0,\infty)$ non c'è unicità (si veda il problema 2.21).

[18]Si può usare anche la formula nel problema 2.21.

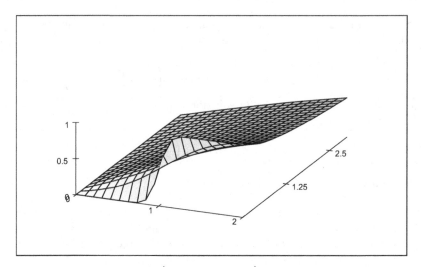

Figura 15. La funzione $\frac{1}{2}\left(\operatorname{erf}\frac{1+x}{2\sqrt{t}} - \operatorname{erf}\frac{1-x}{2\sqrt{t}}\right)$, $0 < x < 2, 0.005 < t < 3$.

inizialmente nell'origine, diffonde in presenza di un pozzo assorbente, posto in $x = L$. Allora la soluzione è semplice: f non è altro che il flusso uscente di calore nell'unità di tempo, nel punto L. La legge di Fourier assegna

$$f(L,t) = -\frac{1}{2}p_x^A(L,t) = \frac{L}{\sqrt{2\pi}t^{3/2}}e^{-\frac{L^2}{2t}}$$

confermando il risultato precedente.

$\boxed{\textbf{Soluzione 3.13.}}$ a) La probabilità di transizione $p = p(x,t)$ è soluzione di

$$p_t - \frac{1}{2}p_{xx} = 0$$

in $(-\infty, L) \times (0, \infty)$ ed inoltre $p(x,0) = \delta$ in $(-\infty, L)$. Inoltre, deve essere

(59)
$$\int_{-\infty}^{L} p(x,t)\,dx = 1.$$

Per analizzare che cosa succede in $x = L$, usiamo la condizione di riflessione, in base alla quale, la particella che si trova in $L - h/2$ al tempo $t + \tau$ si trova con ugual probabilità in $L - 3h/2$ e in $L - h/2$. Dal teorema delle probabilità totali possiamo perciò scrivere:

(60)
$$p\left(L - \frac{1}{2}h, t + \tau\right) = \frac{1}{2}p\left(L - \frac{3}{2}h, t\right) + \frac{1}{2}p\left(L - \frac{1}{2}h, t\right).$$

Poiché

$$p\left(L - \frac{1}{2}h, t + \tau\right) = p\left(L - \frac{1}{2}h, t\right) + p_t\left(L - \frac{1}{2}h, t\right)\tau + o(\tau)$$

e

$$p\left(L - \frac{3}{2}h, t\right) = p\left(L - \frac{1}{2}h, t\right) + p_x\left(L - \frac{1}{2}h, t\right)h + o\left(h\right),$$

sostituendo nella (60), dopo qualche semplificazione, si trova

$$p_t\left(L - \frac{1}{2}h, t\right)\tau + o\left(\tau\right) = p_x\left(L - \frac{1}{2}h, t\right)h + o\left(h\right).$$

Dividiamo per h e passiamo al limite per $h \to 0$. Poiché $h^2/\tau = 1$, segue che $\frac{\tau}{h} \to 0$, per cui si ottiene la condizione che p deve soddisfare in $x = L$ e cioè

(61) $p_x\left(L, t\right) = 0$ $t > 0$

che corrisponde ad una condizione di Neumann omogenea. In conclusione, p è soluzione del problema

$$\begin{cases} p_t - \frac{1}{2}p_{xx} = 0 & \text{in } -\infty < x < L,\ t > 0 \\ p\left(x, 0\right) = \delta & -\infty < x < L \\ p_x\left(L, t\right) = 0 & t > 0 \end{cases}$$

oltre alla (59).

   b) Per risolvere il problema, usiamo il metodo delle immagini, sistemando un'altra barriera riflettente nel punto $2L$, simmetrico dell'origine rispetto ad L. Sfruttando la linearità dell'equazione del calore, consideriamo la sovrapposizione delle due soluzioni fondamentali

(62) $p^R\left(x, t\right) = \Gamma_D\left(x, t\right) + \Gamma_D\left(x - 2L, t\right) = \Gamma_D\left(x, t\right) + \Gamma_D\left(2L - x, t\right).$

La p^R così definita è precisamente la soluzione cercata, in quanto, per $-\infty < x < L$, si ha

$$p^R\left(x, 0\right) = \Gamma_D\left(x, 0\right) + \Gamma_D\left(2L - x, 0\right) = \delta$$

e

$$p_x^R\left(x, t\right) = \frac{1}{\sqrt{4\pi Dt}}\left\{-\frac{x}{2Dt}e^{-\frac{x^2}{4Dt}} + \frac{2L - x}{2Dt}e^{-\frac{(2L - x)^2}{4Dt}}\right\}$$

perciò

$$p_x\left(L, t\right) = 0,$$

(deducibile anche senza calcoli dalla simmetria di p^R). Infine,

$$\int_{-\infty}^{L} p^R\left(x, t\right)dx = \int_{-\infty}^{L}\left\{\Gamma_D\left(x, t\right) + \Gamma_D\left(2L - x, t\right)\right\}dx =$$

ponendo $2L - x = z$ nel secondo integrale a destra,

$$= \int_{-\infty}^{L}\Gamma_D\left(x, t\right)dx + \int_{L}^{+\infty}\Gamma_D\left(z, t\right)dz = 1$$

e quindi anche la (59) è soddisfatta.

Soluzione 3.14. Poiché f è continua per $0 \leq x \leq L$, $t \geq 0$, dalla soluzione dell'Esercizio 3.10, si deduce che la soluzione del problema (29) è per ogni τ, $0 \leq \tau \leq t$,

$$v(x,t;\tau) = \int_0^L G_D(x,y,t-\tau) f(y,\tau) \, dy$$

ed è continua nello stesso insieme. In tal caso si ha, per ogni $0 < x < L$, $t > 0$:

$$u_t(x,t) = v(x,t,t) + \int_0^t v_t(x,t;\tau) \, d\tau = f(x,t) + \int_0^t v_t(x,t;\tau) \, d\tau$$

$$u_{xx}(x,t) = \int_0^t v_{xx}(x,t;\tau) \, d\tau.$$

Quindi

$$u_t - D u_{xx} = f(x,t) \qquad 0 < x < L, \, t > 0$$

e inoltre

$$u(x,0) = 0.$$

Concludiamo che u è soluzione di (28). Una formula esplicita per u è la seguente:

$$u(x,t) = \int_0^t v(x,t;\tau) \, d\tau = \int_0^t \int_0^L G_D(x,y,t-\tau) f(y,\tau) \, dy d\tau.$$

Una formula alternativa segue dal metodo di separazione delle variabili. Infatti, per $v(x,t;\tau)$ si trova la formula

$$v(x,t;\tau) = \sum_{k=1}^{\infty} f_k(\tau) e^{-n^2\pi^2(t-\tau)/L} \sin\left(\frac{k\pi}{L}x\right)$$

dove

$$f_k(\tau) = \frac{2}{L} \int_0^L f(y,\tau) \sin\left(\frac{k\pi}{L}x\right) \, dy$$

da cui

$$u(x,t) = \sum_{k=1}^{\infty} \sin\left(\frac{k\pi}{L}x\right) \int_0^t f_k(\tau) e^{-n^2\pi^2(t-\tau)/L} d\tau.$$

Soluzione 3.15. Sia $R = L/2\pi$ il raggio del cerchio. Usiamo le coordinate θ e t e poniamo $u = u(\theta,t)$. La temperatura u varia con continuità, per cui $u(\theta,t)$ è funzione periodica rispetto ad θ, di periodo 2π. Un modello per u si trova col metodo del Problema 2.1. Isoliamo una porzione di filo V, tra θ e $\theta+d\theta$, di lunghezza $Rd\theta$. Il passaggio di corrente di intensità $I = I(t)$ induce una sorgente distribuita di intensità γI^2, dove γ dipende dalle caratteristiche del filo (resistenza elettrica, densità, diffusività). Più precisamente $\gamma I^2 Rd\theta$ rappresenta la quantità di calore generata nell'unità di tempo dentro l'elemento di filo tra θ e $\theta + d\theta$. La legge di conservazione dell'energia dà

$$\frac{d}{dt}\int_V c_v \rho u \, dv = \int_{\partial V} -\kappa \frac{du}{ds}\boldsymbol{\tau} \cdot \boldsymbol{\nu} \, d\sigma + \gamma I^2 R \, d\theta$$

dove $\boldsymbol{\tau}$ è il versore tangente al filo e $\boldsymbol{\nu}$ è il versore normale al bordo del cilindretto. Abbiamo:

$$\frac{d}{dt}\int_V c_v\rho u\,dv = c_v\rho SR\int_\theta^{\theta+d\theta} u_t\left(\theta',t\right)d\theta'$$

mentre, essendo $\mathbf{t}\cdot\boldsymbol{\nu}=0$ sul bordo del cilindretto, e

$$du/ds = u_\theta d\theta/ds = u_\theta/R,$$

si ha

$$\int_{\partial V} -\frac{\kappa}{R}u_\theta \mathbf{i}\cdot\boldsymbol{\nu}\,d\sigma = -\frac{\kappa S}{R}[u_\theta\left(\theta+d\theta,t\right)-u_\theta\left(\theta,t\right)].$$

Uguagliando, dividendo per $d\theta$ e passando al limite per $d\theta\to 0$, si ottiene l'equazione

$$u_t = Ku_{\theta\theta}+f\left(t\right), \qquad \text{in } 0<\theta<2\pi, t>0$$

con

$$K = \frac{\kappa}{c_v\rho R^2}, \; f\left(t\right) = \frac{\gamma I^2}{c_v\rho S}.$$

Inoltre,

$$\begin{cases} u\left(\theta,0\right)=g\left(\theta\right) & 0\leq\theta\leq 2\pi \\ u\left(0,t\right)=u\left(2\pi,t\right), \quad u_\theta\left(0,t\right)=u_\theta\left(2\pi,t\right) & t>0. \end{cases}$$

dove il dato iniziale g ha periodo 2π.

Cercando soluzioni del tipo $v\left(\theta\right)w\left(t\right)$ si è condotti al seguente problema di autovalori:

$$v''+\lambda v=0,\; v\left(0\right)=v\left(2\pi\right),\; v'\left(0\right)=v'\left(2\pi\right).$$

Le soluzioni sono

$$v_n\left(\theta\right)=A\cos n\theta + B\sin n\theta, \qquad n=0,1,2....$$

Di conseguenza, cerchiamo la soluzione nella forma:

$$u\left(\theta,t\right)=\sum_{n=0}^{\infty}\left[A_n\left(t\right)\cos n\theta + B_n\left(t\right)\sin n\theta\right]$$

e imponiamo che

$$\sum_{k=0}^{\infty}\left[A_n'\left(t\right)+n^2KA_n\left(t\right)\right]\cos n\theta + \left[B_n'\left(t\right)+n^2B_n\left(t\right)\right]\sin n\theta = f\left(t\right)$$

con

$$A_n\left(0\right)=a_n, \quad B_n\left(0\right)=b_n, \qquad n=0,1,2....$$

dove a_n e b_n sono i coefficienti di Fourier di g. Deve dunque essere

$$A_0'\left(t\right)=f\left(t\right),\, A\left(0\right)=\frac{a_0}{2}$$

e, per $n>0$,

$$\begin{aligned} A_n'\left(t\right)+n^2KA_n\left(t\right) &= 0,\, A_n\left(0\right)=a_n \\ B_n'\left(t\right)+n^2KB_n\left(t\right) &= 0,\, B_n\left(0\right)=b_n. \end{aligned}$$

Si trova:

$$A_0(t) = \frac{a_0}{2} + \int_0^t f(s)\,ds, \; A_n(t) = a_n e^{-n^2 Kt}, \; B_n(t) = b_n e^{-n^2 Kt}.$$

Soluzione 3.16. a) Usiamo la *trasformata-coseno* di Fourier rispetto a x, definita da:

$$C(u)(\xi,t) = U(\xi,t) = \frac{2}{\pi} \int_0^\infty u(x,t) \cos(\xi x)\,dx.$$

Si noti che U è una funzione pari di ξ. Ricordando la formula

$$C(u_{xx})(\xi,t) = -\frac{2}{\pi} u_x(0,t) - \xi^2 U(\xi,t)$$

si deduce che U è soluzione del problema

$$\begin{cases} U_t(\xi,t) + \xi^2 U(\xi,t) = -\frac{2}{\pi} g(t) & \xi > 0, \, t > 0 \\ U(\xi,0) = 0 & \xi \geq 0. \end{cases}$$

Si trova

$$U(\xi,t) = -\frac{2}{\pi} \int_0^t e^{-\xi^2(t-s)} g(s)\,ds.$$

Eseguendo la trasformata inversa , si ha:

$$\begin{aligned} u(x,t) &= \int_0^\infty U(\xi,t) \cos(\xi x)\,d\xi = -\frac{2}{\pi} \int_0^t g(s) \left[\int_0^\infty e^{-\xi^2(t-s)} \cos(\xi x)\,d\xi \right]\,ds \\ &= -\frac{1}{\sqrt{\pi}} \int_0^t \frac{g(s)}{\sqrt{t-s}} e^{-\frac{x^2}{4(t-s)}}\,ds \\ &= -2 \int_0^t \Gamma(x, t-s) g(s)\,ds \end{aligned}$$

dove

$$\Gamma(x,t) = \frac{1}{\sqrt{4\pi t}} \exp\left(-\frac{x^2}{4t} \right)$$

è la soluzione fondamentale per l'operatore $\partial_t - \partial_{xx}$.

b) L'*analisi della soluzione* e la dimostrazione della non unicità si esegue, con minime varianti, come nel Problema 2.21. Lasciamo i dettagli al lettore.

Soluzione 3.17. Indichiamo con

$$\widehat{u}(\xi,t) = \int_{\mathbf{R}} u(x,t) e^{-ix\xi} d\xi$$

la trasformata di Fourier parziale di u. Allora, ricordando che la trasformata di xu_x è $-\xi \widehat{u}_\xi - \widehat{u}$, $\widehat{u}$ soddisfa (formalmente) il problema di Cauchy.

$$\begin{cases} \widehat{u}_t + \xi \widehat{u}_\xi = -(\xi^2 + 1)\widehat{u} & -\infty < \xi < \infty, \, t > 0 \\ \widehat{u}(\xi,0) = \widehat{g}(\xi) & -\infty < \xi < \infty. \end{cases}$$

È un'equazione lineare non omogenea del prim'ordine. Le curve caratteristiche (vedi Capitolo 3) di equazioni parametriche

$$t = t(\tau), \xi = \xi(\tau), z = z(\tau)$$

sono soluzioni del sistema

$$\begin{cases} \dfrac{dt}{d\tau} = 1, & t(0) = 0 \\ \dfrac{d\xi}{d\tau} = \xi, & \xi(0) = s \\ \dfrac{dz}{d\tau} = -(\xi^2 + 1)z, & z(0) = \widehat{g}(s). \end{cases}$$

Dalle prime due, si trova $t = \tau$, $\xi = se^\tau$. La terza dà

$$z(\tau, s) = \widehat{g}(s) \exp\left(-\frac{1}{2}s^2 e^{2\tau} + \frac{1}{2}s^2 - \tau\right).$$

Eliminando i parametri s, τ, si trova

$$\widehat{u}(\xi, t) = \widehat{g}(\xi e^{-t}) \exp\left(-\frac{\xi^2}{2} + \frac{\xi^2}{2}e^{-2t} - t\right).$$

ed infine

$$u(x, t) = \frac{1}{2\pi}e^{-t} \int_{\mathbf{R}} \widehat{g}(\xi e^{-t}) \exp\left\{-\frac{1 - e^{-2t}}{2}\xi^2 + i\xi x\right\} d\xi.$$

Osserviamo ora che $\widehat{g}(\xi e^{-t})$ è la trasformata di $e^t g(xe^t)$, mentre, posto

$$a(t) = \frac{1 - e^{-2t}}{2},$$

la funzione $e^{-\xi^2 a(t)}$ è la trasformata[19] di

$$\Gamma_1(x, a(t)) = \frac{1}{\sqrt{4\pi a(t)}} e^{-\frac{x^2}{4a(t)}}.$$

Ne segue la formula

$$u(x, t) = \int_{\mathbf{R}} \Gamma_1(y, a(t)) g(e^t(x - y))dy = \int_{\mathbf{R}} \Gamma_1(x - e^t y, a(t)) g(y))dy.$$

Nel caso

$$g(x) = \delta(x - x_0),$$

si trova

(63) $$u(x, t) = \frac{1}{\sqrt{2\pi(1 - e^{-2t})}} \exp\left\{-\frac{(x - e^t x_0)^2}{2(1 - e^{-2t})}\right\}.$$

Si vede che la Gaussiana viene trasportata all'infinito (a destra se $x_0 > 0$, a sinistra se $x_0 < 0$) con velocità esponenziale e tende ad assestarsi sul profilo $\frac{1}{\sqrt{2\pi}} \exp\left\{-\frac{(x)^2}{2}\right\}$. L'effetto della diffusione in ogni punto al finito si sente sempre meno. Se $x_0 = 0$, non c'è effetto di trasporto.

---

[19] Appendice B.

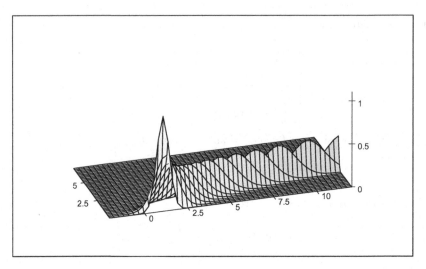

Figura 16. Trasporto "esponenziale di una Gaussiana": la funzione (63).

Soluzione 3.18.   Supponendo che u ammetta trasformata di Laplace rispetto a t, definiamo

$$\mathcal{L}\left(u\right)\left(x,\zeta\right) = U\left(x,\zeta\right) = \int_0^\infty e^{-\zeta t} u\left(x,t\right)dt.$$

Allora, ricordando che

$$\mathcal{L}\left(u_t\right)\left(x,\zeta\right) = \zeta U\left(x,\zeta\right) - u\left(x,0\right) = \zeta U\left(x,\zeta\right),$$

si deduce che U è soluzione del problema[20]

$$\begin{aligned} \zeta U - U_{xx} &= 0, & x > 0 \\ U\left(0,\zeta\right) &= 1, & U\left(\infty,\zeta\right) = 0. \end{aligned}$$

Risolvendo l'equazione ordinaria si ha:

$$U\left(x,\zeta\right) = C_1 e^{\sqrt{\zeta}x} + C_2 e^{-\sqrt{\zeta}x}$$

dove

$$\sqrt{\zeta} = \sqrt{|\zeta|} e^{i\frac{\arg\zeta}{2}}.$$

Imponendo le condizioni agli estremi, si trova

$$C_1 = 0,\ C_2 = 1,$$

da cui

$$U\left(x,\zeta\right) = e^{-\sqrt{\zeta}x}.$$

Antitrasformando[21], troviamo

$$u\left(x,t\right) = \frac{x}{2\sqrt{\pi}t^{3/2}} e^{-\frac{x^2}{4t}}.$$

---

[20]Poniamo per semplicità $D = 1$.
[21]Appendice B.

Soluzione 3.19. Il problema è invariante per rotazioni e quindi la temperatura dipende solo dal tempo e dalla distanza dal centro della sfera, che supponiamo sia l'origine; cioè $u = u(r,t)$, dove $r = |\mathbf{x}|$. L'equazione per u è[22]:

$$u_t - \Delta u = u_t - \frac{1}{r}(ru)_{rr} = 0, \qquad 0 < r < R, t > 0$$

con le condizioni

$$u(r,0) = qr \qquad\qquad 0 \le r < R$$
$$u_r(R,t) = q, \quad |u(0,t)| < \infty \quad t > 0.$$

Come nel Problema 2.26, possiamo porre $v = ru$ e scrivere per v il problema unidimensionale misto Dirichlet-Robin:

$$\begin{cases} v_t - v_{rr} = 0 & 0 < r < R, t > 0 \\ v(r,0) = qr^2 & 0 \le r < R \\ v(0,t) = 0,\ Rv_r(R,t) = v(R,t) + R^2 q & t > 0. \end{cases}$$

Poniamo ulteriormente

$$w(r,t) = v(r,t) - qr^2.$$

Allora

$$\begin{cases} w_t - w_{rr} = 2q & 0 < r < R, t > 0 \\ w(r,0) = 0 & 0 \le r < R \\ w(0,t) = 0,\ Rw_r(R,t) = w(R,t) & t > 0. \end{cases}$$

Ricordando la soluzione dell'Esercizio 3.4, il problema ha come autovalori i numeri μ_k/R, $k \ge 1$, dove i μ_k sono le soluzioni positive dell'equazione $\tan\mu = \mu$. Le autofunzioni sono

$$w_k(r) = \sin\frac{\mu_k r}{R}.$$

Perciò la soluzione è

$$w(r,t) = \sum_{k=1}^{\infty} c_k(t) \sin\frac{\mu_k r}{R}$$

dove i c_k sono scelti in modo che $(w_k'' + \frac{\mu_k^2}{R^2} w_k = 0)$

$$w_t - w_{rr} = \sum_{k=1}^{\infty} \left[c_k'(t) + \frac{\mu_k^2}{R^2} c_k(t) \right] \sin\frac{\mu_k r}{R} = 2q.$$

Ora, si può scrivere

$$1 = \sum_{k=1}^{\infty} q_k \sin\frac{\mu_k r}{R}$$

dove

$$q_k = \frac{\cos\mu_k}{\alpha_k \mu_k}, \alpha_k = \frac{1}{2} - \frac{\sin\mu_k}{4\mu_k}.$$

---

[22]Ricordare lidentità (41).

Deve quindi essere, tenendo conto della condizione iniziale nulla:

$$c_k'(t) + \frac{\mu_k^2}{R^2} c_k(t) = 2qq_k, \qquad c_k(0) = 0, \qquad k = 1, 2, \ldots$$

Troviamo

$$c_k(t) = 2qR^2 \frac{q_k}{\mu_k^2} \left(1 - e^{-\frac{\mu_k^2}{R^2}t}\right).$$

Infine:

$$u(r,t) = qr + \frac{2qR^2}{r} \sum_{k=1}^{\infty} \frac{q_k}{\mu_k^2} \left(1 - e^{-\frac{\mu_k^2}{R^2}t}\right) \sin \frac{\mu_k r}{R}.$$

Soluzione 3.20.   Definiamo

$$\widehat{u}(\boldsymbol{\xi}, t) = \int_{\mathbf{R}^n} u(\mathbf{x}, t) e^{-ix \cdot \boldsymbol{\xi}} d\boldsymbol{\xi},$$

trasformata di Fourier parziale di u. Allora $\widehat{u}$ soddisfa (formalmente) il problema di Cauchy

$$\begin{cases} \widehat{u}_t + D|\boldsymbol{\xi}|^2 \widehat{u} = \widehat{f}(\boldsymbol{\xi}, t) & t > 0 \\ \widehat{u}(\boldsymbol{\xi}, 0) = \widehat{g}(\boldsymbol{\xi}), \end{cases}$$

$\boldsymbol{\xi} \in \mathbf{R}^n$, dove $\widehat{f}$ è la trasformata di Fourier parziale di f. Si trova dunque

$$\widehat{u}(\boldsymbol{\xi}, t) = \widehat{g}(\boldsymbol{\xi}) e^{-D|\boldsymbol{\xi}|^2 t} + \int_0^t e^{-D|\boldsymbol{\xi}|^2(t-s)} \widehat{f}(\boldsymbol{\xi}, s) \, ds.$$

Ricordiamo ora che l'antitrasformata dell'esponenziale $e^{-D|\boldsymbol{\xi}|^2 t}$ è[23]

$$\Gamma_D(\mathbf{x}, t) = \frac{1}{(4\pi Dt)^{n/2}} \exp\left(-\frac{|\mathbf{x}|^2}{4Dt}\right)$$

e che l'antitrasformata di un prodotto è la convoluzione delle antitrasformate; si ottiene perciò:

$$\begin{aligned} u(\mathbf{x}, t) &= \int_{\mathbf{R}^n} \Gamma_D(\mathbf{x} - \mathbf{y}, t) g(\mathbf{y}) \, d\mathbf{y} + \int_0^t \int_{\mathbf{R}^n} \Gamma_D(\mathbf{x} - \mathbf{y}, t - s) f(\mathbf{y}, s) \, ds \\ &\equiv u_1(\mathbf{x}, t) + u_2(\mathbf{x}, t). \end{aligned}$$

L'*analisi del procedimento* si esegue esattamente come nel Problema 2.20; la conclusione è che

$$u(\mathbf{x}, t) \to f(\mathbf{x}, t)$$

in $L^2(\mathbf{R}^n)$ per $t \to 0$.

---

[23]Appendice B.

Soluzione 3.21.   Si tratta di determinare la soluzione del seguente problema di Cauchy–Dirichlet (ponendo $D = 1$):

$$\begin{cases} u_t(x,y,z,t) = \Delta u(x,y,z,t) & (x,y) \in \mathbf{R}^2,\, 0 < z < 1,\, t > 0 \\ u(x,y,z,0) = g(x,y,z) & (x,y) \in \mathbf{R}^2,\, 0 < z < 1 \\ u(x,y,0,t) = u(x,y,1,t) = 0 & (x,y) \in \mathbf{R}^2,\, t > 0 \end{cases}$$

(il laplaciano si intende rispetto alle coordinate spaziali). Per risolverlo, usiamo la trasformata di Fourier bidimensionale, rispetto a x e y; definiamo cioè

$$\widehat{u}(\xi,\eta,z,t) = \int_{\mathbf{R}^2} u(x,y,z,t)\, e^{-i(x\xi+y\eta)} d\xi d\eta.$$

Allora $\widehat{u}(\xi,\eta,\cdot,\cdot)$ è soluzione (formalmente) del seguente problema ($D = 1$):

$$\begin{cases} \widehat{u}_t - \widehat{u}_{zz} + (\xi^2 + \eta^2)\widehat{u} = 0 & 0 < z < 1,\, t > 0 \\ \widehat{u}(\xi,\eta,z,0) = \widehat{g}(\xi,\eta,z) & 0 \le z \le 1 \\ \widehat{u}(\xi,\eta,0,t) = \widehat{u}(\xi,\eta,1,t) = 0 & t > 0. \end{cases}$$

Pensando ξ,η fissi, separiamo le variabili, cercando soluzioni della forma

$$\widehat{u}(z,t) = v(z)\, w(t).$$

Con la procedura usuale, si trova

$$w_n(t) = \alpha_n(\xi,\eta)\, e^{-(\xi^2+\eta^2)t} e^{-n^2\pi^2 t}, \qquad n = 1,2,\dots$$

e

$$v_n(z) = \beta_n(\xi,\eta)\sin(n\pi z), \qquad n = 1,2,\dots$$

Sovrapponendo queste soluzioni e imponendo la condizione iniziale, si trova la soluzione (formale)

$$\widehat{u}(\xi,\eta,z,t) = \sum_{n=1}^{\infty} \gamma_n(\xi,\eta)\, e^{-(\xi^2+\eta^2)t} e^{-n^2\pi^2 t}\sin(n\pi z)$$

dove

$$\gamma_n(\xi,\eta) = 2\int_0^1 \widehat{g}(\xi,\eta,z)\sin(n\pi z)\; dz.$$

Antitrasformiamo, chiamando $c_n(x,y)$ l'antitrasformata di γ_n e ricordando che $e^{-(\xi^2+\eta^2)t}$ è la trasformata di $\Gamma_1(x,y,t)$, si trova

$$u(x,y,z,t) = \sum_{n=1}^{\infty} \left(\int_{\mathbf{R}} \Gamma_1(x-x_1,y-y_1,t)\, c_n(x_1,y_1)\, dx_1 dy_1 \right) e^{-n^2\pi^2 t}\sin(n\pi z).$$

Soluzione 3.22.   **a)** Imitiamo la dimostrazione del caso unidimensionale[24].

1. Supponiamo prima che $\mathcal{L}u < 0$. Se u avesse un massimo positivo in un punto

$$(\mathbf{x}_0, t_0) \in \overline{Q}_T \backslash \partial_p Q_T,$$

---

[24][S], Capitolo 2, Sezione 2.2.

si avrebbe:

$$u_t\left(\mathbf{x}_0,t_0\right) \geq 0, \ \Delta u\left(\mathbf{x}_0,t_0\right) \leq 0, \ \nabla u\left(\mathbf{x}_0,t_0\right) = \mathbf{0}, \ c\left(\mathbf{x}_0,t_0\right)u\left(\mathbf{x}_0,t_0\right) \geq 0$$

in contraddizione con $\mathcal{L}u < 0$.

2. Sia ora

$$\mathcal{L}u \leq 0 \quad\text{e}\quad u\left(\mathbf{x}_0,t_0\right) = M > 0.$$

Per assurdo sia

$$M' = \max_{\partial_p Q_T} u < M.$$

Allora $t_0 > 0$. Riportiamoci al caso precedente ponendo

$$w\left(\mathbf{x},t\right) = u\left(\mathbf{x},t\right) - k(t - t_0)$$

e scegliendo $k > 0$, opportunamente. Si ha:

$$\mathcal{L}w = \mathcal{L}u - k < 0$$

e

$$w\left(\mathbf{x}_0 t_0\right) = M.$$

Inoltre, scegliendo

$$k = \frac{M - M'}{t_0},$$

si ha:

$$\begin{aligned}
\max_{\partial_p Q_T} w \ &< \ M' + kt_0 \\
&< \ M' + \frac{M - M'}{t_0}t_0 = M \\
&\leq \ \max_{\overline{Q}_T} w.
\end{aligned}$$

Ma questo contraddice il punto 1.

Se ora $u \leq 0$ su $\partial_p Q_T$, non può essere che in qualche altro punto u sia positiva.

b) Se u e v sono soluzioni dello stesso problema, allora la differenza $w = u - v$ è nulla sulla frontiera parabolica e pertanto deve essere nulla in tutto Q_T.

c) Se $|c\left(\mathbf{x},t\right)| \leq K$, senza ipotesi sul suo segno, ci si riporta al caso precedente ponendo

$$z\left(\mathbf{x},t\right) = e^{-Kt}w\left(\mathbf{x},t\right).$$

Infatti,

$$\mathcal{L}z = e^{-Kt}\left[w_t - a\Delta w + \mathbf{b}\cdot\nabla w + (c - K)w\right] = -Kz$$

per cui

$$\mathcal{L}z + Kz = z_t - a\Delta z + \mathbf{b}\cdot\nabla z + (c + K)z = 0$$

e il coefficiente di z, cioè $c + K$ è ≥ 0. Dunque deve essere $z = 0$ che implica

$$w = u - v = 0.$$

Soluzione 3.23. La formula si trova riportandosi al caso dell'equazione di diffusione $U_t = \Delta U$ con ripetuti cambi di variabile. Procediamo per gradi.

Passo 1. Eliminiamo il termine di reazione, ponendo

$$C(t) = \int_0^t c(s)\,ds$$

e poi definendo

$$w(\mathbf{x},t) = e^{-C(t)}u(\mathbf{x},t).$$

La funzione w risolve il problema

$$w_t = a(t)\Delta w + \mathbf{b}(t)\cdot\nabla w, \qquad w(\mathbf{x},0) = g(\mathbf{x}).$$

Passo 2. Eliminiamo ora il termine di trasporto, osservando che, se

$$\mathbf{B}(t) = \int_0^t \mathbf{b}(s)\,ds,$$

si ha

$$\frac{\partial}{\partial t}w(\mathbf{z} - \mathbf{B}(t),t) = w_t(\mathbf{z} - \mathbf{B}(t),t) - \mathbf{b}(t)\cdot\nabla w(\mathbf{z} - \mathbf{B}(t),t).$$

Poniamo dunque

$$\mathbf{x} = \mathbf{z} - \mathbf{B}(t)$$

e

$$h(\mathbf{z},t) = w(\mathbf{z} - \mathbf{B}(t),t).$$

Allora, h risolve il problema

$$h_t = a(t)\Delta w, \qquad h(\mathbf{z},0) = g(\mathbf{z}).$$

Passo 3. Eliminiamo infine il coefficiente $a(t)$ riscalando il tempo. Poniamo

$$A(t) = \int_0^t a(s)\,ds.$$

Essendo

$$a(s) \geq a_0 > 0,$$

A risulta invertibile e si può porre

$$U(\mathbf{z},\tau) = h\left(\mathbf{z}, A^{-1}(\tau)\right).$$

Allora,

$$U_\tau = h_t\frac{1}{a}$$

e quindi U risolve il problema

$$U_\tau = \Delta U, \qquad U(\mathbf{z},0) = g(\mathbf{z}).$$

Si può allora scrivere

$$U(\mathbf{z},\tau) = \frac{1}{(4\pi\tau)^{3/2}}\int_{\mathbf{R}^3}\exp\left\{-\frac{(\mathbf{z}-\mathbf{y})^2}{4\tau}\right\}g(\mathbf{y})\,d\mathbf{y}.$$

Ritornando alle variabili originali, si trova

$$u(\mathbf{x},t) = \frac{1}{(4\pi A(t))^{3/2}}\int_{\mathbf{R}^3}\exp\left\{C(t) - \frac{(\mathbf{x}+\mathbf{B}(t)-\mathbf{y})^2}{4A(t)}\right\}g(\mathbf{y})\,d\mathbf{y}.$$

$\boxed{\textbf{Soluzione 3.24.}}$ **1.** No; altrimenti $(x_0, 1)$ sarebbe un massimo positivo interno e perciò

$$u_t (x_0, 1) = 0, u_{xx} (x_0, 1) \le 0,$$

contro l'equazione

$$u_t - u_{xx} = -1.$$

2. Non può esistere, in quanto $|x|$ non è sufficientemente regolare per essere un dato iniziale per l'equazione *backward* (cfr. Problema 2.8).

3. Non c'è contraddizione; questo esempio mostra semplicemente che, per avere unicità, non basta richiedere che $u(x, t) \to 0$ per ogni x fissato. Si noti, tra l'altro, che $u(x, t) \to \infty$ quando $(x, t) \to (0, 0)$ lungo la parabola $x^2 = t$.

4. Se

$$\min u = u (x_0, t_0) = m < 0$$

deve essere $t > 0$ e $x_0 = 0$ oppure $x_0 = 1$. Possiamo supporre che $u > m$ per $0 \le t < t_0$ e cioè che t_0 è il tempo in cui u assume il valore m per la prima volta. Ma allora il principio di Hopf (cfr. problema 2.12) implica che

$$u_x (0, t_0) > 0 \qquad \text{oppure} \qquad u_x (1, t_0) < 0.$$

In entrambi i casi si contraddice la condizione di Robin. Perciò $m \ge 0$. Con un ragionamento analogo, si conclude che il massimo di u, che è positivo, non può essere assunto sulle semirette $x = 0$ oppure $x = 1$. Deve dunque coincidere con il massimo del dato iniziale, e cioè

$$\max u = \max \sin \pi x = 1.$$

2
Equazione di Laplace

1. Richiami di teoria

Il riferimento teorico per i problemi e gli esercizi contenuti in questo capitolo è [S], Capitolo 3. Richiamiamo le principali proprietà delle funzioni armoniche. Indichiamo con Ω un dominio in $\mathbf{R}^n$ e con $B_r(\mathbf{x})$ la sfera n–dimensionale di raggio r e centro $\mathbf{x}$. Una funzione u è *armonica in* Ω se ha due derivate continue e $\Delta u = 0$ in Ω.

• *Proprietà di media.* u è armonica in Ω se e solo se ha la seguente proprietà di media: *per ogni* $B_r(\mathbf{x}) \subset\subset \Omega$[1]

$$u(\mathbf{x}) = \frac{1}{|B_r(\mathbf{x})|} \int_{B_r(\mathbf{x})} u(\mathbf{y})\, d\mathbf{y} \quad \text{e} \quad u(\mathbf{x}) = \frac{1}{|\partial B_r(\mathbf{x})|} \int_{\partial B_R(\mathbf{x})} u(\boldsymbol{\sigma})\, d\sigma.$$

• *Principio di massimo.* Se Ω è limitato, u è armonica in Ω e continua in $\overline{\Omega}$, u assume *massimo e minimo sul bordo di* Ω:

$$\max_{\overline{\Omega}} u = \max_{\partial\Omega} u, \qquad \min_{\overline{\Omega}} u = \min_{\partial\Omega} u.$$

Conseguenza di uso frequente: Siano u, v armoniche in Ω (limitato), continue in $\overline{\Omega}$. Se $u \geq v$ su $\partial\Omega$ allora $u \geq v$ in Ω.

• *Teorema di Liouville.* Se u è armonica in $\mathbf{R}^n$ e $u(\mathbf{x}) \geq M$, allora u è costante.
Pertanto: le uniche funzioni armoniche in $\mathbf{R}^n$, limitate inferiormente o superiormente, sono costanti.

---

[1] Il simbolo $A \subset\subset B$ significa che $\overline{A}$ è un insieme compatto (chiuso e limitato) contenuto in B. Si legge: A è *a chiusura compatta contenuta in* B.

- *Formula di Poisson.* Sia u armonica in $B_r(\mathbf{p})$, continua in $\overline{B}_r(\mathbf{p})$. Allora

$$u(\mathbf{x}) = \frac{r^2 - |\mathbf{x} - \mathbf{p}|^2}{\omega_n r} \int_{\partial B_r(\mathbf{p})} \frac{u(\boldsymbol{\sigma})}{|\boldsymbol{\sigma} - \mathbf{x}|^n} d\sigma \qquad (\omega_n = |\partial B_R(\mathbf{p})|).$$

- *Soluzione fondamentale e potenziali.*
La funzione

$$\Gamma(\mathbf{x}) = \begin{cases} -\dfrac{1}{2\pi} \log|\mathbf{x}| & n = 2, \\ \dfrac{1}{\omega_n} \dfrac{1}{|\mathbf{x}|^n} & n \geq 3 \end{cases}$$

è soluzione dell'equazione

$$-\Delta\Gamma(\mathbf{x}) = \delta(\mathbf{x}) \quad \text{in } \mathbf{R}^n \qquad (\delta(\mathbf{x})) \text{ indica la } delta \ di \ Dirac \text{ nell'origine}$$

e si chiama *soluzione fondamentale.*

Mediante la Γ è possibile ricostruire una qualunque funzione $u \in C^2(\overline{\Omega})$, Ω limitato con frontiera regolare, come somma di tre tipi di potenziali, *di strato semplice*, *di doppio strato*, e *Newtoniano*; si ha infatti, nell'ordine:

$$u(\mathbf{x}) = \int_{\partial\Omega} \Gamma(\mathbf{x} - \mathbf{y}) \frac{\partial u}{\partial \boldsymbol{\nu}} d\sigma - \int_{\partial\Omega} u \frac{\partial}{\partial \boldsymbol{\nu}} \Gamma(\mathbf{x} - \boldsymbol{\sigma}) d\sigma - \int_\Omega \Gamma(\mathbf{x} - \mathbf{y}) \Delta u \, d\mathbf{y}.$$

I primi due (di semplice e doppio strato) sono armonici in Ω. Il terzo ha $-\Delta u$ come *densità* (per esempio, di carica o di massa).

- *Funzione di Green.* Γ è la soluzione fondamentale di Δ in tutto lo spazio. Si può definire anche la soluzione fondamentale per l'operatore Δ in Ω, quando Ω è, per esempio, lipschitziano, con l'idea che essa rappresenti il potenziale generato da una carica unitaria posta in un punto $\mathbf{y}$ all'interno di un conduttore, che occupa la regione Ω e che sia *messo a terra*. Indichiamo con $G(\mathbf{x}, \mathbf{y})$ questa funzione, che prende il nome di *funzione di Green in Ω*. Dovrà essere, per $\mathbf{y}$ fissato,

$$-\Delta G(\cdot, \mathbf{y}) = \delta(\mathbf{y}) \qquad \text{in } \Omega$$

e, per via della messa a terra del conduttore,

$$G(\cdot, \mathbf{y}) = 0, \qquad \text{su } \partial\Omega.$$

Si vede allora che vale la formula

$$G(\mathbf{x}, \mathbf{y}) = \Gamma(\mathbf{x} - \mathbf{y}) - g(\mathbf{x}, \mathbf{y})$$

dove g, come funzione di $\mathbf{x}$, per $\mathbf{y}$ fissato, è soluzione del problema di Dirichlet

$$\begin{cases} \Delta g = 0 & \text{in } \Omega \\ g(\cdot, \mathbf{y}) = \Gamma(\cdot - \mathbf{y}) & \text{su } \partial\Omega. \end{cases}$$

2. Problemi risolti

- **2.1** − **2.13** :   Problemi con valori al bordo. Metodi di risoluzione.
- **2.14** − **2.21** :   Proprietà generali delle funzioni armoniche.
- **2.22** − **2.26** :   Potenziali e funzioni di Green.

2.1. Problemi con valori al bordo. Metodi di risoluzione

> **Problema 2.1.** (Problema misto nel rettangolo, separazione di variabili). *Risolvere, nel rettangolo*
> $$\{Q = (x,y) : 0 < x < a,\ 0 < y < b\},$$
> *il seguente problema misto:*
> $$\begin{cases} \Delta u = 0 & \text{in } Q \\ u(x,0) = 0,\ u(x,b) = g(x) & 0 \le x \le a \\ u(0,y) = u_x(a,y) = 0 & 0 \le y \le b \end{cases}$$
> *dove* $g \in C^1(\mathbf{R})$, $g(0) = g'(a) = 0$.

Soluzione

Cerchiamo funzioni armoniche (non nulle) della forma $u(x,y) = v(x)\,w(y)$ con $v(0) = v'(a) = 0$, $w(0) = 0$. Sostituendo in $\Delta u = 0$ si trova

$$v''(x)\,w(y) + v(x)\,w''(y) = 0$$

da cui

$$\frac{v''(x)}{v(x)} = -\frac{w''(y)}{w(y)} = \lambda$$

con λ costante. Il problema agli autovalori per v è

$$v''(x) - \lambda v(x) = 0$$
$$v(0) = v'(a) = 0$$

da cui $\lambda_k = -\frac{(2k+1)^2 \pi^2}{4a^2}$, $k \ge 0$, e

$$v_k(x) = \sin \frac{(2k+1)\pi x}{2a}.$$

Con questi valori di λ_k abbiamo per w l'equazione

$$w''(y) + \lambda_k w(y) = 0$$

con $w(0) = 0$. Scrivendo l'integrale generale dell'equazione differenziale nella forma

$$w(y) = c_1 \sinh \frac{(2k+1)\pi y}{2a} + c_2 \cosh \frac{(2k+1)\pi y}{2a}$$

da $w(0) = 0$ si ha subito $c_2 = 0$.

Possiamo allora scrivere la candidata soluzione nella forma

(1)
$$u(x, y) = \sum_{k=0}^{\infty} a_k \sin \frac{(2k+1)\pi x}{2a} \sinh \frac{(2k+1)\pi y}{2a}.$$

Occorre determinare i coefficienti a_k dalla condizione $u(x, b) = g(x)$. Date le ipotesi su g, si può scrivere

$$g(x) = \sum_{k=0}^{\infty} g_k \sin \frac{(2k+1)\pi x}{2a}$$

dove

$$g_k = \frac{2}{a} \int_0^a g(x) \sin \frac{(2k+1)\pi x}{2a} dx$$

con $\sum_0^\infty |g_k| < \infty$. Basterà allora scegliere

$$a_k = g_k \left[\sinh \frac{(2k+1)\pi b}{2a} \right]^{-1}$$

per ottenere $u(x, b) = g(x)$.

• Breve analisi della (1). In $\overline{Q}$ si ha

$$\left| g_k \sin \frac{(2k+1)\pi x}{2a} \right| \sinh \frac{(2k+1)\pi y}{2a} \le |g_k|$$

per cui la serie che definisce u è uniformemente convergente in $\overline{Q}$ e perciò $u \in C(\overline{Q})$. All'interno del quadrato si può poi derivare quante volte si vuole sotto il segno di somma, data la rapida convergenza a zero di a_k. Ciò assicura che u è armonica in Q. Per la stessa ragione e dato che $g'(a) = 0$, il dato di Neumann sul lato $x = a$, $0 \le y \le b$, è assunto con continuità.

Problema 2.2. (Poisson–Dirichlet nel cerchio, separazione di variabili). *Risolvere il seguente problema di Dirichlet non omogeneo:*
$$\begin{cases} \Delta u(x, y) = y & \text{in } B_1 \\ u = 1 & \text{su } \partial B_1. \end{cases}$$

Soluzione

Come primo passo, spezziamo il problema, non omogeneo sia nell'equazione sia nella condizione al contorno, in due sottoproblemi che presentino disomogeneità solo in una delle due: poniamo cioè $u = v + w$, dove

$$\begin{cases} \Delta v(x, y) = y & \text{in } B_1 \\ v = 0 & \text{su } \partial B_1, \end{cases} \qquad \begin{cases} \Delta w(x, y) = 0 & \text{in } B_1 \\ w = 1 & \text{su } \partial B_1. \end{cases}$$

Dal secondo sistema si ricava subito che $w(x, y) \equiv 1$ è l'unica (per il principio del massimo) soluzione. Per il primo sistema, passiamo a coordinate polari, ponendo $V(r, \theta) = v(r \cos \theta, r \sin \theta)$. Si ha che V è 2π-periodica in θ, e, ricordando l'espressione dell'operatore Δ in coordinate polari si ha

$$V_{rr} + \frac{1}{r}V_r + \frac{1}{r^2}V_{\theta\theta} = r\sin\theta$$

con la condizione $V(1,\theta) = 0$, V limitata.

Come si vede, il secondo membro è già scritto in termini di sviluppo di Fourier e ci suggerisce di cercare soluzioni della forma[2]

$$V(r,\theta) = b_1(r)\sin\theta, \quad \text{con } b_1(1) = 0 \text{ e } b_1 \text{ limitata.}$$

Sostituendo nell'equazione si ottiene

$$b_1''(r)\sin\theta + \frac{1}{r}b_1'(r)\sin\theta - \frac{1}{r^2}b_1(r)\sin\theta = r\sin\theta,$$

ossia l'equazione differenziale ordinaria

$$(2) \qquad\qquad r^2 b_1'' + r b_1' - b_1 = r^3.$$

L'equazione omogenea associata è un'equazione di Eulero, che si può ridurre ad una a coefficienti costanti mediante il cambiamento di variabile indipendente $s = \log r$. Alternativamente, se ne possono cercare soluzioni della forma r^a, per qualche $a \in R$. Sostituendo si ottiene

$$a(a-1)r^a + ar^a - r^a = (a+1)(a-1)r^a = 0,$$

da cui $a = \pm 1$. L'integrale generale dell'omogenea è, quindi,

$$C_1 r + C_2 r^{-1}.$$

Cerchiamo ora una soluzione particolare dell'equazione non omogenea (2) della forma Ar^3; sostituendo, si trova

$$6Ar^3 + 3Ar^3 - Ar^3 = r^3,$$

cioè $A = 1/8$. In definitiva, l'integrale generale di (2) è dato da

$$b_1(r) = \frac{1}{8}r^3 + C_1 r + C_2 r^{-1},$$

con C_1, C_2 costanti arbitrarie. La limitatezza di b_1 implica $C_2 = 0$, mentre dalla condizione $b_1(1) = 0$ si trova $C_1 = -1/8$. Concludendo, si ottiene

$$V(r,\theta) = \frac{1}{8}r(r^2 - 1)\sin\theta.$$

Ritornando a coordinate cartesiane, la soluzione del problema originale è

$$u(x,y) = 1 + \frac{1}{8}(x^2 + y^2 - 1)y.$$

---

[2]Vedere [S], Cap. 3, Sezione 3.4.

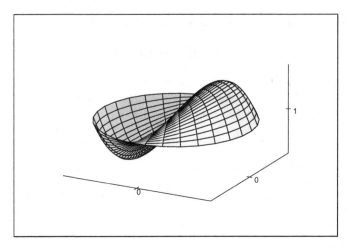

Figura 1. La funzione $u(x, y) = 1 + y(x^2 + y^2 - 1)/8$.

Problema 2.3. (*Dirichlet in un anello, separazione di variabili*). *Consideriamo la corona circolare*

$$C_{1,R} = \{(r, \theta) : 1 < r < R\}.$$

a) *Date g ed h di classe $C^1(\mathbf{R})$ e 2π–periodiche, determinare la soluzione del problema di Dirichlet*

$$\begin{cases} \Delta u = 0 & \text{in } C_{1,R} \\ u(1, \theta) = g(\theta) & 0 \le \theta \le 2\pi \\ u(R, \theta) = h(\theta) & 0 \le \theta \le 2\pi. \end{cases}$$

b) *Risolvere il problema quando $g(\theta) = \sin\theta$ e $h(\theta) = 1$.*

Soluzione

a) Essendo le funzioni g, h regolari e periodiche, possiamo scriverne lo sviluppo di Fourier

$$g(\theta) = \frac{a_0}{2} + \sum_{n=1}^{+\infty} (a_n \cos n\theta + b_n \sin n\theta),$$

$$h(\theta) = \frac{A_0}{2} + \sum_{n=1}^{+\infty} (A_n \cos n\theta + B_n \sin n\theta)$$

con le serie

(3) $$\sum_{n=1}^{+\infty} (|a_n| + |b_n|), \qquad \sum_{n=1}^{+\infty} (|A_n| + |B_n|)$$

convergenti. Data la simmetria circolare del dominio, questo ci suggerisce di cercare soluzioni del tipo

$$(4) \qquad u(r,\theta) = \alpha_0(r) + \sum_{n=1}^{+\infty} [\alpha_n(r)\cos n\theta + \beta_n(r)\sin n\theta].$$

Le condizioni al contorno ci dicono subito che i valori in $r = 1$ e in $r = R$ dei coefficienti della soluzione devono coincidere con i coefficienti di g ed h rispettivamente. D'altra parte ricordiamo che, in coordinate polari[3],

$$\Delta u = u_{rr} + \frac{1}{r}u_r + \frac{1}{r^2}u_{\theta\theta}.$$

Calcolando, risulta

$$u_r(r,\theta) = \alpha_0'(r) + \sum_{n=1}^{+\infty} \left[\alpha_n'(r)\cos n\theta + \beta_n'(r)\sin n\theta\right],$$

$$u_{rr}(r,\theta) = \alpha_0''(r) + \sum_{n=1}^{+\infty} \left[\alpha_n''(r)\cos n\theta + \beta_n''(r)\sin n\theta\right],$$

$$u_{\theta\theta}(r,\theta) = -\sum_{n=1}^{+\infty} n^2 \left[\alpha_n(r)\cos n\theta + \beta_n(r)\sin n\theta\right].$$

Sostituendo nell'equazione si ottiene

$$\alpha_0''(r) + \frac{\alpha_0'(r)}{r} + \sum_{n=1}^{+\infty}\left[\alpha_n''(r) + \frac{1}{r}\alpha_n'(r) - \frac{n^2}{r^2}\alpha_n(r)\right]\cos n\theta +$$

$$+ \left[\beta_n''(r) + \frac{1}{r}\beta_n'(r) - \frac{n^2}{r^2}\beta_n(r)\right]\sin n\theta = 0$$

da cui gli infiniti problemi ai limiti:

$$(5) \qquad \begin{cases} \alpha_0''(r) + \dfrac{1}{r}\alpha_0'(r) = 0 \\[2mm] \alpha_0(1) = \dfrac{a_0}{2}, \quad \alpha_0(R) = \dfrac{A_0}{2} \end{cases}$$

$$(6) \qquad \begin{cases} \alpha_n''(r) + \dfrac{1}{r}\alpha_n'(r) - \dfrac{n^2}{r^2}\alpha_n(r) = 0 \\[2mm] \alpha_n(1) = a_n, \quad \alpha_n(R) = A_n \end{cases}$$

$$(7) \qquad \begin{cases} \beta_n''(r) + \dfrac{1}{r}\beta_n'(r) - \dfrac{n^2}{r^2}\beta_n(r) = 0 \\[2mm] \beta_n(1) = b_n, \quad \beta_n(R) = B_n. \end{cases}$$

---

[3]Appendice B.

L'equazione in (5) è del prim'ordine in α_0', e la sua soluzione generale è data da $C_1 + C_2 \log r$. Usando le condizioni ai limiti otteniamo

$$\alpha_0(r) = \frac{a_0}{2} + \frac{A_0 - a_0}{2 \log R} \log r.$$

Per trovare la soluzione generale delle equazioni (di Eulero) in (6), (7), possiamo cercare soluzioni particolari del tipo r^γ, con γ da determinare. Sostituendo in (6), (7) si trova

$$(\gamma(\gamma - 1) + \gamma - n^2)r^{\gamma-2} = 0$$

da cui $\gamma = \pm n$. L'integrale generale è $C_1 r^n + C_2 r^{-n}$. Dalle condizioni ai limiti, si trova poi[4]:

$$\alpha_n(r) = a_n K_n(r) r^{-n} + A_n H_n(r) \left(\frac{r}{R}\right)^n$$

e

$$\beta_n(r) = b_n K_n(r) r^{-n} + B_n H_n(r) \left(\frac{r}{R}\right)^n,$$

dove

$$H_n(r) = \frac{1 - r^{-2n}}{1 - R^{-2n}} \quad \text{e} \quad K_n(r) = \frac{1 - R^{-2n} r^{2n}}{1 - R^{-2n}}.$$

Sostituendo in (4) si ottiene l'espressione della soluzione. Poiché

$$H_n(r) \le \frac{1}{1 - R^{-1}}, \qquad K_n(r) \le \frac{1}{1 - R^{-1}}$$

e

$$\frac{r}{R} < 1, \frac{1}{r} < 1,$$

la serie in (4) è assolutamente e uniformemente convergente per $1 \le r \le R$. Inoltre si può derivare sotto il segno di integrale quante volte si vuole, per cui la (4) è l'unica soluzione del problema. Si noti che la soluzione è della forma

$$c_0 + c_1 \frac{\log r}{\log R} + \sum_{n=1}^{\infty} \left(c_n r^n + d_n r^{-n}\right)$$

che ricorda le serie di Laurent per le funzioni analitiche nel piano.

b) Le funzioni g ed h sono già scritte come somme finite di Fourier. In particolare, utilizzando le notazioni introdotte nel punto a), gli unici coefficienti non nulli sono $b_1 = 1$ e $A_0 = 2$. Si ottiene quindi

$$\alpha_0(r) = \frac{\log r}{\log R},$$

$$\beta_1(r) = \frac{1}{R - R^{-1}} \left(-R^{-1} r + R r^{-1}\right) = \frac{R^2 - r^2}{(R^2 - 1)r}$$

e

$$\alpha_n(r) \equiv \beta_m(r) \equiv 0 \qquad \text{per } n \ge 1, m \ge 2.$$

---

[4]Riordinando i termini, con un po' di pazienza.

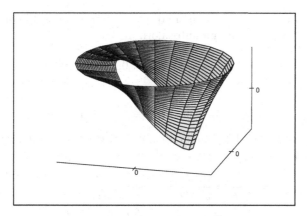

Figura 2. $u(r, \theta) = \frac{\log r}{\log 2} + \frac{4 - r^2}{3r} \sin \theta$.

In definitiva otteniamo che la soluzione è data da

$$u(r, \theta) = \frac{\log r}{\log R} + \frac{R^2 - r^2}{(R^2 - 1)r} \sin \theta,$$

come è facile verificare con un controllo diretto.

Problema 2.4. (Problema di Dirichlet nella sfera). *Determinare la soluzione del seguente problema di Dirichlet (in coordinate sferiche)*

$$\begin{cases} \Delta u = 0 & in \ B_1 \\ u(1, \varphi, \theta) = g(\theta) & su \ \partial B_1 \end{cases}$$

nella sfera

$$B_1 = \{(r, \varphi, \theta) = 0 \leq r < 1, \ 0 \leq \varphi \leq 2\pi, \ 0 < \theta < \pi\}.$$

Soluzione

Poichè il problema è invariante per rotazioni attorno all'asse z, cerchiamo soluzioni del tipo $u = u(r, \theta)$. L'equazione di Laplace per u diventa[5]

$$\frac{\partial}{\partial r}\left(r^2 \frac{\partial u}{\partial r}\right) + \frac{1}{\sin \theta} \frac{\partial}{\partial \theta}\left(\sin \theta \frac{\partial u}{\partial \theta}\right) = 0$$

con la condizione $u(1, \theta) = g(\theta)$ e u limitata. Usiamo la separazione di variabili, cercando prima soluzioni della forma $u(r, \theta) = v(\theta)w(r)$. Inserendo nell'equazione e riordinando opportunamente i termini, si trova

$$\frac{1}{w}(r^2 w')' = -\frac{1}{v \sin \theta}(\sin \theta \, v')'.$$

---

[5]Appendice B.

Ponendo entrambi i membri uguali ad una costante λ, questa equazione si spezza nei due seguenti problemi agli autovalori:

$$(8) \qquad v'' + \frac{\cos\theta}{\sin\theta}v' + \lambda v = 0, \qquad v \text{ limitata}$$

e

$$(9) \qquad r^2 w'' + 2rw' - \lambda w = 0, \qquad w \text{ limitata.}$$

Occupiamoci della (8). Eseguendo il cambio di variabile da θ a $x = \cos\theta$, allora x varia in $[-1, 1]$ e abbiamo:

$$v' = \frac{dv}{d\theta} = \frac{dv}{dx}\frac{dx}{d\theta} = (-\sin\theta)\frac{dv}{dx}$$

$$v'' = \frac{d^2 v}{dx^2}\left(\frac{dx}{d\theta}\right)^2 + \frac{dv}{dx}\frac{d^2 x}{d\theta^2} = \sin^2\theta\frac{d^2 v}{dx^2} - \cos\theta\frac{dv}{dx}.$$

Sostituendo nella (8) si trova:

$$\sin^2\theta\frac{d^2 v}{dx^2} - 2\cos\theta\frac{dv}{dx} + \lambda v = 0$$

ovvero

$$\left(1 - x^2\right)\frac{d^2 v}{dx^2} - 2x\frac{dv}{dx} + \lambda v = 0$$

che è l'equazione di Legendre[6], con le condizioni

$$v(-1) < \infty, \quad v(1) < \infty.$$

Gli autovalori del problema sono gli interi $\lambda_n = n(n+1)$, $n \geq 0$, e le autofunzioni sono i *polinomi di Legendre* definiti ricorsivamente dalla formula di Rodrigues:

$$L_n(x) = \frac{1}{2^n n!}\frac{d^n}{dx^n}\left(x^2 - 1\right)^n.$$

Ricordiamo che i polinomi normalizzati

$$L_n^*(x) = \sqrt{\frac{2}{2n+1}}L_n(x)$$

costituiscono una base ortonormale in $L^2(-1, 1)$.

Con questi valori di λ, l'equazione (9) diventa

$$r^2 w'' + 2rw' - n(n+1)w = 0, \qquad w \text{ limitata}$$

con soluzioni date da

$$w_n(r) = cr^n.$$

Abbiamo così ottenuto soluzioni limitate e a variabili separate del tipo

$$u_n(r, \theta) = r^n L_n(\cos\theta), \quad n \geq 0.$$

---

[6]Appendice A.

Sovrapponendo queste soluzioni abbiamo

(10)
$$u(r,\theta) = \sum_{n=0}^{\infty} a_n r^n L_n (\cos\theta)$$

e la condizione di Dirichlet richiede ora

$$\sum_{n=0}^{\infty} a_n L_n (\cos\theta) = g(\theta), \quad 0 \le \theta \le \pi$$

o, equivalentemente,

(11)
$$\sum_{n=0}^{\infty} a_n L_n (x) = g(\cos^{-1} x), \quad -1 \le x \le 1.$$

Se $f(x) = g(\cos^{-1} x)$ è una funzione a quadrato sommabile in $(-1,1)$ allora la (11) è vera nel senso della convergenza in media quadratica (ossia in $L^2(-1,1)$) con

$$a_n = \left(n + \frac{1}{2}\right) \int_{-1}^{1} g(\cos^{-1} x) L_n(x) \ dx.$$

Con questi coefficienti, la (10) è, almeno formalmente[7], la soluzione desiderata.

Problema 2.5. (*Principio di riflessione nel piano*). *Sia*
$$B_1^+ = \{(x,y) \in \mathbf{R}^2 : x^2 + y^2 < 1, \, y > 0\}$$
e sia $u \in C^2\left(B_1^+\right) \cap C\left(\overline{B_1^+}\right)$ *armonica in* B_1^+ *e tale che* $u(x,0) = 0$. *Dimostrare che la funzione (continua)*
$$U(x,y) = \begin{cases} u(x,y) & y \ge 0 \\ -u(x,-y) & y < 0 \end{cases}$$
ottenuta da u *per riflessione dispari rispetto all'asse* x, *è armonica in tutto il cerchio* B_1.

Soluzione

Sia v la soluzione del problema
$$\begin{cases} \Delta v(x,y) = 0 & \text{in } B_1 \\ v = U & \text{su } \partial B_1 \end{cases}$$

che esiste, è unica ed è data dalla formula di Poisson. Osserviamo ora che la funzione $v(x,-y)$ è armonica in B_1 e assume al bordo i valori di v cambiati di segno. Se poniamo $w(x,y) = v(x,y) + v(x,-y)$, si ha allora
$$\begin{cases} \Delta w(x,y) = 0 & \text{in } B_1 \\ w = 0 & \text{su } \partial B_1 \end{cases}$$

---

[7]In questo caso ci accontentiamo.

che ha come unica soluzione $w \equiv 0$. Ne segue che $v(x, y) = -v(x, -y)$, cioè che v è dispari rispetto all'asse x, ed in particolare $v(x, 0) = 0$. Quindi v è soluzione del problema

$$\begin{cases} \Delta v\,(x, y) = 0 & \text{in } B_1^+ \\ v = u & \text{su } \partial B_1^+. \end{cases}$$

Poiché anche u è soluzione dello stesso problema, per unicità segue che $v \equiv u \equiv U$ su B_1^+. Infine, essendo sia v che U funzioni dispari rispetto all'asse x, risulta $v \equiv U$ su B_1 e quindi $\Delta U = 0$ su B_1.

Problema 2.6. (Nucleo di Poisson per il semipiano). *Sia $g \in L^1(\mathbf{R}) \cap C\,(\mathbf{R})$, limitata. Mostrare che esiste un'unica soluzione limitata e continua nel semipiano $y \geq 0$ del problema*

$$\begin{cases} \Delta u(x, y) = 0 & y > 0, \ x \in \mathbf{R} \\ u(x, 0) = g(x) & x \in \mathbf{R} \\ u(x, y) \ \text{limitata nel semipiano.} \end{cases}$$

Utilizzando la trasformata di Fourier parziale scrivere una formula di rappresentazione per u.

Soluzione

L'unicità segue dal principio di riflessione (Problema 2.5) e dal teorema di Liouville. Infatti, se u_1, u_2 sono due soluzioni limitate con lo stesso dato g, la differenza $w = u_1 - u_2$ è armonica per $y > 0$ e ha dato nullo. Prolungando w in modo dispari per $y < 0$, si ottiene una funzione armonica limitata in tutto il piano e perciò costante. La costante è zero essendo w nulla sull'asse $y = 0$ e si conclude perciò che $u_1 = u_2$.

Per trovare una formula di rappresentazione della soluzione, poniamo

$$\widehat{u}\,(\xi, y) = \int_{\mathbf{R}} e^{-i\xi x} u\,(x, y)\,dx.$$

Allora

$$\widehat{u_x}\,(\xi, y) = ix\widehat{u}\,(\xi, y), \quad \widehat{u_{xx}}\,(\xi, y) = -\xi^2 \widehat{u}\,(\xi, y)$$

e perciò $\widehat{u}$ è soluzione del problema

$$\begin{cases} \widehat{u}_{yy}\,(\xi, y) - \xi^2 \widehat{u}\,(\xi, y) &= 0 & y > 0 \\ \widehat{u}(\xi, 0) &= \widehat{g}\,(\xi). \end{cases}$$

L'integrale generale dell'equazione ordinaria è:

$$\widehat{u}\,(\xi, y) = c_1\,(\xi)\,e^{|\xi| y} + c_2\,(\xi)\,e^{-|\xi| y}.$$

La limitatezza di u impone[8] $c_1\,(\xi) = 0$, mentre la condizione in $y = 0$ richiede

$$c_2\,(\xi) = \widehat{g}\,(\xi).$$

---

[8]Perché $e^{|\xi| y}$ non è antitrasformabile.

Si trova, quindi,

$$\widehat{u}(\xi, y) = \widehat{g}(\xi) e^{-|\xi|y}.$$

L'antitrasformata[9] di $e^{-|\xi|y}$ è la funzione armonica (**nucleo di Poisson per il semipiano**)

$$\frac{1}{\pi} \frac{y}{x^2 + y^2}$$

da cui la formula

$$(12) \qquad u(x, y) = \frac{1}{\pi} \int_{\mathbf{R}} \frac{y}{(x-s)^2 + y^2} g(s) \, ds = \frac{1}{\pi} \int_{\mathbf{R}} \frac{y}{x^2 + y^2} g(x-s) \, ds.$$

Nota 1. Senza l'ipotesi di limitatezza esistono infinite soluzioni della forma $u(x, y) + cy$.

• *Analisi della* (12)**. Proviamo che la (12) è effettivamente la soluzione richiesta e cioè che è armonica in $y > 0$, limitata e assume con continuità il dato g. Per $y > 0$ si può passare sotto il segno di integrale con qualunque ordine di derivazione e perciò, essendo il nucleo di Poisson armonico, anche u lo è. Osserviamo ora che, per $y > 0$,

$$(13) \qquad \frac{1}{\pi} \int_{\mathbf{R}} \frac{y}{(x-s)^2 + y^2} ds = \frac{1}{\pi} \int_{\mathbf{R}} \frac{y}{x^2 + y^2} \, dx = \frac{1}{\pi} \left[\arctan\left(\frac{x}{y}\right) \right]_{-\infty}^{+\infty} = 1.$$

Si ha, dunque

$$|u(x, y)| \leq \frac{1}{\pi} \int_{\mathbf{R}} \frac{y}{(x-s)^2 + y^2} |g(x)| \, ds \leq \sup_{\mathbf{R}} |g|$$

e u è limitata. Sia ora $(x, y) \to (x_0, 0)$; fissato $\varepsilon > 0$, sia

$$|g(s) - g(x_0)| < \varepsilon$$

per $|s - x_0| < 2\delta_\varepsilon$. Abbiamo:

$$
\begin{aligned}
|u(x, y) - g(x_0)| &= \frac{1}{\pi} \int_{\mathbf{R}} \frac{y}{(s-x)^2 + y^2} |g(s) - g(x_0)| \, ds \\
&= \frac{1}{\pi} \int_{\{|s-x_0|<\delta_\varepsilon\}} \cdots \, ds + \frac{1}{\pi} \int_{\{|s-x_0|\geq\delta_\varepsilon\}} \cdots \, ds \\
&\equiv I_1 + I_2.
\end{aligned}
$$

Dalla (13):

$$I_1 < \varepsilon.$$

Per I_2 osserviamo che, se $|x - x_0| < \delta_\varepsilon/2$, essendo $|s - x_0| \geq \delta_\varepsilon$, si ha

$$|s - x| \geq |s - x_0| - |x - x_0| > \frac{\delta_\varepsilon}{2}$$

---

[9]Appendice B.

per cui

$$I_2 = \frac{1}{\pi} \int_{\{|s-x_0| \geq \delta_\varepsilon\}} \cdots ds \leq \frac{2}{\pi} \frac{y}{\delta_\varepsilon^2} \sup_{\mathbf{R}} |g|$$

e perciò

$$I_1 < \varepsilon$$

se y è abbastanza piccolo. In conclusione, se (x,y) è abbastanza vicino a $(x_0, 0)$,

$$|u(x,y) - g(x_0)| < 2\varepsilon$$

ossia $u(x,y) \to g(x_0)$ per $(x,y) \to (x_0, 0)$.

Nota 2. Dalla precedente analisi segue che tutto funziona se g è solo limitata e continua, non necessariamente integrabile.

Problema 2.7. (Uso del principio di riflessione).
  a) *Risolvere il seguente problema in*

$$B_1^+ = \{x^2 + y^2 < 1, \, y > 0\}:$$

$$\begin{cases} \Delta u(x,y) = 0 & \text{in } B_1^+ \\ u = g & \text{su } \partial B_1^+ \end{cases}$$

con g continua su ∂B_1.
  b) *Esaminare il caso $g(x) = |x|$.*

Soluzione

a) per applicare il principio di riflessione, modifichiamo u in modo da avere dato nullo sul diametro $y = 0$. Definiamo

$$h(x) = \begin{cases} g(1,0) & \text{per } x > 1 \\ g(x,0) & \text{per } -1 \leq x \leq 1 \\ g(-1,0) & \text{per } x < -1. \end{cases}$$

La funzione così definita, è continua e limitata in $\mathbf{R}$ e coincide con $g(x,0)$ sul diametro $y = 0$, $|x| \leq 1$. Dal risultato del Problema 2.6 (in particolare dalla Nota 2), la funzione

$$v(x,y) = \frac{1}{\pi} \int_{\mathbf{R}} \frac{y}{(x-s)^2 + y^2} h(s) \, ds$$

è armonica nel semipiano $y > 0$ e

$$v(x,0) = g(x,0)$$

per $-1 \leq x \leq 1$. La funzione

$$w = u - v$$

è dunque armonica in B_1^+ e inoltre

$$w(x,0) = 0 \qquad \text{per } 0 \leq x \leq 1,$$

$$w = g - v \equiv \tilde{g} \qquad \text{su } \partial B_1^+ \cap \{y > 0\}.$$

Prolunghiamo ora $\widetilde{g}$ in modo dispari su $\partial B_1^+ \cap \{y < 0\}$. Dal principio di riflessione e dalla formula di Poisson, sappiamo che

$$w(x,y) = \frac{1 - x^2 - y^2}{2\pi} \int_{\partial B_1} \frac{\widetilde{g}(\xi,\eta)}{(x-\xi)^2 + (y-\eta)^2} d\xi d\eta.$$

La soluzione richiesta è $u = w + v$.

b) Nel caso $g(x,y) = |x|$ abbiamo:

$$h(x) = \begin{cases} 1 & \text{per } x > 1 \\ |x| & \text{per } 0 \leq x \leq 1 \\ 1 & \text{per } x < -1. \end{cases}$$

e

$$v(x,y) = \frac{1}{\pi} \int_{-1}^{1} \frac{y}{(x-s)^2 + y^2} |s| \, ds + \frac{1}{\pi} \int_{\{|s|>1\}} \frac{y}{(x-s)^2 + y^2} \, ds$$

Inoltre, essendo v dispari in y,

$$\widetilde{g}(x,y) = |x| \ \text{sign}(y) - v(x,y)$$

e quindi

$$w(x,y) = \frac{1 - x^2 - y^2}{2\pi} \int_{\partial B_1} \frac{\xi^2 \text{sign}(\eta) - v(\xi,\eta)}{(x-\xi)^2 + (y-\eta)^2} d\xi d\eta.$$

La soluzione è $u = v + w$.

Problema 2.8. (Trasformata di Kelvin in $\mathbf{R}^2$). *Siano $a > 0$ e $\mathbf{x} \in \mathbf{R}^2 \setminus \{\mathbf{0}\}$. Si dice trasformata di Kelvin di $\mathbf{x}$ il punto*

(14) $$\mathbf{y} = T_a(\mathbf{x}) = \frac{a^2}{|\mathbf{x}|^2}\mathbf{x}.$$

a) *Verificare che T_a è un'applicazione regolare di $\mathbf{R}^2 \setminus \{\mathbf{0}\}$ in sè, invertibile con $T_a^{-1} = T_a$.*

b) *Dimostrare che se u è armonica in $\Omega \subset \mathbf{R}^2 \setminus \{\mathbf{0}\}$ allora*

$$v(\mathbf{x}) = u(T_a(\mathbf{x}))$$

è armonica in $T_a^{-1}(\Omega)$.

Soluzione

a) In $\mathbf{R}^n \setminus \{\mathbf{0}\}$, T_a è C^∞ (come composizione di applicazioni regolari) ed $\mathbf{y} = T_a(\mathbf{x})$ non può essere il vettore nullo per alcun $\mathbf{x} \neq \mathbf{0}$. Calcoliamo la trasformazione inversa. A tale scopo, applicando il modulo ad ambedue i membri della (14), si ottiene

$$|\mathbf{y}| = \frac{a^2}{|\mathbf{x}|^2}|\mathbf{x}| = \frac{a^2}{|\mathbf{x}|},$$

cioè $|\mathbf{x}| = a^2/|\mathbf{y}|$, che, sostituito nella (14), fornisce

$$\mathbf{y} = \frac{a^2|\mathbf{y}|^2}{a^4}\mathbf{x} = \frac{|\mathbf{y}|^2}{a^2}\mathbf{x}.$$

Quindi, non appena $\mathbf{y} \neq \mathbf{0}$, T_a è invertibile e

$$\mathbf{x} = T_a^{-1}(\mathbf{y}) = \frac{a^2}{|\mathbf{y}|^2}\mathbf{y}.$$

Ne segue che $T_a^{-1} = T_a$ e la tesi è dimostrata.

b) Essendo $\mathbf{x}$ e $T_a(\mathbf{x})$ paralleli, è comodo passare in coordinate polari: infatti, se scriviamo $\mathbf{x} = (r, \theta)$, allora

$$T_a(\mathbf{x}) = (\rho, \theta),$$

dove $r\rho = a^2$. Posto $u = u(\rho, \theta)$, si ottiene

$$
\begin{aligned}
v(r,\theta) &= u\left(\frac{a^2}{r}, \theta\right) = u(\rho, \theta) \\
v_r(r,\theta) &= -\frac{a^2}{r^2}u_\rho\left(\frac{a^2}{r}, \theta\right) = -\frac{\rho^2}{a^2}u_\rho(\rho, \theta) \\
v_{rr}(r,\theta) &= \frac{2a^2}{r^3}u_\rho\left(\frac{a^2}{r}, \theta\right) + \frac{a^4}{r^4}u_{\rho\rho}\left(\frac{a^2}{r}, \theta\right) = \frac{2\rho^3}{a^4}u_\rho(\rho, \theta) + \frac{\rho^4}{a^4}u_{\rho\rho}(\rho, \theta) \\
v_{\theta\theta}(r,\theta) &= u_{\theta\theta}\left(\frac{a^2}{r}, \theta\right) = u_{\theta\theta}(\rho, \theta),
\end{aligned}
$$

e quindi

$$
\begin{aligned}
\Delta v &= v_{rr}(r,\theta) + \frac{1}{r}v_r(r,\theta) + \frac{1}{r^2}v_{\theta\theta}(r,\theta) = \\
&= \frac{2\rho^3}{a^4}u_\rho(\rho,\theta) + \frac{\rho^4}{a^4}u_{\rho\rho}(\rho,\theta) - \frac{\rho}{a^2}\frac{\rho^2}{a^2}u_\rho(\rho,\theta) + \frac{\rho^2}{a^4}u_{\theta\theta}(r,\theta) = \\
&= \frac{\rho^4}{a^4}\left(u_{\rho\rho}(\rho,\theta) + \frac{1}{\rho}u_\rho(\rho,\theta) + \frac{1}{\rho^2}u_{\vartheta\vartheta}(\rho,\theta)\right) = \\
&= \frac{\rho^4}{a^4}\Delta u(\rho,\theta).
\end{aligned}
$$

In conclusione, se u è armonica sul suo dominio, anche la v lo è.

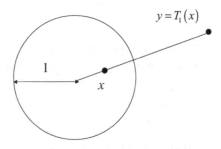

Figura 3. Trasformata di Kelvin.

Problema 2.9. (Uso della trasformata di Kelvin). *Sia T_a la trasformata di Kelvin, introdotta nel precedente problema. Scriviamo $\mathbf{x} = (x_1, x_2)$ e $\mathbf{y} = (y_1, y_2)$.*

a) *Mostrare che la retta $x_1 = a$ viene trasformata da T_a nella circonferenza*

(15)
$$\left(y_1 - \frac{a}{2}\right)^2 + y_2^2 = \frac{a^2}{4}$$

e quindi che il semipiano $x > a$ viene trasformato nel cerchio corrispondente. Analogamente, si verifichi che la retta $x_2 = a$ viene trasformata nella circonferenza

(16)
$$y_1^2 + \left(y_2 - \frac{a}{2}\right)^2 = \frac{a^2}{4}.$$

b) *Risolvere il seguente problema di Dirichlet nel quadrante*
$$Q = \{\mathbf{x} \in \mathbf{R}^2 : x_1 > 1, x_2 > 1\}:$$
$$\begin{cases} \Delta u(x) = 0 & x \in Q \\ u(x_1, 1) = 0 & x_1 > 1 \\ u(1, x_2) = 1 & x_2 > 1 \\ u \text{ limitata} & in \ Q. \end{cases}$$

Controllare l'unicità della soluzione[a].

c) *Risolvere il problema di Dirichlet nel seguente dominio,*
$$\Omega = \{\mathbf{x} \in \mathbf{R}^2 : x_1^2 + x_2^2 - x_1 < 0, \ x_1^2 + x_2^2 - x_2 < 0\},$$

intersezione di due cerchi (Fig. 4):
$$\begin{cases} \Delta v = 0 & in \ \Omega \\ v = 1 & su \ \partial\Omega \cap \{\mathbf{x} : x_1^2 + x_2^2 - x_1 = 0\} \\ v = 0 & su \ \partial\Omega \cap \{\mathbf{x} : x_1^2 + x_2^2 - x_2 = 0\}. \end{cases}$$

[a]Per quest'ultimo punto, utilizzare il principio di riflessione e il risultato del Problema 2.21.

Soluzione

a) Scriviamo la trasformazione di Kelvin $\mathbf{y} = T_a(\mathbf{x})$ esplicitamente:
$$(y_1, y_2) = \left(\frac{a^2}{x_1^2 + x_2^2}x_1, \frac{a^2}{x_1^2 + x_2^2}x_2\right),$$

. con inversa (come dimostrato nel problema precedente)
$$(x_1, x_2) = \left(\frac{a^2}{y_1^2 + y_2^2}y_1, \frac{a^2}{y_1^2 + y_2^2}y_2\right).$$

Usando la seconda formula, l'equazione della retta verticale $x_1 = a$ diventa, attraverso la trasformazione T_a:
$$\frac{a^2}{y_1^2 + y_2^2}y_1 = a$$

che equivale alla (15). Analogamente, il semipiano destro $x_1 > a$ viene trasformato in

$$\frac{a^2}{y_1^2 + y_2^2} y_1 > a,$$

cioè nell'interno del cerchio scritto sopra. Si noti che, in generale, tutte le rette verticali $x_1 = a$ con $a \neq 0$, vengono trasformate in circonferenze con centro sull'asse orizzontale e passanti per l'origine. La dimostrazione della parte riguardante le rette orizzontali $x_2 = a$ è la stessa; lasciamo i dettagli al lettore.

b) Cerchiamo una soluzione. Iniziamo notando che il dominio è un "cono", nel senso che è costituito da un'unione di semirette uscenti da $(1,1)$. Inoltre, il bordo è l'unione di due semirette su ciascuna delle quali il dato di Dirichlet è costante. Viene quindi naturale cercare una soluzione che sia costante (e limitata) sulle semirette uscenti da $(1,1)$ o, in altre parole, una soluzione che dipenda solo dalla coordinata angolare nel sistema di coordinate polari con polo in $(1,1)$. Poniamo quindi $u(1 + r\cos\theta, 1 + r\sin\theta) = \psi(\theta)$. Se la soluzione è di questo tipo, allora si deve avere

$$\begin{cases} \Delta u = u_{\rho\rho}(\rho,\theta) + \frac{1}{r}u_\rho(\rho,\theta) + \frac{1}{r^2}u_{\theta,\theta}(\rho,\theta) = \frac{1}{r^2}\psi''(\theta) = 0 & 0 < \theta < \frac{\pi}{2} \\ \psi(0) = 0 \\ \psi(\frac{\pi}{2}) = 1, \end{cases}$$

cioè $\psi(\theta) = 2\theta/\pi$. Tornando alle coordinate cartesiane abbiamo infine

$$u(x_1, x_2) = \frac{2}{\pi} \arctan\left(\frac{x_2 - 1}{x_1 - 1}\right).$$

• Allo stesso risultato si può arrivare osservando che la funzione di variabile complessa

$$w = \log(z - 1) = \log|z - 1| + i\arg(z - 1)$$

è olomorfa nel quadrante Q. La sua parte immaginaria

$$\arg(z - 1) = \arctan\left(\frac{x_2 - 1}{x_1 - 1}\right)$$

è quindi armonica in Q e vale 0 sulla semiretta $x_2 = 1$, $x_1 > 1$, mentre vale $\pi/2$ sulla semiretta $x_2 = 1$, $x_1 > 1$. La funzione

$$u(x_1, x_2) = \frac{2}{\pi} \arg(z - 1) = \frac{2}{\pi} \arctan\left(\frac{x_2 - 1}{x_1 - 1}\right)$$

è dunque la soluzione cercata.

• Controlliamo l'unicità della soluzione. Le difficoltà sono dovute alla discontinuità del dato al bordo nel punto $(1,1)$, oltre alla non limitatezza del dominio. Consideriamo due soluzioni u e v e poniamo $w = u - v$. Osserviamo che, data la discontinuità del dato al bordo, è ragionevole supporre che u e v, e di conseguenza w, siano continue in $\overline{Q} \setminus \{(1,1)\}$ La funzione w è soluzione del problema

$$\begin{cases} \Delta w(\mathbf{x}) = 0 & \mathbf{x} \in Q \\ w(\mathbf{x}) = 0 & \mathbf{x} \in \partial Q \setminus \{(1,1)\} \\ w(\mathbf{x}) \text{ limitata} & \text{per } x \in Q \end{cases}$$

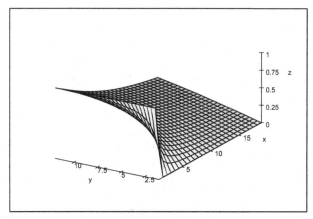

Figura 4. $u(x,y) = \arctan\left(\frac{y-1}{x-1}\right)$

(come differenza di funzioni limitate w è limitata). Estendiamo w a tutto $\mathbf{R}^2$ per riflessione nel modo seguente definendo:

$$w(x, 1-k) = -w(x, 1+k), \quad x > 1, k > 0 \quad \text{(riflessione dispari rispetto a } y = 1)$$

poi

$$w(1-h, y) = -w(1+h, y), \quad h > 0, y > 1 \quad \text{(riflessione dispari rispetto a } x = 1)$$

ed infine

$$w(1-h, 1-k) = w(1+h, 1+k), \quad h > 0, k > 0 \quad \text{(riflessione pari rispetto ad } (1,1)).$$

Per il principio di riflessione (Problema 2.5), la funzione w così estesa è armonica in tutto il piano eccetto al più nel punto $(1,1)$. D'altra parte, w è limitata e perciò possiamo applicare il risultato del Problema 2.21 in base al quale w ha una singolarità eliminabile in $(1,1)$: definendo $w(1,1) = 0$, si ottiene una funzione armonica e limitata in tutto il piano.

Per il teorema di Liouville, w è costante ed essendo nulla nell'origine è identicamente nulla; dunque u coincide con v.

c) Per quanto visto nel punto a), la trasformazione di Kelvin T_1 trasforma il semipiano $x_1 > 1$ nel cerchio $y_1^2 + y_2^2 - y_1 < 0$ ed il semipiano $x_2 > 1$ nel cerchio $y_1^2 + y_2^2 - y_2 < 0$. Di conseguenza il quadrante $\{x_1 > 1\} \cap \{x_2 > 1\}$ viene trasformato nell'intersezione dei due cerchi, cioè in Ω. Poniamo quindi $v(\mathbf{x}) = u(T_1(\mathbf{x}))$, dove u è la funzione armonica nel quadrante trovata nel punto precedente. In formule, abbiamo

$$v(x_1, x_2) = \frac{2}{\pi} \arctan\left(\frac{x_1^2 + x_2^2 - x_2}{x_1^2 + x_2^2 - x_1}\right).$$

La funzione v è definita su Q e non è difficile controllare che soddisfa le condizioni al bordo. Inoltre, grazie ai risultati del Problema 2.8, essendo u armonica, anche v è armonica ed è la soluzione cercata.

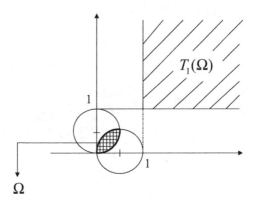

Figura 5.

Problema 2.10. (Problema di Dirichlet nel semipiano, dati discontinui). *Risolvere il seguente problema nel semipiano:*

$$
\begin{cases}
\Delta u(x, y) = 0 & x > 0, \, y \in \mathbf{R} \\
u(0, y) = 1 & y > 0 \\
u(0, y) = -1 & y < 0 \\
u(x, y) \text{ limitata sul semipiano.}
\end{cases}
$$

Controllare che la soluzione è unica utilizzando il principio di riflessione e il risultato del Problema 2.21.

Soluzione

1° metodo. Come nel Problema 2.9.b), tentiamo di trovare una soluzione che sia costante sulle semirette uscenti dall'origine. Poniamo di conseguenza $u = u(\rho, \theta) = \psi(\theta)$. Si ottiene

$$
\Delta u = u_{\rho\rho}(\rho, \theta) + \frac{1}{r} u_{\rho}(\rho, \theta) + \frac{1}{r^2} u_{\theta,\theta}(\rho, \theta) = \frac{1}{r^2} \psi''(\theta),
$$

e quindi ψ risolve il problema

$$
\begin{cases}
\psi''(\theta) = 0 & -\frac{\pi}{2} < \theta < \frac{\pi}{2} \\
\psi(\frac{\pi}{2}) = 1 \\
\psi(-\frac{\pi}{2}) = -1
\end{cases}
$$

la cui unica soluzione è $\psi(\theta) = \frac{2}{\pi}\theta$, da cui, tornando in coordinate cartesiane,

$$
u(x, y) = \frac{2}{\pi} \arctan \frac{y}{x}.
$$

2° metodo. Notiamo che la funzione di variabile complessa

$$
w = \log z = \log |z| + i \arg z
$$

è olomorfa nel semipiano $x > 0$. La sua parte immaginaria

$$
\arg z = \arctan \frac{y}{x}
$$

è armonica per $x > 0$ ed assume i valori $\pi/2$ e $-\pi/2$ sulle semirette $x = 0$, $y > 0$ e $y < 0$, rispettivamente. Si ritrova

$$u\left(x,y\right) = \frac{2}{\pi}\arg z = \frac{2}{\pi}\arctan\frac{y}{x}.$$

3° metodo. Utilizziamo il nucleo di Poisson per il semipiano $x > 0$, (Problema 2.6). Si ha:

$$
\begin{aligned}
u\left(x,y\right) &= \frac{1}{\pi}\int_0^\infty \frac{x}{x^2 + (y-s)^2}ds - \frac{1}{\pi}\int_{-\infty}^0 \frac{x}{x^2 + (y-s)^2}ds = \\
&= \frac{x}{\pi}\int_0^\infty \left(\frac{1}{x^2 + (y-s)^2} - \frac{1}{x^2 + (y+s)^2}\right)ds = \\
&= \frac{2}{\pi}\arctan\frac{y}{x}.
\end{aligned}
$$

• Controlliamo che, se il problema ammette una soluzione, allora questa è unica. Si può ragionare in modo analogo a quanto fatto nella soluzione del Problema 2.9,b), a cui rimandiamo il lettore per i dettagli. Siano, quindi, u e v due diverse soluzioni, e poniamo $w = u - v$, dove w soddisfa

$$
\begin{cases}
\Delta w(x,y) = 0 & x > 0,\, y \in \mathbf{R} \\
w(0,y) = 0 & y \in \mathbf{R} \setminus \{0\} \\
w(x,y) \text{ limitata.}
\end{cases}
$$

Estendiamo w a tutto $\mathbf{R}^2$ in modo dispari ponendo:

$$
\tilde{w}(x,y) = \begin{cases}
w(x,y) & x \geq 0 \\
-w(-x,y) & x \leq 0.
\end{cases}
$$

Grazie al principio di riflessione (Problema 2.5) si ottiene che $\tilde{w}$ è armonica in $\mathbf{R}^2 \setminus \{(0,0)\}$, ed infine è estendibile in modo armonico anche nell'origine, per il risultato del Problema 2.21. Essendo $\tilde{w}$ armonica e limitata in tutto il piano, per il teorema di Liouville è costante. Essendo poi nulla sull'asse x, tale costante è necessariamente zero. Perciò $\tilde{w} \equiv 0$, e u coincide con v.

Problema 2.11. (Problema di Dirichlet in un dominio esterno). Sia $\Omega \subset \mathbf{R}^2$ un dominio limitato contenente l'origine e sia $\Omega_e = \mathbf{R}^2 \backslash \overline{\Omega}$ il corrispondente dominio esterno. Dimostrare che il problema

(17)
$$\begin{cases} \Delta u = 0 & \text{in } \Omega_e \\ u = g & \text{su } \partial\Omega_e, \text{ con } g \text{ continua} \\ u \text{ limitata} & \text{in } \Omega_e \end{cases}$$

ha al più una soluzione di classe $C^2(\Omega_e) \cap C(\overline{\Omega}_e)$, attraverso i seguenti i passi:

a) risolvere il problema di Dirichlet

$$\begin{cases} \Delta v = 0 & \text{in } C_{r,R} \\ v = 0 & \text{su } \partial B_r \\ v = 1 & \text{su } \partial B_R, \end{cases}$$

nella corona circolare $C_{r,R} = B_R \setminus \overline{B}_r$, dove

$$B_r \subset \Omega \subset B_R$$

e i cerchi B_r, B_R sono centrati nell'origine.

b) Mostrare che, se u_1 ed u_2 sono due soluzioni di (17) e

(18)
$$\cdot w = \begin{cases} u_1 - u_2 & \text{in } \Omega_e \\ 0 & \text{in } \Omega, \end{cases}$$

allora

$$|w| \le Mv \qquad \text{in } C_{r,R}$$

dove v è la soluzione del problema nel punto a) ed M è un opportuna costante.

c) Facendo tendere R ad infinito nella precedente disuguaglianza, dedurre che $w \equiv 0$, e che quindi (17) ha una sola soluzione.

Soluzione

a) Abbiamo già risolto il problema di Dirichlet nella corona circolare nel Problema 2.3. In questo caso particolare il problema è invariante per rotazioni con centro nell'origine, per cui cerchiamo soluzioni *a simmetria radiale*, che, nel piano, sono della forma

$$v(\rho) = C_1 + C_2 \log \rho.$$

Imponendo le condizioni iniziali, otteniamo

$$v(\rho) = \frac{\log(\rho/r)}{\log(R/r)}.$$

Si noti che v è una funzione non negativa.

b) La funzione w definita in (18) è continua in $\mathbf{R}^2$, è identicamente nulla in Ω ed è armonica e limitata in Ω_e.

Sia M una costante positiva tale che $|w| \le M$ in Ω_e. È facile verificare che la funzione

$$W_+ = Mv - w$$

soddisfa il seguente problema

$$\begin{cases} \Delta W_+ = 0 & \text{in } C_{r,R} \cap \Omega_e \\ W_+|_{\partial\Omega} = Mv|_{\partial\Omega} \geq 0 \\ W_+|_{\partial B_R} = M - w|_{\partial B_R} \geq 0. \end{cases}$$

Dal principio di massimo segue che $W_+ \geq 0$, cioè

$$w \leq Mv$$

in $C_{r,R} \cap \Omega_e$. Data la definizione di w, la disuguaglianza si estende facilmente a tutto $C_{r,R}$. Allo stesso modo, sia

$$W_- = -Mv - w.$$

Con il medesimo argomento si dimostra che $W_- \leq 0$, e quindi che

$$w \geq -Mv$$

in $C_{r,R}$. In conclusione:

$$-Mv \leq w \leq Mv \quad \text{in } C_{r,R}$$

che è la tesi.

c) Nel punto b) abbiamo dimostrato che

$$(19) \qquad |w(\rho,\theta)| \leq M \frac{\log(\rho/r)}{\log(R/r)},$$

dove r ed R sono tali che

$$B_r \subset \Omega \subset C_{r,R}.$$

In particolare, essendo Ω limitato, la disuguaglianza vale per R arbitrariamente grande. Sia quindi r fissato, e (ρ,θ) un punto fissato arbitrariamente in Ω_e. Se $R > \rho$, $(\rho,\theta) \in C_{r,R}$. Poiché si ha

$$\frac{\log(\rho/r)}{\log(R/r)} \to 0 \qquad \text{per } R \to +\infty,$$

dalla (19) segue che $w(\rho,\theta) = 0$ e quindi $u_1 \equiv u_2$.

Il problema (17) ammette quindi un'unica soluzione.

Problema 2.12. (Unicità per il problema di Neumann in un dominio esterno). Sia $\Omega_e \subset \mathbf{R}^2$ un dominio esterno (nel senso del problema precedente). Dimostrare che il problema

(20)
$$\begin{cases} \Delta u = 0 & \text{in } \Omega_e \\ \partial_\nu u = g & \text{su } \partial\Omega_e, \text{ con } g \text{ continua} \\ u \text{ limitata} & \text{in } \Omega_e \end{cases}$$

ha un'unica soluzione di classe $C^2(\Omega_e) \cap C^1(\overline{\Omega}_e)$, a meno di costanti additive, attraverso i seguenti passi:

a) Utilizzando opportunamente la trasformata di Kelvin (Problema 2.8) si dimostri che se u è una soluzione del problema (20) allora

$$\left| \frac{\partial u}{\partial x_i}(\mathbf{x}) \right| \leq \frac{C}{|\mathbf{x}|^2} \qquad (i = 1, 2)$$

quando $|\mathbf{x}|$ è sufficientemente grande, con un'opportuna costante C.

b) Siano u_1 ed u_2 due soluzioni di (20) e sia $w = u_1 - u_2$ in Ω_e. Usando opportunamente la formula di integrazione per parti e il risultato ottenuto nel punto a), mostrare che, per R grande

$$\int_{\Omega_e \cap B_R} |\nabla w(\mathbf{x})|^2 \, d\mathbf{x} \leq \frac{C'}{R}.$$

c) Facendo tendere R ad infinito, dedurre che w è costante, e che quindi (20) ha una sola soluzione a meno di costanti additive.

Soluzione

a) Sia $a > 0$ sufficientemente grande in modo che $B = B_a(0) \supset \Omega$ e quindi che $B_e = \{\mathbf{x} \in \mathbf{R}^2 : |\mathbf{x}| > a\} \subset \Omega$. Introduciamo la trasformata di Kelvin

$$\mathbf{y} = T_a(\mathbf{x}) = \frac{a^2}{|\mathbf{x}|^2}\mathbf{x}, \qquad \mathbf{x} = T_a^{-1}(\mathbf{y}) = T_a(\mathbf{y}) = \frac{a^2}{|\mathbf{y}|^2}\mathbf{y}.$$

Dal problema citato sappiamo che $T_a(B_e) = B \setminus \{0\}$ e che la funzione

$$v(\mathbf{y}) = u(T_a(\mathbf{y}))$$

è armonica in tale insieme. Essendo u limitata, anche v lo è. Possiamo quindi applicare il risultato del Problema 2.21, ottenendo che v è prolungabile in modo armonico in tutta B. Ne segue che $v \in C^2(B)$ e quindi ha derivate prime (ed anche seconde) limitate su ogni sottoinsieme compatto contenuto in B. In particolare esiste una costante c_0 tale che, per $j = 1, 2$,

$$\left| \frac{\partial v}{\partial y_j}(\mathbf{y}) \right| \leq c_0 \quad \text{per } |\mathbf{y}| \leq \frac{a}{2}.$$

Ma

$$\frac{\partial u}{\partial x_i}(\mathbf{x}) = \sum_{j=1}^{2} \frac{\partial v}{\partial y_j}(\mathbf{y})\frac{\partial y_j}{\partial x_i}(\mathbf{x}) = \sum_{j=1}^{2} \frac{\partial v}{\partial y_j}(\mathbf{y})\left(\frac{a^2}{|\mathbf{x}|^2}\delta_{ij} - \frac{a^2 x_i x_j}{|\mathbf{x}|^4} \right),$$

dove δ_{ij} è l'usuale simbolo di Kronecker ($\delta_{ij} = 1$ se $i = j$, $= 0$ altrimenti). A questo punto basta osservare che $|x_i x_j| \leq |\mathbf{x}|^2$ (per ogni i, j) per ottenere

$$(21) \qquad \left|\frac{\partial u}{\partial x_i}(\mathbf{x})\right| \leq \frac{2a^2}{|\mathbf{x}|^2} \sum_{j=1}^{2}\left|\frac{\partial v}{\partial y_j}(\mathbf{y})\right| \leq \frac{4a^2 c_0}{|\mathbf{x}|^2} \qquad \text{per } |\mathbf{x}| \geq 2a.$$

Può essere utile osservare che in realtà le stime ottenute dipendono solo dall'armonicità e dalla limitatezza di u (non si è utilizzata la condizione di Neumann).

b) Ricordiamo la formula di integrazione per parti:

$$\int_{\Omega_e \cap B_R} \varphi(\mathbf{x}) \Delta w(\mathbf{x}) \, d\mathbf{x} = -\int_{\Omega_e \cap B_R} \nabla w(\mathbf{x}) \cdot \nabla \varphi(\mathbf{x}) \, d\mathbf{x} + \int_{\partial(\Omega_e \cap B_R)} \varphi(\mathbf{x}) \partial_\nu w(\mathbf{x}) \, d\sigma,$$

dove φ è una qualunque funzione regolare[10] (si noti che la formula vale perché il dominio di integrazione è limitato). Si vede quindi che per ottenere la norma L^2 di ∇w è necessario scegliere $\varphi = w$. Abbiamo:

$$\int_{\Omega_e \cap B_R} w(\mathbf{x}) \Delta w(\mathbf{x}) \, d\mathbf{x} = \int_{\Omega_e \cap B_R} |\nabla w(\mathbf{x})|^2 \, d\mathbf{x} - \int_{\partial(\Omega_e \cap B_R)} w \partial_\nu w \, d\sigma.$$

Ricordando che $\Delta w = 0$ in Ω e che $\partial_\nu w = 0$ su $\partial\Omega$ si ottiene

$$\int_{\Omega_e \cap B_R} |\nabla w(\mathbf{x})|^2 \, d\mathbf{x} = \int_{\partial B_R} w \partial_\nu w \, d\sigma \leq M \int_{\partial B_R} |\nabla w| \, d\sigma,$$

dove M è una costante tale che $|w| \leq M$ su Ω_e (w è limitata in quanto differenza di funzioni limitate). Se $R \geq 2a$, dalla (21) si ottiene (su ∂B_R si ha $|\mathbf{x}| = R$)

$$\int_{\Omega \cap B_R} |\nabla w(\mathbf{x})|^2 \, d\mathbf{x} \leq 8a^2 c_0 M \int_{\partial B_R} \frac{1}{|\mathbf{x}|^2} \, d\sigma = \frac{16\pi a^2 c_0 M}{R}.$$

c) La disuguaglianza vale per ogni R sufficientemente grande, quindi possiamo passare al limite per R che tende ad infinito, ottenendo

$$\int_\Omega |\nabla w(\mathbf{x})|^2 \, d\mathbf{x} \leq 0,$$

cioè $|\nabla w(\mathbf{x})|^2 = 0$ quasi ovunque in Ω_e. Dalla regolarità di w segue la tesi.

---

[10] [S], Capitolo 3, Sezione 3.4.

Problema 2.13. (Formula di Poisson per l'esterno di un cerchio). Sia $B_e = \{\mathbf{x} \in \mathbf{R}^2 : |\mathbf{x}| > 1\}$. Si consideri il seguente problema di Laplace in B_e (che scriviamo in coordinate polari):

$$\begin{cases} \Delta u = 0 & \text{in } B_e \\ u(1, \theta) = g(\theta) & 0 \le \theta \le 2\pi, \text{ con } g \text{ di classe } C^1 \text{ e } 2\pi\text{--periodica} \\ |u| \le M & \text{in } \Omega \end{cases}$$

con $g \in C^1(\mathbf{R})$, periodica con periodo 2π.

a) Risolverlo per separazione di variabili

b) Trovare la formula di Poisson per il problema esterno[a]:

(22)
$$u(\mathbf{x}) = \frac{|\mathbf{x}|^2 - 1}{2\pi} \int_{\partial B_e} \frac{g(\boldsymbol{\sigma})}{|\mathbf{x} - \boldsymbol{\sigma}|^2} \, d\sigma.$$

[a][S], Cap. 3, Sez. 3.4.

Soluzione

a) Dal Problema 2.11 sappiamo già che la soluzione, se esiste, è unica. La simmetria sferica del problema invita al passaggio in coordinate polari. Cerchiamo soluzioni a variabili separate del tipo

$$u(\rho, \theta) = w(r)\, v(\theta)$$

con $v(\theta)$ periodica di periodo 2π e $w(r)$ limitata. Imponiamo a $w(r)\, v(\theta)$ d'essere armonica; si trova:

$$w''(r)\, v(\theta) + \frac{1}{r} w'(r)\, v(\theta) + \frac{1}{r^2} w(r)\, v''(\theta) = 0$$

ovvero, separando le variabili:

$$= \frac{r^2 w''(r) + r w'(r)}{w(r)} = -\frac{v''(\theta)}{v(\theta)} = \mu$$

con μ costante. Il problema agli autovalori

$$v''(\theta) + \mu v(\theta) = 0, \; v(0) = v(2\pi)$$

è risolubile solo se $\mu = n^2$, $n \ge 0$, con autofunzioni

$$v_n(\theta) = c_n \cos n\theta + d_n \sin n\theta$$

c_n, d_n costanti arbitrarie. Se $\mu = n^2$, l'equazione per w è:

$$r^2 w''(r) + r w'(r) - n^2 w(r) = 0$$

le cui soluzioni limitate per $r > 1$ sono

$$w(r) = c r^{-n}.$$

Sovrapponiamo ora le soluzioni così trovate, definendo

(23)
$$u(r, \theta) = c_0 + \sum_{n=1}^{+\infty} r^{-n} \left[c_n \cos n\theta + d_n \sin n\theta \right].$$

Rimane da scegliere c_n e d_n in modo che $u(1,\theta) = g(\theta)$. Sviluppiamo dunque il dato g in serie di Fourier

$$g(\theta) = \frac{a_0}{2} + \sum_{n=1}^{+\infty} (a_n \cos n\theta + b_n \sin n\theta)$$

dove, date le ipotesi su g, la serie converge uniformemente e assolutamente in $[0, 2\pi]$. Si vede facilmente che occorre scegliere $c_0 = a_0/2$, $c_n = a_n$, $d_n = b_n$. In conclusione, la soluzione è

$$u(r,\theta) = \frac{a_0}{2} + \sum_{n=1}^{+\infty} r^{-n} [a_n \cos n\theta + b_n \sin n\theta].$$

Infatti, per $r > 1$, si può derivare sotto il segno di somma quante volte si vuole (quindi u è armonica per $r > 1$) e inoltre $u(r,\varphi) \to g(\theta)$ se $(r,\varphi) \to (1,\theta)$.

b) Per arrivare alla formula di Poisson, è necessario calcolare la serie che compare nell'espressione di u. A tale scopo sostituiamo l'espressione di a_n e b_n. Si ottiene:

$$
\begin{aligned}
u(r,\theta) &= \frac{1}{2\pi} \int_{-\pi}^{\pi} g(\varphi)\, d\varphi + \\
&\quad + \frac{1}{\pi} \sum_{n=1}^{+\infty} r^{-n} \left(\int_{-\pi}^{\pi} g(\varphi) \cos n\varphi \cos n\theta\, d\varphi + \int_{-\pi}^{\pi} g(\varphi) \sin n\varphi \sin n\theta\, d\varphi \right) = \\
&= \frac{1}{\pi} \int_{-\pi}^{\pi} g(\varphi) \left[\frac{1}{2} + \sum_{n=1}^{+\infty} r^{-n} (\cos n\varphi \cos n\theta + \sin n\varphi \sin n\theta) \right] d\varphi = \\
&= \frac{1}{\pi} \int_{-\pi}^{\pi} g(\varphi) \left[\frac{1}{2} + \sum_{n=1}^{+\infty} r^{-n} (\cos(n\varphi - n\theta)) \right] d\varphi = \\
&= \frac{1}{\pi} \int_{-\pi}^{\pi} g(\varphi) \left[\frac{1}{2} + \operatorname{Re} \sum_{n=1}^{+\infty} \left(\frac{e^{i(\varphi - \theta)}}{r} \right)^n \right] d\varphi,
\end{aligned}
$$

dove si è sfruttata la convergenza uniforme della serie di Fourier associata a g, ed il fatto che la parte reale di una serie (a termini complessi) è uguale alla serie delle parti reali. La serie in questione è geometrica, per cui

$$\frac{1}{2} + \operatorname{Re} \sum_{n=1}^{+\infty} \left(\frac{e^{i(\varphi-\theta)}}{r} \right)^n = \frac{1}{2} + \operatorname{Re} \frac{e^{i(\varphi-\theta)}}{r - e^{i(\varphi-\theta)}} = \frac{r^2 - 1}{2(r^2 + 1 - 2r \cos(\varphi - \theta))},$$

e quindi

$$u(r,\theta) = \frac{r^2 - 1}{2\pi} \int_{-\pi}^{\pi} \frac{g(\varphi)}{r^2 + 1 - 2r \cos(\varphi - \theta)}\, d\varphi.$$

Volendo tornare in coordinate cartesiane, è sufficiente notare che, posto $(r,\theta) = \mathbf{x}$ e $(1,\varphi) = \boldsymbol{\sigma} \in \partial B_1$, allora $d\sigma = d\varphi$ e $r^2 + 1 - 2r \cos(\varphi - \theta) = |\mathbf{x} - \boldsymbol{\sigma}|^2$. Otteniamo così la (22).

2.2. Proprietà generali delle funzioni armoniche

Problema 2.14. (Derivate di funzioni armoniche). *Dimostrare che se u è armonica in un dominio $\Omega \subseteq \mathbf{R}^n$, anche le derivate di u di qualunque ordine sono armoniche in Ω.*

Soluzione

Sia u armonica su $\Omega \subseteq \mathbf{R}^n$. Allora[11] u è di classe $C^\infty(\Omega)$ e, di conseguenza, per ogni multiindice $\boldsymbol{\alpha} = (\alpha_1, \dots, \alpha_n)$ esiste la derivata $\boldsymbol{\alpha}$-esima di u:

$$v = D^\alpha u = \frac{\partial^{\alpha_1}}{\partial x_1^{\alpha_1}} \cdots \frac{\partial^{\alpha_n}}{\partial x_n^{\alpha_n}} u.$$

Inoltre v è a sua volta di classe C^∞, quindi in particolare ne possiamo calcolare il laplaciano:

$$\Delta v = \Delta(D^\alpha u) = \sum_{i=1}^n \frac{\partial^2}{\partial x_i^2}(D^\alpha u) = \sum_{i=1}^n D^\alpha \left(\frac{\partial^2}{\partial x_i^2} u \right) = D^\alpha(\Delta u) = 0.$$

Essendo u di classe C^∞, lo scambio dell'ordine di derivazione è giustificato dal Teorema di Schwarz.

Problema 2.15. (Polinomi armonici). *Determinare l'espressione dei polinomi armonici omogenei di grado n in due variabili.*

Soluzione

Possiamo indicare il generico polinomio omogeneo di grado n con la scrittura

$$P_n(x,y) = \sum_{k=0}^n c_k x^{n-k} y^k,$$

dove x ed y sono le variabili, ed i coefficienti c_k non sono tutti nulli. Derivando si ottiene (si tratta di somme finite!)

$$\begin{aligned}
\Delta P_n(x,y) &= \sum_{k=0}^{n-2} c_k(n-k)(n-k-1)x^{n-k-2}y^k + \sum_{h=2}^n c_h h(h-1)x^{n-h}y^{h-2} = \\
&= \sum_{k=0}^{n-2} c_k(n-k)(n-k-1)x^{n-k-2}y^k + \sum_{k=0}^{n-2} c_{k+2}(k+2)(k+1)x^{n-k-2}y^k \\
&= \sum_{k=0}^{n-2} \left[c_k(n-k)(n-k-1) + c_{k+2}(k+2)(k+1) \right] x^{n-k-2}y^k
\end{aligned}$$

Affinché il polinomio sia armonico, quindi, è necessario che ciascun addendo nell'ultima somma abbia coefficiente nullo. Si ottiene, per ogni k,

$$c_k(n-k)(n-k-1) + c_{k+2}(k+2)(k+1) = 0,$$

---

[11][S], Cap. 3, Teorema 3.2.

da cui

$$c_{k+2} = -\frac{(n-k)(n-k-1)}{(k+2)(k+1)}c_k.$$

Se ne deduce che i coefficienti pari dipendono dalla scelta di c_0 e quelli dispari da quella di c_1. Scriviamo i primi casi pari:

$$c_2 = -\frac{n(n-1)}{2\cdot 1}c_0 = -\frac{n(n-1)(n-2)!}{2!\cdot(n-2)!}c_0 = \binom{n}{2}c_0,$$

$$c_4 = -\frac{(n-2)(n-3)}{4\cdot 3}c_2 = \frac{n(n-1)(n-2)(n-3)}{4\cdot 3\cdot 2\cdot 1}c_0 =$$

$$= \frac{n(n-1)(n-2)(n-3)(n-4)!}{4!\cdot(n-4)!}c_0 = \binom{n}{4}c_0.$$

Posto $c_0 = a$, per induzione si ha

$$c_{2h} = (-1)^h \binom{n}{2h} a.$$

Allo stesso modo, posto $c_1 = nb$, si ottiene la formula per i coefficienti dispari (verificarla!)

$$c_{2h+1} = (-1)^h \binom{n}{2h+1} b.$$

In conclusione

$$P_n(x,y) = \sum_{k=0}^{n} \tilde{c}_k \binom{n}{k} x^{n-k}y^k, \qquad \text{con} \quad \tilde{c}_k = \begin{cases} (-1)^h a & \text{per } k = 2h \\ (-1)^h b & \text{per } k = 2h+1 \end{cases}$$

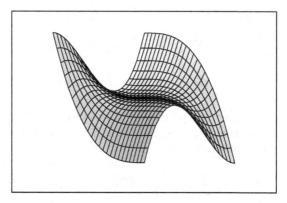

Figura 6. Il polinomio armonico $x^3 + 3x^2y - 3xy^2 + y^3$.

Problema 2.16*. (Funzioni sub\superarmoniche). *Una funzione* $u \in C^2(\Omega)$, $\Omega \subset \mathbf{R}^n$ *si dice* subarmonica (superarmonica) *se* $\Delta u \geq 0$ ($\Delta u \leq 0$) *in* Ω. *Dimostrare che:*

a) *Se* u *è subarmonica allora per ogni sfera* $B_R(\mathbf{x}) \subset\subset \Omega$

$$u(\mathbf{x}) \leq \frac{1}{|B_R(\mathbf{x})|} \int_{B_R(\mathbf{x})} u(\mathbf{y}) \, dy, \qquad u(\mathbf{x}) \leq \frac{1}{|\partial B_R(\mathbf{x})|} \int_{\partial B_R(\mathbf{x})} u(\mathbf{y}) \, dy.$$

Se u *è superarmonica, le disuguaglianze sono rovesciate.*

b) *Se* Ω *è connesso,* $u \in C(\overline{\Omega})$ *è subarmonica (superarmonica) e assume il suo massimo (minimo) in un punto interno di* Ω, *allora* u *è costante. In particolare, se* Ω *è anche limitato,* u *ammette massimo (minimo) in* $\overline{\Omega}$ *e lo assume su* $\partial\Omega$.

Soluzione

a) Facciamo la dimostrazione in dimensione $n = 2$, per fissare le idee. La dimostrazione è analoga a quella delle formule di media per le funzioni armoniche. Cominciamo quindi dalla seconda formula, poniamo, per $r < R$,

$$g(r) = \frac{1}{2\pi r} \int_{\partial B_r(\mathbf{x})} u(\boldsymbol{\sigma}) \, d\sigma$$

e cambiamo variabili, ponendo $\boldsymbol{\sigma} = \mathbf{x} + r\boldsymbol{\sigma}'$. Allora $\boldsymbol{\sigma}' \in \partial B_1(\mathbf{0})$, $d\sigma = r d\sigma'$ e quindi

$$g(r) = \frac{1}{2\pi} \int_{\partial B_1(\mathbf{0})} u(\mathbf{x} + r\boldsymbol{\sigma}') \, d\sigma'.$$

Poniamo $v(\mathbf{y}) = u(\mathbf{x} + r\mathbf{y})$ e osserviamo che

$$\begin{aligned} \nabla v(\mathbf{y}) &= r \nabla u(\mathbf{x} + r\mathbf{y}) \\ \Delta v(\mathbf{y}) &= r^2 \Delta u(\mathbf{x} + r\mathbf{y}). \end{aligned}$$

Si ha, dunque,

$$\begin{aligned} g'(r) &= \frac{1}{2\pi} \int_{\partial B_1(\mathbf{0})} \frac{d}{dr} u(\mathbf{x} + r\boldsymbol{\sigma}') \, d\sigma' = \frac{1}{2\pi} \int_{\partial B_1(\mathbf{0})} \nabla u(\mathbf{x} + r\boldsymbol{\sigma}') \cdot \boldsymbol{\sigma}' d\sigma' \\ &= \frac{1}{2\pi r} \int_{\partial B_1(\mathbf{0})} \nabla v(\boldsymbol{\sigma}') \cdot \boldsymbol{\sigma}' d\sigma' = \text{(teorema della divergenza)} \\ &= \frac{1}{2\pi r} \int_{B_1(\mathbf{0})} \Delta v(\mathbf{y}) \, dy = \frac{r}{2\pi} \int_{B_1(\mathbf{0})} \Delta u(\mathbf{x} + r\mathbf{y}) \, dy \geq 0. \end{aligned}$$

Dunque g è non decrescente, e poiché $g(r) \to u(\mathbf{x})$ per $r \to 0$, si ha la tesi. Per la prima formula, moltiplichiamo la seconda (con $R = r$) per r e integriamo entrambi i membri tra 0 ed R. Si trova

$$\frac{R^2}{2} u(\mathbf{x}) \geq \frac{1}{2\pi} \int_0^R dr \int_{\partial B_r(\mathbf{x})} u(\boldsymbol{\sigma}) \, d\sigma = \frac{1}{2\pi} \int_{B_R(\mathbf{x})} u(\mathbf{y}) \, dy$$

da cui la tesi.

Nel caso delle funzioni superarmoniche si può ragionare in maniera perfettamente analoga. Oppure si può osservare che se u è superarmonica allora $-u$ è subarmonica, ed applicare a $-u$ il risultato appena dimostrato.

b) Dimostriamo l'enunciato che riguarda le funzioni subarmoniche. La tesi segue direttamente dalle disuguaglianze dimostrate al punto a). Supponiamo infatti che, per qualche $\mathbf{x}_0 \in \Omega$, si abbia

$$u(\mathbf{x}_0) = \sup_{x \in \Omega} u(\mathbf{x}).$$

Essendo Ω aperto, se r è sufficientemente piccolo, la palla di centro $\mathbf{x}_0$ e raggio r è ben contenuta in Ω, e quindi possiamo applicare la disuguaglianza al punto a). Si ottiene

$$u(\mathbf{x}_0) \leq \frac{1}{|B_r(\mathbf{x}_0)|} \int_{B_r(\mathbf{x}_0)} u(\mathbf{y})\, d\mathbf{y},$$

cioè

$$\int_{B_r(\mathbf{x}_0)} (u(\mathbf{y}) - u(\mathbf{x}_0)) d\mathbf{y} = 0.$$

Ma $u(\mathbf{y}) - u(\mathbf{x}_0)$ è continua per ipotesi e non positiva per definizione di massimo. Ne segue che $u(\mathbf{y}) - u(\mathbf{x}_0) \equiv 0$, cioè che u è costante, su $B_r(\mathbf{x}_0)$. Ma allora possiamo ripetere il medesimo ragionamento sostituendo ad $\mathbf{x}_0$ un qualunque punto della palla. Ora, dato un qualunque punto $\mathbf{y}_0 \in \Omega$ è sempre possibile costruire un numero finito di palle B_i, $i = 1, \ldots, k$, tutte contenute in Ω, tali che B_1 abbia centro in $\mathbf{x}_0$, B_k contenga $\mathbf{y}_0$ e $B_i \cap B_{i+1} \neq \emptyset$ (qui entra in gioco la connessione di Ω). Mediante il precedente ragionamento otteniamo che u è costante su B_i per ogni i, e quindi $u(\mathbf{y}_0) = u(\mathbf{x}_0)$. La tesi segue dunque dall'arbitrarietà di $\mathbf{y}_0$.

Problema 2.17. (Funzioni subarmoniche e variante del teorema di Liouville). *Sia u armonica in $\Omega \subset \mathbf{R}^n$. Mostrare che:*

a) u^2 *è subarmonica in Ω.*

b) Se $F \in C^2(\mathbf{R})$ è convessa allora $w = F(u)$ è subarmonica in Ω.

Dimostrare inoltre che:

c) Se u è armonica in $\mathbf{R}^n$ e

$$\int_{\mathbf{R}^n} u^2(\mathbf{x})\, d\mathbf{x} = M < \infty.$$

allora $u \equiv 0$.

Soluzione

a) Sia u che u^2 sono di classe C^∞. Dalla formula

$$\Delta(fg) = g\Delta f + f\Delta g + 2\nabla f \cdot \nabla g$$

con $u = v$, si ha

$$\Delta(u^2) = 2u\Delta u + 2|\nabla u|^2 \geq 0$$

e quindi u^2 è subarmonica.

b) Abbiamo:

$$w_{x_j} = F'(u) u_{x_j}, \quad w_{x_j x_j} = F''(u) u_{x_j}^2 + F'(u) u_{x_j x_j}$$

e quindi

$$\Delta w = \sum_{j=1}^{n} \left[F''(u) u_{x_j}^2 + F'(u) u_{x_j x_j} \right] = F''(u) |\nabla u|^2 + F'(u) \Delta u$$

$$= F''(u) |\nabla u|^2 \geq 0$$

essendo F convessa.

c) Siano $\mathbf{x} \in \mathbf{R}^n$ ed $R > 0$. Poiché u è armonica, u^2 è subarmonica ed allora, in base al Problema 2.16.a), si può scrivere

$$u^2(\mathbf{x}) \leq \frac{1}{|B_R(\mathbf{x})|} \int_{B_R(\mathbf{x})} u^2(\mathbf{y}) dy \leq \frac{M}{|B_R(\mathbf{x})|}.$$

Poiché $\frac{M}{|B_R(\mathbf{x})|} \to 0$ per $R \to \infty$ si deduce che $u^2(\mathbf{x}) = 0$ e, data l'arbitrarietà di $\mathbf{x}$, che $u \equiv 0$ in $\mathbf{R}^n$.

Problema 2.18*. (*Disuguaglianza di Harnack*). *Sia u armonica e non negativa nel cerchio $B_R \subset \mathbf{R}^2$, di raggio R e centro nell'origine.*

a) *Usando la formula di poisson, dimostrare che per ogni $\mathbf{x} \in B_R$ vale la disuguaglianza (di Harnack)*

$$\frac{R - |\mathbf{x}|}{R + |\mathbf{x}|} u(\mathbf{0}) \leq u(\mathbf{x}) \leq \frac{R + |\mathbf{x}|}{R - |\mathbf{x}|} u(\mathbf{0}).$$

b) *Dedurre che*

$$\max_{B_{R/2}} u \leq 9 \min_{B_{R/2}} u.$$

Soluzione

a) Sia $u \geq 0$ tale che $\Delta u = 0$ in $B_R \subset \mathbf{R}^2$. Dalla formula di Poisson abbiamo, per ogni $|\mathbf{x}| < R$,

$$u(\mathbf{x}) = \frac{R^2 - |\mathbf{x}|^2}{2\pi R} \int_{\partial B_R} \frac{u(\boldsymbol{\sigma})}{|\boldsymbol{\sigma} - \mathbf{x}|^2} d\boldsymbol{\sigma}.$$

Dalla disuguaglianza triangolare, essendo $|\boldsymbol{\sigma}| = R$, si ottiene

$$R - |\mathbf{x}| \leq |\boldsymbol{\sigma} - \mathbf{x}| \leq R + |\mathbf{x}|.$$

Usando la disuguaglianza di destra, si ha:

$$u(\mathbf{x}) \leq \frac{R^2 - |\mathbf{x}|^2}{(R - |\mathbf{x}|)^2} \frac{1}{2\pi R} \int_{|\boldsymbol{\sigma}|=R} u(\boldsymbol{\sigma}) d\boldsymbol{\sigma} = \frac{R + |\mathbf{x}|}{R - |\mathbf{x}|} \frac{1}{2\pi R} \int_{\partial B_R} u(\boldsymbol{\sigma}) d\boldsymbol{\sigma}$$

e dalla formula della media,

$$u(\mathbf{x}) \leq \frac{R + |\mathbf{x}|}{R - |\mathbf{x}|} u(\mathbf{0}).$$

Analogamente, usando la disuguaglianza di sinistra, si ha:

$$u(\mathbf{x}) \geq \frac{R^2 - |\mathbf{x}|^2}{(R + |\mathbf{x}|)^2} \frac{1}{2\pi R} \int_{\partial B_R} u(\boldsymbol{\sigma}) d\boldsymbol{\sigma} \geq \frac{R - |\mathbf{x}|}{R + |\mathbf{x}|} u(\mathbf{0}).$$

In conclusione,

$$\frac{R - |\mathbf{x}|}{R + |\mathbf{x}|} u(\mathbf{0}) \leq u(\mathbf{x}) \leq \frac{R + |\mathbf{x}|}{R - |\mathbf{x}|} u(\mathbf{0})$$

($\Rightarrow$ dove si è usato il fatto che $u \geq 0$?).

   b) Siano

$$u(\mathbf{x}_{\max}) = \max_{B_{R/2}} u, \qquad u(\mathbf{x}_{\min}) = \min_{B_{R/2}} u.$$

Abbiamo, da un lato,

$$u(\mathbf{x}_{\max}) \leq \frac{R + |\mathbf{x}_{\max}|}{R - |\mathbf{x}_{\max}|} u(\mathbf{0}) \leq \frac{R + R/2}{R - R/2} u(\mathbf{0}) = 3u(\mathbf{0})$$

e dall'altro

$$u(\mathbf{0}) \leq \frac{R + |\mathbf{x}_{\min}|}{R - |\mathbf{x}_{\min}|} u(\mathbf{x}_{\min}) \leq 3u(\mathbf{x}_{\min}).$$

In conclusione:

$$\max_{B_{R/2}} u = u(\mathbf{x}_{\max}) \leq 9u(\mathbf{x}_{\min}) = 9 \min_{B_{R/2}} u.$$

Problema 2.19*. (Successioni di funzioni armoniche). *Siano u_i, $i \in \mathbf{N}$, funzioni armoniche non negative in Ω dominio di $\mathbf{R}^n$. Utilizzando la disuguaglianza di Harnack, mostrare che se $\sum_{i=0}^{+\infty} u_i$ converge in un punto $\mathbf{x}_0 \in \Omega$, allora converge uniformemente in ogni compatto $K \subset \Omega$. Dedurne che la somma U della serie è non negativa e armonica su tutto Ω.*

Soluzione

Essendo K compatto, possiamo trovare un numero finito di sfere $B_{R_j} = B_{R_j}(\mathbf{p}_j)$, $j = 0, ..., k$, contenute in Ω, tali che:
i) K sia contenuto nell'unione delle sfere $B_{R_j/2}$,
ii) si abbia $\mathbf{x}_0 \in B_{R_0}$ e

$$B_{R_j/2} \cap B_{R_j/2} \neq \emptyset.$$

Dal punto b) del problema precedente, si ha che

$$\max_{B_{R_0/2}} u_i \leq 9 \min_{B_{R_0/2}} u \leq 9u_i(\mathbf{x}_0).$$

Allora

$$\sum_{i=0}^{+\infty} \max_{B_{R_0/2}} u_i(\mathbf{x}) \leq 9 \sum_{i=0}^{+\infty} u_i(\mathbf{x}_0) < \infty$$

e perciò, in base al criterio di Weierstrass, la serie

$$\sum_{i=0}^{+\infty} u_i(\mathbf{x})$$

converge uniformemente in $B_{R_0/2}$ e, per la ii), nei punti di $B_{R_1/2} \cap B_{R_0/2}$. Ripe-tendo lo stesso ragionamento con

$$\mathbf{x}_1 \in B_{R_1/2} \cap B_{R_0/2}$$

al posto di $\mathbf{x}_0$ si ottiene la convergenza uniforme in $B_{R_1/2}$. Dopo un numero finito di passi, si ottiene la convergenza uniforme nell'unione delle sfere $B_{R_j/2}(\mathbf{x}_j)$ e quindi anche in K.

Poiché il compatto $K \subset \Omega$ è arbitrario, la serie converge in ogni punto di Ω, per cui la somma U della serie è definita in Ω ed è non negativa, come somma di termini non negativi. Essendo le funzioni u_i continue in Ω, la convergenza uniforme in ogni compatto contenuto in Ω assicura poi che U è continua in Ω.

Per dimostrare che U è armonica è perciò sufficiente far vedere che soddisfa la proprietà di media[12]. Si ha, per ogni $B_r(\mathbf{x}) \subset\subset \Omega$,

$$
\begin{aligned}
\frac{1}{|B_r(\mathbf{x})|} \int_{B_r(\mathbf{x})} U(\mathbf{y})\,dy &= \frac{1}{|B_r(\mathbf{x})|} \int_{B_r(\mathbf{x})} \left(\sum_{i=0}^{+\infty} u_i(\mathbf{y}) \right) dy = \\
&= \sum_{i=0}^{+\infty} \left(\frac{1}{|B_r(\mathbf{x})|} \int_{B_r(\mathbf{x})} u_i(\mathbf{y})\,dy \right) = \\
&= \sum_{i=0}^{+\infty} u_i(\mathbf{x}) = U(\mathbf{x}),
\end{aligned}
$$

e la tesi segue (nello scambio serie–integrale abbiamo sfruttato la convergenza uniforme della serie).

Nota. Il risultato è vero anche senza l'ipotesi di non negatività delle u_i, ma la dimostrazione richiede strumenti non elementari.

Problema 2.20**. (Principio di Hopf). Sia $\Omega \subset \mathbf{R}^n$ e $u \in C^2(\Omega) \cap C^1(\overline{\Omega})$, armonica e positiva in Ω. Sia $\mathbf{x}_0 \in \partial\Omega$ tale che $u(\mathbf{x}_0) = 0$. Mostrare che se esiste una sfera $B_R(\mathbf{p}) \subset \Omega$, tangente in $\mathbf{x}_0$ a $\partial\Omega$, allora $\partial_\nu u(\mathbf{x}_0) > 0$ (*ν indica la normale **interna** a $\partial\Omega$ nel punto $\mathbf{x}_0$*).

Soluzione

Poniamo $r = |\mathbf{x} - \mathbf{p}|$ e consideriamo la corona circolare

$$C_R = \left\{ \frac{R}{2} < r < R \right\},$$

---

[12]Si potrebbe dimostrare, con qualche fatica in più, che

$$\Delta U = \sum \Delta u_i = 0.$$

che è contenuta in Ω e tangente in $\mathbf{x}_0$ a $\partial\Omega$. Sia w la funzione armonica in C_R che assume il valore 0 su ∂B_R ed è uguale al minimo di u su $\partial B_{R/2}$. Per il principio di massimo, $u \geq v$ in C_R. Ma allora, poiché $u(\mathbf{x}_0) = w(\mathbf{x}_0) = 0$, si ha anche

$$\partial_\nu u(\mathbf{x}_0) = \lim_{h \to 0^+} \frac{u(\mathbf{x}_0 + h\boldsymbol{\nu}) - u(\mathbf{x}_0)}{h} \geq \lim_{h \to 0^+} \frac{w(\mathbf{x}_0 + h\boldsymbol{\nu}) - w(\mathbf{x}_0)}{h} = \partial_\nu w(\mathbf{x}_0).$$

Basta ora provare che

$$\partial_\nu w(\mathbf{x}_0) > 0.$$

La funzione w è una funzione a simmetria radiale, cioè

$$w = w(|\mathbf{x} - \mathbf{p}|) = w(r),$$

ed ha perciò la forma (ci limitiamo a $n > 2$)

$$w(r) = \frac{C_1}{r^{n-2}} + C_2.$$

Sia

$$m = \inf_{\partial B_R} u.$$

Imponendo le condizioni $w(R) = 0$ e $w(R/2) = m$, si trova

$$w(r) = \frac{m}{2^{n-2} - 1} \left[\left(\frac{R}{r} \right)^{n-2} - 1 \right].$$

Abbiamo, essendo $\boldsymbol{\nu} = \frac{\mathbf{p} - \mathbf{x}_0}{r}$,

$$\partial_\nu w(\mathbf{x}_0) = -w'(R) = \frac{m(n-2)}{2R(2^{n-1} - 1)} > 0,$$

e la tesi segue.

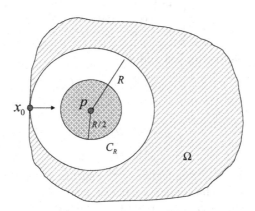

Figura 7. Proprietà della sfera interna in $\mathbf{x}_0$.

Problema 2.21**. (Singolarità eliminabili). *Siano $\Omega \subset \mathbf{R}^2$, aperto e limitato,*
$\mathbf{x}_0 \in \Omega$ *ed* $u \in C^2(\Omega \setminus \{\mathbf{x}_0\})$ *tale che*

$$\Delta u(\mathbf{x}) = 0, \quad |u(\mathbf{x})| \le M \qquad \textit{per } x \in \Omega \setminus \{\mathbf{x}_0\}.$$

Mostrare che l'eventuale discontinuità di u in $\mathbf{x}_0$ è eliminabile, cioè che esiste
$\tilde{u} \in C^2(\Omega)$ *tale che*

(24) $\tilde{u}(\mathbf{x}) = u(\mathbf{x})$ *per* $\mathbf{x} \ne \mathbf{x}_0, \qquad \Delta \tilde{u} = 0$ *in* Ω.

(vedere l'Esercizio 3.19 per una versione migliore).

Soluzione

Mediante una traslazione possiamo supporre che $\mathbf{x}_0 = \mathbf{0}$. Sia $R > 0$ sufficientemente piccolo in modo che $B_R = B_R(\mathbf{0}) \subset \Omega$. Indichiamo con v la soluzione del problema

$$\begin{cases} \Delta v = 0 & \text{in } B_R \\ v = u & \text{su } \partial B_R. \end{cases}$$

Per il principio del massimo, i valori di v sono compresi tra il minimo ed il massimo di u su ∂B_R, e quindi $|v(\mathbf{x})| \le M$.

La funzione $w = u - v$ è armonica in $B_R \setminus \{\mathbf{0}\}$, si annulla su ∂B_R e $|w(\mathbf{x})| \le 2M$. Se mostriamo che $w \equiv 0$ in $B_R \setminus \{\mathbf{0}\}$, allora la funzione

$$\tilde{u}(\mathbf{x}) = \begin{cases} u(\mathbf{x}) & \mathbf{x} \in \Omega \setminus B_R \\ v(\mathbf{x}) & \mathbf{x} \in B_R \end{cases}$$

soddisfa (24). Siano ora $0 < r < R$, $B_r = B_r(\mathbf{0})$; la funzione

$$h(\mathbf{x}) = 2M \frac{\log (|\mathbf{x}|/R)}{\log (r/R)}$$

è soluzione del problema

(25) $$\begin{cases} \Delta h = 0 & \text{in } B_R \setminus \overline{B_r} \\ h = 0 & \text{su } \partial B_R \\ h = 2M & \text{su } \partial B_r. \end{cases}$$

Il principio del massimo implica allora che

$$-h(\mathbf{x}) \le w(\mathbf{x}) \le h(\mathbf{x})$$

in $\overline{B_R} \setminus B_r$, ovvero

$$|w(\mathbf{x})| \le 2M \frac{\log (|\mathbf{x}|/R)}{\log (r/R)} \qquad \text{per } r \le |\mathbf{x}| \le R.$$

Sia ora $\mathbf{x} \ne \mathbf{0}$ fissato. La disuguaglianza precedente vale per ogni $r \le |\mathbf{x}|$. In particolare, quindi, possiamo far tendere r a 0, ottenendo che $|w(\mathbf{x})| = 0$. Dall'arbitrarietà di $\mathbf{x}$ segue che w è identicamente nulla fuori dall'origine e, come già detto, questo implica la tesi.

2.3. Potenziali e funzione di Green

Problema 2.22. (Potenziale newtoniano).

a)Determinare la densità $\mu = \mu(x, y, z)$ della distribuzione di massa in un dominio D, sapendo che il potenziale (newtoniano) da essa generato è

$$u(x, y, z) = -\left(x^2 + y^2 + z^2\right)^2 + 2.$$

b)Calcolare il potenziale di una distribuzione omogenea di massa (densità $\mu = 1$) nel cerchio B_1 con centro nell'origine.

Soluzione

La relazione tra il potenziale newtoniano in dimensione 3 e la densità che lo genera è

$$\Delta u = -4\pi\mu.$$

Essendo $\Delta u = -20\left(x^2 + y^2 + z^2\right)$ si trova

$$\mu(x, y, z) = \frac{5}{\pi}\left(x^2 + y^2 + z^2\right).$$

b) Il potenziale richiesto (definito a meno di una costante additiva) è

$$u(x, y) = -\frac{1}{4\pi}\int_{B_1} \log\left[(x - \xi)^2 + (y - \eta)^2\right]\, d\xi d\eta$$

ed è di classe C^1 in tutto $\mathbf{R}^2$. Per trovare un'espressione più esplicita, osserviamo che il problema è invariante per rotazioni per cui u è a simmetria radiale, cioè $u = u(r)$, $r^2 = x^2 + y^2$ ed è soluzione del problema

$$\Delta u = \begin{cases} -2\pi & 0 \le r < 1 \\ 0 & r > 1 \end{cases}$$

con

(26) $$u(1-) = u(1+), \qquad u_r(1+) = u_r(1-).$$

Le funzioni armoniche radiali sono della forma

$$a \log r + b$$

mentre le soluzioni radiali di $\Delta u = -2\pi$ soddisfano l'equazione

$$u_{rr} + \frac{1}{r}u_r = -2\pi$$

il cui integrale generale è

$$v(r) = c_1 + c_2 \log r - \frac{\pi}{2}r^2.$$

Essendo u limitata per $r < 1$, deve essere $c_2 = 0$. Dalle (26) si ricava, poi:

$$c_1 - \frac{\pi}{2} = b \text{ e } a = -\pi$$

Abbiamo dunque, scegliendo $c_1 = \pi/2$,

$$u(r) = \begin{cases} \dfrac{\pi}{2}\left(1 - r^2\right) & r \le 1 \\ -\pi \log r & r > 1. \end{cases}$$

Problema 2.23. (Calcolo di funzioni di Green). *Determinare la funzione di Green per i seguenti insiemi.*

  a) *Il semipiano* $P^+ = \{\mathbf{x} = (x_1, x_2) : x_2 > 0\}$.
  b) *Il cerchio* $B_1 = \{\mathbf{x} = (x_1, x_2) : x^2 + y^2 < r\}$.
  c) *Il semicerchio* $B_1^+ = \{\mathbf{x} = (x_1, x_2) : x^2 + y^2 < r, \ x_2 > 0\}$.

Soluzione

a) La funzione di Green $G = G(\mathbf{x}, \mathbf{y})$ è armonica nel semipiano, $G(\mathbf{x}, \mathbf{y}) = 0$ su $x_2 = 0$ per ogni $\mathbf{y} \in P^+$, fissato, e

(27) $$\Delta_{\mathbf{x}} G(\mathbf{x}, \mathbf{y}) = -\delta(\mathbf{x} - \mathbf{y})$$

dove $\delta(\mathbf{x} - \mathbf{y})$ è la distribuzione di Dirac in $\mathbf{y}$. Usiamo il *metodo delle immagini*. Sappiamo che la soluzione fondamentale

$$\Gamma(\mathbf{x} - \mathbf{y}) = -\frac{1}{2\pi} \log |\mathbf{x} - \mathbf{y}|$$

soddisfa la (27). Se $\mathbf{y} = (y_1, y_2)$, poniamo $\widetilde{\mathbf{y}} = (y_1, -y_2)$, immagine di $\mathbf{y}$ simmetrica rispetto all'asse y_1. La funzione $\Gamma(\mathbf{x} - \widetilde{\mathbf{y}})$ è armonica in P^+ e coincide con $\Gamma(\mathbf{x} - \mathbf{y})$ su $x_2 = 0$. Si ha quindi:

$$G(\mathbf{x}, \mathbf{y}) = \Gamma(\mathbf{x} - \mathbf{y}) - \Gamma(\mathbf{x} - \widetilde{\mathbf{y}}).$$

b) Usiamo ancora il metodo delle immagini, definendo stavolta, per $\mathbf{y} \ne \mathbf{0}$,

$$\mathbf{y}^* = T_1(\mathbf{y}) = \frac{\mathbf{y}}{|\mathbf{y}|^2}$$

immagine di $\mathbf{y}$ tramite la trasformata di Kelvin. Abbiamo, per $|\mathbf{x}| = 1$,

$$\begin{aligned} |\mathbf{x} - \mathbf{y}^*|^2 &= 1 - \frac{2\mathbf{x} \cdot \mathbf{y}}{|\mathbf{y}|^2} + \frac{1}{|\mathbf{y}|^2} \\ &= \frac{1}{|\mathbf{y}|^2}\left(1 - 2\mathbf{x} \cdot \mathbf{y} + |\mathbf{y}|^2\right) \\ &= \frac{1}{|\mathbf{y}|^2} |\mathbf{x} - \mathbf{y}|^2. \end{aligned}$$

Se $\mathbf{y} \ne \mathbf{0}$, definiamo

$$G(\mathbf{x}, \mathbf{y}) = -\frac{1}{2\pi}\left\{\log |\mathbf{x} - \mathbf{y}| - \log(|\mathbf{y}|\,|\mathbf{x} - \mathbf{y}^*|)\right\}.$$

Otteniamo che

$$G(\mathbf{x}, \mathbf{y}) = 0$$

per $|\mathbf{x}| = 1$, $\mathbf{y} \neq \mathbf{0}$ e

$$\Delta_{\mathbf{x}} G(\mathbf{x}, \mathbf{y}) = -\delta(\mathbf{x} - \mathbf{y}) \quad \text{in } B_1.$$

Per $\mathbf{y} = \mathbf{0}$, definiamo semplicemente

$$G(\mathbf{x}, \mathbf{0}) = -\frac{1}{2\pi} \log |\mathbf{x}|.$$

Si noti che, per $\mathbf{x} \neq \mathbf{0}$ e $\mathbf{y} \to \mathbf{0}$, si ha

$$G(\mathbf{x}, \mathbf{y}) \to G(\mathbf{x}, \mathbf{0}).$$

c) Indichiamo con G_{B_1} la funzione di Green per il cerchio B_1 costruita nel punto b). Sia poi $\widetilde{\mathbf{y}} = (y_1, -y_2)$. Allora

$$G_{B_1}^+(\mathbf{x}, \mathbf{y}) = G_{B_1}(\mathbf{x}, \mathbf{y}) - G_{B_1}(\mathbf{x}, \widetilde{\mathbf{y}}).$$

Problema 2.24*. (*Simmetria della funzione di Green*). *Sia* $G(\mathbf{x}, \mathbf{y})$ *la funzione di Green associata all'operatore di Laplace in un dominio* $\Omega \subset \mathbf{R}^3$, *limitato e regolare. Dimostrare che*

$$G(\mathbf{x}_1, \mathbf{x}_2) = G(\mathbf{x}_2, \mathbf{x}_1)$$

per ogni coppia di punti $\mathbf{x}_1, \mathbf{x}_2 \in \Omega$.

Soluzione

Ricordiamo che la funzione di Green G si può scrivere (in dimensione 3) come

$$G(\mathbf{x}, \mathbf{y}) = \Gamma(\mathbf{x} - \mathbf{y}) - g(\mathbf{x}, \mathbf{y}) = \frac{1}{4\pi |\mathbf{x} - \mathbf{y}|} - g(\mathbf{x}, \mathbf{y}),$$

dove $g(\mathbf{x}, \cdot)$ è armonica in Ω per ogni $\mathbf{x}$ fissato, continua in $\overline{\Omega}$ e

$$g(\mathbf{x}, \cdot) = \Gamma(\mathbf{x} - \cdot) \quad \text{su } \partial\Omega.$$

In particolare, $G(\mathbf{x}, \cdot)$ è nonnegativa in Ω, nulla su $\partial\Omega$ e

(28) $$G(\mathbf{x}, \mathbf{y}) \leq \frac{1}{4\pi |\mathbf{x} - \mathbf{y}|} \quad \text{in } \Omega \times \Omega.$$

Se $\mathbf{x}_1 = \mathbf{x}_2$ non c'è nulla da dimostrare, perciò siano $\mathbf{x}_1 \neq \mathbf{x}_2$, fissati. Togliamo dal dominio Ω due sferette $B_r(\mathbf{x}_1)$, $B_r(\mathbf{x}_2)$ con $r > 0$ sufficientemente piccolo affinché $B_r(\mathbf{x}_1) \cap B_r(\mathbf{x}_2) = \emptyset$. Nel dominio risultante

$$\Omega_r = \Omega \setminus (B_r(\mathbf{x}_1) \cup B_r(\mathbf{x}_2)),$$

le funzioni $u = G(\mathbf{x}_1, \mathbf{y})$, $v = G(\mathbf{x}_2, \mathbf{y})$ sono armoniche e si annullano su $\partial\Omega$. Possiamo allora usare l'identità di Green:

$$\int_{\Omega_r} (v\Delta u - u\Delta v) \, d\mathbf{x} = \int_{\partial\Omega_r} (v\partial_\nu u - u\partial_\nu v) \, d\sigma$$

che, per le proprietà di u e v si riduce a:

$$\int_{\partial B_r(\mathbf{x}_1) \cup \partial B_r(\mathbf{x}_2)} (v\partial_\nu u - u\partial_\nu v) \, d\sigma = 0$$

ovvero

(29) $$\int_{\partial B_r(\mathbf{x}_1)} (v\partial_\nu u - u\partial_\nu v)\, d\sigma = \int_{\partial B_r(\mathbf{x}_2)} (u\partial_\nu v - v\partial_\nu u)\, d\sigma.$$

Calcoliamo il limite del primo membro per $r \to 0$. Poiché v è regolare vicino ad $\mathbf{x}_1$, si ha $|\nabla v| \leq M$ su $\partial B_r(\mathbf{x}_1)$ se r è sufficientemente piccolo. Dalla (28) abbiamo poi

$$0 \leq u \leq \frac{1}{4\pi r} \text{ su } \partial B_r(\mathbf{x}_1).$$

Possiamo allora scrivere:

$$\left| \int_{\partial B_r(\mathbf{x}_1)} u\partial_\nu v \, d\sigma \right| \leq \int_{\partial B_r(\mathbf{x}_1)} u\,|\partial_\nu v| \, d\sigma \leq \frac{M}{4\pi r} 4\pi r^2 = Mr \to 0 \qquad \text{per } r \to 0.$$

D'altra parte abbiamo

$$\int_{\partial B_r(\mathbf{x}_1)} v\partial_\nu u \, d\sigma = \frac{1}{4\pi} \int_{\partial B_r(\mathbf{x}_1)} v\partial_\nu \left(\frac{1}{|\boldsymbol{\sigma} - \mathbf{x}_1|} \right) d\sigma + \int_{\partial B_r(\mathbf{x}_1)} v\partial_\nu g(\mathbf{x}_1, \boldsymbol{\sigma})\, d\sigma.$$

L'ultima integranda è una funzione regolare vicino a $\mathbf{x}_1$, e quindi l'integrale corrispondente tende a 0 per $r \to 0$. Inoltre

$$\partial_\nu \left(\frac{1}{|\boldsymbol{\sigma} - \mathbf{x}_1|} \right) = \nabla \left(\frac{1}{|\boldsymbol{\sigma} - \mathbf{x}_1|} \right) \cdot \boldsymbol{\nu} = \frac{\boldsymbol{\sigma} - \mathbf{x}_1}{|\boldsymbol{\sigma} - \mathbf{x}_1|^3} \cdot \frac{\boldsymbol{\sigma} - \mathbf{x}_1}{|\boldsymbol{\sigma} - \mathbf{x}_1|} = \frac{1}{|\boldsymbol{\sigma} - \mathbf{x}_1|^2},$$

e quindi

$$\begin{aligned}
\frac{1}{4\pi} \int_{\partial B_r(\mathbf{x}_1)} v\partial_\nu \left(\frac{1}{|\boldsymbol{\sigma} - \mathbf{x}_1|} \right) d\sigma &= \frac{1}{4\pi} \int_{\partial B_r(\mathbf{x}_1)} \frac{1}{|\boldsymbol{\sigma} - \mathbf{x}_1|^2} v \, d\sigma = \\
&= \frac{1}{|\partial B_r(\mathbf{x}_1)|} \int_{\partial B_r(\mathbf{x}_1)} v \, d\sigma \to v(\mathbf{x}_1) \text{ per } r \to 0.
\end{aligned}$$

In definitiva abbiamo ottenuto che

(30) $$\int_{\partial B_r(\mathbf{x}_1)} (v\partial_\nu u - u\partial_\nu v)\, d\sigma \to v(\mathbf{x}_1) \text{ per } r \to 0.$$

Calcoli analoghi mostrano che

(31) $$\int_{\partial B_r(\mathbf{x}_2)} (u\partial_\nu v - v\partial_\nu u)\, d\sigma \to u(\mathbf{x}_2) \text{ per } r \to 0.$$

Passando al limite in (29) usando le (30) e (31) si ottiene

$$v(\mathbf{x}_1) = u(\mathbf{x}_2)$$

e cioè

$$G(\mathbf{x}_2, \mathbf{x}_1) = G(\mathbf{x}_1, \mathbf{x}_2)$$

ovvero la simmetria della funzione di Green.

Nota. La funzione di Green è simmetrica in qualunque dimensione. La dimostrazione è identica.

Problema 2.25*. (Formula di Poisson, potenziale di doppio strato). *Ritrovare la formula di Poisson nel piano rappresentando la soluzione di*

$$\begin{cases} \Delta u = 0 & \text{in } B_R \\ \quad u = g & \text{su } \partial B_R \end{cases}$$

come potenziale di doppio strato.

Soluzione

Si tratta di determinare una funzione $\mu : \partial B_R \to \mathbf{R}$ tale che la soluzione u del problema di Dirichlet in questione si possa scrivere come

$$u(\mathbf{x}) = \int_{\partial B_R} \frac{\partial}{\partial \boldsymbol{\nu}} \left(-\frac{1}{2\pi} \log |\mathbf{x} - \boldsymbol{\sigma}| \right) \mu(\boldsymbol{\sigma}) \, d\sigma = \frac{1}{2\pi} \int_{\partial B_R} \frac{(\mathbf{x} - \boldsymbol{\sigma}) \cdot \boldsymbol{\nu}(\boldsymbol{\sigma})}{|\mathbf{x} - \boldsymbol{\sigma}|^2} \mu(\boldsymbol{\sigma}) \, d\sigma.$$

Ricordiamo brevemente le proprietà di un potenziale di doppio strato. Innanzitutto, se μ è continua, la u definita sopra è armonica in B_R. Infatti, se $\mathbf{x} \notin \partial B_R$ il denominatore dell'integrando non si annulla mai, e quindi si può derivare sotto il segno di integrale quante volte si vuole, ottenendo l'armonicità di u. La densità incognita μ si determina in modo che sia soddisfatta la condizione al contorno. Ricordando che, se $\mathbf{x} \in B_R$, $\mathbf{z} \in \partial B_R$ e $\mathbf{x} \to \mathbf{z}$, si ha

$$u(\mathbf{x}) \to \frac{1}{2\pi} \int_{\partial B_R} \frac{(\mathbf{z} - \boldsymbol{\sigma}) \cdot \boldsymbol{\nu}(\boldsymbol{\sigma})}{|\mathbf{z} - \boldsymbol{\sigma}|^2} \mu(\boldsymbol{\sigma}) \, d\sigma - \frac{1}{2}\mu(\mathbf{z}),$$

da cui, dovendo essere anche $u(\mathbf{x}) \to g(\mathbf{z})$, ricaviamo l'equazione integrale

$$\frac{1}{2\pi} \int_{\partial B_R} \frac{(\mathbf{z} - \boldsymbol{\sigma}) \cdot \boldsymbol{\nu}(\boldsymbol{\sigma})}{|\mathbf{z} - \boldsymbol{\sigma}|^2} \mu(\boldsymbol{\sigma}) \, d\sigma - \frac{1}{2}\mu(\mathbf{z}) = g(\mathbf{z}).$$

Osserviamo ora che $\boldsymbol{\nu}(\boldsymbol{\sigma}) = \boldsymbol{\sigma}/R$ (si ricordi che $\boldsymbol{\sigma} \in \partial B_R$ e quindi $|\boldsymbol{\sigma}| = R$). Sostituendo si ottiene

$$
(32) \qquad g(\mathbf{z}) = \frac{1}{2\pi R} \int_{\partial B_R} \frac{\mathbf{z} \cdot \boldsymbol{\sigma} - |\boldsymbol{\sigma}|^2}{|\mathbf{z}|^2 - 2\mathbf{z} \cdot \boldsymbol{\sigma} + |\boldsymbol{\sigma}|^2} \mu(\boldsymbol{\sigma}) \, d\sigma - \frac{1}{2}\mu(\mathbf{z}) =
$$

$$
= \frac{1}{2\pi R} \int_{\partial B_R} \frac{\mathbf{z} \cdot \boldsymbol{\sigma} - R^2}{2(R^2 - \mathbf{z} \cdot \boldsymbol{\sigma})} \mu(\boldsymbol{\sigma}) \, d\sigma - \frac{1}{2}\mu(\mathbf{z}) =
$$

$$
(33) \qquad = -\frac{1}{4\pi R} \int_{\partial B_R} \mu(\boldsymbol{\sigma}) \, d\sigma - \frac{1}{2}\mu(\mathbf{z}).
$$

Vogliamo ora calcolare l'integrale nell'ultimo membro, per poter infine ricavare μ. A tale scopo integriamo la (32) rispetto a $\mathbf{z}$ su ∂B_R. Si ottiene

$$\int_{\partial B_R} g(\mathbf{z}) \, d\mathbf{z} = 2\pi R \cdot \left(-\frac{1}{4\pi R} \int_{\partial B_R} \mu(\boldsymbol{\sigma}) \, d\sigma \right) - \frac{1}{2} \int_{\partial B_R} \mu(\mathbf{z}) d\mathbf{z},$$

da cui

$$\int_{\partial B_R} \mu(\boldsymbol{\sigma}) \, d\sigma = -\int_{\partial B_R} g(\boldsymbol{\sigma}) \, d\boldsymbol{\sigma}.$$

Sostituendo nella (32) otteniamo infine

$$\mu(\mathbf{z}) = -2g(\mathbf{z}) + \frac{1}{2\pi R} \int_{\partial B_R} g(\boldsymbol{\sigma}) \, d\boldsymbol{\sigma}.$$

Ora che abbiamo determinato μ, possiamo tornare alla definizione iniziale di u, ricordando che, se $\mathbf{x} \in B_R$,

$$\frac{1}{2\pi} \int_{\partial B_R} \frac{(\mathbf{x} - \boldsymbol{\sigma}) \cdot \boldsymbol{\nu}(\boldsymbol{\sigma})}{|\mathbf{x} - \boldsymbol{\sigma}|^2} \, d\sigma = 1.$$

Si ottiene:

$$
\begin{aligned}
u(\mathbf{x}) &= \frac{1}{2\pi} \int_{\partial B_R} \frac{(\mathbf{x} - \boldsymbol{\sigma}) \cdot \boldsymbol{\nu}(\boldsymbol{\sigma})}{|\mathbf{x} - \boldsymbol{\sigma}|^2} \left[-2g(\boldsymbol{\sigma}) + \frac{1}{2\pi R} \int_{\partial B_R} g(\boldsymbol{\sigma}) \, d\boldsymbol{\sigma} \right] d\sigma = \\
&= \frac{1}{2\pi} \int_{\partial B_R} \frac{-2(\mathbf{x} - \boldsymbol{\sigma}) \cdot \boldsymbol{\nu}(\boldsymbol{\sigma})}{|\mathbf{x} - \boldsymbol{\sigma}|^2} g(\boldsymbol{\sigma}) d\sigma - \frac{1}{2\pi R} \int_{\partial B_R} g(\boldsymbol{\sigma}) \, d\boldsymbol{\sigma} =
\end{aligned}
$$

e, sostituendo $\boldsymbol{\nu}(\boldsymbol{\sigma}) = \boldsymbol{\sigma}/R$,

$$
\begin{aligned}
&= \frac{1}{2\pi R} \int_{\partial B_R} \frac{-2\mathbf{x} \cdot \boldsymbol{\sigma} + 2R^2}{|\mathbf{x} - \boldsymbol{\sigma}|^2} g(\boldsymbol{\sigma}) d\sigma - \frac{1}{2\pi R} \int_{\partial B_R} g(\boldsymbol{\sigma}) \, d\boldsymbol{\sigma} = \\
&= \frac{1}{2\pi R} \int_{\partial B_R} \frac{R^2 - |\mathbf{x}|^2 + |\mathbf{x} - \boldsymbol{\sigma}|^2}{|\mathbf{x} - \boldsymbol{\sigma}|^2} g(\boldsymbol{\sigma}) d\sigma - \frac{1}{2\pi R} \int_{\partial B_R} g(\boldsymbol{\sigma}) \, d\boldsymbol{\sigma} = \\
&= \frac{R^2 - |\mathbf{x}|^2}{2\pi R} \int_{\partial B_R} \frac{g(\boldsymbol{\sigma})}{|\mathbf{x} - \boldsymbol{\sigma}|^2} d\sigma,
\end{aligned}
$$

che, per l'appunto, è la formula di Poisson nel piano.

Problema 2.26*. (Problema di Poisson–Dirichlet non omogeneo). *Dimostrare la formula di rappresentazione*

$$u(\mathbf{x}) = -\int_{\partial \Omega} h(\boldsymbol{\sigma}) \, \partial_\nu G(\mathbf{x}, \boldsymbol{\sigma}) \, d\sigma - \int_\Omega f(\mathbf{y}) \, G(\mathbf{x}, \mathbf{y}) \, d\mathbf{y},$$

per la soluzione del problema

$$
\begin{cases}
\Delta u = f & \text{in } \Omega \\
u = h & \text{su } \partial \Omega
\end{cases}
$$

dove G è la funzione di Green di $\Omega \subset \mathbf{R}^2$.

Soluzione

Ricordiamo che, in dimensione 2,

$$
\begin{aligned}
G(\mathbf{x}, \mathbf{y}) &= \Gamma(\mathbf{x} - \mathbf{y}) - g(\mathbf{x}, \mathbf{y}) \\
&= -\frac{1}{2\pi} \log |\mathbf{x} - \mathbf{y}| - g(\mathbf{x}, \mathbf{y}),
\end{aligned}
$$

dove $g(\mathbf{x}, \cdot)$ risolve

$$
\begin{cases}
\Delta_{\mathbf{y}} g(\mathbf{x}, \mathbf{y}) = 0 & \mathbf{y} \in \Omega \\
g(\mathbf{x}, \mathbf{y}) = -\frac{1}{2\pi} \log |\mathbf{x} - \mathbf{y}| & \mathbf{y} \in \partial \Omega.
\end{cases}
$$

Dalla rappresentazione di u come somma dei tre potenziali (Newtoniano, di doppio strato e di strato semplice) si ha

$$u(\mathbf{x}) = -\frac{1}{2\pi} \left\{ \int_{\partial\Omega} [\partial_\nu u(\boldsymbol{\sigma}) \Gamma(\mathbf{x}-\boldsymbol{\sigma}) - h(\boldsymbol{\sigma}) \partial_\nu \Gamma(\mathbf{x}-\boldsymbol{\sigma})] d\sigma - \int_\Omega f(\mathbf{y}) \Gamma(\mathbf{x}-\mathbf{y}) d\mathbf{y} \right\}.$$

D'altra parte, applicando la formula

(34)
$$\int_\Omega (\psi \Delta\varphi - \varphi \Delta\psi) d\mathbf{x} = \int_{\partial\Omega} (\psi \partial_\nu \varphi - \varphi \partial_\nu \psi) d\sigma$$

a

$$\varphi = u \quad \text{e} \quad \psi = g(\mathbf{x}, \cdot),$$

otteniamo

(35)
$$0 = -\int_{\partial\Omega} g(\mathbf{x}, \boldsymbol{\sigma}) \partial_\nu u(\boldsymbol{\sigma}) d\sigma + \int_{\partial\Omega} h(\boldsymbol{\sigma}) \partial_\nu g(\boldsymbol{\sigma}) d\sigma + \int_\Omega g(\mathbf{y}) f(\mathbf{y}) d\mathbf{y}.$$

Sommando le (35), (34), la tesi segue immediatamente.

3. Esercizi proposti

Esercizio 3.1. (Problema misto nel rettangolo, separazione di variabili) *Risolvere nel quadrato*

$$\{Q = (x, y) : 0 < x < 1,\ 0 < y < 1\}$$

il seguente problema

$$\begin{cases} \Delta u = 0 & \text{in } Q \\ u_y(x, 0) = \sin\dfrac{\pi x}{2},\ u(x, 1) = 0 & 0 \le x \le 1 \\ u(0, y) = u_x(1, y) = 0 & 0 \le y \le 1. \end{cases}$$

Esercizio 3.2. *Determinare le funzioni armoniche nell'anello*

$$a < r < b \qquad (r^2 = x^2 + y^2)$$

soddisfacenti le seguenti condizioni al bordo:

a) $u(a, \theta) = 0$, $u(b, \theta) = \cos\theta$,

b) $u(a, \theta) = \cos\theta$, $u(b, \theta) = U\sin 2\theta$.

Esercizio 3.3. (Problema di Neumann-Robin in una semistriscia). *Risolvere nella semistriscia*

$$\{S = (x, y) : 0 < x < \infty,\ 0 < y < 1\}$$

il seguente problema

$$\begin{cases} \Delta u = 0 & \text{in } Q \\ u_y(x, 0) = u_y(x, 1) + hu(x, 1) = 0 & 0 \le x \le \infty \\ u(0, y) = g(y),\ u(\infty, y) = 0 & 0 \le y \le 1 \end{cases}$$

dove $h > 0$.

Esercizio 3.4. **a)** *Mostrare che*

$$u(x,y) = \frac{1}{n^2}\sinh ny \cos nx$$

risolve il problema di Cauchy

$$\begin{cases} \Delta u = 0 & in \ x \in \mathbf{R}, \ y > 0 \\ u(x,0) = 0 & per \ x \in \mathbf{R} \\ u_y(x,0) = \frac{1}{n}\cos nx & per \ x \in \mathbf{R}, \end{cases}$$

dove $n \geq 1$.

b) *Dedurre che il problema di Cauchy per l'operatore di Laplace non è ben posto poiché non c'è dipendenza continua dai dati.*

Esercizio 3.5. *Sia* $u = u(\mathbf{x})$ *armonica in* $\mathbf{R}^n$. *Utilizzando la proprietà di media, dimostrare che, data una rotazione in* $\mathbf{R}^n$ *rappresentata da una matrice ortogonale* M, *la funzione*

$$v(\mathbf{x}) = u(M\mathbf{x})$$

è armonica in $\mathbf{R}^n$.

Esercizio 3.6. *Siano* Q *il quadrato*

$$\{(x,y) : -1 \leq x \leq 1, \ -1 \leq y \leq 1\}$$

ed L_i, $i = 0, \ldots 3$, *i suoi lati, numerati in senso antiorario a partire dalla base orizzontale*

$$L_0 = \{(x,0) : -1 \leq x \leq 1\}.$$

Sia u *soluzione del problema*

$$\begin{cases} \Delta u = 0 & in \ Q \\ u = 1 & su \ L_0 \\ u = 0 & su \ L_i, \ i = 1,2,3. \end{cases}$$

continua in $\overline{Q}$ *tranne nei vertici* $\mathbf{p} = (-1,0)$ *e* $\mathbf{q} = (1,0)$, *Calcolare* $u(0,0)$.

Esercizio 3.7. *Verificare che la funzione*

$$u(x,y) = \frac{1 - x^2 - y^2}{1 - 2x + x^2 + y^2}$$

è armonica in $B_1(0,0)$. *Poiché il numeratore si annulla su* $\partial B_1(0,0)$, *non dovrebbe, per unicità, essere* $u \equiv 0$? *Dare una spiegazione dell'apparente incoerenza.*

Esercizio 3.8. *Sia* $u \geq 0$ *armonica in* $B_4(0,0)$ *tale che* $u(1,0) = 1$. *Utilizzando la disuguaglianza di Harnack, dare una limitazione superiore ed inferiore per* $u(-1,0)$

Esercizio 3.9. *Determinare per quali valori del parametro reale* α *la funzione*

$$u(\mathbf{x}) = |\mathbf{x}|^{\alpha}$$

è *subarmonica in* $\mathbf{R}^n$. *Determinare poi per quali valori di* α *è subarmonica in* $\mathbf{R}^n \setminus \{0\}$.

Esercizio 3.10. *Sia* u *una funzione armonica in* Ω, *aperto di* $\mathbf{R}^2$, *continua in* $\overline{\Omega}$. *Sia* $(x_0 y_0)$ *un punto di* Ω *in cui* $u(x_0, y_0) = 2$. *Indichiamo con* E_1 *l'insieme di sopralivello 1 di* u, *vale a dire*

$$E_1 = \{(x, y) \in \Omega : u \geq 1\}.$$

Mostrare che ∂E_1 *non può essere una curva (regolare) chiusa contenuta in* Ω.

Esercizio 3.11. *Risolvere nel semicerchio*

$$B_1^+ = B_1 \cap \{y > 0\} = \{(x, y) \in \mathbf{R}^2 : x^2 + y^2 < 1, \, y > 0\}$$

il seguente problema di Dirichlet:

$$\begin{cases} \Delta u(x, y) = 0 & \text{in } \Omega \\ u(x, 0) = 0 & -1 \leq x \leq 1 \\ u(x, y) = y^3 & x^2 + y^2 = 1, \, y \geq 0. \end{cases}$$

Esercizio 3.12. (*Problema di Neumann e principio di riflessione.*).
a) *Siano*

$$B_1^+ = \{(x, y) \in \mathbf{R}^2 : x^2 + y^2 < 1, \, y > 0\}$$

e

$$u \in C^2\left(B_1^+\right) \cap C\left(\overline{B_1^+}\right)$$

armonica in B_1^+, *tale che* $u_y(x, 0) = 0$. *Dimostrare che la funzione*

$$U(x, y) = \begin{cases} u(x, y) & y \geq 0 \\ u(x, -y) & y < 0 \end{cases}$$

ottenuta da u *per riflessione pari rispetto all'asse* x, *è armonica in tutto* B_1.
b) *Sia* u *la soluzione del seguente problema misto*

$$\begin{cases} \Delta u(x, y) = 0 & \text{in } B_1^+ \\ u(x, y) = x^2 & \text{su } \partial B_1^+, \, y > 0 \\ u_y(x, 0) = 0 & -1 \leq x \leq 1. \end{cases}$$

nel semicerchio $B_1^+ = \{x^2 + y^2 < 1, \, y > 0\}$. *Calcolare* $u(0, 0)$.

Esercizio 3.13.** *Consideriamo il problema di Neumann*

(36)
$$\begin{cases} \Delta u(x, y) = 0 & \text{in } P^+ \\ u_y(x, 0) = g(x) & x \in \mathbf{R} \end{cases}$$

nel semipiano $P^+ = \{(x, y) : y > 0\}$, *dove* g *è una funzione regolare, nulla al di fuori di un intervallo* $[a, b]$ *e con media nulla*[13]. *Dimostrare che il problema ha*

---

[13]Cioè $\int_a^b g = 0$.

una soluzione limitata $u \in C^1(\overline{P}^+)$, unica a meno di una costante additiva, e determinarla.

Esercizio 3.14. (Problema di Dirichlet in un settore circolare. Controesempio al principio di Hopf).

a) *Risolvere nel settore circolare*

$$S_\alpha = \{(\rho, \theta) : \rho < 1, 0 < \theta < \alpha < 2\pi\}$$

il problema di Dirichlet

$$\begin{cases} \Delta u = 0 & \rho < 1, 0 < \theta < \alpha \\ u(\rho, 0) = u(\rho, \alpha) = 0 & \rho \le 1 \\ u(1, \theta) = g(\theta) & 0 \le \theta \le \alpha \end{cases}$$

dove g è regolare, $g(0) = g(\alpha) = 0$.

b) *Mostrare che, se $\alpha < \pi$, esistono funzioni armoniche e positive sul settore S_α che si annullano assieme al loro gradiente nell'origine.*

Esercizio 3.15. *Ritrovare la formula di Poisson per l'esterno di un cerchio, utilizzando la formula nota per il cerchio e la trasformata di Kelvin (Problema 2.13).*

Esercizio 3.16. *Sia B_1 la sfera unitaria con centro nell'origine in $\mathbf{R}^3$. Indicata con u la soluzione del problema di Dirichlet*

$$\begin{cases} \Delta u(x, y, z) = 0 & \text{in } B_1 \\ u(x, y, z) = x^4 + y^4 + z^4 & \text{su } \partial B_1, \end{cases}$$

calcolare massimo e minimo di u in $\overline{B_1}$.

Esercizio 3.17. *In riferimento al Problema 2.5 enunciare e dimostrare il principio di riflessione in tre dimensioni. Dedurre che il problema di Dirichlet nel semispazio ha al più una soluzione limitata.*

Esercizio 3.18. (Singolarità eliminabili). *Data la sfera $B = B_1(0) \subset \mathbf{R}^n$, sia u armonica in $B \setminus \{0\}$ tale che*

$$\begin{cases} \dfrac{u(\mathbf{x})}{\log |\mathbf{x}|} \to 0 & n = 2 \\ |\mathbf{x}|^{2-n} u(\mathbf{x}) \to 0 & n \ge 3 \end{cases} \quad \text{se } |\mathbf{x}| \to 0.$$

Mostrare che l'eventuale discontinuità in $\mathbf{0}$ è eliminabile, e quindi che u può essere definita in $\mathbf{0}$ in modo da risultare armonica in tutta B (cfr. Problema 2.21).

Esercizio 3.19. (Trasformata di Kelvin in $\mathbf{R}^3$). *Siano $\mathbf{x} \in \mathbf{R}^3 \setminus \{\mathbf{0}\}$, $a > 0$, e si ponga*

$$T_a(\mathbf{x}) = \frac{a^2}{|\mathbf{x}|^2} \mathbf{x}.$$

Verificare che T_a è un'applicazione regolare di $\mathbf{R}^3 \setminus \{0\}$ in sè, dotata di inversa regolare, e che se u è armonica in $\Omega \subset \mathbf{R}^3$ allora

$$v(\mathbf{x}) = \frac{a}{|\mathbf{x}|} u(T_a(\mathbf{x}))$$

è armonica su $T_a^{-1}(\Omega)$

Esercizio 3.20. (Problema di Dirichlet esterno per la sfera). Sia $B_e = \{\mathbf{x} \in \mathbf{R}^3 : |\mathbf{x}| > 1\}$. Si risolva, utilizzando la trasformata di Kelvin in 3 dimensioni, il problema

$$\begin{cases} \Delta u(x_1, x_2, x_3) = 0 & \text{in } B_e \\ u = g & \text{su } \partial B_e \\ u(\mathbf{x}) \to a & \text{per } |\mathbf{x}| \to \infty. \end{cases}$$

con g continua. Esaminare il caso $g(\mathbf{x}) = x_1$.

Esercizio 3.21. (Unicità per il problema di Robin in un dominio esterno). Sia $\Omega_e \subset \mathbf{R}^2$ un dominio esterno (vedi Problema 2.12). Dimostrare che il problema di Robin

$$\begin{cases} \Delta u = 0 & \text{in } \Omega_e \\ \partial_\nu u + \alpha u = g & \text{su } \partial\Omega_e, \text{ con } g \text{ continua ed } \alpha \geq 0 \\ u \text{ limitata } M & \text{in } \Omega_e \end{cases}$$

ha un'unica soluzione di classe $C^2(\Omega_e) \cap C^1(\overline{\Omega}_e)$.

Esercizio 3.22. (Variante del teorema di Liouville). Sia u armonica su $\mathbf{R}^3$ tale che

$$\int_{\mathbf{R}^3} |\nabla u(\mathbf{x})|^2 \, d\mathbf{x} < +\infty.$$

Mostrare che u è costante.

Esercizio 3.23. (Sublinearità della funzione di stress). Sia Ω la sezione trasversale di un cilindro con asse parallelo all'asse z. Se lo si torce si produce uno sforzo tangenziale in ogni sezione. Se σ_1 e σ_2 sono le componenti scalari dello sforzo nei piani (x, z) e (y, z), esiste una funzione $v = v(x, y; z)$ (stress function) tale che

$$v_x = \sigma_1, \qquad v_y = \sigma_2.$$

In opportune unità di misura, v è soluzione del problema

$$\begin{cases} v_{xx} + v_{yy} = -2 & \text{in } \Omega \\ v = 0 & \text{su } \partial\Omega. \end{cases}$$

Dimostrare che lo sforzo $|\nabla v|^2$ assume il massimo su $\partial\Omega$.

Esercizio 3.24. Determinare la densità $\mu = \mu(x, y)$ della distribuzione di massa in un dominio piano D, sapendo che il potenziale (newtoniano) da essa generato è

$$u(x, y) = -x^2 y^2 - \log\left(x^2 + y^2\right).$$

Esercizio 3.25. *Calcolare il potenziale di una distribuzione omogenea di massa (densità $\mu = 1$) nella sfera $B_1 \subset \mathbf{R}^3$, con centro nell'origine.*

Esercizio 3.26. *Il potenziale $u = u(x,y)$ di una distribuzione piana di massa posta nel cerchio $r^2 = x^2 + y^2 < 1$ è dato, nei punti del cerchio, da*

$$u(r) = \frac{\pi}{8}\left(1 - r^4\right).$$

Determinare il potenziale per $r \geq 1$.

Esercizio 3.27. *Determinare la funzione di Green per i seguenti insiemi:*
a) Il semispazio $P^+ = \{\mathbf{x} = (x_1, x_2, x_3) : x_3 > 0\}$.
b) La sfera $B_1 = \{\mathbf{x} = (x_1, x_2, x_3) : x^2 + y^2 + z^2 < r\}$.
c) Il semisfera $B_1^+ = \{\mathbf{x} = (x_1, x_2, x_3) : x^2 + y^2 + z^2 < r,\ x_3 > 0\}$.

3.1. Soluzioni

Soluzione 3.1. La soluzione è

$$u(x,y) = \frac{2}{\pi}\left\{\sinh\frac{\pi y}{2} - \tanh\frac{\pi}{2}\cosh\frac{\pi y}{2}\right\}\sin\frac{\pi x}{2}.$$

Soluzione 3.2. Le soluzioni sono:
a)

$$u(r,\theta) = \frac{b}{b^2 - a^2}\left(r - \frac{a^2}{r}\right)\cos\theta.$$

b)

$$u(r,\theta) = \frac{a^2}{b^2 + a^2}\left(r - \frac{b^2}{r}\right)\cos\theta + \frac{b^2 U}{b^2 + a^2}\left(r^2 + \frac{a^4}{r^2}\right)\sin 2\theta.$$

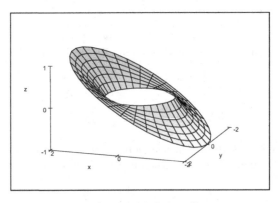

Figura 8. $u(r,\theta) = \frac{2}{3}\left(r - \frac{1}{r}\right)\cos\theta.$

Soluzione 3.3. La soluzione è

$$u\left(x,y\right) = \sum_{n=1}^{\infty} \left\{ \frac{2\left(h^2 + \lambda_n^2\right)}{h + \left(h^2 + \lambda_n^2\right)} \int_0^1 g\left(z\right) \cos \lambda_n z \; dz \right\} e^{-\lambda_n x} \cos \lambda_n y$$

dove λ_n sono le soluzioni positive dell'equazione $\lambda \tan \lambda = h$.

Soluzione 3.4.b) Essendo

$$\left| \frac{1}{n} \cos nx \right| \leq \frac{1}{n},$$

il dato $u_y(x,0) = \frac{1}{n} \cos nx$ tende uniformemente a 0 su tutto **R**. D'altra parte, per n molto grande, la soluzione può assumere valori arbitrariamente grandi anche in punti (x,y) con $|y|$ molto piccolo. Infatti, preso $\delta > 0$ comunque piccolo, si ha

$$\lim_{n \to \infty} u\left(0, \delta\right) = \lim_{n \to \infty} \frac{1}{n^2} \sinh n\delta = +\infty$$

e quindi non c'è dipendenza continua dai dati.

Soluzione 3.5. Come composizione di funzioni continue, la funzione v è continua su **R**^{n}. Di conseguenza, è sufficiente dimostrare che v soddisfa una delle formule di media su $B_R(\mathbf{x})$, per ogni $\mathbf{x} \in \mathbf{R}^n$ e per ogni $R > 0$. Si ha:

$$\frac{1}{|B_R\left(\mathbf{x}\right)|} \int_{B_R(\mathbf{x})} v\left(\mathbf{y}\right) d\mathbf{y} = \frac{1}{|B_R\left(\mathbf{x}\right)|} \int_{B_R(\mathbf{x})} u\left(M\mathbf{y}\right) d\mathbf{y}$$

Ora, essendo M ortogonale (cioè $M^T = M^{-1}$), si ha $|\det M| = 1$. Ne segue che, posto $\mathbf{z} = M\mathbf{y}$, si ottiene

$$d\mathbf{z} = |\det M| d\mathbf{y} = d\mathbf{y},$$

e quindi possiamo riscrivere la precedente identità come

$$\frac{1}{|B_R\left(\mathbf{x}\right)|} \int_{B_R(\mathbf{x})} v\left(\mathbf{y}\right) d\mathbf{y} = \frac{1}{|B_R\left(M\mathbf{x}\right)|} \int_{B_R(M\mathbf{x})} u\left(\mathbf{z}\right) d\mathbf{z} = u(M\mathbf{x}) = v(\mathbf{x}),$$

dove si è usata la proprietà della media per u (essendo $|B_R\left(\mathbf{x}\right)| = |B_R\left(M\mathbf{x}\right)|$). Quindi v soddisfa la proprietà della media ed è armonica in **R**^{n}.

Soluzione 3.6. Assumiamo per il momento che la soluzione del problema sia unica. Il calcolo di $u\left(0,0\right)$ si potrebbe fare direttamente dall'espressione analitica di u, ottenuta mediante il metodo di separazione delle variabili. Alternativamente, il calcolo di $u(0,0)$ può essere fatto sfruttando la simmetria del dominio, senza cioè calcolare esplicitamente l'espressione di u, con il seguente ragionamento. Sia $M : \mathbf{R}^2 \to \mathbf{R}^2$ la rotazione di $\pi/2$ in senso antiorario. La funzione

$$u_1\left(\mathbf{x}\right) = u(M\mathbf{x})$$

è armonica nel quadrato, vale 1 sul lato L_1 e 0 sugli altri lati. Analogamente,

$$u_2(\mathbf{x}) = u(M^2\mathbf{x}),$$

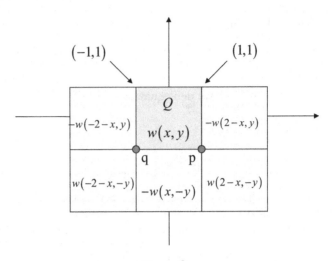

Figura 9.

vale 1 sul lato L_2 e 0 sugli altri lati e

$$u_3(\mathbf{x}) = u(M^3\mathbf{x})$$

vale 1 sul lato L_3 e 0 sugli altri lati. Ma allora, la funzione $v = u + u_1 + u_2 + u_3$ è soluzione di

$$\begin{cases} \Delta v = 0 & \text{in } Q \\ v = 1 & \text{su } \partial Q. \end{cases}$$

L'unica soluzione è $v(\mathbf{x}) \equiv 1$. D'altra parte, essendo $M\mathbf{0} = \mathbf{0}$, si ha $v(\mathbf{0}) = 4u(\mathbf{0})$ per cui, in conclusione,

$$u(0,0) = \frac{1}{4}.$$

Occupiamoci ora dell'unicità. La difficoltà sta nel fatto che il dato di Dirichlet è discontinuo nei due vertici $\mathbf{p} = (-1,0)$ e $\mathbf{q} = (0,1)$ e quindi, a priori, non si può applicare il principio di massimo. Si può però utilizzare il principio di riflessione nel modo che segue. Siano u_1 ed u_2 funzioni armoniche continue in $\overline{Q}$, eccetto che nei due vertici $\mathbf{p}$ e $\mathbf{q}$. Allora $v = u_2 - u_1$ è armonica in Q, continua in $\overline{Q} \backslash \{\mathbf{p}, \mathbf{q}\}$ e vale 0 al bordo eccetto che nei due vertici. Inoltre applicando il Problema 2.21 all'estensione simmetrica di w, descritta in Figura 9, si deduce che w è prolungabile in modo continuo anche nei due vertici. In definitiva, $w \in C(\overline{Q})$, è armonica e nulla al bordo, per cui è nulla e $u_1 = u_2$ in Q.

Soluzione 3.7. La funzione è in effetti armonica nel disco, come si vede eseguendo i calcoli, ma non è continua in $(1,0)$, punto in cui si annulla anche il denominatore. Il principio di massimo non si applica.

Soluzione 3.8. Poniamo $\mathbf{x} = (1,0)$, $\mathbf{y} = (1,0)$. Essendo u armonica e non negativa, è possibile applicare la disuguaglianza di Harnack (vedi Problema 2.18). In questo caso, si ha $R = 4$, e $|\mathbf{x}| = |\mathbf{y}| = 1$. Si ottiene dunque

$$\frac{3}{5}u(0,0) \leq u(\pm 1,0) \leq \frac{5}{3}u(0,0),$$

da cui

$$u(-1,0) \leq \frac{5}{3}u(0,0) \leq \frac{25}{9}u(1,0) = \frac{25}{9}$$

e

$$u(-1,0) \geq \frac{3}{5}u(0,0) \leq \frac{9}{25}u(1,0) = \frac{9}{25}.$$

Si noti che sarebbe stato possibile anche applicare direttamente la disuguaglianza di Harnack considerando un disco di centro $(1,0)$. In tale caso, il disco più grande su cui u soddisfa le ipotesi è $B_3(1,0)$, $|\mathbf{x} - \mathbf{y}| = 2$ e la disuguaglianza di Harnack dà, considerato che $u(1,0) = 1$,

$$\frac{1}{5} \leq u(-1,0) \leq 5.$$

La stima così ottenuta, però, è peggiore della precedente (e la cosa non dovrebbe stupire troppo, visto che si è sfruttata l'armonicità di u solo su un sottoinsieme di $B_4(0,0)$).

Soluzione 3.9. Se vogliamo funzioni subarmoniche di classe $C^2 \, (\mathbf{R}^n)$ deve essere necessariamente $\alpha \geq 2$. Calcoliamone il laplaciano:

$$
\begin{aligned}
u(\mathbf{x}) &= |\mathbf{x}|^\alpha \\
u_{x_i}(\mathbf{x}) &= \alpha|\mathbf{x}|^{\alpha-2}x_i \\
u_{x_i x_i}(\mathbf{x}) &= \alpha(\alpha-2)|\mathbf{x}|^{\alpha-4}x_i^2 + \alpha|\mathbf{x}|^{\alpha-2}
\end{aligned}
$$

per cui

$$
\begin{aligned}
\Delta u(\mathbf{x}) &= \sum_{i=1}^{n}\left(\alpha(\alpha-2)|\mathbf{x}|^{\alpha-4}x_i^2 + \alpha|\mathbf{x}|^{\alpha-2}\right) = \alpha(\alpha-2)|\mathbf{x}|^{\alpha-2} + n\alpha|\mathbf{x}|^{\alpha-2} = \\
&= (\alpha^2 + (n-2)\alpha)|\mathbf{x}|^{\alpha-2}.
\end{aligned}
$$

Quindi $\Delta u \geq 0$ quando $\alpha^2 + (n-2)\alpha \geq 0$, cioè per ogni $\alpha \geq 2$.

Se invece ci limitiamo a considerare $\mathbf{R}^n \setminus \{\mathbf{0}\}$, allora $|\mathbf{x}|^\alpha$ è automaticamente di classe C^2, senza alcuna condizione aggiuntiva su α. Ne segue che u è subarmonica per $\alpha \geq 0$ o per $\alpha \leq -n+2$.

Soluzione 3.10. È un'applicazione del principio di massimo. Supponiamo per assurdo che ∂E_1 sia una curva chiusa contenuta in Ω. Poiché u è continua, vale 1 su ∂E_1 e quindi risolve il problema

$$
\begin{cases}
\Delta u = 0 & \text{in } E_1 \\
u = 1 & \text{su } \partial E_1.
\end{cases}
$$

Per il principio del massimo, $u \equiv 1$ su E_1. Ma per definizione $\mathbf{x}_0 \in E_1$ e $u(\mathbf{x}_0) = 2$ per ipotesi; contraddizione.

Soluzione 3.11. Si noti che l'eventuale soluzione è unica, in quanto il dato al bordo è continuo e di conseguenza è possibile applicare il principio di massimo. Per cercare una soluzione utilizziamo il principio di riflessione (Problema 2.5), risolvendo il problema

$$\begin{cases} \Delta u(x,y) = 0 & \text{in } B_1 \\ u(x,y) = y^3 & \text{su } \partial B_1. \end{cases}$$

Osserviamo che la scelta del dato su $\partial B_1 \cap \{y < 0\}$ è stata fatta mantenendolo dispari rispetto ad y. Passando a coordinate polari otteniamo

$$\begin{cases} u_{rr} + \dfrac{1}{r}u_r + \dfrac{1}{r^2}u_{\theta\theta} = 0 & r < 1, 0 \le \theta \le 2\pi \\ u(1,\theta) = \sin^3\theta = \dfrac{3}{4}\sin\theta - \dfrac{1}{4}\sin 3\theta & 0 \le \theta \le 2\pi. \end{cases}$$

Essendo il dato al bordo già scritto come somme di Fourier (in questo caso è una somma finita), cerchiamo soluzioni del tipo

$$u(r,\theta) = b_1(r)\sin\theta + b_3(r)\sin 3\theta.$$

Sostituendo nell'equazione si trova facilmente $b_1(r) = \beta_1 r$ e $b_3(r) = \beta_3 r^3$. Imponendo il dato al bordo ricaviamo $\beta_1 = 3/4$, $\beta_3 = -1/4$ e quindi

$$v(r,\theta) = \frac{3}{4}r\sin\theta - \frac{1}{4}r^3\sin 3\theta.$$

Poiché $v(r,0) = v(r,\pi) = 0$, la restrizione di v al semicerchio $\overline{B}_1 \cap \{y \ge 0\}$ è la soluzione del problema originale. In definitiva, tornando in coordinate cartesiane, la soluzione richiesta è data da

$$u(x,y) = \frac{1}{4}y(3 - 3x^2 + y^2).$$

• Un modo alternativo di procedere sfrutta il fatto che il dato al bordo è un polinomio di terzo grado. Ora, dal Problema 2.15, sappiamo che il generico polinomio armonico omogeneo di terzo grado è

$$P(x,y) = ax^3 + 3bx^2y - 3axy^2 - by^3.$$

Su $\partial B_1 = \{x^2 + y^2 = 1\}$, si ha

$$P(x,y) = ax\left(1 - y^2\right) + 3by\left(1 - y^2\right) - by^3 = ax\left(1 - y^2\right) + 3by - 4by^3.$$

La soluzione si trova allora scegliendo $a = 0$, $b = -1/4$ e ponendo

$$u(x,y) = P(x,y) + \frac{3}{4}y = -\frac{3}{4}x^2y + \frac{1}{4}y^3 + \frac{3}{4}y$$

che coincide con quella trovata sopra.

Soluzione 3.12. a) Sia v la soluzione del problema

$$\begin{cases} \Delta v(x,y) = 0 & \text{in } B_1 \\ v = U & \text{su } \partial B_1 \end{cases}$$

che esiste, è unica ed è data dalla formula di Poisson. Osserviamo ora che la funzione $v(x, -y)$ è armonica in B_1 e assume al bordo gli stessi valori di v e quindi

$$v(x, y) = v(x, -y)$$

che implica

$$v_y(x, y) = -v_y(x, -y)$$

ed in particolare

$$v_y(x, 0) = -v_y(x, 0).$$

Ne segue che $v_y(x, 0) = 0$ e perciò v è soluzione in B_1^+ dello stesso problema misto di u. Ma allora $u = v$ in B_1^+ ed essendo pari rispetto a y, coincide con U in B_1. Pertanto U è armonica in B_1.

b) Se definiamo

$$U(x, y) = \begin{cases} u(x, y) & y \geq 0 \\ u(x, -y) & y < 0 \end{cases}$$

U è armonica in B_1 e coincide con u in $\overline{B}_1^+$. Si ha, dunque (usando coordinate polari):

$$u(r, \theta) = \frac{1 - r^2}{2\pi} \int_{-\pi}^{\pi} \frac{\cos^2 \varphi}{r^2 + 1 - 2r \cos(\varphi - \theta)} \, d\varphi$$

e

$$u(0, \theta) = U(0, \theta) = \frac{1}{2\pi} \int_{-\pi}^{\pi} \cos^2 \varphi \, d\varphi = \frac{1}{2}.$$

Soluzione 3.13. Siano u e v due soluzioni di (36) in $C^1(\overline{P}^+)$ e sia $w = u - v$. Estendiamo w in modo pari nel semipiano $y < 0$. Essendo $w = 0$ su $y = 0$, la funzione così ottenuta è limitata e armonica in $\mathbf{R}^2$ per il principio di riflessione. Per il teorema di Liouville w è costante, ossia u, v differiscono di una costante.

Per determinare una soluzione, poniamo

$$\widehat{u}(\xi, y) = \int_{\mathbf{R}} e^{-i\xi x} u(x, y) \, dx.$$

Allora

$$\widehat{u_x}(\xi, y) = ix\widehat{u}(\xi, y), \quad \widehat{u_{xx}}(\xi, y) = -\xi^2 \widehat{u}(\xi, y)$$

e perciò $\widehat{u}$ è soluzione del problema

$$\begin{cases} \widehat{u}_{yy}(\xi, y) - \xi^2 \widehat{u}(\xi, y) = 0 & y > 0 \\ \widehat{u}_y(\xi, 0) = \widehat{g}(\xi). \end{cases}$$

L'integrale generale dell'equazione ordinaria è:

$$\widehat{u}(\xi, y) = c_1(\xi) e^{|\xi|y} + c_2(\xi) e^{-|\xi|y}.$$

La limitatezza di u[14] impone $c_1(\xi) = 0$, mentre la condizione in $y = 0$ richiede

$$-c_2(\xi) = \widehat{g}(\xi)$$

---

[14]Essendo $e^{|\xi|y}$ non antitrasformabile per $y > 0$.

e si trova quindi.

(37)
$$\widehat{u}(\xi, y) = -\widehat{g}(\xi)\frac{e^{-|\xi|y}}{|\xi|}.$$

Essendo $|\widehat{g}|$ integrabile in $\mathbf{R}$ e a media nulla in (a, b), si deduce che

$$\widehat{g}(0) = \int_a^b g(x)\, dx = 0$$

e inoltre, essendo g regolare, per $\xi \to 0$ si ha

$$\widehat{g}(\xi) \sim \widehat{g}'(0)\,\xi.$$

La formula (37) definisce

$$u(x, y) = -\frac{1}{2\pi}\int_{\mathbf{R}} \widehat{g}(\xi)\frac{e^{-|\xi|y}}{|\xi|}e^{i\xi x}dx.$$

come funzione limitata per $y \geq 0$; infatti:

$$|u(x, y)| \leq \frac{1}{2\pi}\int_{\mathbf{R}} \frac{|\widehat{g}(\xi)|}{|\xi|}dx < \infty.$$

Vedremo sotto che l'antitrasformata di $\frac{e^{-|\xi|y}}{|\xi|}$ è

$$-\frac{1}{2\pi}\log\left(x^2 + y^2\right),$$

e quindi la soluzione del problema di Neumann è:

$$u(x, y) = \frac{1}{2\pi}\int_{\mathbf{R}} \log[(x - z)^2 + y^2]\, g(z)\ dz.$$

Nota. Per calcolare l'antitrasformata di

$$\frac{e^{-|\xi|y}}{|\xi|}$$

osserviamo i seguenti fatti:

1. $e^{-|\xi|y}$ è la trasformata (rispetto a x) di[15]

$$\frac{1}{\pi}\frac{y}{x^2 + y^2}$$

2. La trasformata di $xu(x)$ è

$$i\frac{d}{d\xi}\widehat{u}(\xi)$$

e quindi la trasformata (rispetto a x) di

$$\frac{1}{\pi}\frac{2xy}{x^2 + y^2}$$

è

$$2i\frac{d}{d\xi}e^{-|\xi|y} = -2iy\ \text{sign}(\xi)\ e^{-|\xi|y}.$$

---

[15]Appendice B.

3. Se $h(x,y) = \log(x^2 + y^2)$ si ha

$$\frac{y}{\pi} h_x(x,y) = \frac{1}{\pi} \frac{2xy}{x^2 + y^2}$$

e

$$\widehat{h_x} = i\xi\widehat{h}.$$

Mettendo insieme le formule precedenti, si ricava che

$$\frac{i\xi y}{\pi}\widehat{h}(\xi) = -2iy\,\text{sign}(\xi)\,e^{-|\xi|y}$$

ossia

$$\frac{e^{-|\xi|y}}{|\xi|} = -\frac{1}{2\pi}\widehat{h}(\xi)$$

da cui si deduce che l'antitrasformata di $\frac{e^{-|\xi|y}}{|\xi|}$ è

$$-\frac{1}{2\pi}\log(x^2 + y^2).$$

Soluzione 3.14.a) Cerchiamo soluzioni a variabili separate:

$$u_n = w(r)\,v(\theta).$$

Si ottiene per v il problema agli autovalori

$$v''(\theta) + \lambda v(\theta) = 0,\ v(0) = 0,\ v(\alpha) = 0.$$

Si trova $\lambda = n^2\pi^2/\alpha^2$, $n > 0$, con autofunzioni

$$v_n(\theta) = \sin\left(\frac{n\pi}{\alpha}\theta\right).$$

L'equazione per w è:

$$r^2 w''(r) + r w'(r) - \frac{n^2\pi^2}{\alpha^2} w(r) = 0$$

con w limitata. Si trova

$$w_n(r) = c r^{n\pi/\alpha}.$$

Per soddisfare il dato di Dirichlet su $r = 1$, $0 < \theta < \alpha$, sovrapponiamo le soluzioni trovate, ponendo

$$u(r,\theta) = \sum_{n=1}^{+\infty} c_n r^{n\pi/\alpha} \sin\left(\frac{n\pi}{\alpha}\theta\right).$$

Occorre che

$$u(1,\theta) = \sum_{n=1}^{+\infty} c_n \sin\left(\frac{n\pi}{\alpha}\theta\right) = g(\theta)$$

e quindi $c_n = g_n$ dove

$$g_n = \frac{2}{\alpha}\int_0^\alpha g(\theta)\sin\left(\frac{n\pi}{\alpha}\theta\right)d\theta$$

sono i coefficienti dello sviluppo in serie di seni del dato g.

b) Scegliamo un dato di Dirichlet particolare:

$$g(\theta) = \sin\left(\frac{\pi}{\alpha}\theta\right).$$

La soluzione corrispondente è

$$u(r,\theta) = \frac{\pi}{\alpha}r^{\pi/\alpha}\sin\left(\frac{\pi}{\alpha}\theta\right).$$

Osserviamo che

$$u_r(r,\theta) = \frac{\pi}{\alpha}r^{(\pi-\alpha)/\alpha}\sin\left(\frac{\pi}{\alpha}\theta\right),$$

$$u_\theta(r,\theta) = \frac{\pi}{\alpha}r^{\pi/\alpha}\cos\left(\frac{\pi}{\alpha}\theta\right),$$

e quindi

$$|\nabla u|^2 = (u_r)^2 + \frac{1}{r^2}(u_\theta)^2 = \frac{\pi^2}{\alpha^2}r^{2(\pi-\alpha)/\alpha}.$$

Si vede quindi che

$$\lim_{r\to 0}|\nabla u|^2 = \begin{cases} 0 & \text{se } \alpha < \pi \\ \pi^2/\alpha^2 & \text{se } \alpha = \pi \\ +\infty & \text{se } \alpha > \pi. \end{cases}$$

Di conseguenza otteniamo che, se $\alpha < \pi$, il modulo del gradiente di u calcolato nell'origine si annulla e quindi non può valere alcuna forma del principio di Hopf (qualunque sia il senso che si dà al versore normale esterno in tale punto). Si noti inoltre che, per $\alpha > \pi$, la funzione u fornisce un esempio di funzione armonica su un aperto e continua sulla chiusura, ma che non è C^2 sulla chiusura (non è neppure derivabile in (0,0)!).

Soluzione 3.15. Dobbiamo trovare u soluzione del problema

$$\begin{cases} \Delta u = 0 & \text{in } B_e \\ u = g & \mathbf{x} \in \partial B_e \\ u \text{ limitata} & \text{in } B_e \end{cases}$$

dove $B_e = \{\mathbf{x} \in \mathbf{R}^2 : |\mathbf{x}| > 1\}$, g è continua. Se usiamo la trasformata di Kelvin (Problema 2.8)

$$\mathbf{y} = T_1(\mathbf{x}) = \mathbf{x}/|\mathbf{x}|^2$$

otteniamo $T_1(\Omega) = B_1 \setminus \{\mathbf{0}\}$. Poniamo $v(\mathbf{y}) = u(\mathbf{y}/|\mathbf{y}|^2)$. Allora v è armonica e limitata su $B_1 \setminus \{\mathbf{0}\}$ (perché u è limitata). Dal Problema 2.21, otteniamo che v ammette un'estensione armonica in tutto il cerchio B_1, cioè che v è soluzione del problema

$$\begin{cases} \Delta v = 0 & \text{in } B_1 \\ v = g & \text{su } B_1. \end{cases}$$

Dall formula di Poisson possiamo scrivere

$$v(\mathbf{y}) = \frac{1-|\mathbf{y}|^2}{2\pi}\int_{\partial B_1}\frac{g(\boldsymbol{\sigma})}{|\mathbf{y}-\boldsymbol{\sigma}|^2}\,d\sigma = \frac{1-\rho^2}{2\pi}\int_0^{2\pi}\frac{g(\varphi)}{\rho^2+1-2\rho\cos(\varphi-\theta)}\,d\varphi,$$

dove siamo passati in coordinate polari ponendo $\mathbf{y} = (\rho, \theta)$ e $\boldsymbol{\sigma} = (1, \varphi)$. Infine, posto $\mathbf{x} = (r, \theta)$, si ha $\rho = 1/r$ e quindi

$$
\begin{aligned}
u(\mathbf{x}) &= \frac{1 - r^{-2}}{2\pi} \int_0^{2\pi} \frac{g(\varphi)}{r^{-2} + 1 - 2r^{-1} \cos(\varphi - \theta)} \, d\varphi = \\
&= \frac{r^2 - 1}{2\pi} \int_0^{2\pi} \frac{g(\varphi)}{1 + r^2 - 2r \cos(\varphi - \theta)} \, d\varphi = \\
&= \frac{|\mathbf{x}|^2 - 1}{2\pi} \int_{\partial B_1} \frac{g(\boldsymbol{\sigma})}{|\mathbf{x} - \boldsymbol{\sigma}|^2} \, d\boldsymbol{\sigma}.
\end{aligned}
$$

Soluzione 3.16. Essendo $u \in C^2(B_1) \cap C(\overline{B_1})$ ed armonica, per il principio di massimo assume massimo e minimo su ∂B_1. Poiché $u|_{\partial B_1}$ è una funzione nota, si tratta di risolvere un problema di ottimizzazione vincolata. Essendo il vincolo

$$
g(x, y, z) = x^2 + y^2 + z^2 = 1
$$

regolare (cioè privo di punti in cui ∇g si annulla), si può applicare il metodo dei moltiplicatori di Lagrange, determinando i punti stazionari della funzione

$$
\Phi(x, y, z, \lambda) = x^4 + y^4 + z^4 - 2\lambda(x^2 + y^2 + z^2 - 1).
$$

Si tratta di risolvere il sistema algebrico

$$
\begin{cases}
x(x^2 - \lambda) = 0 \\
y(y^2 - \lambda) = 0 \\
z(z^2 - \lambda) = 0 \\
x^2 + y^2 + z^2 = 1.
\end{cases}
$$

Per simmetria, si possono considerare solo le soluzioni $(1, 0, 0)$, $(\sqrt{2}/2, \sqrt{2}/2, 0)$ e $(\sqrt{3}/3, \sqrt{3}/3, \sqrt{3}/3)$, a cui corrispondono i valori 1, $1/2$, $1/3$. Quindi Il massimo di u è quindi uguale a 1, mentre il minimo è $1/3$.

Soluzione 3.17. **a)** Il principio di riflessione in $\mathbf{R}^3$ può essere enunciato nel modo seguente:

Sia

$$
B_1^+ = \left\{ (x, y, z) \in \mathbf{R}^3 : x^2 + y^2 + z^2 < 1, \, z > 0 \right\}
$$

e sia $u \in C^2\left(B_1^+\right) \cap C\left(\overline{B_1^+}\right)$ armonica in B_1^+, tale che $u(x, y, 0) = 0$. Allora la funzione

$$
U(x, y, z) = \begin{cases}
u(x, y, z) & z \geq 0 \\
-u(x, y, -z) & z < 0,
\end{cases}
$$

ottenuta per riflessione dispari rispetto a z da u, è armonica in tutta la sfera B_1.

Per dimostrare tale proprietà il ragionamento è esattamente il medesimo che abbiamo utilizzato nella soluzione del Problema 2.5, e che qui ripercorriamo per sommi capi. Indichiamo con v la soluzione del problema

$$
\begin{cases}
\Delta v(x, y, z) = 0 & \text{in } B_1 \\
v = U & \text{su } \partial B_1
\end{cases}
$$

e poniamo

$$w(x, y, z) = v(x, y, z) + v(x, y, -z).$$

La funzione w è armonica su B_1 ed ha dato al bordo nullo quindi, per unicità, $w \equiv 0$. Ne segue che $v(x, y, z) = -v(x, y, -z)$ e quindi che $v(x, y, 0) = 0$. Di conseguenza, v e u sono soluzioni dello stesso problema di Dirichlet in B_1^+ ed ancora per unicità otteniamo che $v \equiv u \equiv U$ su B_1^+. Infine, essendo sia v che U dispari rispetto alla variabile z, si ottiene $v \equiv U$ in B_1 ed in particolare U è armonica in B_1.

Se il problema di Dirichlet nel semispazio $z > 0$ avesse due soluzioni limitate u e v, la differenza $w = u - v$ avrebbe dato nullo sul piano $z = 0$. Estendendo w al semispazio $z > 0$ in modo dispari, si otterrebbe una funzione armonica **limitata** in $\mathbf{R}^3$. Dal teorema di Liouville, w è costante e perciò nulla, annullandosi su $z = 0$.

Soluzione 3.18. Diamo i dettagli della dimostrazione per il caso $n \geq 3$, invitando il lettore a ripercorrere i ragionamenti in dimensione 2. Seguiamo lo schema della soluzione del Problema 2.21. Detta v la soluzione (regolare e limitata) del problema

$$\begin{cases} \Delta v = 0 & \text{in } B \\ v = u & \text{su } \partial B \end{cases}$$

e posto $w = u - v$, abbiamo che w è armonica in $B \setminus \{\mathbf{0}\}$, si annulla su ∂B e

(38) $$|\mathbf{x}|^{2-n} w(\mathbf{x}) \to 0 \quad \text{per } |\mathbf{x}| \to 0.$$

Se mostriamo che $w(\mathbf{x}) = 0$ per ogni $\mathbf{x} \neq \mathbf{0}$ la tesi segue immediatamente. Siano $0 < r < 1$ ed

$$M_r = \max_{|\mathbf{x}| = r} |w(\mathbf{x})|.$$

Con queste notazioni (38) diviene

(39) $$\lim_{r \to 0^+} r^{n-2} M_r = 0.$$

Sia ora h la soluzione del problema

$$\begin{cases} \Delta h = 0 & \text{in } B \setminus \overline{B_r} \\ h = 0 & \text{su } \partial B \\ h = M_r & \text{su } \partial B_r. \end{cases}$$

Non è difficile provare che

$$h(\mathbf{x}) = M_r \frac{|\mathbf{x}|^{2-n} - 1}{r^{2-n} - 1} = \frac{|\mathbf{x}|^{2-n} - 1}{1 - r^{n-2}} r^{n-2} M_r.$$

Essendo $w = 0$ su ∂B, il principio del massimo implica che

$$-h(\mathbf{x}) \leq w(\mathbf{x}) \leq h(\mathbf{x})$$

in $\overline{B} \setminus B_r$. Sia ora $\mathbf{x} \neq \mathbf{0}$ fissato. La disuguaglianza precedente vale per ogni $r \leq |\mathbf{x}|$. Facendo tendere r a 0 e sfruttando (39) otteniamo

$$|w(\mathbf{x})| \leq \frac{|\mathbf{x}|^{2-n} - 1}{1 - r^{n-2}} (r^{n-2} M_r) \to 0 \quad \text{per } r \to 0,$$

cioè $w(\mathbf{x}) = 0$.

Soluzione 3.19. La verifica della regolarità di T_a e di T_a^{-1} non presenta alcuna differenza rispetto al caso bidimensionale (Problema 2.8) e viene lasciata al lettore. Per verificare che

$$v\left(\mathbf{x}\right) = \frac{a}{|\mathbf{x}|}u\left(T_a(\mathbf{x})\right) = \frac{a}{|\mathbf{x}|}u\left(\frac{a^2}{|\mathbf{x}|^2}\mathbf{x}\right)$$

è armonica, conviene passare in coordinate sferiche. Se scriviamo $\mathbf{x} = (r,\theta,\psi)$, allora $T_a(\mathbf{x}) = (\rho,\theta,\psi)$, dove $r\rho = a^2$. Ricordiamo che, in coordinate sferiche,

$$\begin{aligned}
\Delta v &= v_{rr} + \frac{2}{r}v_r + \frac{1}{r^2}\left[\frac{1}{\sin^2\psi}v_{\theta\theta} + v_{\psi\psi} + \frac{\cos\psi}{\sin\psi}v_\psi\right] \\
&\equiv v_{rr} + \frac{2}{r}v_r + \frac{1}{r^2}\Delta_S v
\end{aligned}$$

Osserviamo che, essendo $\mathbf{x}$ e $T_a(\mathbf{x})$ paralleli, la trasformata di Kelvin lascia invariata parte sferica Δ_S dell'operatore Δ (Δ_S si chiama *operatore di Laplace-Beltrami*). Posto $u = u(\rho,\theta,\psi)$, si ottiene

$$\begin{aligned}
v(r,\theta,\psi) &= \frac{a}{r}u\left(\frac{a^2}{r},\theta,\psi\right) \\
v_r(r,\theta,\psi) &= -\frac{a}{r^2}u\left(\frac{a^2}{r},\theta,\psi\right) - \frac{a^3}{r^3}u_\rho\left(\frac{a^2}{r},\theta,\psi\right) \\
v_{rr}(r,\theta,\psi) &= \frac{2a}{r^3}u\left(\frac{a^2}{r},\theta,\psi\right) + \frac{4a^3}{r^4}u_\rho\left(\frac{a^2}{r},\theta,\psi\right) + \frac{a^5}{r^5}u_{\rho\rho}\left(\frac{a^2}{r},\theta,\psi\right) \\
\Delta_S v(r,\theta,\psi) &= \frac{a}{r}\Delta_S u\left(\frac{a^2}{r},\theta,\psi\right).
\end{aligned}$$

Sostituendo

$$\begin{aligned}
\Delta v &= \frac{a^5}{r^5}u_{\rho\rho}\left(\frac{a^2}{r},\theta,\psi\right) + \frac{2a^3}{r^4}u_\rho\left(\frac{a^2}{r},\theta,\psi\right) + \frac{a}{r^3}\Delta_S u\left(\frac{a^2}{r},\theta,\psi\right) \\
&= \frac{\rho^5}{a^5}\left(u_{\rho\rho}(\rho,\theta,\psi) + \frac{2}{\rho}u_\rho(\rho,\theta,\psi) + \frac{1}{\rho^2}\Delta_S u\left(\rho,\theta,\psi\right)\right) = \\
&= \frac{\rho^5}{a^5}\Delta u.
\end{aligned}$$

In conclusione, se u è armonica nel suo dominio, anche v lo è nel suo.

Soluzione 3.20. Poiché $u \to a$ all'infinito, il problema ha un'unica soluzione. Osserviamo preliminarmente che la funzione

$$\widetilde{u}\left(|\mathbf{x}|\right) = a\left(1 - \frac{1}{|\mathbf{x}|}\right)$$

è armonica in B_e, assume il valore 0 per $|\mathbf{x}| = 1$ e $\widetilde{u}\left(|\mathbf{x}|\right) \to a$ per $|\mathbf{x}| \to \infty$. Poniamo $w = u - \widetilde{u}$. Allora $w \to 0$ all'infinito Ora, la trasformata di Kelvin T_1 di

B_e è la sfera unitaria privata dell'origine e viceversa. Inoltre, tutti i punti di ∂B_e vengono trasformati in se stessi. Posto

$$v(\mathbf{y}) = \frac{1}{|\mathbf{y}|} w\left(\frac{\mathbf{y}}{|\mathbf{y}|^2}\right),$$

abbiamo che v è armonica nella sfera unitaria privata dell'origine. Poiché $w\left(|\mathbf{x}|\right) \to$ 0 all'infinito, si ha

$$|\mathbf{y}|\, v(\mathbf{y}) \to 0 \quad \text{se } |\mathbf{y}| \to 0$$

ed allora il risultato dell'Esercizio 3.18 implica che v ha un'estensione armonica (che continuiamo a indicare con v) in tutta la sfera unitaria B_1, con dato g su ∂B_1. Dalla formula di Poisson tridimensionale si ha:

$$v(\mathbf{y}) = \frac{1 - |\mathbf{y}|^2}{2\pi} \int_{\partial B_1} \frac{g(\boldsymbol{\sigma})}{|\mathbf{y} - \boldsymbol{\sigma}|^3}\, d\sigma.$$

Antitrasformando, abbiamo

$$\mathbf{y} = \frac{\mathbf{x}}{|\mathbf{x}|^2}, \qquad w\left(\mathbf{x}\right) = \frac{1}{|\mathbf{y}|} v\left(\frac{\mathbf{x}}{|\mathbf{x}|^2}\right)$$

e si ottiene, essendo

$$|\mathbf{x}|\left|\frac{\mathbf{x}}{|\mathbf{x}|^2} - \boldsymbol{\sigma}\right| = |\mathbf{x} - \boldsymbol{\sigma}|,$$

$$w(\mathbf{x}) = \frac{|\mathbf{x}|^2 - 1}{4\pi} \int_{\partial B_1} \frac{g(\boldsymbol{\sigma})}{|\mathbf{x} - \boldsymbol{\sigma}|^3}\, d\sigma.$$

In conclusione, la soluzione richiesta è

$$u\left(|\mathbf{x}|\right) = a\left(1 - \frac{1}{|\mathbf{x}|}\right) + \frac{|\mathbf{x}|^2 - 1}{4\pi} \int_{\partial B_1} \frac{g(\boldsymbol{\sigma})}{|\mathbf{x} - \boldsymbol{\sigma}|^3}\, d\sigma.$$

Nel caso $g\left(\mathbf{x}\right) = x_1$, $v\left(\mathbf{y}\right) = y_1$ è l'estensione armonica di v in tutta la sfera $\{0 \le |\mathbf{y}| < 1\}$. Antitrasformando, troviamo

$$u(\mathbf{x}) = a\left(1 - \frac{1}{|\mathbf{x}|}\right) + \frac{x_1}{|\mathbf{x}|^3}.$$

Soluzione 3.21. Si può procedere esattamente come nel Problema 2.12. Siano u_1 ed u_2 due soluzioni del problema in questione e sia $w = u_1 - u_2$. Allora w è armonica in Ω_e e con dato di Robin nullo su $\partial\Omega_e$. Come in 2.12.a) otteniamo che

$$\left|\frac{\partial w}{\partial x_i}(\mathbf{x})\right| \le \frac{C}{|\mathbf{x}|^2}$$

per $|\mathbf{x}|$ sufficientemente grande; infatti, tale stima non dipende dalla condizione su $\partial\Omega_e$. Possiamo ora moltiplicare ambo i membri dell'equazione $\Delta w = 0$ per w stessa, integrare su $\Omega_e \cap B_R$ ed usare la formula di integrazione per parti, ottenendo, come in 2.12.b),

$$0 = \int_{\Omega_e \cap B_R} w(\mathbf{x})\Delta w(\mathbf{x})\, d\mathbf{x} = \int_{\Omega_e \cap B_R} |\nabla w(\mathbf{x})|^2\, d\mathbf{x} - \int_{\partial(\Omega_e \cap B_R)} w(\mathbf{x})\partial_\nu w(\mathbf{x})\, d\sigma.$$

Essendo w limitata, cioè $|w| \leq M$, tale equazione implica

$$
\int_{\Omega_e \cap B_R} |\nabla w(\mathbf{x})|^2 \, d\mathbf{x} = \int_{\partial \Omega_e} w(\mathbf{x}) \partial_\nu w(\mathbf{x}) \, d\sigma + \int_{\partial B_R} w(\mathbf{x}) \partial_\nu w(\mathbf{x}) \, d\sigma \leq
$$

$$
\leq -\int_{\partial \Omega_e} \alpha w^2(\mathbf{x}) \, d\sigma + M \int_{\partial B_R} \left| \nabla w(\mathbf{x}) \cdot \frac{\mathbf{x}}{|\mathbf{x}|} \right| d\sigma \leq
$$

$$
\text{(essendo } \alpha \geq 0) \leq M \left(2\pi R \int_{\partial B_R} |\nabla w(\mathbf{x})|^2 \, d\sigma \right)^{1/2} \leq
$$

$$
\leq M \left(2\pi R \int_{\partial B_R} \frac{C}{|\mathbf{x}|^4} \, d\sigma \right)^{1/2} =
$$

$$
= C_0 R^{-3/2}
$$

Passando al limite per $R \to +\infty$ otteniamo che

$$
\int_{\Omega_e} |\nabla w(\mathbf{x})|^2 \, d\mathbf{x} = 0.
$$

Avendo supposto w di classe C^1 fino al bordo, si deduce che $\nabla w(\mathbf{x}) = 0$ in $\overline{\Omega}_e$ ovvero che w è costante. Siccome $\partial_\nu w + \alpha w = 0$ su $\partial \Omega_e$, tale costante è nulla.

Soluzione 3.22. Osserviamo che

$$
v(\mathbf{x}) = |\nabla u(\mathbf{x})|^2 = u_x^2 + u_y^2
$$

è una funzione subarmonica come somma di quadrati di funzioni armoniche (Problema 2.17). Possiamo allora scrivere, per ogni $\mathbf{x} \in \mathbf{R}^3$,

$$
v(\mathbf{x}) \leq \frac{1}{|B_R(\mathbf{x})|} \int_{B_R(\mathbf{x})} v(\mathbf{y}) \, d\mathbf{y},
$$

cioè

$$
|\nabla u(\mathbf{x})|^2 \leq \frac{3}{4\pi R^3} \int_{B_R(\mathbf{x})} |\nabla u(\mathbf{y})|^2 d\mathbf{y} \to 0 \qquad \text{per } R \to +\infty.
$$

Di conseguenza $\nabla u(\mathbf{x}) \equiv 0$ in $\mathbf{R}^3$, e la tesi segue subito.

Soluzione 3.23. Innanzitutto osserviamo che, posto

$$
u(x, y) = v(x, y) + (x^2 + y^2)/2,
$$

si ha $\Delta u = 0$. Ne segue che u è di classe C^∞, da cui anche

$$
v = u - (x^2 + y^2)/2
$$

è di classe C^∞. Le derivate v_x e v_y sono quindi armoniche e perciò

$$
|\nabla v|^2 = v_x^2 + v_y^2
$$

è subarmonica come somma di quadrati di funzioni armoniche. Pertanto $|\nabla v|^2$ assume il suo massimo su $\partial \Omega$.

Soluzione 3.24. La relazione tra il potenziale newtoniano nel piano e la densità che lo genera è

$$\Delta u = -2\pi\mu.$$

Essendo

$$\Delta u = -4\left(x^2 + y^2\right) - 2\pi\delta\left(0,0\right),$$

si trova

$$\mu\left(x,y\right) = \frac{2}{\pi}\left(x^2 + y^2\right) + \delta\left(0,0\right).$$

Soluzione 3.25. Il potenziale richiesto (definito a meno di una costante additiva) è

$$u\left(x,y,z\right) = \frac{1}{4\pi}\int_{B_1} \frac{1}{\left[\left(x-\xi\right)^2 + \left(y-\eta\right)^2 + \left(z-\zeta\right)^2\right]}\,d\xi d\eta d\zeta$$

ed è di classe C^1 in tutto $\mathbf{R}^3$. Per trovare un'espressione più esplicita, osserviamo che u è a simmetria radiale, cioè $u = u\left(r\right)$, $r^2 = x^2 + y^2 + z^2$, (il problema è invariante per rotazioni) ed è soluzione del problema

$$\Delta u = \begin{cases} -4\pi & 0 \le r < 1 \\ 0 & r > 1 \end{cases}$$

con

(40) $$u\left(1-\right) = u\left(1+\right), \qquad u_r\left(1+\right) = u_r\left(1-\right).$$

Le funzioni armoniche radiali in $\mathbf{R}^3$ sono della forma

$$\frac{a}{r} + b$$

mentre le soluzioni radiali di $\Delta u = -4\pi$ soddisfano l'equazione

$$u_{rr} + \frac{2}{r}u_r = -4\pi$$

il cui integrale generale è

$$v\left(r\right) = c_1 + \frac{c_2}{r} - \frac{2\pi}{3}r^2.$$

Essendo u limitata per $r < 1$, deve essere $c_2 = 0$. Dalle (40) si ricava, poi:

$$c_1 - \frac{2\pi}{3} = a + b \text{ e } -a = -\frac{4\pi}{3}.$$

Abbiamo dunque, scegliendo $b = 0$ (potenziale zero all'infinito),

$$u\left(r\right) = \begin{cases} 2\pi\left(1 - \frac{r^2}{3}\right) & r \le 1 \\ -\pi\log r & r > 1. \end{cases}$$

Soluzione 3.26 La relazione tra il potenziale newtoniano nel piano e la densità che lo genera è

$$\Delta u = u_{rr} + \frac{1}{r}u_r = -2\pi\mu.$$

Si ha $\Delta u = -\pi r^2$, per cui si trova

$$\mu(r) = \frac{r^2}{2}.$$

Il potenziale richiesto (definito a meno di una costante additiva) è di classe C^1 in tutto $\mathbf{R}^2$, è armonico per $r > 1$ e a simmetria radiale, quindi della forma

$$a \log r + b.$$

Inoltre

(41) $$u(1-) = u(1+), \qquad u_r(1+) = u_r(1-).$$

Deve quindi essere

$$b = 0 \text{ e } a = -\frac{\pi}{2}.$$

Pertanto il potenziale per $r > 1$ è $u(r) = -\frac{\pi}{2} \log r$.

Soluzione 3.27. a) La funzione di Green $G = G(\mathbf{x}, \mathbf{y})$ è armonica nel semi-spazio, $G(\mathbf{x}, \mathbf{y}) = 0$ su $x_3 = 0$ per ogni $\mathbf{y} \in P^+$, fissato, e

(42) $$\Delta_{\mathbf{x}} G(\mathbf{x}, \mathbf{y}) = -\delta(\mathbf{x} - \mathbf{y})$$

dove $\delta(\mathbf{x} - \mathbf{y})$ è la distribuzione di Dirac in $\mathbf{y}$. Usiamo il *metodo delle immagini*. Sappiamo che la soluzione fondamentale

$$\Gamma(\mathbf{x} - \mathbf{y}) = -\frac{1}{4\pi |\mathbf{x} - \mathbf{y}|}$$

soddisfa la (27). Se $\mathbf{y} = (y_1, y_2, y_3)$, poniamo $\widetilde{\mathbf{y}} = (y_1, y_2, -y_3)$, l'immagine di $\mathbf{y}$ simmetrica rispetto al piano $y_3 = 0$. La funzione $\Gamma(\mathbf{x} - \widetilde{\mathbf{y}})$ è armonica in P^+ e coincide con $\Gamma(\mathbf{x} - \mathbf{y})$ su $x_3 = 0$. Si ha quindi:

$$G(\mathbf{x}, \mathbf{y}) = \Gamma(\mathbf{x} - \mathbf{y}) - \Gamma(\mathbf{x} - \widetilde{\mathbf{y}}).$$

b) Usiamo ancora il metodo delle immagini, definendo stavolta, per $\mathbf{y} \neq \mathbf{0}$,

$$\mathbf{y}^* = T_1(\mathbf{y}) = \frac{\mathbf{y}}{|\mathbf{y}|^2}$$

immagine di $\mathbf{y}$ tramite la trasformata di Kelvin. Come nel caso $n = 2$, per $|\mathbf{x}| = 1$ abbiamo

$$\begin{aligned}
|\mathbf{x} - \mathbf{y}^*|^2 &= 1 - \frac{2\mathbf{x} \cdot \mathbf{y}}{|\mathbf{y}|^2} + \frac{1}{|\mathbf{y}|^2} \\
&= \frac{1}{|\mathbf{y}|^2}\left(1 - 2\mathbf{x} \cdot \mathbf{y} + |\mathbf{y}|^2\right) \\
&= \frac{1}{|\mathbf{y}|^2}|\mathbf{x} - \mathbf{y}|^2.
\end{aligned}$$

Se $\mathbf{y} \neq \mathbf{0}$, definiamo

$$G(\mathbf{x}, \mathbf{y}) = \frac{1}{4\pi}\left\{\frac{1}{|\mathbf{x} - \mathbf{y}|} - \frac{1}{|\mathbf{y}||\mathbf{x} - \mathbf{y}^*|}\right\}.$$

Otteniamo che $G(\mathbf{x}, \mathbf{y}) = 0$ per $|\mathbf{x}| = 1$, $\mathbf{y} \neq \mathbf{0}$, e

$$\Delta_{\mathbf{x}} G(\mathbf{x}, \mathbf{y}) = -\delta(\mathbf{x} - \mathbf{y}) \qquad \text{in } B_1.$$

Per $\mathbf{y} = \mathbf{0}$, definiamo semplicemente.

$$G(\mathbf{x}, \mathbf{0}) = \frac{1}{4\pi} \left\{ \frac{1}{|\mathbf{x}|} - 1 \right\}.$$

Si noti che, per $\mathbf{x} \neq \mathbf{y}$ e $\mathbf{y} \to \mathbf{0}$, si ha

$$G(\mathbf{x}, \mathbf{y}) \to G(\mathbf{x}, \mathbf{0}).$$

c) Indichiamo con G_{B_1} la funzione di Green per la sfera B_1 costruita nel punto b). Sia poi $\widetilde{\mathbf{y}} = (y_1, y_2, -y_3)$. Allora

$$G_{B_1}^+(\mathbf{x}, \mathbf{y}) = G_{B_1}(\mathbf{x}, \mathbf{y}) - G_{B_1}(\mathbf{x}, \widetilde{\mathbf{y}}).$$

3

Equazioni del primo ordine

1. Richiami di teoria

Il riferimento teorico per i problemi e gli esercizi contenuti in questo capitolo è [S], Capitolo 4. La prima parte del capitolo è dedicata alle *leggi di conservazione*

$$(1) \qquad\qquad u_t + q(u)_x = 0,$$

per le quali si cercano soluzioni $u = u(x,t)$ definite sul semipiano $\{t \geq 0\}$, solitamente sottoposte ad una *condizione di Cauchy o iniziale* $u(x,0) = g(x)$. Tale equazione rappresenta un modello di *convezione* o *trasporto*. La velocità di deriva è legata a q dalla relazione $q(u) = v(u)u$.

- *Caratteristiche e soluzione locale.* Si chiamano *curve caratteristiche* dell'equazione (1) le curve del semipiano $\{t > 0\}$ lungo le quali u è costante. Se per (x,t) passa una sola caratteristica e tale caratteristica "parte o esce" dal punto $(\xi,0)$, allora $u(x,t) = g(\xi)$. Si dice che "la caratteristica porta il dato $g(\xi)$".

La caratteristica uscente da $(\xi,0)$ è la retta di equazione

$$x(t) = q'(g(\xi))t + \xi.$$

Per t sufficientemente piccolo, la soluzione u è definita implicitamente dall'equazione

$$(2) \qquad\qquad u = g\left(x - q'(g(\xi))t\right).$$

- *Condizioni di Rankine–Hugoniot.* Se due caratteristiche che portano dati diversi si intersecano provocano una discontinuità a salto nella soluzione e la (2) non è più valida. La soluzione va intesa opportunamente in *senso debole o integrale*. La linea Γ di discontinuità è detta *linea d'urto o di shock*. Se Γ è regolare ed ha equazione $x = s(t)$, valgono le condizioni di Rankine–Hugoniot: detti u^+, u^- i valori a cui tende la soluzione u avvicinandosi a Γ da destra o da sinistra, rispettivamente, si ha

$$s'(t) = \frac{q(u^+(s,t)) - q(u^-(s,t))}{u^+(s,t) - u^-(s,t)}.$$

• Una *condizione di entropia* lungo la linea d'urto è:

$$q(u^+(s,t)) < s'(t) < q(u^-(s,t)).$$

Serve a selezionare tra diverse soluzioni integrali quella corretta.

• *Onde di rarefazione.* Nelle zone del semipiano $\{t > 0\}$ in cui non arrivano caratteristiche che portano il dato iniziale, tipicamente è possibile costruire la soluzione (che si raccorda con continuità con la definizione nelle altre zone) come *onda di rarefazione.* L'onda di rarefazione centrata in (x_0, t_0) è data da

$$u(x,t) = R((x - x_0)/(t - t_0)), \qquad \text{dove } R = (q')^{-1} \text{ (la funzione inversa di } q').$$

La seconda parte del capitolo è dedicata alle *equazioni quasilineari.*

$$a(x,y,u)u_x + b(x,y,u)u_y = c(x,y,u).$$

Il *problema di Cauchy* per queste equazioni consiste nell'assegnare il valore di u su una curva Γ_0 nel piano xy. Se Γ_0 è parametrizzata da $x = f(s)$, $y = g(s)$, si assegna $u(f(s), g(s)) = h(s)$.

• Si dice *sistema caratteristico* associato il sistema autonomo

$$\frac{dx}{dt} = a(x,y,z) \qquad \frac{dy}{dt} = b(x,y,z) \qquad \frac{dz}{dt} = c(x,y,z)$$

con le condizioni iniziali

$$x(0,s) = f(s) \qquad y(0,s) = g(s) \qquad z(0,s) = h(s).$$

I passi per risolvere il problema di Cauchy sono i seguenti:

1. Si determina la soluzione del sistema caratteristico.

2. Si calcola

$$J = \det \begin{pmatrix} f'(0) & g'(0) \\ a(x,y,z) & b(x,y,z) \end{pmatrix}$$

sulla linea Γ_0 portante i dati (cioè per $t = 0$). Si possono verificare i seguenti casi:

a. J è sempre diverso da zero. Ciò significa che Γ_0 non ha punti caratteristici (cioè punti in cui il vettore tangente è parallelo ad una linea caratteristica). In tal caso il problema è (localmente) univocamente risolubile.

b. J si annulla in un punto P_0 nel quale Γ_0 è caratteristica: occorrono condizioni di compatibilità sui dati affinchè la soluzione esista (sempre localmente) e sia di classe C^1 in un intorno di P_0.

c. J si annulla in un punto P_0 nel quale Γ_0 **non** è caratteristica: non esistono soluzioni di classe C^1. Possono esistere soluzioni meno regolari.

d. Γ_0 è caratteristica: esistono infinite soluzioni di classe C^1 in un intorno di Γ_0.

2. Problemi risolti

- **2.1 − 2.11** :   Leggi di conservazione ed applicazioni.
- **2.12 − 2.22** :   Caratteristiche per equazioni lineari e quasilineari.

2.1. Leggi di conservazione ed applicazioni

Problema 2.1. (Equazione di Burger, dato costante a tratti). *Studiare il problema*

$$\begin{cases} u_t + u u_x = 0 & x \in \mathbf{R},\, t > 0 \\ u(x,0) = g(x) & x \in \mathbf{R} \end{cases}$$

dove

$$g(x) = \begin{cases} 0 & x < 0 \\ 1 & 0 < x < 1 \\ 0 & x > 1. \end{cases}$$

Soluzione

L'equazione di Burger è del tipo

$$u_t + q\left(u\right)_x = 0$$

con

$$q(u) = u^2/2 \quad \text{e} \quad q'(u) = u.$$

Il dato g presenta un salto crescente in $x = 0$ ed uno decrescente in $x = 1$. Poiché q è convessa, ci si aspetta che la soluzione integrale che rispetta la condizione di entropia si presenti come onda di rarefazione centrata in $(0,0)$ che, dopo un certo tempo, interagisce con un'onda d'urto (shock) uscente dal punto $(1,0)$. L'equazione della retta caratteristica uscente dal generico punto $(\xi, 0)$ risulta essere

$$x = \xi + q'(g(\xi))t = \xi + g(\xi)t.$$

Al variare di ξ si ricavano immediatamente le seguenti proprietà della soluzione (Figura 1):

- $u(x,t)$ vale 0 per $x < 0$ (caratteristiche verticali);
- la caratteristica $x = 0$ e la caratteristica $x = t$ delimitano la regione in cui si forma un'onda di rarefazione centrata nell'origine;
- dal punto $(1,0)$ parte una linea d'urto; a destra di tale linea $u(x,t)$ vale 0, mentre a sinistra, almeno fino ad un certo istante t_0, $u(x,t)$ vale 1. Per tempi maggiori di t_0, lo shock interagisce a sinistra con l'onda di rarefazione.

Determiniamo ora l'onda di rarefazione. In generale, un'onda di rarefazione centrata in (x_0, t_0) ha equazione

$$u\left(x,t\right) = R\left(\frac{x - x_0}{t - t_0}\right)$$

dove

$$R\left(s\right) = \left(q'\right)^{-1}\left(s\right).$$

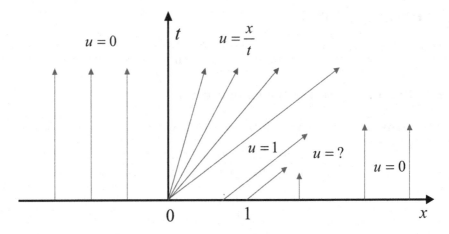

Figura 1.

In questo caso $R(s) = s$ e quindi

$$u(x,t) = \frac{x}{t}, \qquad 0 \le x \le t.$$

Alternativamente, si sostituisce formalmente $\xi = 0$ e $g(\xi) = u(x,t)$ nell'equazione delle caratteristiche e si trova

$$x = u(x,t)t$$

da cui ancora $u = x/t$.

A questo punto la situazione è quella descritta in Figura 1.

Veniamo ora alla linea d'urto che supponiamo di equazione $x = s(t)$. La condizione di Rankine–Hugoniot si scrive

$$s'(t) = \frac{q(u^+(s(t),t)) - q(u^-(s(t),t))}{u^+(s(t),t) - u^-(s(t),t)} = \frac{1}{2}[u^+(s(t),t) + u^-(s(t),t)].$$

Per t piccolo abbiamo quindi $u^+ = 0$ ed $u^- = 1$, da cui

$$s' = \frac{1}{2}.$$

Essendo $s(0) = 1$ otteniamo

$$x = s(t) = \frac{1}{2}t + 1.$$

Le considerazioni fatte valgono fino a che la caratteristica $x = t$ interseca la linea di shock, cioè fino all'istante $t = 2$. Per tempi successivi a tale istante continua ad esserci una linea d'urto con $u^+ = 0$, ma stavolta

$$u^-(s,t) = \frac{s}{t}$$

che corrisponde al valore di u trasportato dall'onda di rarefazione. Abbiamo quindi

$$\begin{cases} s'(t) = \dfrac{s(t)}{2t} \\ s(2) = 2. \end{cases}$$

L'equazione (ordinaria) è lineare, oltre che a variabili separabili, ed ammette l'unica soluzione

$$s(t) = \sqrt{2t}.$$

Riassumendo, si ha

$$u(x,t) = \begin{cases} 0 & x \le 0 \\ \dfrac{x}{t} & \begin{array}{l} 0 \le x \le t, \text{ con } t \le 2 \\ 0 \le x < \sqrt{2t}, \text{ con } t \ge 2 \end{array} \\ 1 & t \le x < \frac{1}{2}t + 1, \text{ con } t < 2 \\ 0 & \begin{array}{l} x > \frac{1}{2}t + 1, \text{ con } t \le 2 \\ x > \sqrt{2t}, \text{ con } t \ge 2. \end{array} \end{cases}$$

L'accelerazione dello shock è $1/2$ fino a $t = 2$ poi è negativa, uguale a $-1/2t^{3/2}$.

L'intensità dello shock, pari al salto di u attraverso la linea d'urto, è 1 fino a $t = 2$, poi si attenua e tende a zero per $t \to \infty$ (Figura 3).

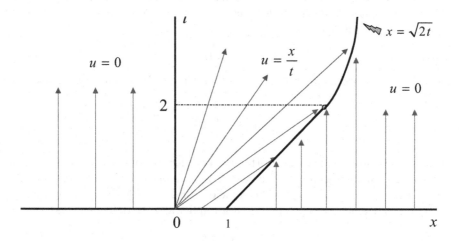

Figura 2. Caratteristiche e linea d'urto per il Problema 2.1.

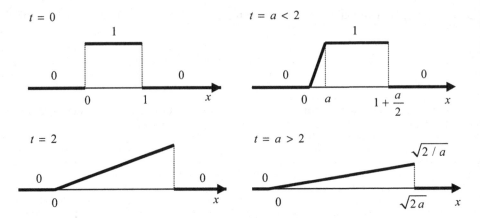

Figura 3. La soluzione del Problema 2.1 in vari istanti.

Problema 2.2. *Considerare il seguente problema di Cauchy:*

$$\begin{cases} u_t + u^2 u_x = 0 & x \in \mathbf{R},\, t > 0 \\ u(x,0) = x & x \in \mathbf{R}. \end{cases}$$

a) *Controllare se la famiglia di caratteristiche ammette inviluppo.*

b) *Trovare una formula esplicita della soluzione e studiarne l'estendibilità in tutto il piano xt.*

Soluzione

a) L'equazione differenziale è in forma di legge di conservazione con $q(u) = u^3/3$, $q'(u) = u^2$. Osserviamo che il dato iniziale $g(x) = x$ è *illimitato* per $x \to \pm\infty$. La generica caratteristica uscente dal punto $(\xi, 0)$ ha equazione:

$$x = \xi + q'(g(\xi))t = \xi + \xi^2 t.$$

Per stabilire se tale famiglia di rette, dipendente dal parametro ξ, ammette inviluppo, occorre risolvere il sistema

$$\begin{cases} x = \xi + \xi^2 t \\ 0 = 1 + 2\xi t \end{cases}$$

in cui la seconda equazione è ottenuta per derivazione della prima rispetto al parametro. Si può eliminare facilmente il parametro e dedurre che l'inviluppo esiste nel quadrante $x < 0$, $t > 0$ e coincide con l'iperbole di equazione $4xt = -1$.

b) La soluzione $u = u(x,t)$ è definita implicitamente dall'equazione

$$u = g(x - q'(u)t)$$

almeno per tempi piccoli. Nel nostro caso abbiamo, essendo $g(x) = x$,

$$u = x - u^2 t.$$

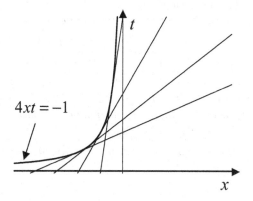

Figura 4. Inviluppo di caratteristiche nel Problema 2.2.

Risolvendo in u, si trova

$$u^{\pm}(x,t) = \frac{-1 \pm \sqrt{1+4xt}}{2t}, \quad x \geq -\frac{1}{4t}.$$

Esaminiamo $\lim_{t \to 0^+} u^{\pm}(x,t)$. Si ha, per x fissato:

$$\lim_{t \to 0^+} u^-(x,t) = \lim_{t \to 0^+} \frac{-1 - \sqrt{1+4xt}}{2t} = -\infty$$

mentre

$$\lim_{t \to 0^+} u^+(x,t) = \lim_{t \to 0^+} \frac{-1 + \sqrt{1+4xt}}{2t} = \lim_{t \to 0^+} \frac{4xt}{2t\left(1 + \sqrt{1+4xt}\right)} = x.$$

Solo u^+ soddisfa la condizione iniziale e pertanto è l'unica soluzione del problema ed è definita e di classe C^1 (controllare) nella regione $x \geq -1/4t$, delimitata dall'alto proprio dall'inviluppo delle caratteristiche. Tale inviluppo costituisce una barriera al di là della quale le caratteristiche non trasportano i dati iniziali. Visto poi che per $\xi \to -\infty$ il dato iniziale tende a $-\infty$ e che le caratteristiche tendono a diventare orizzontali, non c'è un modo ragionevole di definire un prolungamento della soluzione oltre l'inviluppo, nel quadrante $x < 0$, $t > 0$.

Al contrario, la formula

$$u(x,t) = \frac{-1 + \sqrt{1+4xt}}{2t}$$

definisce la soluzione anche in tutto il quadrante $x \geq 0$, $t \geq 0$.

Problema 2.3. (Un modello di traffico, traiettoria delle auto). *Il seguente problema simula una situazione di traffico al semaforo:*

$$
\begin{cases}
\rho_t + v_m \left(1 - \dfrac{2\rho}{\rho_m}\right)\rho_x = 0 & x \in \mathbf{R},\, t > 0 \\
\rho(x,0) = \begin{cases} \rho_m & x < 0 \\ 0 & x > 0, \end{cases}
\end{cases}
$$

dove ρ rappresenta la densità di auto, ρ_m la densità massima, v_m la velocità massima consentita. Determinare la soluzione ed in particolare calcolare:

a) la densità di auto al semaforo per $t > 0$;

b) il tempo impiegato da un'auto che si trova al tempo t_0 nel punto $x_0 = -v_m t_0$ per superare il semaforo.

Soluzione

a) L'equazione è in forma di legge di conservazione con

$$
q\left(\rho\right) = \rho v\left(\rho\right) = v_m \rho \left(1 - \frac{\rho}{\rho_m}\right)
$$

dove $v\left(\rho\right)$ rappresenta la velocità delle auto. La caratteristica uscente dal punto $(\xi, 0)$ ha equazione

$$
x = v_m \left(1 - \frac{2\rho\left(\xi, 0\right)}{\rho_m}\right)t + \xi.
$$

Per $\xi < 0$, si trova

$$
x = -v_m t + \xi
$$

e quindi, nella regione $x < -v_m t$, si ha $\rho\left(x, t\right) = \rho_m$. Per $\xi > 0$ si trova

$$
x = v_m t + \xi
$$

e quindi, nella regione $x > v_m t$, si ha $\rho\left(x, t\right) = 0$. Nella regione $-v_m t \le x \le v_m t$, si possono raccordare i due valori ρ_m e 0 con un'onda di rarefazione centrata nell'origine. Poiché

$$
q'\left(\rho\right) = v_m \left(1 - \frac{2\rho}{\rho_m}\right)
$$

si ha

$$
R\left(s\right) = \left(q'\right)^{-1}\left(s\right) = \frac{\rho_m}{2}\left(1 - \frac{s}{v_m}\right)
$$

e l'onda di rarefazione è

$$
\rho\left(x, t\right) = R\left(\frac{x}{t}\right) = \frac{\rho_m}{2}\left(1 - \frac{x}{v_m t}\right).
$$

Riassumendo, la soluzione del problema è data da

$$
\rho(x,t) = \begin{cases}
\rho_m & x < -v_m t \\
\frac{\rho_m}{2}\left(1 - \frac{x}{v_m t}\right) & -v_m t \le x \le v_m t \\
0 & x > v_m t.
\end{cases}
$$

Si ottiene quindi che la densità di auto al semaforo

$$\rho(0,t) = \frac{\rho_m}{2}$$

rimane costante nel tempo.

b) Ricordiamo che, in base al modello considerato, la velocità di un'auto che si trovi nel punto x all'istante t dipende solo dalla densità in tale situazione secondo la legge

$$v(\rho) = v_m \left(1 - \frac{\rho}{\rho_m}\right).$$

Indichiamo con $x = x(t)$ la legge oraria del moto dell'auto considerata. Trovandosi al tempo t_0 nel punto $x = -v_m t_0$ l'auto comincia a muoversi mantenendosi nella zona dell'onda di rarefazione fintanto che $x(t) < v_m t$, in particolare prima di raggiungere il semaforo, dopo di che l'auto si muove a velocità costante v_m. Pertanto, prima di raggiungere il semaforo, x risolve il problema di Cauchy

$$\begin{cases} x'(t) = v(\rho(x(t),t)) = \frac{v_m}{2}\left(1 + \frac{x(t)}{v_m t}\right) \\ x(t_0) = -v_m t_0. \end{cases}$$

Integrando l'equazione (lineare) otteniamo

$$x(t) = v_m(t - 2\sqrt{t_0 t}),$$

e quindi $x(t) = 0$ per $t = 4t_0$.

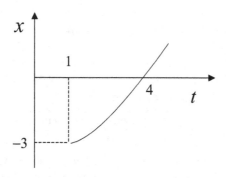

Figura 5. Problema 2.3. Traiettoria dell'auto che parte da $x = -3$ all'istante $t = 1$ sec. ($v_m = 3$ m/sec). Il semaforo è raggiunto in 3 secondi.

Problema 2.4. (Traffico in un tunnel). *Un modello realistico per la velocità in un tunnel molto lungo è il seguente*

$$v(\rho) = \begin{cases} v_m & 0 \leq \rho \leq \rho_c \\ \lambda \log(\rho_m/\rho) & \rho_c \leq \rho \leq \rho_m \end{cases}$$

dove ρ indica la densità delle auto e $\lambda = \frac{v_m}{\log(\rho_m/\rho_c)}$. Si noti che v è continua anche nel punto $\rho_c = \rho_m e^{-v_m/\lambda}$, che rappresenta una densità critica, al di sotto della quale gli automobilisti sono liberi di viaggiare alla velocità massima. Valori attendibili sono $\rho_c = 7$ auto/Km, $v_m = 90$ Km/h, $\rho_m = 110$ auto/Km, $v_m/\lambda = 2.75$.

Supponiamo che l'ingresso del tunnel sia in $x = 0$, che il tunnel apra al traffico al tempo $t = 0$ e che precedentemente si sia accumulata una coda prima dell'ingresso. Il dato iniziale è quindi

$$\rho(x,0) = g(x) = \begin{cases} \rho_m & x < 0 \\ 0 & x > 0. \end{cases}$$

a) *Determinare densità e velocità del traffico e disegnarne i grafici.*

b) *Determinare e disegnare nel piano xt la traiettoria di un'auto che si trova inizialmente in $x = x_0 < 0$ e calcolare quanto tempo impiega ad entrare nel tunnel.*

Soluzione

a) Utilizzando l'usuale modello convettivo, il problema da risolvere è

$$\begin{cases} \rho_t + q'(\rho)\rho_x = 0 & x \in \mathbf{R},\ t > 0 \\ \rho(x,0) = g(x) = \begin{cases} \rho_m & x < 0 \\ 0 & x > 0. \end{cases} \end{cases}$$

dove

$$q(\rho) = \rho v(\rho)$$

e quindi $(e^{-v_m/\lambda} = \rho_c/\rho_m)$

$$q'(\rho) = \begin{cases} v_m & 0 \leq \rho < \rho_c \\ \lambda\left[\log(\rho_m/\rho) - 1\right] & \rho_c < \rho \leq \rho_m. \end{cases}$$

I grafici di v e di q in funzione della densità ρ sono indicati in Figura 6. Osserviamo il salto di q' in corrispondenza a $\rho = \rho_c$:

$$q'(\rho_c^-) = v_m \quad \text{e} \quad q'(\rho_c^+) = v_m - \lambda.$$

La generica caratteristica uscente da $(\xi, 0)$, cioè la retta $x = \xi + q'(g(\xi))t$, ha equazione

$$x = \xi - \lambda t \qquad \text{per } \xi < 0$$

e

$$x = \xi + v_m t \qquad \text{per } \xi > 0.$$

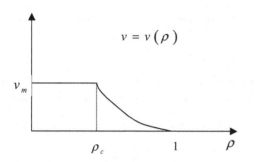
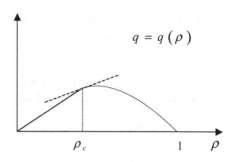

Figura 6.

Di conseguenza possiamo ricavare subito la soluzione in alcune zone del piano:

$$\rho(x,t) = \begin{cases} \rho_m & x < -\lambda t \\ 0 & x > v_m t. \end{cases}$$

Rimane da ricavare ρ nella zona

$$S = \{(x,t) : -\lambda t \leq x \leq v_m t\}.$$

A tale scopo, ricordiamo che q' risulta discontinua per $\rho = \rho_c$, con

$$q'(\rho_c^-) = v_m \quad e \quad q'(\rho_c^+) = v_m - \lambda.$$

Questo ci suggerisce di scrivere $S = S_1 \cup S_2$, con

$$S_1 = \{(x,t) : -\lambda t \leq x \leq (v_m - \lambda)t\},$$

dove $\rho_c < \rho \leq \rho_m$, e

$$S_2 = \{(x,t) : (v_m - \lambda)t \leq x \leq v_m t\},$$

dove $0 < \rho \leq \rho_c$.

Nella regione S_1 procediamo come segue. Per $\rho_c < \rho \leq \rho_m$ abbiamo

$$q''(\rho) = -\lambda/\rho < 0$$

ed essendo il dato iniziale decrescente cerchiamo una soluzione sotto forma di onda di rarefazione, centrata nell'origine, che si raccordi con continuità sulla semiretta $x = -\lambda t$ (in tal modo verifica anche la condizione di entropia). Tale onda è definita dalla formula $\rho(x,t) = R(x/t)$ dove $R = (q')^{-1}$. Per trovare R, risolviamo rispetto a ρ l'equazione

$$q'(\rho) = \lambda \left[\log\left(\frac{\rho_m}{\rho}\right) - 1 \right] = s.$$

Si trova

$$R(s) = \rho_m \exp\left(-1 - \frac{s}{\lambda}\right)$$

per cui

$$\rho(x,t) = \rho_m \exp\left(-1 - \frac{x}{\lambda t}\right)$$

nella regione

$$-\lambda \leq \frac{x}{t} \leq v_m - \lambda.$$

Rimane da determinare la soluzione in S_2. In tale regione $\rho \leq \rho_c$ e quindi $q'(\rho) = v_m$. Ne segue che ρ è costante lungo le caratteristiche del tipo

$$x = v_m t + k.$$

Essendo queste uscenti dalla semiretta $x = (v_m - \lambda)t$, calcoliamo il valore di ρ su questa semiretta sfruttando il fatto che essa appartiene alla regione S_1. Otteniamo

$$\rho(x,t) = \rho((v_m - \lambda)t, t) = \rho_m e^{-v_m/\lambda} = \rho_c, \qquad \text{nella regione } v_m - \lambda \leq \frac{x}{t} < v_m.$$

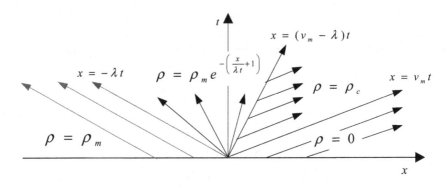

Figura 7. Caratteristiche per il Problema 2.4.

Riassumendo abbiamo

$$\rho(x,t) = \begin{cases} \rho_m & x \geq -\lambda t \\ \rho_m e^{-(1+x/\lambda t)} & -\lambda t \leq x \leq (v_m - \lambda)t \\ \rho_m e^{-v_m/\lambda} & (v_m - \lambda)t \leq x < v_m t \\ 0 & x > v_m t. \end{cases}$$

In Figura 8 osserviamo l'andamento della densità a tempo fissato: la densità decresce dalla massima (velocità nulla) gradualmente fino alla densità critica che permette la massima velocità. Si noti che la soluzione è discontinua solo sulla retta $x = v_m t$.

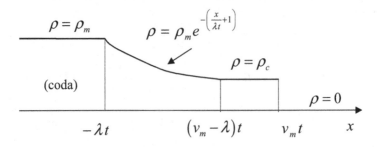

Figura 8. Andamento della densità al tempo t nel Problema 2.4.

b) Consideriamo un'auto che si trovi inizialmente in $x_0 < 0$ e tentiamo di descriverne la traiettoria nel piano xt. Iniziamo osservando che la macchina rimarrà ferma fino all'istante $t_0 = |x_0|/\lambda$ (vedi Figura 9). In tale istante entra nella zona S dove la velocità è data

$$v(\rho(x,t)) = \lambda \log\left(e^{1+x/\lambda t}\right) = \lambda + \frac{x}{t}.$$

Abbiamo dunque, indicando con $x = x(t)$ il cammino dell'auto,

$$\begin{cases} x'(t) = \lambda + \dfrac{x(t)}{t} \\ x(t_0) = x_0. \end{cases}$$

L'equazione è lineare, ed integrandola si ottiene

$$x(t) = \lambda t \left(\log\frac{\lambda t}{|x_0|} - 1\right).$$

L'auto entra nel tunnel nell'istante T in cui $x(T) = 0$. Il tempo richiesto è quindi

$$T = \frac{e|x_0|}{\lambda}.$$

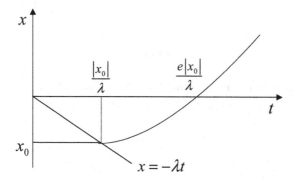

Figura 9. Traiettoria di un'auto nel Problema 2.4.

Problema 2.5. (Modello di traffico; densità normalizzata). Sia ρ la densità di auto nel modello di traffico del Problema 2.3. Posto $u(x,t) = \rho(x,t)/\rho_m$ (dove $0 \le u \le 1$ è la densità normalizzata), verificare che u risolve l'equazione

$$u_t + v_m(1 - 2u)u_x = 0.$$

Determinare la soluzione del problema

$$\begin{cases} u_t + v_m(1 - 2u)u_x = 0 & x \in \mathbf{R}, \ t > 0 \\ u(x,0) = g(x) & x \in \mathbf{R}, \end{cases}$$

dove

$$g(x) = \begin{cases} 1/3 & x \le 0 \\ 1/3 + 5x/12 & 0 \le x \le 1 \\ 3/4 & x \ge 1. \end{cases}$$

Soluzione

Il grafico del dato iniziale $g = g(x)$ è mostrato in Figura 10, a sinistra.

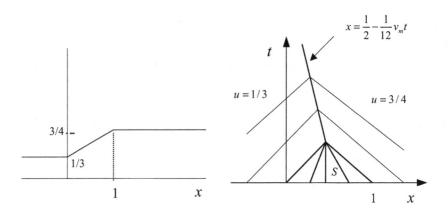

Figura 10.

La verifica dell'equazione è immediata. In questa situazione abbiamo $q'(u) = v_m(1 - 2u)$ quindi $q(u) = v_m(u - u^2)$. La caratteristica uscente da $(\xi, 0)$ ha equazione

(3)
$$x = \xi + v_m(1 - 2g(\xi))t,$$

cioè

$$x = \xi + \frac{1}{3}v_m t \quad \text{per} \quad \xi < 0$$

$$x = \xi + \left(\frac{1}{3} - \frac{5}{6}\xi\right)v_m t \quad \text{per} \quad 0 < \xi < 1$$

$$x = \xi - \frac{1}{2}v_m t \quad \text{per} \quad \xi > 1.$$

Si vede quindi che le caratteristiche si intersecano e che si forma una linea d'urto. Il punto di partenza di tale linea è dato dal punto con minore coordinata temporale nel quale si verifica un'intersezione di caratteristiche per $0 \leq \xi \leq 1$. In questo caso la famiglia di caratteristiche è un fascio di rette dipendente dal parametro ξ ed il centro del fascio, punto nel quale tutte le caratteristiche per $0 \leq \xi \leq 1$ si intersecano, è

$$(x_0, t_0) = \left(\frac{2}{5}, \frac{6}{5v_m} \right).$$

Tutto ciò è illustrato in Figura 10.

La linea d'urto, che supponiamo di equazione $x = s(t)$, è dunque uscente dal punto $(2/5, 6/5v_m)$. A destra di tale linea abbiamo $u^+ = 3/4$, mentre a sinistra $u^- = 1/3$. Dalla condizione di Rankine–Hugoniot ricaviamo

$$s'(t) = \frac{q(u^+) - q(u^-)}{u^+ - u^-} = -\frac{1}{12} v_m.$$

Essendo $s(6/5v_m) = 2/5$ otteniamo la retta di equazione

$$s(t) = \frac{1}{2} - \frac{1}{12} v_m t.$$

La soluzione (entropica) è così determinata per $t > t_0 = 6/5v_m$.

Sia ora $t < t_0$. Per calcolare la soluzione nella zona

$$S = \left\{ (x, t) : 0 \leq t < \frac{6}{5v_m}, \ \frac{1}{3} v_m t \leq x \leq 1 - \frac{1}{2} v_m t \right\},$$

delimitata dalle caratteristiche uscenti da $\xi = 0$ e $\xi = 1$, possiamo ricavare ξ dall'equazione delle caratteristiche:

$$\xi = \frac{6x - 2v_m t}{6 - 5v_m t}, \qquad 0 \leq \xi \leq 1,$$

da cui, essendo u costante lungo le caratteristiche,

$$u(x, t) = g(\xi) = \frac{1}{3} + \frac{5}{12} \frac{6x - 2v_m t}{6 - 5v_m t} = \frac{4 + 5x - 5v_m t}{2(6 - 5v_m t)} \qquad \text{in } S.$$

Alternativamente, si può usare la formula

$$u = g\left(x - v_m(1 - 2u)t \right)$$

che determina implicitamente u. Sostituendo l'espressione di g tra 0 e 1, si trova

$$u = \frac{1}{3} + \frac{5}{12} \left(x - (1 - 2u)\, v_m t \right).$$

Risolvendo in u, si ritrova la formula precedente. Riassumendo:

$$u(x, t) = \begin{cases} \dfrac{1}{3} & x < \min\left\{ \dfrac{1}{3} v_m t, \dfrac{1}{2} - \dfrac{1}{12} v_m t \right\} \\[3mm] \dfrac{4 + 5x - 5v_m t}{2(6 - 5v_m t)} & \dfrac{1}{3} v_m t \leq x \leq 1 - \dfrac{1}{2} v_m t \\[3mm] \dfrac{3}{4} & x > \max\left\{ 1 - \dfrac{1}{2} v_m t, \dfrac{1}{2} - \dfrac{1}{12} v_m t \right\}. \end{cases}$$

Problema 2.6. (Formazione dello shock in un modello di traffico). Sia u, $0 \le u \le 1$ la densità normalizzata, soluzione del problema di traffico seguente:

$$\begin{cases} u_t + v_m(1 - 2u)u_x = 0 & x \in \mathbf{R}, \, t > 0 \\ u(x,0) = g(x) & x \in \mathbf{R}, \end{cases}$$

Assumiamo che $g \in C^1(\mathbf{R})$, che g' assuma il suo massimo nel punto x_1 e che

$$g'(x_1) = \max_{\mathbf{R}} g'(x) > 0.$$

a) Esaminare l'andamento qualitativo delle traiettorie e dedurre che la soluzione sviluppa uno shock.

b) Verificare che, per tempi piccoli, u è definita implicitamente dall'equazione

$$u = g(x - v_m t(1 - 2u)).$$

Dedurre che il primo istante t_s in cui si forma lo shock (tempo critico) è il primo istante in cui

$$1 - 2v_m t g'(x - v_m t(1 - 2u)) = 0.$$

c) Mostrare che il punto iniziale dello shock (x_s, t_s) appartiene alla caratteristica Γ_{x_1} uscente dal punto $(x_1, 0)$ e che

$$t_s = 1/2 v_m g'(x_1).$$

Nel caso $v_m = 1$, $g(x) = (2\arctan x/\pi + 1)/2$, servirsi di un computer per analizzare il grafico di u in vari istanti ed interpretare le conclusioni raggiunte.

Soluzione

a) Tipicamente, il grafico del dato iniziale g potrebbe essere del tipo in Figura 12, dove è indicata anche la retta tangente al punto di flesso x_1, coincidente col punto di massimo di g'.

La caratteristica Γ_ξ uscente dal generico punto $(\xi, 0)$ ha equazione

$$(4) \qquad x = \xi + (1 - 2g(\xi))v_m t.$$

Riferendoci per fissare le idee ancora al grafico in Figura 12, si vede che le pendenze delle rette caratteristiche sono decrescenti al crescere di ξ fino a diventare negative, per cui lo shock è inevitabile. Nelle ipotesi del problema, g è strettamente crescente in un intorno di x_1 e quindi le caratteristiche uscenti dai punti di tale intorno si intersecano dando sempre origine ad uno shock.

b) Su Γ_ξ sappiamo che $u(x,t) = g(\xi)$ e dalla (4) possiamo ricavare

$$\xi = x - (1 - 2g(\xi))v_m t.$$

Abbiamo dunque:

$$u(x,t) = g(x - (1 - 2u(x,t))v_m t).$$

Controlliamo quando l'equazione

$$(5) \qquad h(x,t,u) = u - g(x - (1 - 2u)v_m t) = 0,$$

definisce effettivamente in forma implicita una funzione u di x e t. Una condizione sufficiente è fornita dal teorema del Dini che richiede: i) h di classe C^1 nei suoi argomenti e questo è vero essendo g di classe C^1; ii) la risolubilità dell'equazione (5) in qualche punto ed anche questo è vero in quanto

$$h(x, 0, g(x)) = g(x) - g(x) = 0$$

in tutti i punti dell'asse x; iii) infine,

(6)
$$h_u(x, t, u) = 1 - 2v_m t g'(x - (1 - 2u)v_m t) \neq 0.$$

Poiché g' è negativa oppure limitata quando è positiva, la (6) è sempre verificata per tempi piccoli. Fintantoché vale la condizione (6), in base al teorema del Dini, l'equazione (5) definisce *un'unica funzione* $u = u(x, t)$, di classe $C^1(\mathbf{R})$ che quindi non presenta discontinuità (shock). D'altra parte, lo stesso teorema fornisce anche la seguente formula per u_x:

(7)
$$u_x(x, t) = -\frac{h_x(x, t, u)}{h_u(x, t, u)} = \frac{g'(x - (1 - 2u)v_m t)}{1 - 2v_m t g'(x - (1 - 2u)v_m t)}.$$

Se quindi $t_s > 0$ è il primo istante in cui h_u si annulla (con $x = x_s$ opportuno) si ha necessariamente

$$u_x(x, t) \to \infty \quad \text{per } (x, t) \to (x_s, t_s)$$

in quanto il numeratore nella (7) non si annulla in (x_s, t_s). Pertanto, t_s deve coincidere col *tempo critico*, in cui inizia l'onda d'urto.

c) Determiniamo ora t_s. Consideriamo la generica caratteristica Γ_ξ. Per ogni $(x, t) \in \Gamma_\xi$ si ha

$$x - (1 - 2u(x, t)v_m t) = \xi$$

e quindi la condizione (6) diventa

$$h_u(x, t, u(x, t)) = 1 - 2v_m t g'(\xi) = 0$$

da cui

$$t = \frac{1}{2v_m g'(\xi)}.$$

Dal punto b) sappiamo che t_s è il più piccolo t per cui vale l'equazione precedente. Essendo per ipotesi $g'(x_1) \geq g'(\xi)$ per ogni ξ, si ottiene che il punto (x_s, t_s) d'inizio dell'onda d'urto appartiene alla caratteristica Γ_{x_1} e che valgono le formule

$$t_s = \frac{1}{2v_m g'(x_1)}, \qquad x_s = x_1 + \frac{1}{2g'(x_1)}(1 - 2g(x_1)).$$

Nel caso

$$g(x) = \frac{1}{2}\left[\frac{2}{\pi}\arctan x + 1\right],$$

l'evoluzione della curva definita implicitamente dall'equazione (5) è illustrata in Figura 11.

Dalla figura, si vede che nell'istante critico t_s la pendenza di u è infinita e che dopo t_s la (5) definisce u come *funzione multivoca* (a tre valori), inaccettabile come soluzione.

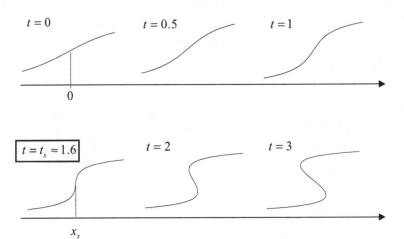

Figura 11. Curva definita implicitamente in vari istanti temporali dall'equazione $2u - 2\arctan(x - t(1 - 2u))/\pi + 1 = 0$.

Nota. La formula per x_s indica che il punto $(x_s, 1/2)$ appartiene alla retta tangente al grafico di g nel punto di flesso. Non è poi difficile controllare, in riferimento alla Figura 12, che

$$x_s = x_0 + v_m t_s.$$

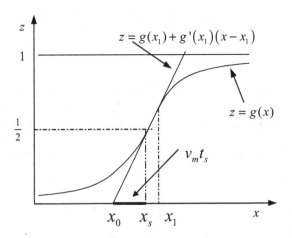

Figura 12.

Problema 2.7. (Inviluppo di caratteristiche e formazione di un' onda d'urto).
Sia dato il seguente problema di Cauchy:

$$\begin{cases} u_t + q(u)_x = 0 & x \in \mathbf{R},\, t > 0 \\ u(x,0) = g(x) & x \in \mathbf{R}. \end{cases}$$

Supponiamo che $q \in C^2(\mathbf{R})$, $q'' < 0$ e che $g \in C^1(\mathbf{R})$ con:

$$g(x) = \begin{cases} g(x) = 1 & x \le 0 \\ g'(x) > 0 & 0 \le x \le 1 \\ g(x) = 2 & x \ge 1. \end{cases}$$

a) *Mostrare che la famiglia di caratteristiche*

$$x = q'(u)t + \xi = q'(g(\xi))t + \xi,$$

ha inviluppo.

b) *Calcolare il punto (x_s, t_s) dell'inviluppo con coordinata temporale minima
e mostrare che è il punto in cui si forma un'onda d'urto. Ritrovare il risultato
del problema precedente.*

c) *Mostrare che il punto (x_s, t_s) è un punto singolare (cuspide) per l'inviluppo,
nel senso che il vettore tangente all'inviluppo in (x_s, t_s) è nullo (assumere sufficiente regolarità di q e g.)*

Soluzione

a) L'andamento delle caratteristiche $(q'(g(\xi))$ è decrescente)

$$x = q'(g(\xi))t + \xi,$$

qualitativamente illustrato in Figura 13, indica l'esistenza di un inviluppo, indivi-
duato dalle caratteristiche corrispondenti a $\xi \in (0, 1)$.

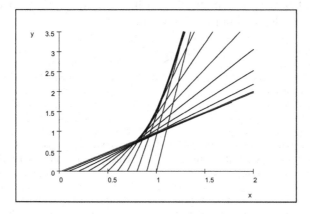

Figura 13. Problema 2.7. Inviluppo di caratteristiche con cuspide, nel caso
$q(u) = u - u^2$, $g(\xi) = \xi^2 e^{-2\xi+1.2}$.

Per determinarlo, consideriamo il sistema

$$\begin{cases} x = q'(g(\xi))t + \xi \\ 0 = q''(g(\xi))g'(\xi)t + 1 = 0 \end{cases}$$

in cui la seconda equazione è ottenuta dalla prima derivando rispetto al parametro ξ. Poiché $q'' < 0$ e $g' > 0$ per $\xi \in (0,1)$, in questo intervallo si ha $q''(g(\xi))g'(\xi) < 0$ e l'inviluppo è definito dalla coppia di equazioni parametriche

$$x_{inv}(\xi) = \xi - \frac{q'(g(\xi))}{q''(g(\xi))g'(\xi)}, \qquad t_{inv}(\xi) = -\frac{1}{q''(g(\xi))g'(\xi)},$$

ottenute risolvendo il sistema in x e t in termini di ξ.

b) L'istante di formazione dell'onda d'urto è dato dal punto (x_s, t_s) dell'inviluppo con coordinata temporale minima, poichè questo è il primo punto in cui due caratteristiche si intersecano[1]. Essendo $g'(0) = g'(1) = 0$ e $q''(g(\xi))g'(\xi) < 0$ per $0 < \xi < 1$, segue che la funzione

$$z(\xi) = -q''(g(\xi))g'(\xi)$$

ha un massimo positivo in un punto $\xi_M \in (0,1)$. Dalla seconda equazione si evince allora che

$$t_s = \min_{\xi \in (0,1)} \frac{1}{z(\xi)} = \frac{1}{z(\xi_M)}.$$

Nel caso del Problema 2.6, si ha $q(u) = v_m(u - u^2)$, $q'(u) = v_m(1 - 2u)$ e $q'' = -2v_m < 0$. In un intorno del punto x_1, di massimo positivo per g', si ha $g' > 0$, per cui, le caratteristiche uscenti da questo intorno hanno un inviluppo. Poiché

$$z(\xi) = -q''(g(\xi))g'(\xi) = 2v_m g'(\xi),$$

si ha $\xi_M = x_1$ e la soluzione presenta un'onda d'urto che inizia nell'istante

$$t_s = \frac{1}{2v_m g'(x_1)}$$

confermando il risultato del Problema 2.6.

c) Per controllare che il punto di coordinate (x_s, t_s), origine dell'onda d'urto e "punto iniziale" dell'inviluppo, è un punto singolare occorre mostrare che

$$\frac{dx}{d\xi} \quad e \quad \frac{dt}{d\xi}$$

si annullano nel punto $\xi = \xi_M$. Assumiamo che q possegga tre derivate e g ne possegga due. Si ha:

$$\frac{dx}{d\xi} = \frac{dt}{d\xi} = \frac{q'(g(\xi))}{z(\xi)^2} z'(\xi).$$

Poiché la funzione z ha un massimo (positivo) in $\xi = \xi_M$, si ha $z'(\xi_M) = 0$ e le due derivate si annullano. Il punto (x_s, t_s) è dunque singolare e risulta, in generale, una *cuspide*.

---

[1]Ricordiamo che,intuitivamente, l'inviluppo di una famiglia di curve dipendenti da un parametro ξ è il luogo delle intersezioni tra due curve corrispondenti a valori del parametro .... infinitamente vicini.

Problema 2.8. (Modello di gas dinamica 1-d). *Si consideri un fluido non viscoso, compressibile a pressione costante p, in moto unidimensionale. Indichiamo con $u(x,t)$ la velocità, con $\rho(x,t)$ la densità e con $e(x,t)$ l' energia interna per unità di volume.*

a) In assenza di forze esterne di volume, scrivere le equazioni di moto (equazione di continuità, conservazione del momento lineare e dell'energia).

b) Risolvere il sistema (per tempi piccoli) con le condizioni iniziali

$$u(x,0) = f(x), \quad \rho(x,0) = g(x), \quad e(x,0) = h(x).$$

servendosi del fatto che, se $u_t + uu_x = 0$, allora $v = u_x$ e $w = u_x + p$ soddisfano opportune equazioni (esprimere ρ ed e in termini di u).

Soluzione

a) Poiché la pressione p è costante, e il fluido non è viscoso, la sua accelerazione è nulla, per cui l'equazione del momento è (*equazione di Burger*):

$$(8) \qquad\qquad u_t + uu_x = 0.$$

L'equazione di continuità e di conservazione dell'energia sono:

$$(9) \qquad\qquad \rho_t + (\rho u)_x = 0$$

e

$$(10) \qquad\qquad e_t + (eu)_x + pu_x = 0.$$

b) Per u abbiamo subito la formula implicita

$$u = f(x - ut).$$

Possiamo trovare formule implicite per ρ ed e, in termini dei rispettivi dati iniziali e di u. Per ricavare una formula per ρ, osserviamo che derivando rispetto ad x l'equazione di Burger (u è regolare) si ottiene

$$(u_t)_x + (uu_x)_x = (u_x)_t + (uu_x)_x = 0$$

per cui $v = u_x$ è soluzione dell'equazione

$$(11) \qquad\qquad v_t + (vu)_x = 0$$

che è l'equazione (9) per v. Dal teorema del Dini abbiamo

$$u_x = \frac{f'(x - ut)}{1 + tf'(x - ut)}$$

ma questa non può essere ρ, in quanto non soddisfa la condizione iniziale $\rho(x,0) = g(x)$. La formula giusta è

$$\rho = \frac{g(x - ut)}{1 + tf'(x - ut)}$$

come il lettore può controllare.

Analogamente, sostituendo $v = w + p$ nell'equazione (11), otteniamo

$$(w + p)_t + (uw + up)_x = w_t + (uw)_x + pu_x = 0,$$

che è la (10) per w. La funzione

$$\frac{f'(x - ut)}{1 + tf'(x - ut)} - p$$

non soddisfa la condizione iniziale $e(x, 0) = h(x)$. La formula giusta è

$$e = \frac{h(x - ut) + p}{1 + tf'(x - ut)} - p$$

che ancora chiediamo al lettore di controllare. Le funzioni ρ ed e sono così espresse in termini di u.

Problema 2.9. (Leggi di conservazione non omogenee). *Si consideri il problema (non omogeneo)*

$$\begin{cases} u_t + q(u)_x = f(u, x, t) & x \in \mathbf{R}, \, t > 0 \\ u(x, 0) = g(x) & x \in \mathbf{R}. \end{cases}$$

a) *Sia $x = x(t)$ una caratteristica per l'equazione omogenea ($f=0$). Posto $z(t) = u(x(t), t)$, quali problemi di Cauchy devono soddisfare $x(t)$ e $z(t)$?*

b) *Supponendo f e g limitate dare la definizione di soluzione integrale (debole) del problema.*

c) *Dedurre le condizioni di Rankine–Hugoniot per una linea di shock del tipo $x = s(t)$.*

Soluzione

a) Sia $z = u(x(t), t)$. Poiché

$$z'(t) = u_t(x(t), t) + u_x(x(t), t) x'(t),$$

mentre dalla legge di conservazione si ha

$$u_t(x(t), t) + u_x(x(t), t) q'(z(t)) = f(z(t), x(t), t),$$

la caratteristica che parte dal punto $(\xi, 0)$ è soluzione del problema

$$x(t) = q'(z(t)), \qquad x(0) = \xi$$

mentre z soddisfa il seguente problema di Cauchy

$$z'(t) = f(z(t), x(t), t), \qquad z(0) = g(\xi),$$

che determina i valori di u lungo la caratteristica.

b) Imitiamo il procedimento che funziona per le equazioni omogenee[2]. Moltiplichiamo l'equazione per una funzione test $\varphi \in C^1(\mathbf{R} \times [0, +\infty))$, a supporto compatto, ed integriamo su $\mathbf{R} \times [0, +\infty)$, ottenendo

$$\int_0^{+\infty} \int_{\mathbf{R}} (q(u)_x + u_t)\varphi \, dx dt = \int_0^{+\infty} \int_{\mathbf{R}} f(u, x, t)\varphi \, dx dt.$$

---

[2]vedi [S], Capitolo 4, Sezione 4.3

Si noti che gli integrali esistono finiti grazie al supporto limitato di φ. La definizione di soluzione integrale si ricava scaricando le derivazioni sulla funzione test mediante integrazione per parti; su trova:

$$\int_0^{+\infty} \int_{\mathbf{R}} (q(u)_x + u_t)\varphi \, dx dt = -\int_0^{+\infty} \int_{\mathbf{R}} [q(u)\varphi_x + u\varphi_t] \, dx dt$$
$$- \int_{\mathbf{R}} u(x,0)\, \varphi(x,0)\, dx.$$

Tenendo conto della condizione iniziale, definiamo *soluzione integrale* o *debole* del problema una *funzione limitata* u tale che

$$\int_D [q(u)\varphi_x + u\varphi_t] \, dx dt + \int_{\mathbf{R}} u(x,0)\, \varphi(x,0)\, dx = -\int_D f(u,x,t)\varphi \, dx dt$$

per ogni $\varphi \in C^1 (\mathbf{R} \times [0,+\infty))$ a supporto compatto. Come nel caso omogeneo, una soluzione integrale che sia di classe C^1 è anche una soluzione classica (lasciamo il controllo al lettore).

c) Sia V un dominio contenuto in $\mathbf{R} \times [0,+\infty)$ e supponiamo che una curva Γ di equazione $x = s(t)$ divida V nei due domini disgiunti

$$V^- = \{(x,t) : x < s(t)\} \quad \text{e} \quad V^+ = \{(x,t) \in V : x > s(t)\}.$$

Supponiamo che u sia una soluzione integrale *discontinua*, di classe C^1 nella chiusura dei due sottodomini $\overline{V^-}$ e $\overline{V^+}$, separatamente. In particolare, ciò significa che

$$u_t + q(u)_x = f(u,x,t)$$

in V^- e in V^+. Se $(x,t) \in \Gamma$, indichiamo con $u^+(x,t)$ il limite di u quando ci si avvicina a Γ da destra e con $u^-(x,t)$ il limite quando ci si avvicina da destra.

Scegliamo ora una funzione test φ il cui supporto sia contenuto in V ed intersechi la curva Γ. Dal punto b) abbiamo che

$$-\int_{V^-} [q(u)\varphi_x + u\varphi_t] \, dx dt - \int_{V^+} [q(u)\varphi_x + u\varphi_t] \, dx dt = \int_V f(u,x,t)\varphi \, dx dt.$$

Data la regolarità di u in V^- e V^+, possiamo applicare il teorema di Gauss–Green a ciascuno dei due integrali a primo membro. Ricordando che $\varphi = 0$ su $\partial V^{\pm} \setminus \Gamma$ abbiamo:

$$-\int_{V^{\pm}} [q(u)\varphi_x + u\varphi_t] \, dx dt = \int_{V^{\pm}} (q(u)_x + u_t)\varphi \, dx dt \mp \int_{\Gamma} [q(u^{\pm})n_1 + u^{\pm}n_2] \, \varphi \, ds$$
$$= \int_V f(u,x,t)\varphi \, dx dt \mp \int_{\Gamma} [q(u^{\pm})n_1 + u^{\pm}n_2] \, \varphi \, ds$$

dove (n_1, n_2) è il versore normale a Γ uscente da V^+ (abbiamo sfruttato il fatto che $u_t + q(u)_x = f(u,x,t)$ in $V^{\pm}$). Sostituendo nella definizione di soluzione debole otteniamo quindi ($\varphi(x,0) = 0$)

$$\int_{\Gamma} [(q(u^+) - q(u^-))n_1 + (u^+ - u^-)n_2] \, \varphi \, ds = 0,$$

che, per l'arbitrarietà di φ, implica

$$(q(u^+) - q(u^-))n_1 + (u^+ - u^-)n_2 = 0.$$

Ricordando che, se $s \in C^1$,

$$(n_1, n_2) = \frac{1}{\sqrt{1 + s'(t)^2}}(-1, s'(t)),$$

si ottiene

$$s'(t) = \frac{q(u^+) - q(u^-)}{u^+ - u^-}.$$

Le condizioni di Rankine–Hugoniot coincidono dunque con quelle del caso non omogeneo.

Problema 2.10. (Fluido in un tubo poroso). *Consideriamo un tubo cilindrico infinito, con asse coincidente con l'asse x, contenente un fluido in moto nel verso positivo. Indicata con $\rho = \rho(x, t)$ la densità del fluido, supponiamo che la velocità locale dipenda dalla densità come $v = \frac{1}{2}\rho$. Supponiamo inoltre che le pareti del tubo siano composte di materiale poroso, dal quale fuoriesce liquido ad un tasso di $H = k\rho^2$ (massa per unità di lunghezza per unità di tempo).*

a) *Dedurre che ρ soddisfa l'equazione*

$$\rho_t + \rho\rho_x = -k\rho^2.$$

b) *Calcolare la soluzione tale che $\rho(x, 0) = 1$ e le caratteristiche corrispondenti.*

Soluzione

a) Si tratta di un modello di trasporto. L'ipotesi di fuoriuscita di materiale a tasso H conduce alla legge di conservazione

$$\rho_t + q(\rho)_x = -H = -k\rho^2.$$

Data la natura convettiva del moto, la funzione di flusso risulta essere

$$q(\rho) = v(\rho)\rho = \frac{1}{2}\rho^2,$$

che fornisce l'equazione richiesta.

b) Dal punto a) del Problema 2.9 abbiamo che, se $x = x(t)$ è la caratteristica uscente da $(0, \xi)$ e $z = \rho(x(t), t)$:

$$\begin{cases} x'(t) = z(t) & x(0) = \xi \\ z'(t) = -kz^2(t) & z(0) = 1. \end{cases}$$

Dalla seconda equazione ricaviamo $z(t) = 1/(kt + 1)$; poiché questa espressione non dipende da ξ, possiamo scrivere anche

$$\rho(x, t) = \frac{1}{1 + kt}.$$

Le caratteristiche costituiscono un fascio parallelo di funzioni logaritmiche:

$$x(t) = \frac{1}{k}\ln(1 + kt) + \xi.$$

Problema 2.11. (Un problema di saturazione). *Supponiamo che una sostanza sia immessa in un recipiente semiinfinito (posto lungo il semiasse $x \geq 0$) contenente un liquido solvente e che la sua concentrazione $u = u(x,t)$ evolva secondo la legge*

$$u_x + (1 + f'(u))u_t = 0 \qquad con \ u(x,0) = 0, \ x \in \mathbf{R}, \ t > 0.$$

All'ingresso (in $x = 0$) la sostanza viene mantenuta alla concentrazione

$$g(t) = \begin{cases} \dfrac{c_0}{\alpha}t & 0 \leq t \leq \alpha \\ c_0 & t \geq \alpha. \end{cases}$$

Studiare il problema sotto l'ipotesi

$$f(u) = \frac{\gamma u}{1 + u} \qquad \text{(isoterma di Langmuir)}$$

ed esaminare il caso in cui α tende a zero (tutte le costanti sono da intendersi positive).

Soluzione

Osserviamo innanzitutto che, rispetto alle leggi di conservazione esaminate fin qui, i ruoli di x e t sono scambiati. Abbiamo.

$$1 + f'(u) = 1 + \frac{\gamma}{(1 + u)^2}.$$

Poiché f è concava e g crescente, ci aspettiamo uno shock. Le caratteristiche sono le rette

$$t = (1 + f'(u))x + k = \left(1 + \frac{\gamma}{(1 + u)^2}\right)x + k \qquad k \in \mathbf{R}.$$

In particolare, le caratteristiche uscenti da un generico punto $(\xi, 0)$ dell'asse x sono date dalle rette parallele

$$t = (1 + \gamma)(x - \xi).$$

Quelle uscenti da un generico punto $(0, \tau)$, dell'asse t con $0 \leq \tau \leq \alpha$ sono date dalle rette

$$t = \left(1 + \frac{\gamma}{(1 + c_0\tau/\alpha)^2}\right)x + \tau, \qquad se \ 0 \leq \tau \leq \alpha$$

che possiamo anche scrivere nella forma

(12)
$$\left(1 + \frac{c_0}{\alpha}\tau\right)^2 (t - \tau - x) = \gamma x.$$

Poiché

$$1 + \frac{\gamma}{(1 + c_0\tau/\alpha)^2} \leq (1 + \gamma),$$

queste rette e quelle uscenti dall'asse x finiscono per intersecarsi lungo una linea d'urto. Inoltre, le (12) diminuiscono la loro pendenza sull'asse x al crescere di τ per cui ammetteranno inviluppo. Il primo tratto della linea d'urto è precisamente contenuto nella regione cuspidale tra i due rami dell'inviluppo delle caratteristiche

(12) (vedi Figura 14) e parte dal punto $C = (x_s, t_s)$ a coordinata temporale minima dell'inviluppo stesso, coincidente con la cuspide.

Le caratteristiche uscenti da un generico punto $(0, \tau)$ dell'asse t con $\tau \geq \alpha$ sono date dalle rette parallele:

$$t = (1 + f'(c_0))x + \tau.$$

Poiché

$$f'(c_0) = 1 + \frac{\gamma}{(1 + c_0)^2} < (1 + \gamma),$$

anche queste caratteristiche interagiscono lungo la linea d'urto con quelle uscenti dall'asse x.

Per determinare l'inviluppo deriviamo la (12) rispetto al parametro τ:

$$-\left(1 + \frac{c_0}{\alpha}\tau\right)^2 + \frac{2c_0}{\alpha}\left(1 + \frac{c_0}{\alpha}\tau\right)(t - \tau - x) = 0.$$

L'inviluppo si trova dunque risolvendo il sistema

$$\begin{cases} t - \tau - x = \gamma x \left(1 + \dfrac{c_0}{\alpha}\tau\right)^{-2} \\ \dfrac{2c_0}{\alpha}(t - \tau - x) = \left(1 + \dfrac{c_0}{\alpha}\tau\right). \end{cases}$$

Possiamo trovare le equazioni parametriche $t = t(\tau)$, $x = x(\tau)$ dell'inviluppo dividendo le equazioni membro a membro (si noti che la seconda equazione implica $t - \tau - x \neq 0$). Otteniamo

$$x = \left(1 + \frac{c_0}{\alpha}\tau\right)^3 \frac{\alpha}{2\gamma c_0},$$

e quindi

$$\begin{aligned} t &= \left(1 + \gamma\left(1 + \frac{c_0}{\alpha}\tau\right)^{-2}\right)x + \tau \\ &= \frac{\alpha}{2\gamma c_0}\left(1 + \frac{c_0}{\alpha}\tau\right)\left(\left(1 + \frac{c_0}{\alpha}\tau\right)^2 + \gamma\right) + \tau \equiv h(\tau). \end{aligned}$$

La coordinata temporale della cuspide da cui parte la linea d'urto corrisponde a

$$t_s = \min_{0 \leq \tau \leq \alpha} h(\tau).$$

Poiché $h(\tau)$ è somma di termini crescenti in τ, il minimo di h è realizzato per $\tau = 0$, per cui possiamo ricavare

$$t_s = \frac{\alpha(1 + \gamma)}{2\gamma c_0}, \qquad x_s = \frac{\alpha}{2\gamma c_0}.$$

La curva di shock $t = t(x)$ si determina ora scrivendo le condizioni di Rankine–Hugoniot:

$$(13) \qquad \frac{dt}{dx} = \frac{[u + f(u)]_-^+}{[u]_-^+} = 1 + \frac{\gamma}{1 + u^-}$$

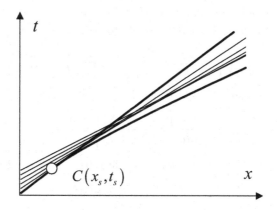

Figura 14. Inviluppo di caratteristiche nel Problema 2.11 ($\alpha = \gamma = 1$, $c_0 = 7$).

(si ricordi che $u^+ = 0$). Per calcolare u^- lungo lo shock, osserviamo che un punto (x, t) sulla linea d'urto proviene, per tempi vicini a t_s, dalla caratteristica di equazione

(14)
$$t = \tau + \left(1 + \frac{\gamma}{(1+u)^2}\right) x$$

dove

$$\tau = g^{-1}(u) = \alpha u / c_0.$$

Si può quindi ricavare u da (14) e sostituire in (13). Per semplificare i calcoli conviene procedere pensando alle (13), (14) come ad equazioni dipendenti da u, inteso come parametro lungo la linea d'urto. Differenziando (14) rispetto ad u si ha

$$\begin{aligned}
\frac{dt}{du} &= \frac{d\tau}{du} - \frac{2\gamma}{(1+u)^3} x + \left(1 + \frac{\gamma}{(1+u)^2}\right) \frac{dx}{du} = \\
&= \frac{\alpha}{c_0} - \frac{2\gamma}{(1+u)^3} x + \left(1 + \frac{\gamma}{(1+u)^2}\right) \frac{dx}{du}.
\end{aligned}$$

D'altra parte, dalla (13) si ottiene

$$\frac{dt}{du} = \frac{dt}{dx}\frac{dx}{du} = \left(1 + \frac{\gamma}{1+u}\right) \frac{dx}{du},$$

e quindi

$$\left(1 + \frac{\gamma}{1+u}\right) \frac{dx}{du} = \frac{\alpha}{c_0} - \frac{2\gamma}{(1+u)^3} x + \left(1 + \frac{\gamma}{(1+u)^2}\right) \frac{dx}{du}.$$

Semplificando, otteniamo

(15)
$$\frac{u}{(1+u)^2}\frac{dx}{du} + \frac{2}{(1+u)^3} x = \frac{\alpha}{\gamma c_0},$$

che è un'equazione lineare in $x = x(u)$ e si può integrare mediante la formula nota. Un modo alternativo di procedere si ottiene osservando che

$$\frac{d}{du}\left(\frac{u}{1+u}\right)^2 = \frac{d}{du}\left(1 - \frac{1}{1+u}\right)^2 = \frac{2u}{(1+u)^3}.$$

Quindi, se moltiplichiamo la (15) per il fattore integrante u, abbiamo

$$\frac{d}{du}\left[x\left(\frac{u}{1+u}\right)^2\right] = \frac{\alpha u}{\gamma c_0}.$$

Integrando ed usando la condizione iniziale $x(0) = x_s = \alpha/(2\gamma c_0)$ si ottiene

$$x = \frac{\alpha}{2\gamma c_0}(1+u)^2$$

e quindi

(16) $$u = -1 + \left(\frac{2\gamma c_0 x}{\alpha}\right)^{1/2}.$$

Questa formula indica che **il salto in u lungo lo shock** (l'*intensità dello shock*) **cresce come** $\sqrt{x}$. Infine, sostituendo in (14), con un po' di calcoli abbiamo

(17) $$t = \frac{\alpha u}{c_0} + \left(1 + \frac{\gamma}{(1+u)^2}\right)x = x + \left(\frac{2\alpha\gamma}{c_0}x\right)^{1/2} - \frac{\alpha}{2c_0}$$

e quindi la linea d'urto è una parabola.

Lo shock parte con velocità

$$\frac{dx}{dt} = (1+\gamma)^{-1}$$

e si sviluppa (accelerando) secondo questa formula finché u non raggiunge il valore massimo c_0, e cioè, dalle (16), (17), fino al punto P di coordinate

$$x_P = \frac{\alpha}{2\gamma c_0}(1+c_0)^2, \quad t_P = \frac{\alpha}{2\gamma c_0}\left[(1+c_0)^2 + \gamma(1+2c_0)\right].$$

Da tale punto in poi lo shock viaggia con velocità costante

$$\frac{dx}{dt} = \left(1 + \frac{\gamma}{1+c_0}\right)^{-1}$$

e la linea d'urto è rettilinea. Dovendo passare per il punto P, si trova facilmente che l'equazione della linea d'urto dopo P è

$$t = \left(1 + \frac{\gamma}{1+c_0}\right)x + \frac{\alpha}{2}.$$

Si noti che la prima caratteristica a portare il dato $u^- = c_0$ sulla linea d'urto è quella corrispondente a $\tau = \alpha$, di equazione

$$t = \alpha + \left(1 + \frac{\gamma}{(1+c_0)^2}\right)x.$$

Se $\alpha \to 0$, lo shock inizia nell'origine e procede lungo la retta

$$t = \left(1 + \frac{\gamma}{1 + c_0}\right) x.$$

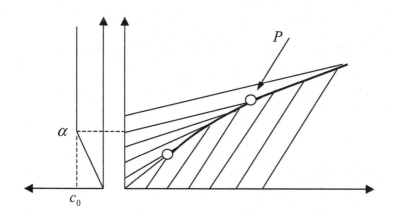

Figura 15. Shock e caratteristiche nel Problema 2.11.

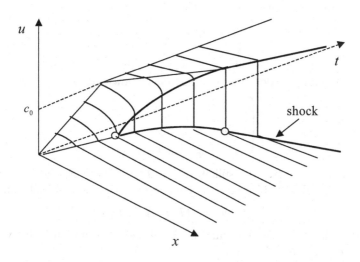

Figura 16. Formazione e propagazione dello shock in 3-d nel Problema 2.11.

2.2. Caratteristiche per equazioni lineari e quasilineari

Problema 2.12. (Problema di Cauchy, in 2-d). *Risolvere il problema*

$$\begin{cases} u_x + x u_y = y & (x,y) \in \mathbf{R}^2 \\ u(0,y) = \cos y & y \in \mathbf{R}. \end{cases}$$

Soluzione

Parametrizziamo la curva portante i dati (in $\mathbf{R}^3$) con le equazioni

$$f(s) = 0, \ g(s) = s, \ h(s) = \cos s.$$

Posto $x = x(t)$, $y = y(t)$ e $z = u(x(t), y(t))$, il sistema caratteristico associato all'equazione data è

$$\begin{cases} x'(t) = 1 \\ y'(t) = x(t) \\ z'(t) = y(t) \end{cases}$$

con la condizione iniziale

$$x(0) = 0, \ y(0) = s, \ z(0) = \cos s.$$

La prima equazione dà $x(t) = t + c$, da cui, applicando la condizione iniziale, $x(t) = t$. La seconda equazione diventa

$$y'(t) = t,$$

e quindi $y(t) = t^2/2 + c$, da cui, tenendo conto della condizione iniziale, $y(t) = t^2/2 + s$. Infine, la terza equazione diventa

$$z'(t) = \frac{t^2}{2} + s$$

che implica, tenuto conto della condizione iniziale, $z(t) = t^3/6 + st + \cos s$. Riassumendo, abbiamo, evidenziando la dipendenza anche da s:

$$\begin{cases} x(t,s) = t \\ y(t,s) = \dfrac{t^2}{2} + s \\ z(t,s) = t^3/6 + st + \cos s. \end{cases}$$

A questo punto si tratta di esplicitare $t = T(x,y)$, $s = S(x,y)$ dalle prime due equazioni, per poi sostituire in z ed ottenere l'espressione della soluzione:

$$u(x,y) = z(T(x,y), S(x,y)).$$

Osserviamo che la condizione sufficiente fornita dal teorema di Dini è verificata su tutto il dato iniziale: si ha infatti

$$J(s,t) = \det \begin{pmatrix} 0 & 1 \\ 1 & t \end{pmatrix} = -1 \neq 0.$$

In questo caso il calcolo è diretto, poiché possiamo facilmente ricavare

$$t = x, \quad \text{e} \quad s = y - t^2/2 = y - x^2/2,$$

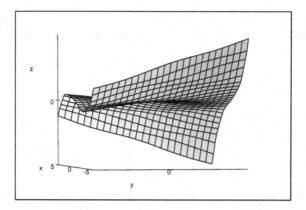

Figura 17. La soluzione del Problema 2.12.

ottenendo infine

$$u(x,y) = \frac{x^3}{6} + x\left(y - \frac{x^2}{2}\right) + \cos\left(y - \frac{x^2}{2}\right) = xy - \frac{1}{3}x^3 + \cos\left(y - \frac{x^2}{2}\right).$$

La soluzione è definita su tutto $\mathbf{R}^2$ (Figura 17).

Problema 2.13. (Problema di Cauchy in 2-d). *Calcolare, dove esiste, la soluzione* $u = u(x,y)$ *del problema*

$$\begin{cases} uu_x + yu_y = x \\ u(x,1) = 2x. \end{cases}$$

Soluzione

Parametrizziamo la curva portante i dati (in $\mathbf{R}^3$) con le equazioni

$$f(s) = s, \; g(s) = 1, \; h(s) = 2s.$$

Poniamo $x = x(t)$, $y = y(t)$, $z = u(x(t), y(t))$. Il sistema caratteristico associato all'equazione data è

$$\begin{cases} x'(t) = z(t) \\ y'(t) = y(t) \\ z'(t) = x(t) \end{cases}$$

con la condizione iniziale

$$x(0) = s, \; y(0) = 1, \; z(0) = 2s.$$

La seconda equazione e $y(0) = 1$ forniscono subito $y(t) = e^t$. Derivando la prima e usando la terza equazione possiamo scrivere

$$x''(t) = x(t), \qquad x(0) = s, \; x'(0) = 2s.$$

L'integrale generale dell'equazione è $c_1 e^t + c_2 e^{-t}$, da cui ricaviamo $x(t) = \frac{3}{2} se^t - \frac{1}{2} se^{-t}$ e quindi $z(t) = \frac{3}{2} se^t + \frac{1}{2} se^{-t}$. Riassumendo abbiamo, evidenziando la dipendenza anche da s:

$$\begin{cases} x(t,s) = \frac{3}{2} se^t - \frac{1}{2} se^{-t} \\ y(t,s) = e^t \\ z(t,s) = \frac{3}{2} se^t + \frac{1}{2} se^{-t}. \end{cases}$$

Controlliamo la possibilità esplicitare $t = T(x,y)$, $s = S(x,y)$ dalle prime due equazioni. In questo caso abbiamo

$$J(s,t) = \det \begin{pmatrix} x_s & x_t \\ y_s & y_t \end{pmatrix} = \det \begin{pmatrix} \frac{3}{2}e^t - \frac{1}{2}e^{-t} & \frac{3}{2}se^t + \frac{1}{2}se^{-t} \\ 0 & e^t \end{pmatrix} = \frac{3}{2}e^{2t} - \frac{1}{2}.$$

Sulla curva iniziale si ha $J(s,0) = 1$, sempre diverso da 0. Tuttavia, $J = 0$ per $t = -\log\sqrt{3}$, s qualunque. Di conseguenza ci aspettiamo dei problemi per la soluzione in corrispondenza di

$$\left(x\left(-\log\sqrt{3}, s\right), y\left(-\log\sqrt{3}, s\right) \right) = (0, 1/\sqrt{3}).$$

In ogni caso, tenuto conto che $e^t = y$, dalla prima equazione otteniamo

$$s\left(\frac{3y}{2} - \frac{1}{2y} \right) = x,$$

da cui

$$s = \frac{2xy}{3y^2 - 1}, \quad t = \log y.$$

Sostituendo nella terza equazione si ha

$$u(x,y) = \frac{2xy}{3y^2 - 1} \left(\frac{3y}{2} + \frac{1}{2y} \right) = x\frac{3y^2 + 1}{3y^2 - 1}.$$

In effetti, come previsto, la soluzione esiste solo per

$$y > \frac{1}{\sqrt{3}}$$

(si ricordi che il dato iniziale è assegnato sulla retta di equazione $y = 1$).

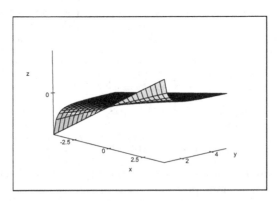

Figura 18. La soluzione del Problema 2.13.

Problema 2.14. (Condizioni di compatibilità sui dati). *Si consideri il problema di Cauchy*

$$a(x,y)u_x - u_y = -u$$

nella regione

$$D = \{(x,y) : y > x^2\}$$

con la condizione

$$u(x,x^2) = g(x).$$

a) *Esaminare la risolubilità del problema, con a continua.*

b) *Studiare il caso* $a(x,y) = y/2$, $g(x) = \exp(-cx^2)$ *al variare del parametro reale c.*

Soluzione

a) Cominciamo a controllare se la parabola può avere punti caratteristici, considerando il determinante

$$J(x) = \det\begin{pmatrix} a\left(x,x^2\right) & -1 \\ 1 & 2x \end{pmatrix} = 2a\left(x,x^2\right)x + 1.$$

Se $J(x) \neq 0$, le direzioni caratteristiche non sono mai tangenti alla parabola e il problema ammette una soluzione locale di classe C^1 in un intorno alla parabola stessa.

Supponiamo ora che un punto $\left(x_0,x_0^2\right)$ sia caratteristico, cioè

$$2a\left(x_0,x_0^2\right)x_0 + 1 = 0.$$

Si vede che, necessariamente, $x_0 \neq 0$. Affinché esista una soluzione di classe C^1 in un intorno di $\left(x_0,x_0^2\right)$ è necessario che la curva tridimensionale $\left(x,x^2,g\left(x\right)\right)$ sia caratteristica in $x = x_0$. Ciò equivale a richiedere che il rango della matrice

$$\begin{pmatrix} -1/2x_0 & -1 & -g\left(x_0\right) \\ 1 & 2x_0 & g'\left(x_0\right) \end{pmatrix}$$

sia uguale a 1 ossia

(18) $$g'\left(x_0\right) = 2x_0 g\left(x_0\right).$$

Se la (18) non è verificata, **non** esistono soluzioni di classe C^1 in un intorno di $\left(x_0,x_0^2\right)$. Possono esistere soluzioni meno regolari.

b) Nel caso

$$a\left(x,y\right) = \frac{y}{2} \qquad e \qquad g\left(x\right) = \exp\left(-cx^2\right),$$

abbiamo

$$2a\left(x,x^2\right)x + 1 = x^3 + 1$$

ed esiste un solo punto caratteristico: $(-1,1)$. Essendo

$$g'\left(x\right) = -2cxg\left(x\right),$$

la (18) equivale a

$$2c = -2$$

e perciò il problema può avere soluzione regolare in un intorno di $(-1, 1)$ solo se $c = -1$. In questo caso, $g(x) = \exp(x^2)$ e la soluzione è $u(x, y) = e^y$, come si controlla facilmente.

Problema 2.15. (Equazione di Clairaut). *Si consideri l'equazione (detta di Clairaut)*

$$x u_x + y u_y + f(u_x, u_y) = u.$$

a) *Verificare che $u(x, y; a, b) = ax + by + f(a, b)$ è soluzione dell'equazione data per ogni coppia di parametri $(a, b) \in \mathbf{R}^2$.*

b) *Nel caso*

$$f(a, b) = \frac{a^2 + b^2}{2}$$

utilizzare l'inviluppo della famiglia di soluzioni trovata al punto a) per generare una soluzione non lineare in x e y.

Soluzione

a) La verifica è immediata: infatti si ha $u_x = a, u_y = b$ e quindi

$$x u_x + y u_y + f(u_x, u_y) = ax + by + f(a, b) = u.$$

b) Con la f assegnata, l'equazione diviene

$$x u_x + y u_y + \frac{u_x^2 + u_y^2}{2} = u,$$

mentre la famiglia di soluzioni è data dai piani di equazione

$$z = u(x, y; a, b) = ax + by + \frac{a^2 + b^2}{2}.$$

Calcoliamone l'inviluppo: si tratta di eliminare i parametri a e b dal sistema di tre equazioni

$$u - z = 0, \qquad u_a = 0, \qquad u_b = 0.$$

Abbiamo cioè

$$\begin{cases} z = ax + by + \frac{a^2 + b^2}{2} \\ x + a = 0 \\ y + b = 0, \end{cases}$$

e quindi l'inviluppo cercato è dato da

$$z = u(x, y) = -\frac{1}{2}(x^2 + y^2).$$

È facile vedere, attraverso una verifica diretta, che u è effettivamente soluzione dell'equazione data.

Nota. Una famiglia di soluzioni dipendente da due parametri del tipo $z = \varphi(x, y; a, b)$ si chiama *integrale completo* se i vettori

$$\left(\varphi_a, \varphi_{xa}, \varphi_{ya}\right) \quad \text{e} \quad \left(\varphi_b, \varphi_{xb}, \varphi_{yb}\right)$$

sono linearmente *indipendenti*. Noto un integrale completo, si può trovare una soluzione dipendente da una funzione arbitraria ponendo, per esempio, $b = w(a)$ e costruendo l'inviluppo della famiglia $z = \varphi(x, y; a, w(a))$.

Problema 2.16. (Integrali primi). *Utilizzando il metodo degli integrali primi trovare una soluzione dell'equazione*

$$zz_y = -y.$$

dipendente da una funzione arbitraria.

Soluzione

Poniamo $x = x(t)$, $y = y(t)$, $z = u(x(t), y(t))$. Scriviamo il sistema caratteristico come uguaglianza di rapporti formali:

$$(19) \qquad \frac{dx}{0} = \frac{dy}{z} = -\frac{dz}{y}.$$

Si tratta di trovare due integrali primi indipendenti $\varphi(x, y, z)$ e $\psi(x, y, z)$. Uguagliando il primo ed il secondo membro della (19) e poi il secondo ed il terzo, si ottengono le due equazioni

$$dx = 0, \qquad y\, dy = -z\, dz.$$

Dalla prima equazione ricaviamo

$$x = c_1$$

e quindi

$$\varphi(x, y, z) = x$$

è un integrale primo (cioè x rimane costante sulle traiettorie del sistema). Dalla seconda otteniamo

$$y^2 + z^2 = c_2$$

e quindi

$$\psi(x, y, z) = y^2 + z^2$$

è un altro integrale primo (per ogni valore di y e z, anche quelli nulli). Per verificare che i due integrali primi trovati sono indipendenti, occorre controllare la lineare indipendenza dei due gradienti. Si ha

$$\nabla\varphi(x, y, z) = (1, 0, 0), \qquad \nabla\psi(x, y, z) = (0, 2y, 2z)$$

e quindi, al di fuori dell'origine, sono indipendenti (nell'origine l'equazione è degenere, nel senso che tutti i coefficienti si annullano ed è verificata automaticamente). In definitiva otteniamo che la soluzione generale è definita implicitamente da

$$F(\varphi(x, y, z), \psi(x, y, z)) = F(x, y^2 + z^2) = 0,$$

con F arbitraria differenziabile. Supponendo $F_x \neq 0$, si può scrivere,

$$x = f\left(y^2 + z^2\right),$$

con f arbitraria differenziabile. Si vede dunque che le superfici soluzione dell'equazione sono superfici di rivoluzione attorno all'asse x.

Problema 2.17. (Equazione di Eulero). *Identificare le soluzioni dell'equazione di Eulero*

$$xz_x + yz_y = nz.$$

dove $n > 0$.

Soluzione

Poniamo $x = x(t)$, $y = y(t)$, $z = u(x(t), y(t))$. Scriviamo il sistema caratteristico nella forma

$$\frac{dx}{x} = \frac{dy}{y} = \frac{dz}{nz}.$$

Cerchiamo due integrali primi (indipendenti). Osserviamo che, le equazioni

$$\frac{dx}{x} = \frac{dy}{y} \quad \text{e} \quad \frac{dy}{y} = \frac{dz}{nz}$$

contengono solo due delle tre incognite. Dalla prima equazione ricaviamo $\log|x| = \log|y| + c$, da cui $\frac{y}{x} = c_1$ e quindi

$$\varphi(x, y, z) = \frac{y}{x}$$

è un integrale primo per $x \neq 0$ (chiaramente x/y è invece un integrale primo per $y \neq 0$).

La seconda equazione può essere trattata in modo simile, ottenendo (sempre per $x \neq 0$)

$$\frac{z}{x^n} = c_2$$

e quindi un altro integrale primo è

$$\psi(x, y, z) = \frac{z}{x^n}.$$

Per $x \neq 0, 1$ due integrali primi sono indipendenti, essendo i loro gradienti

$$\nabla\varphi = (-x^{-2}y, x^{-1}, 0) \quad \text{e} \quad \nabla\psi = (-nx^{-n-1}z, 0, x^{-n})$$

linearmente indipendenti. La soluzione generale dell'equazione è allora definita implicitamente da

$$F(\varphi, \psi) = F\left(\frac{y}{x}, \frac{z}{x^n}\right) = 0,$$

con F arbitraria, differenziabile. Se $F_\psi \neq 0$, possiamo scrivere

$$z = u(x, y) = x^n f\left(\frac{y}{x}\right),$$

con f arbitraria differenziabile. Le soluzioni sono dunque funzioni positivamente omogenee di grado n. Infatti, per ogni $l > 0$, si ha

$$u(lx, ly) = (lx)^n f\left(\frac{lx}{ly}\right) = l^n u(x, y)$$

In effetti, è possibile dimostrare elementarmente che una funzione è (positivamente) omogenea di grado n se e solo se verifica l'*equazione di Eulero*.

Problema 2.18. (Problema di Cauchy). *Risolvere il problema*

$$z_x + z_y = z \qquad z(x,0) = \cos x$$

in due modi, **a)** *con il metodo del sistema caratteristico e* **b)** *con il metodo degli integrali primi.*

Soluzione

a) Le equazioni parametriche della curva portante i dati sono

$$f(s) = s, \, g(s) = 0, \, h(s) = \cos s.$$

Posto $x = x(t)$, $y = y(t)$, $z = z(x(t), y(t))$, il sistema caratteristico è

$$\begin{cases} x'(t) = 1 & x(0) = s \\ y'(t) = 1 & y(0) = 0 \\ z'(t) = z(t) & z(0) = \cos s. \end{cases}$$

Le soluzioni sono

$$\begin{cases} x(t,s) = t + s \\ y(t,s) = t \\ z(t,s) = e^t \cos s. \end{cases}$$

Otteniamo subito $t = y$ ed $s = x - y$. La soluzione è data perciò da

$$z(x,y) = e^y \cos(x - y).$$

b) Usando il metodo degli integrali primi, riscrivere il sistema caratteristico nella forma

$$dx = dy = \frac{dz}{z}.$$

Raggruppando le uguaglianze nel seguente modo:

$$dx = dy, \qquad dx = \frac{dz}{z},$$

otteniamo i due integrali primi

$$\varphi(x,y,z) = x - y, \quad \text{e} \quad \psi(x,y,z) = ze^{-x}.$$

Essendo

$$\nabla\varphi = (1, -1, 0) \quad \text{e} \quad \nabla\psi = (-ze^{-x}, 0, e^{-x})$$

i gradienti sono linearmente indipendenti per cui la soluzione generale si può scrivere nella forma

$$z = e^x f(x - y)$$

con f differenziabile, arbitraria. Imponiamo la condizione iniziale: otteniamo

$$e^x f(x) = \cos x$$

cioè

$$f(x) = e^{-x} \cos x.$$

Sostituendo nell'espressione di z si ritrova facilmente la soluzione già trovata al punto a).

Problema 2.19. (*Variabili caratteristiche*). *Sia data l'equazione lineare del primo ordine*

(20) $$a(x,y)u_x + b(x,y)u_y + c(x,y)u = f(x,y)$$

con a, b, c ed f funzioni di classe C^1 sull'aperto $D \subset \mathbf{R}^2$ e supponiamo $a \neq 0$ in D. Sia $\varphi(x,y) = k$, $k \in \mathbf{R}$, la famiglia delle curve caratteristiche per l'equazione ridotta

$$au_x + bu_y = 0.$$

Sia infine $\psi = \psi(x,y)$ una funzione (regolare) indipendente da φ, nel senso che

(21) $$\det \begin{pmatrix} \varphi_x & \varphi_y \\ \psi_x & \psi_y \end{pmatrix} \neq 0 \quad \text{in } D.$$

Mostrare che il cambio di variabili

(22) $$\begin{cases} \xi &= \varphi(x,y) \\ \eta &= \psi(x,y) \end{cases}$$

trasforma la (20) in un'equazione ordinaria del tipo

$$w_\eta + P(\xi,\eta)w = Q(\xi,\eta).$$

Dedurre una formula per la soluzione generale di (20).

Soluzione

Per la (21), la trasformazione (22) è localmente invertibile e quindi si possono esprimere x ed y come funzioni (regolari) di ξ ed η:

$$x = \Phi(\xi,\eta), \qquad y = \Psi(\xi,\eta).$$

Poniamo

$$w(\xi,\eta) = u(\Phi(\xi,\eta), \Psi(\xi,\eta))$$

ovvero

$$u(x,y) = w(\varphi(x,y), \psi(x,y)).$$

Otteniamo

$$u_x = w_\xi \varphi_x + w_\eta \psi_x, \qquad u_y = w_\xi \varphi_y + w_\eta \psi_y,$$

e quindi, sostituendo in (20), si ha

(23) $$(a\varphi_x + b\varphi_y)w_\xi + (a\psi_x + b\psi_y)w_\eta + C(\xi,\eta)w = F(\xi,\eta),$$

dove abbiamo posto, per comodità di scrittura,

$$C(\xi,\eta) = c(\Phi(\xi,\eta), \Psi(\xi,\eta)), \qquad F(\xi,\eta) = f(\Phi(\xi,\eta), \Psi(\xi,\eta)).$$

Osserviamo ora che

1. $a\varphi_x + b\varphi_y = 0$ in D. Infatti, essendo $\varphi(x,y) = k$ la famiglia delle caratteristiche, si deve avere, lungo le caratteristiche,

$$\varphi_x \, dx + \varphi_y \, dy = 0.$$

D'altra parte, il sistema caratteristico dell'equazione $au_x + bu_y = 0$ è dato da

$$dx = a \, dt, \qquad dy = b \, dt,$$

e quindi

$$[\varphi_x\, a + \varphi_y\, b]\ dt = 0,$$

da cui la tesi.

2. $a\psi_x + b\psi_y \neq 0$ in D. Ciò è dovuto all'indipendenza di ψ da φ, e cioè dalla (21), che implica

$$-\frac{b}{a} = \frac{\varphi_x}{\varphi_y} \neq \frac{\psi_x}{\psi_y}.$$

Da 1. e 2. otteniamo che, posto

$$D(\xi,\eta) = a(x,y)\psi_x(x,y) + b(x,y)\psi_y(x,y)\big|_{x=\Phi(\xi,\eta),\,y=\Psi(\xi,\eta)}\,,$$

la (23) si riscrive come

$$w_\eta + \frac{C(\xi,\eta)}{D(\xi,\eta)}w = \frac{F(\xi,\eta)}{D(\xi,\eta)},$$

che è un'equazione (ordinaria) lineare del primo ordine in $w(\xi,\cdot)$, per ogni ξ fissato. La soluzione generale di tale equazione è

$$w(\xi,\eta) = \exp\left(-\int \frac{C(\xi,\eta)}{D(\xi,\eta)}\,d\eta\right) \cdot \left[\int \exp\left(\int \frac{C(\xi,\eta)}{D(\xi,\eta)}\,d\eta\right) \frac{F(\xi,\eta)}{D(\xi,\eta)}\,d\eta + G(\xi)\right],$$

dove G è arbitraria (regolare). A questo punto, basta tornare alle variabili originali per ottenere la soluzione:

$$u(x,y) = w(\varphi(x,y),\psi(x,y)).$$

Problema 2.20. (Applicazione delle variabili caratteristiche). *Utilizzando il metodo delle variabili caratteristiche introdotto nel problema precedente, determinare la soluzione dell'equazione*

$$xu_x - yu_y = u - y \qquad \text{in } D = \{(x,y) \in \mathbf{R}^2 : y > 0\}$$

tale che $u(x,y) = y$ sulla parabola $x = y^2$ (con $y > 0$).

Soluzione

Seguiamo la linea (e le notazioni) del problema precedente. La famiglia di caratteristiche per l'equazione $xu_x - yu_y = 0$ risolve l'equazione differenziale

$$\frac{dy}{x} = -\frac{dy}{y},$$

ed è data da $\varphi(x,y) = xy = k$. Scegliamo (ad esempio) $\psi(x,y) = y$. La scelta di ψ è ammissibile, infatti

$$\det\begin{pmatrix}\varphi_x & \varphi_y \\ \psi_x & \psi_y\end{pmatrix} = \det\begin{pmatrix}y & x \\ 0 & 1\end{pmatrix} = y > 0 \qquad \text{in } D,$$

e quindi φ e ψ sono indipendenti. Operiamo perciò il cambiamento di variabili (per $y > 0$)

$$\xi = xy, \quad \eta = y$$

con inverso (per $\eta > 0$) dato da $x = \xi/\eta$, $y = \eta$. Secondo le notazioni del problema precedente abbiamo

$$C(\xi, \eta) = -1, \qquad F(\xi, \eta) = -\eta, \qquad D(\xi, \eta) = -\eta$$

e quindi $w(\xi, \eta) = u(\xi/\eta, \eta)$ risolve l'equazione

$$w_\eta + \frac{1}{\eta} w = 1.$$

Otteniamo perciò

$$w(\xi, \eta) = \frac{\eta}{2} + \frac{G(\xi)}{\eta},$$

cioè

$$u(x, y) = \frac{y}{2} + \frac{G(xy)}{y},$$

con G arbitraria, differenziabile. Per trovare l'espressione di G, imponiamo la condizione sul bordo di D: sulla parabola $x = y^2$ deve essere

$$y = \frac{y}{2} + \frac{G(y^3)}{y},$$

da cui $G(y^3) = y^2/2$, cioè $G(z) = z^{2/3}/2$. La soluzione del problema dato è, di conseguenza,

$$u(x, y) = \frac{1}{2}(y + x^{2/3} y^{-1/3}).$$

Nota. In nessun intorno dell'origine può esistere una soluzione del problema di Cauchy. Infatti, essendo $x = 0$ una caratteristica tangente nell'origine alla parabola $y = x^2$, l'origine è un *punto caratteristico*. Poiché $u(x^2, x) = x$, abbiamo, differenziando,

(24)
$$2x u_x + u_y = 1.$$

Supponiamo per il momento $x \neq 0$. Calcolando l'equazione differenziale sulla parabola, dopo aver semplificato per x si trova

(25)
$$x u_x - u_y = 0.$$

Le due ultime equazioni determinano univocamente u_x e u_y se le due matrici

$$\begin{pmatrix} 2x & 1 \\ x & -1 \end{pmatrix} \quad \text{e} \quad \begin{pmatrix} 2x & 1 & 1 \\ x & -1 & 0 \end{pmatrix}$$

hanno lo stesso rango. Per continuità, questa condizione di compatibilità deve persistere anche per $x = 0$. Ma per $x = 0$ i due ranghi sono diversi e la soluzione non esiste.

Problema 2.21. (Scambiatore di calore). *La forma più semplice di scambiatore di calore consiste in un tubo immerso in un bagno a temperatura T_a (in gradi Celsius). Sia $T(z,t)$ la temperatura del fluido, che scorre nel tubo a velocità costante v m/s. Indichiamo con U il coefficiente di conduzione del calore (heat transfer) attraverso le pareti del tubo (in cal $s^{-1}m^{-2}(°C)^{-1}$), con C_p la capacità termica per unità di volume (in cal $m^{-3}(°C)^{-1}$), con A (in m^2) l'area e con p (in m) il perimetro della sezione del tubo.*

a) Scrivere l'equazione differenziale che regola l'evoluzione della temperatura T.

b) Risolvere il problema sapendo che
$$\begin{cases} T(x,0) = T_0(x) & 0 \le x \le L \\ T(0,t) = g(t) & t > 0. \end{cases}$$

Soluzione

a) Scriviamo l'equazione di bilancio termico tra le sezioni z e $z + \Delta z$, relative all'intervallo di tempo $(t, t + \Delta t)$. Abbiamo che

- il calore scambiato (o, meglio, ricevuto) attraverso le pareti del tubo vale
$$U p \Delta z (T_a - T) \Delta t \quad \text{(calorie)}.$$

- il calore entrante dovuto alla differenza di temperatura agli estremi z, $z + \Delta z$, vale
$$v A C_p [T(z,t) - T(z + \Delta z, t)] \Delta t \quad \text{(calorie)}.$$

- d'altra parte, la variazione della quantità di calore nella zona considerata, tra gli istanti t e $t + \Delta t$, è espressa da
$$A \Delta z C_p [T(z,t) - T(z, t + \Delta t)] \quad \text{(calorie)}.$$

Otteniamo quindi l'equazione
$$A \Delta z C_p [T(z,t) - T(z,t + \Delta t)] = v A C_p [T(z,t) - T(z + \Delta z, t)] \Delta t + U p \Delta z (T_a - T) \Delta t.$$

Dividiamo per $\Delta z \Delta t$ e passiamo al limite. Si trova
$$\frac{\partial T}{\partial t} + v \frac{\partial T}{\partial z} = h(T_a - T), \qquad \text{dove } h = \frac{Up}{A C_p}.$$

b) Le caratteristiche del problema sono le rette
$$x - vt = k.$$

È naturale dividere la striscia $[0, L] \times [0, +\infty)$ in due parti: la parte tra l'asse x e la retta $x = vt$, in cui T è determinata dai valori di T_0, corrispondente alla regione $vt < x \le L$, e quella sopra la retta $x = vt$, corrispondente alla regione $0 < x < vt$, dove T dipende dal dato laterale g.

Per determinare la soluzione nella zona $vt < x \le L$ consideriamo la generica caratteristica $x = vt + \xi$ e poniamo $z(t) = T(vt + \xi, t)$. Sfruttando l'equazione differenziale, otteniamo che z risolve l'equazione ordinaria
$$z'(t) = v T_x(vt + \xi, t) + T_t(vt + \xi, t) = h(T_a(t) - z(t))$$

con

$$z(0) = T(\xi, 0) = T_0(\xi).$$

Ne segue che

$$z(t) = T_0(\xi)e^{-ht} + h \int_0^t T_a(s)e^{-h(t-s)} \, ds$$

da cui, essendo $\xi = x - vt$,

$$T(x,t) = T_0(x - vt)e^{-ht} + h \int_0^t T_a(s)e^{-h(t-s)} \, ds, \qquad vt < x \leq vL.$$

Veniamo ora ai punti (x,t) per cui $vt > x$. Volendo mettere in evidenza t, scriviamo la generica caratteristica come

$$t = \frac{x}{v} + \tau$$

e poniamo

$$u(x) = T\left(x, \frac{x}{v} + \tau\right).$$

Si ha:

$$\frac{du}{dx} = T_x\left(x, \frac{x}{v} + \tau\right) + \frac{1}{v}T_t\left(x, \frac{x}{v} + \tau\right) = \frac{h}{v}\left(T_a\left(\frac{x}{v} + \tau\right) - u(x)\right)$$

con

$$u(0) = T(0, \tau) = g(\tau).$$

Quindi

$$u(x) = g(\tau)e^{-hx/v} + \frac{h}{v}\int_0^x T_a\left(\frac{s}{v} + \tau\right)e^{-h(x-s)/v} \, ds,$$

da cui, essendo $\tau = t - \frac{x}{v}$,

$$T(x,t) = g\left(t - \frac{x}{v}\right)e^{-hx/v} + \frac{h}{v}\int_0^x T_a\left(t + \frac{s-x}{v}\right)e^{-h(x-s)/v} \, ds.$$

Infine, ponendo

$$\eta = t + \frac{s-x}{v}, \qquad d\eta = \frac{1}{v} \, ds,$$

si ottiene

$$T(x,t) = g\left(t - \frac{x}{v}\right)e^{-hx/v} + h\int_{t-\frac{x}{v}}^t T_a(\eta)e^{-h(t-\eta)} \, d\eta, \qquad vt > x.$$

Nota. Nel caso

$$g(x) = g_0, \qquad T_a(t) = T_a$$

costanti, si trova, se $x < vt$,

$$T(x,t) = g_0 e^{-hx/v} + T_a\left(1 - e^{-hx/v}\right),$$

che rappresenta lo stato stazionario, raggiunto lungo tutto il tubo non appena $t > L/v$.

Problema 2.22. (Problema di Cauchy in 3-d). *Calcolare, dove esiste, la soluzione* $u = u(x, y, z)$ *del problema*

$$\begin{cases} u_x + xu_y - u_z = u \\ u(x, y, 1) = x + y. \end{cases}$$

Soluzione

Parametrizziamo la superficie portante i dati con le equazioni

$$f(r, s) = s, \; g(r, s) = r, \; h(r, s) = 1, \; k(r, s) = s + r.$$

Posto $x = x(t)$, $y = y(t)$, $z = z(t)$ e $v = u(x(t), y(t), z(t))$, scriviamo il sistema caratteristico associato all'equazione data:

$$\begin{cases} x'(t) = 1 & x(0) = s \\ y'(t) = x(t) & y(0) = r \\ z'(t) = -1 & z(0) = 1 \\ v'(t) = v & v(0) = s + r. \end{cases}$$

Dalla prima e dalla terza equazione otteniamo rispettivamente $x(t) = t + s$ e $z(t) = -t + 1$. Anche la quarta è disaccoppiata ed implica $v(t) = (s + r)e^t$. La seconda, infine, diviene

$$y'(t) = t + s,$$

e quindi, tenuto conto della condizione iniziale, $y(t) = t^2/2 + st + r$. Riassumendo, abbiamo, mettendo in evidenza la dipendenza dai parametri r, s:

$$\begin{cases} x(t, r, s) = t + s \\ y(t, r, s) = t^2/2 + st + r \\ z(t, r, s) = -t + 1 \\ v(t, r, s) = (s + r)e^t. \end{cases}$$

Occorre ora ricavare (t, r, s) in funzione di (x, y, z) per poi sostituire nella quarta equazione. Dalla terza equazione si ha $t = 1 - z$; dalla prima $s = x - t = x + z - 1$ e poi dalla seconda

$$r = y - t^2/2 - st = y - (1 - z)^2/2 - (1 - z)(x + z - 1).$$

Sostituendo nella quarta equazione, otteniamo infine

$$v(x, y, z) = \left(x + y + (z - 1)(x + 1) + \frac{1}{2}(z - 1)^2 \right) e^{1-z}.$$

La soluzione è definita e regolare su tutto $\mathbf{R}^3$ (in questo caso la condizione sufficiente per l'esplicitabilità sarebbe stata

$$J(r, s, t) = \det \begin{pmatrix} x_r & x_s & x_t \\ y_r & y_s & y_t \\ z_r & z_s & z_t \end{pmatrix} = \det \begin{pmatrix} 0 & 1 & 1 \\ 1 & t & t + s \\ 0 & 0 & -1 \end{pmatrix} = 1 \neq 0,$$

sempre verificata).

3. Esercizi proposti

Esercizio 3.1. *Si consideri l'equazione del traffico (vedi Problema 2.3), e supponiamo che la densità iniziale di auto sia data da*

$$g(x) = \begin{cases} a\rho_m & x < 0 \\ \rho_m & x > 0 \end{cases}$$

Al variare di $0 < a < 1$, determinare le caratteristiche, le eventuali onde d'urto e costruire una soluzione nel semipiano (x, t) con $t > 0$.

Esercizio 3.2. *Risolvere il problema, variante del problema del traffico in un tunnel,*

$$\begin{cases} \rho_t + q(\rho)_x = 0 & x \in \mathbf{R},\, t > 0 \\ \rho(x, 0) = g(x), \end{cases}$$

dove

$$q(\rho) = \rho \log \left(\frac{1}{\rho} \right)$$

e

$$g(x) = \begin{cases} 1 & x < 0 \\ e^{-4} & x > 0. \end{cases}$$

Determinare il cammino dell'auto che all'istante iniziale si trova nel punto $x_0 = -1$.

Esercizio 3.3. *Studiare il problema*

$$\begin{cases} c_x + q\,(c)_t = -c & x > 0,\, t > 0 \\ c(x, 0) = 0 & x > 0 \\ c(0, t) = c_0 & t > 0 \end{cases}$$

dove $q\,(c) = \left(c + \frac{c}{c+1} \right)$ e $c_0 > 0$ è costante.

Esercizio 3.4. *Generalizzare il risultato del Problema 2.6 al problema*

$$\begin{cases} u_t + q(u)_x = 0 & x \in \mathbf{R},\, t > 0 \\ u(x, 0) = g(x) & x \in \mathbf{R}, \end{cases}$$

con $q \in C^2(\mathbf{R})$ concava.

Esercizio 3.5. *Calcolare, dove esistono, le soluzioni dei seguenti problemi di Cauchy (in dimensione due):*

a) $xu_x + u_y = y$, $\qquad u\,(x, 0) = x^2$,

b) $u_x - 2u_y = u$, $\qquad u\,(0, y) = y$,

c) $u_x + 3u^2 u_y = 1$, $\qquad u\,(x, 0) = 0$.

Esercizio 3.6. *Scrivere la soluzione generale delle seguenti equazioni:*

a) $u_x - \sqrt{u}\,u_y = 0$,

b) $\dfrac{1}{y} u_x + u_y = u^2$.

Esercizio 3.7.   Trovare la soluzione $z = z(x, y)$ del problema

$$yz_x - xz_y = 2xyz, \qquad z = s^2 \text{ su } \Gamma = \{(s, s) : s \in \mathbf{R}\}.$$

Esercizio 3.8.   Calcolare la soluzione generale dell'equazione

$$xu_x - yu_y + u = y \qquad \text{in } D = \{(x, y) \in \mathbf{R}^2 : x, y > 0\}$$

in due modi: **a)** con il metodo delle variabili caratteristiche e **b)** con il metodo degli integrali primi (vedi Problema 2.19).

Esercizio 3.9.   (Picone) Sia

$$D = \{(x, y) : x^2 + y^2 \le 1\}$$

il disco unitario chiuso in $\mathbf{R}^2$ e sia $u \in C^1(D)$ una soluzione dell'equazione

$$a(x, y) u_x + b(x, y) u_y = -\gamma u, \qquad \text{in } D \qquad (\gamma \ne 0).$$

Supponiamo che

$$a(x, y) x + b(x, y) y > 0, \qquad \text{su } \partial D.$$

Mostrare che:

a) Se $\gamma > 0$, allora $u \equiv 0$ in D.

b) Se $\gamma < 0$, u è non negativa in D ed assume il suo massimo (positivo) su ∂D.

Esercizio 3.10.   (Equazione di Buckley–Leverett[3]). Si consideri l'equazione

$$\phi S_t = H'(S)\mathbf{q} \cdot \nabla S,$$

dove $S = S(\mathbf{x}, t)$, $\mathbf{x} \in \mathbf{R}^3$ e

$$H(S) = -\frac{k_1(S)}{\mu_1}\left(\frac{k_1(S)}{\mu_1} + \frac{k_2(S)}{\mu_2}\right)^{-1}.$$

Risolvere l'equazione nel caso

$$\frac{k_1(S)}{\mu_1} = 1 - S, \qquad \frac{k_2(S)}{\mu_2} = S, \qquad \phi = \frac{1}{2},$$

$$\mathbf{q} = \left(\frac{1}{2}e^{-x_1}, \frac{1}{2}e^{-x_2}, \frac{1}{2}e^{-x_3}\right),$$

con la condizione iniziale $S(\mathbf{x}, 0) = g(\mathbf{x})$.

Esercizio 3.11.   Risolvere l'equazione

$$(cy - bz)u_x + (az - cx)u_y + (bx - ay)u_z = 0$$

ed interpretare geometricamente la soluzione (cercare una combinazione opportuna delle equazioni caratteristiche che produca equazioni integrabili).

---

[3][S], Capitolo 4, Sezione 5.4

Esercizio 3.12. **a)** *È data la famiglia $\mathcal{F}$ di superfici in $\mathbf{R}^3$, definita implicitamente, al variare del parametro c, da*

$$w(x, y, z) = c.$$

Determinare la famiglia delle superfici ortogonali, che cioè tagliano ortogonalmente ogni superficie della famiglia $\mathcal{F}$.

b) *Trovare la famiglia di superfici ortogonali a quelle della famiglia*

$$z - x^2 - y^2 = c$$

Esercizio 3.13. *La concentrazione u di una sostanza contenuta in un tubo semiinfinito (posto sul semiasse $x \geq 0$) soddisfa l'equazione*

$$u_t + v u_x = -ku,$$

con v e k costanti positive. Calcolare u sapendo che

$$u(x, 0) = f(x) \text{ per } x \geq 0, \qquad u(0, t) = g(t) \text{ per } t \geq 0.$$

Esercizio 3.14. *La concentrazione u di una sostanza contenuta in un tubo semiinfinito (posto sul semiasse $x \geq 0$) soddisfa l'equazione*

$$u_t + v u_x = -ku^\alpha,$$

con v, k, $\alpha \neq 1$ costanti positive. Calcolare u sapendo che

$$u(x, 0) = f(x) \text{ per } x \geq 0 \qquad u(0, t) = g(t) \text{ per } t \geq 0.$$

Esercizio 3.15. *(Separazione di variabili). Sia data l'equazione differenziale*

$$a(x) u_x^2 + b(y) u_y^2 = f(x) + g(y).$$

a) *Determinare (formalmente) un integrale completo cercando soluzioni della forma*

$$u(x, y) = v(x) + w(y).$$

b) *Applicare il risultato all'equazione*

$$u_x^2 + u_y^2 = 1.$$

Esercizio 3.16. *Usare il metodo di separazione dele variabili per trovare un integrale completo dell'equazione*[4]

$$u_x^2 + u_y^2 = \frac{k}{r} - h \qquad \left(r^2 = x^2 + y^2, \ h, k \text{ costanti} \right).$$

---

[4]Quest'equazione appare nel problema dei due corpi della meccanica celeste.

Esercizio 3.17.   (Equazione di Burger, dato decrescente). *Studiare il problema*

$$\begin{cases} u_t + uu_x = 0 & x \in \mathbf{R},\ t > 0 \\ u(x,0) = g(x) & x \in \mathbf{R} \end{cases}$$

dove

$$g(x) = \begin{cases} 1 & x < 0 \\ 1 - x^2 & 0 \le x \le 1 \\ 0 & x > 1 \end{cases}$$

Esercizio 3.18.   *Si consideri il modello del Problema 2.11. Posto* $\gamma = 1$, *si calcoli la soluzione nel quadrante* $x > 0$, $t > 0$, *con dati* $u(x,0) = 0$ *e*

$$u(0,t) = g(t) = \begin{cases} c_0 & 0 \le t \le 1 \\ 0 & t > 1. \end{cases}$$

3.1. Soluzioni

Soluzione 3.1.   La generica caratteristica uscente dal punto $(\xi, 0)$ è data da

$$x = \xi + q'(g(\xi))t = \xi + v_m \left(1 - \frac{2\rho}{\rho_m} \right) t.$$

Sostituendo il dato iniziale otteniamo

$$x = \xi + v_m(1 - 2a)t, \qquad \text{per } \xi < 0$$

e

$$x = \xi - v_m t, \qquad \text{per } \xi > 0.$$

Essendo $0 < a < 1$ si ha

$$v_m(1 - 2a) > -v_m$$

e quindi da $(0,0)$ parte una linea d'urto. Applicando la condizione di Rankine–Hugoniot otteniamo

$$s'(t) = \frac{q(\rho^+) - q(\rho^-)}{\rho^+ - \rho^-} = \frac{v_m}{\rho_m} \frac{\rho^+(\rho_m - \rho^+) - \rho^-(\rho_m - \rho^-)}{\rho^+ - \rho^-} = \frac{v_m}{\rho_m} \left(\rho_m - \rho^+ - \rho^- \right).$$

Sostituendo i dati, qui abbiamo

$$\rho^+ = \rho_m, \rho^- = a\rho_m,$$

si trova

$$\begin{cases} s'(t) = -av_m \\ s(0) = 0, \end{cases}$$

e allora

$$s(t) = -av_m t.$$

Si ottiene dunque, per ogni $0 < a < 1$,

$$u(x,t) = \begin{cases} a\rho_m & x < -av_m t \\ \rho_m & x > -av_m t. \end{cases}$$

Soluzione 3.2.   Abbiamo

$$q'(\rho) = -1 - \log \rho,$$

per cui il problema da risolvere è

$$\begin{cases} \rho_t - (1 + \log \rho)\rho_x = 0 & x \in \mathbf{R},\, t > 0 \\ \rho(x, 0) = \begin{cases} 1 & x < 0 \\ e^{-4} & x > 0. \end{cases} \end{cases}$$

La generica caratteristica uscente da $(\xi, 0)$, cioè la retta $x = \xi + q'(g(\xi))t$, coincide con

$$x = \xi - t \qquad \text{per } \xi < 0$$

e

$$x = \xi + 3t \qquad \text{per } \xi > 0.$$

Di conseguenza, usando i dati iniziali, otteniamo

$$\rho(x, t) = \begin{cases} 1 & x < -t \\ e^{-4} & x > 3t. \end{cases}$$

Rimane da ricavare ρ nella zona

$$\{(x, t) : -t \le x \le 3t\}.$$

Abbiamo

$$q''(\rho) = -1/\rho < 0,$$

ed essendo il dato iniziale decrescente cerchiamo una soluzione (che verifichi la condizione di entropia) sotto forma di onda di rarefazione centrata nell'origine. Posto $R(s) = (q')^{-1}(s)$, tale onda è definita implicitamente da

$$\rho(x, t) = R\left(\frac{x}{t}\right).$$

Ricavando ρ dall'equazione

$$q'(\rho) = -1 - \log \rho = s$$

troviamo

$$R(s) = e^{-(1+s)}$$

e quindi

$$\rho(x, t) = e^{-(1+x/t)} \qquad \text{per } -1 \le \frac{x}{t} \le 3.$$

Riassumendo, abbiamo

$$\rho(x, t) = \begin{cases} 1 & x \ge -t \\ e^{-(1+x/t)} & -1t \le x \le 3t \\ e^{-4} & x > 3t. \end{cases}$$

Per studiare la traiettoria delle auto è utile ricordare che la loro velocità locale è

$$v(\rho)q(\rho)/\rho = -\log \rho.$$

Consideriamo perciò un'auto che si trovi inizialmente in $x_0 = -1$. La macchina rimarrà ferma (la densità è massima, $v(1) = 0$) fino a che $x_0 = -1 < -t$, cioè fino all'istante $t_0 = 1$. In tale istante, il cammino dell'auto entra nella zona dell'onda di rarefazione, dove la velocità è data da

$$v(\rho(x,t)) = -\log(e^{-(1+x/t)}) = 1 + \frac{x}{t}.$$

Abbiamo dunque, indicando con $x = x(t)$ il cammino dell'auto,

$$\begin{cases} x'(t) = 1 + \dfrac{x}{t} \\ x(1) = -1. \end{cases}$$

L'equazione è lineare, ed integrandola si ottiene

$$x(t) = t(\log t - 1).$$

Tale equazione vale fino a che

$$x(t) = t(\log t - 1) < 3t$$

cioè fino a $t = t_1 = e^4$. In tale istante l'auto entra (e rimane) nella zona in cui si viaggia a velocità costante $v(e^{-4}) = 4$, e quindi la sua legge oraria è data da

$$x(t) = 4t - e^4.$$

In definitiva

$$x(t) = \begin{cases} -1 & 0 \le t \le 1 \\ t(\log t - 1) & 1 \le t \le e^4 \\ 4t - e^4 & t \ge e^4. \end{cases}$$

Osserviamo che tale traiettoria è non solo continua, ma anche di classe C^1.

Soluzione 3.3. Iniziamo a trovare le equazioni delle caratteristiche. A tale scopo osserviamo che, essendo

$$q(c) = c + \frac{c}{c+1},$$

si ha

$$q'(c) = 1 + \frac{1}{(c+1)^2}.$$

Scriviamo il sistema caratteristico per il dato sul semiasse x, $x > 0$. Si ha

$$\begin{cases} x'(s) = 1 & x(0) = \xi \\ t'(s) = 1 + \dfrac{1}{(c+1)^2} & t(0) = 0 \\ c'(s) = -c & c(0) = 0. \end{cases}$$

Si trova

$$x = s + \xi, , \quad t = 2s, \quad \text{e} \quad c = 0.$$

Le caratteristiche uscenti dal semiasse x sono dunque le rette

$$t = 2(x - \xi), \quad \text{con } \xi > 0,$$

e portano il dato

$$c^+ = 0.$$

Consideriamo ora il dato sul semiasse $t > 0$. Stavolta il sistema caratteristico si scrive

$$
\begin{cases}
x'(s) = 1 & x(0) = 0 \\
t'(s) = 1 + \dfrac{1}{(c+1)^2} & t(0) = \tau \\
c'(s) = -c & c(0) = c_0.
\end{cases}
$$

Si trova subito $x = s$ e $c = c_0 e^{-s}$, da cui

$$
c^-(x, t) = c_0 e^{-x}.
$$

Le caratteristiche che portano tale dato (la cui espressione, per altro, è superflua ai fini della determinazione della soluzione) si possono ricavare dividendo membro a membro la seconda e la terza equazione ed integrando; si ha:

$$
-dt = \left(\frac{1}{c} + \frac{1}{c(c+1)^2} \right) dc
$$

da cui, tenendo conto che

$$
\int \frac{dv}{v(v+1)^2} = \int \left(\frac{1}{v} - \frac{1}{v+1} - \frac{1}{(v+1)^2} \right) dv = \ln \frac{v}{v+1} + \frac{1}{v+1} + \text{costante},
$$

possiamo scrivere

$$
t = \tau - \ln \frac{c^2}{c+1} - \frac{1}{c+1} + k = \tau + 2x - \ln \frac{1}{c_0 e^{-x} + 1} - \frac{1}{c_0 e^{-x} + 1} + k'
$$

(dove k' è scelto in modo tale che $t(0) = \tau$). In ogni caso, come già osservato, tale calcolo non era necessario. Infatti, dal sistema caratteristico si ottiene subito che lungo le caratteristiche uscenti dal semiasse $t > 0$ si ha

$$
\left. \frac{dt}{dx} \right|_{x=0} = 1 + \frac{1}{(c_0 + 1)^2} < 2
$$

per ogni $c_0 > 0$. Come conseguenza, le caratteristiche uscenti dal semiasse $t > 0$ intersecano, almeno per τ e ξ piccoli, quelle uscenti dal semiasse $x > 0$. Considerato che le due famiglie di caratteristiche portano dati puntualmente diversi, c'è una linea di shock. Le condizioni di Rankine–Hugoniot per tale linea sono (vedi Problema 2.9)

$$
s'(x) = \frac{q(c^+) - q(c^-)}{c^+ - c^-} = 1 + \frac{1}{c_0 e^{-x} + 1}.
$$

Abbiamo

$$
\int \frac{dx}{c_0 e^{-x} + 1} = \int \frac{e^x dx}{c_0 + e^x} = \log (c_0 + e^x) + k,
$$

e quindi, essendo $s(0) = 0$, l'equazione della linea di shock è data da

$$
t = s(x) = x + \log \frac{c_0 + e^x}{c_0 + 1}.
$$

Concludendo, la soluzione è data da

$$c(x,t) = \begin{cases} 0 & 0 \le t < x + \log \dfrac{c_0 + e^x}{c_0 + 1} \\[3mm] c_0 e^{-x} & t > x + \log \dfrac{c_0 + e^x}{c_0 + 1}. \end{cases}$$

Soluzione 3.4.   La caratteristica Γ_ξ, uscente dal generico punto $(\xi, 0)$, si scrive, nel caso generale, come

$$x = \xi + q'(g(\xi))t,$$

e su Γ_ξ si ha $u(x,t) = g(\xi)$. Quindi possiamo ricavare

$$\xi = x - q'(g(\xi))t = x - q'(u(x,t))t$$

e sostituire:

$$u(x,t) = g(x - q'(u(x,t))t).$$

Essendo g di classe C^1, ed $u(x,0) = g(x)$, possiamo utilizzare il teorema del Dini per esplicitare u. Posto

$$h(x,t,u) = u - g(x - q'(u)t) = 0,$$

ciò è possibile se

$$h_u(x,t,u) = 1 - g'(x - q'(u)t)q''(u)t \ne 0.$$

Consideriamo ora la generica caratteristica Γ_ξ. Per ogni $(x,t) \in \Gamma_\xi$ si ha

$$x - q'(u)t = \xi$$

e quindi

$$h_u(x,t,u(x,t)) = 1 - g'(\xi)q''(u)t = 1 - g'(\xi)q''(g(\xi))t.$$

Si deduce che $h_u = 0$ se e solo se

$$t = \frac{1}{g'(\xi)q''(g(\xi))}.$$

L'istante di partenza della curva di shock t_s è il più piccolo t per cui vale l'equazione precedente. Se ne ricava che t_s sta sulla caratteristica che corrisponde a ξ_m, dove ξ_m realizza

$$\max_\xi g'(\xi)q''(g(\xi)).$$

Si vede quindi che condizioni sufficienti affinché parta lo shock sono

$$q'' < 0, g' < 0$$

(q è concava per ipotesi).

Soluzione 3.5.   **a)** Posto

$$x = x(t), y = y(t), z = u(x(t), y(t)),$$

il sistema caratteristico è

$$\begin{cases} x'(t) = x(t) & x(0) = s \\ y'(t) = 1 & y(0) = 0 \\ z'(t) = y(t) & z(0) = s^2 \end{cases}$$

da cui si ottiene

$$\begin{cases} x(t,s) = se^t \\ y(t,s) = t \\ z(t,s) = \frac{t^2}{2} + s^2. \end{cases}$$

Ricaviamo quindi

$$t = y, s = xe^{-y}$$

ed infine

$$u(x,t) = \frac{y^2}{2} + x^2 e^{-2y}.$$

b) Il sistema caratteristico è

$$\begin{cases} x'(t) = 1 & x(0) = 0 \\ y'(t) = -2 & y(0) = s \\ z'(t) = z(t) & z(0) = s \end{cases}$$

da cui si ottiene

$$\begin{cases} x(t,s) = t \\ y(t,s) = -2t + s \\ z(t,s) = se^t. \end{cases}$$

Ricaviamo quindi $t = x$, $s = 2x + y$ ed infine

$$u(x,t) = (2x + y)^2 e^x.$$

c) Posto

$$x = x(t), y = y(t), z = u(x(t), y(t)),$$

il sistema caratteristico si scrive come

$$\begin{cases} x'(t) = 1 & x(0) = s \\ y'(t) = 3z^2(t) & y(0) = 0 \\ z'(t) = 1 & z(0) = 0 \end{cases}$$

da cui si ottiene

$$\begin{cases} x(t,s) = t + s \\ y(t,s) = t^3 \\ z(t,s) = t. \end{cases}$$

Ricaviamo quindi $t = y^{1/3}$, da cui

$$u(x,t) = y^{1/3}.$$

Soluzione 3.6.   **a)** Posto

$$x = x(t), y = y(t), z = u(x(t), y(t)),$$

il sistema caratteristico si scrive come

$$\begin{cases} x'(t) = 1 \\ y'(t) = \sqrt{z(t)} \\ z'(t) = 1 \end{cases}$$

da cui si ottiene

$$dy = \sqrt{z}dz, \qquad dx = dz.$$

Gli integrali primi sono quindi

$$\varphi(x,y,z) = \frac{2}{3}z^{3/2} - y, \qquad \psi(x,y,z) = x - z,$$

e la soluzione generale è

$$F\left(\frac{2}{3}z^{3/2} - y, x - z\right) = 0,$$

con F arbitraria e differenziabile (e $z > 0$).

b) Il sistema caratteristico è

$$\begin{cases} x'(t) = \frac{1}{y(t)} \\ y'(t) = 1 \\ z'(t) = z^2 \end{cases}$$

da cui si ottiene

$$dy = \frac{dz}{z^2}, \qquad dx = \frac{dy}{y}.$$

Gli integrali primi sono quindi

$$\varphi(x,y,z) = y + \frac{1}{z}, \qquad \psi(x,y,z) = x - \log|y|,$$

e la soluzione generale è

$$F\left(y + \frac{1}{z}, x - \log|y|\right) = 0,$$

con F arbitraria, differenziabile (ed $yz \neq 0$).

Soluzione 3.7.   Il sistema caratteristico è

$$\begin{cases} x'(t) = y(t) & x(0) = s \\ y'(t) = -x(t) & y(0) = s \\ z'(t) = 2x(t)y(t)z(t) & z(0) = s^2, \end{cases}$$

da cui si ottiene

$$\begin{cases} x(t,s) = s(\cos t + \sin t) \\ y(t,s) = s(\cos t - \sin t) \\ z(t,s) = s^2 e^{s^2 \sin 2t}. \end{cases}$$

Si vede che

$$x^2 + y^2 = 2s^2,$$

mentre

$$x^2 - y^2 = 2s^2 \sin 2t.$$

Abbiamo quindi

$$u(x,t) = \frac{x^2 + y^2}{2} e^{(x^2+y^2)/2}.$$

Soluzione 3.8.   **a)** La famiglia di caratteristiche per l'equazione

$$xu_x - yu_y = 0$$

è data da (vedi Problema 2.20)

$$\varphi(x, y) = xy = k.$$

Scegliamo ancora $\psi(x, y) = y$. Già sappiamo che φ e ψ sono indipendenti. Operiamo il cambiamento di variabili (per $y > 0$)

$$\begin{cases} \xi &= xy \\ \eta &= y \end{cases}$$

con inverso (per $\eta > 0$) dato da $x = \xi/\eta$, $y = \eta$. Secondo le notazioni del Problema 2.19, abbiamo

$$C(\xi, \eta) = 1, \qquad F(\xi, \eta) = \eta, \qquad D(\xi, \eta) = -\eta$$

e quindi

$$w(\xi, \eta) = u(\xi/\eta, \eta)$$

risolve l'equazione

$$w_\eta - \frac{1}{\eta} w = -1.$$

Otteniamo perciò

$$w(\xi, \eta) = \eta(G(\xi) - \log \eta),$$

cioè

$$u(x, y) = y(G(xy) - \log y)$$

con G arbitraria, differenziabile.

b) Scrivendo il sistema caratteristico nella forma

$$\frac{dx}{x} = -\frac{dy}{y}, \qquad -\frac{dy}{y} = \frac{du}{y - u}.$$

La prima equazione dà l'integrale primo

$$\varphi(x, y, z) = xy.$$

La seconda, riscritta come

$$\frac{du}{dy} = -1 + \frac{u}{y},$$

dà l'integrale primo, indipendente dal precedente,

$$\psi(x, y, z) = \frac{u}{y} + \log y.$$

Poiché φ non dipende da u, possiamo scrivere la soluzione generale direttamente nella forma $\psi = G(\varphi)$ e cioè

$$\frac{u}{y} + \log y = G(xy)$$

da cui si ricava l'espressione trovata al punto a).

Soluzione 3.9. **a)** Sia (x_0, y_0) un punto di massimo globale di u in D. Se il punto (x_0, y_0) appartiene a ∂D, si ha

$$0 < a(x_0, y_0) x_0 + a(x_0, y_0) y_0 = -\gamma u(x_0, y_0)$$

per cui, essendo $\gamma > 0$, si deduce che $u(x_0, y_0) < 0$.

D'altra parte, se (x_0, y_0) è interno a D, dall'equazione differenziale si ricava $u(x_0, y_0) = 0$, essendo in questo caso

$$u_x(x_0, y_0) = u_y(x_0, y_0) = 0.$$

Concludiamo quindi che

$$\max_D u \leq 0.$$

Sia ora (x_0, y_0) un punto di minimo globale di u in D. Se il punto (x_0, y_0) appartiene a ∂D, come prima si deduce che $u(x_0, y_0) > 0$, mentre se (x_0, y_0) è interno a D, dall'equazione differenziale si ricava ancora $u(x_0, y_0) = 0$. Concludiamo quindi che

$$\min_D u \geq 0.$$

Deve quindi essere $u \equiv 0$.

b) Se $\gamma < 0$, con gli stessi ragionamenti concludiamo che il massimo globale di u è positivo ed è assunto su ∂D. Il minimo di u è zero ed è assunto in un punto interno a D. Infatti, supponiamo che sia

$$m = u(x_0, y_0) = \min_D u > 0$$

con $(x_0, y_0) \in \partial D$. Sia $x = x(t)$, $y = y(t)$ la caratteristica Γ_0 che passa per (x_0, y_0): per esempio

$$x(t_0) = y_0, y(t_0) = y_0.$$

Posto

$$z(t) = u(x(t), y(t)),$$

si ha $z(t_0) = m$ mentre

$$z'(t_0) = a(x_0, y_0) x_0 + a(x_0, y_0) y_0 > 0.$$

Questa condizione implica che per t vicino a t_0, z è strettamente crescente e i punti $(x(t), y(t))$ sulla caratteristica Γ_0, appartengono a D. Ma allora $z(t) < z(t_0)$ e m non può essere il minimo di u.

Soluzione 3.10. Si ottiene $H(S) = S - 1$, perciò il problema da risolvere è

$$\begin{cases} \sum_{i=1}^{3} e^{-x_i} S_{x_i} - S_t = 0 & \mathbf{x} \in \mathbf{R}^3, t > 0 \\ S(\mathbf{x}, 0) = f(\mathbf{x}). \end{cases}$$

Il sistema caratteristico associato è

$$\begin{cases} x_i'(v) = e^{-x_i(v)}, & i = 1, 2, 3 & x_i(0) = p_i \\ t'(v) = -1 & t(0) = 0 \\ S'(v) = 0 & S(0) = f(s_1, s_2, s_3), \end{cases}$$

da cui si ottiene

$$\begin{cases} x_i(v) = \log(v + e^{s_i}) \\ t(v) = -v \\ S(v) = f(s_1, s_2, s_3). \end{cases}$$

Possiamo ricavare

$$s_i = \log(t + e^{x_i}),$$

ottenendo infine

$$S(\mathbf{x}, t) = f(\log(t + e^{x_1}), \log(t + e^{x_2}), \log(t + e^{x_3})).$$

Soluzione 3.11. Il sistema caratteristico (ridotto) si può scrivere come

$$\begin{cases} dx = (cy - bz) \, dt \\ dy = (az - cx) \, dt \\ dz = (bx - ay) \, dt. \end{cases}$$

Per cercare di disaccoppiare le equazioni e calcolare due integrali primi, moltiplichiamo la prima equazione per a, la seconda per b e la terza per c, e sommiamo. Si ottiene

$$a \, dx + b \, dy + c \, dz = 0$$

da cui l'integrale primo

$$\varphi(x, y, z) = ax + by + cz.$$

Moltiplicando ora invece le tre equazioni per x, y e z rispettivamente, e sommando membro a membro, si ottiene

$$x \, dx + y \, dy + z \, dz = 0,$$

da cui l'integrale primo, indipendente dal precedente,

$$\psi(x, y, z) = x^2 + y^2 + z^2.$$

La soluzione generale è dunque definita da

$$u(x, y, z) = F(\varphi(x, y, z), \psi(x, y, z)) = F(ax + by + cz, x^2 + y^2 + z^2),$$

con F arbitraria, differenziabile.

   Interpretazione geometrica. Gli insiemi di livello dell'integrale primo φ, cioè gli insiemi

$$ax + by + cz = c_1,$$

costituiscono una famiglia di piani paralleli, ortogonali al versore

$$(a', b', c') = \frac{(a, b, c)}{\sqrt{a^2 + b^2 + c^2}}.$$

Gli insiemi di livello dell'integrale primo ψ, cioè

$$x^2 + y^2 + z^2 = c_2,$$

costituiscono una famiglia di sfere centrate nell'origine. La soluzione u è quindi costante sulle curve (caratteristiche) intersezione delle due famiglie, cioè sui cerchi giacenti sui piani della prima famiglia e aventi centro sulla retta r di equazione

$$\frac{x}{a'} = \frac{y}{b'} = \frac{z}{c'},$$

perpendicolare a tutti i piani della prima famiglia. Ne segue che le superfici di livello di u sono definite implicitamente da equazioni del tipo

$$a'x + b'y + c'z = G(x^2 + y^2 + z^2).$$

Tale equazione definisce, per ogni scelta di G, una superficie di rivoluzione S il cui asse di rotazione coincide con la retta r. Infatti dato un punto $P = (x, y, z)$ su S, il modulo del primo membro $|a'x + b'y + c'z|$ è uguale alla distanza di P da r, e l'equazione indica che tale distanza dipende solo dalla distanza di P dall'origine.

Soluzione 3.12.   **a)** Il modo più semplice di esprimere l'ortogonalità tra due superfici è mediante l'ortogonalità dei vettori normali. Nel caso di superfici definite come superfici di livello di una funzione w, il vettore normale è semplicemente il gradiente di w. Indichiamo con $\varphi(x, y, z) = c$ l'equazione (incognita) delle superfici ortogonali. Si deve avere

$$0 = \nabla w \cdot \nabla \varphi = w_x \varphi_x + w_y \varphi_y + w_z \varphi_z.$$

L'equazione delle caratteristiche è data da

$$\frac{dx}{w_x} = \frac{dy}{w_y} = \frac{dz}{w_z}.$$

Se φ_1, φ_2 sono due integrali primi del precedente sistema, allora la famiglia cercata ha equazione

$$F(\varphi_1(x, y, z), \varphi_2(x, y, z)) = 0.$$

b) Si tratta di una famiglia di paraboloidi di rotazione attorno all'asse z. L'equazione della famiglia ortogonale

$$\varphi(x, y, z) = c$$

è data da

$$-2x\varphi_x - 2y\varphi_y + \varphi_z = 0$$

il cui sistema caratteristico è

$$-\frac{dx}{2x} = -\frac{dy}{2y} = dz.$$

Si trovano gli integrali primi

$$\varphi_1(x, y, z) = \frac{y}{x}, \qquad \varphi_2(x, y, z) = 2z + \log y.$$

Poiché φ_1 non dipende da z, possiamo scrivere la soluzione direttamente nella forma

$$z = -\frac{1}{2}y + G\left(\frac{y}{x}\right)$$

con G arbitraria e differenziabile.

Soluzione 3.13.   Le caratteristiche dell'equazione ridotta sono le rette

$$x - vt = \xi, \qquad \xi \in \mathbf{R}.$$

Se poniamo

$$z(t) = u(vt + \xi, t)$$

otteniamo che z verifica l'equazione (ordinaria)

$$z'(t) = vu_x(vt + \xi, t) + u_t(vt + \xi, t) = -ku(vt + \xi, t) = -kz(t),$$

da cui

$$z(t) = u(vt + \xi, t) = Ce^{-kt}.$$

Si tratta di ricavare C, al variare di ξ, in funzione del dato iniziale. Se $\xi > 0$ (cioè se $x > vt$), la caratteristica corrispondente esce dal punto $(\xi, 0)$, per cui

$$z(0) = f(\xi) = f(x - vt).$$

Quindi, in questo caso,

$$u(x,t) = f(x - vt)e^{-kt}.$$

Viceversa, se $\xi < 0$, conviene per comodità scrivere

$$\tau = -\frac{\xi}{v}.$$

La generica caratteristica diviene

$$t - \frac{x}{v} = \tau, \qquad \text{per } \tau > 0.$$

Tale caratteristica esce da $(0, \tau)$, e si ha

$$z(\tau) = g(\tau) = g(t - x/v).$$

Questo implica

$$u(x,t) = g\left(t - \frac{x}{v}\right) e^{k\tau} e^{-kt} = g\left(t - \frac{x}{v}\right) e^{-kx/v}.$$

In definitiva, la soluzione è data da

$$u(x,t) = \begin{cases} f(x - vt)\exp(-kt) & x > vt \\ g\left(t - \dfrac{x}{v}\right)\exp\left(-\dfrac{kx}{v}\right) & x < vt. \end{cases}$$

Soluzione 3.14. Esattamente come nello svolgimento dell'esercizio precedente (di cui seguiamo la falsariga), le caratteristiche dell'equazione ridotta sono le rette

$$x - vt = \xi, \xi \in \mathbf{R}.$$

Poniamo

$$z(t) = u(vt + \xi, t)$$

ottenendo

$$z'(t) = vu_x(vt + \xi, t) + u_t(vt + \xi, t) = -ku^\alpha(vt + \xi, t) = -kz^\alpha(t).$$

Integrando tale equazione (ordinaria, a variabili separabili) ricaviamo

$$\frac{z^{1-\alpha}(t)}{1-\alpha} = -kt + C,$$

da cui

$$z(t) = u(vt + \xi, t) = (k(\alpha - 1)t + C')^{1/(1-\alpha)}.$$

Se $\xi > 0$, la caratteristica corrispondente esce dal punto $(\xi, 0)$, per cui

$$z(0) = f(\xi) = f(x - vt)$$

e

$$C' = [f(x - vt)]^{1-\alpha}.$$

Viceversa, se $\xi < 0$, riscriviamo la generica caratteristica come

$$t - \frac{x}{v} = \tau, \qquad \text{per } \tau > 0.$$

Tale caratteristica esce da $(0, \tau)$, e quindi

$$z(\tau) = g(\tau) = g(t - x/v),$$

da cui

$$C' = [g(t - x/v)]^{1-\alpha} - k(\alpha - 1)\tau.$$

Riepilogando, la soluzione è data da

$$u(x,t) = \begin{cases} \left\{ (\alpha - 1)kt + [f(x - vt)]^{1-\alpha} \right\}^{1/(1-\alpha)} & x > vt \\ \left\{ (\alpha - 1)\dfrac{kx}{v} + \left[g\left(t - \dfrac{x}{v}\right) \right]^{1-\alpha} \right\}^{1/(1-\alpha)} & x < vt. \end{cases}$$

Soluzione 3.15. a) Posto

$$u(x,y) = v(x) + w(y),$$

si sostituisce nell'equazione differenziale e si trova

$$a(x) v_x^2 + b(y) v_y^2 = f(x) + g(y)$$

ossia

$$a(x) v_x^2 - f(x) = -b(y) v_y^2 + g(y).$$

I due membri sono funzioni di variabili diverse e quindi sono costanti:

$$a(x) v_x^2 - f(x) = -b(y) v_y^2 + g(y) = \alpha.$$

Risolvendo separatamente le equazioni

$$a(x) v_x^2 - f(x) = \alpha$$

e

$$-b(y) v_y^2 + g(y) = \alpha,$$

si ottiene

$$u(x,y) = \int_{x_0}^{x} \sqrt{\frac{f(s) + \alpha}{a(s)}} \, ds + \int_{x_0}^{x} \sqrt{\frac{g(s) - \alpha}{b(s)}} \, ds + \beta$$

dove α, β sono costanti.

b) Nel caso

$$u_x^2 + u_y^2 = 1,$$

si ha

$$v_x^2 = 1 - w_y^2 = \alpha$$

per cui deve essere $\alpha \geq 0$. Ponendo $a = \sqrt{\alpha}$ si trova l'integrale completo

$$u(x,y) = ax + \sqrt{1 - a^2} y + \beta.$$

Soluzione 3.16. Conviene passare in coordinate polari: $x = r\cos\theta$, $y = r\sin\theta$. L'equazione per $u = u(r,\theta)$ diventa

$$u_r^2 + \frac{1}{r^2}u_\theta^2 = \frac{k}{r} - h \quad \text{ovvero} \quad r^2 u_r^2 + u_\theta^2 = kr - hr^2.$$

Col metodo dell'esercizio precedente si trova

$$u(r,\theta) = \int_0^r \sqrt{\frac{k}{s} - h - \frac{a^2}{s^2}}\,ds + a\theta + \beta, \quad a,\beta \in \mathbf{R}.$$

Soluzione 3.17. Come nel Problema 2.1 l'equazione è del tipo

$$u_t + q(u)_x = 0$$

con

$$q(u) = u^2/2 \text{ e } q'(u) = u.$$

La funzione q è convessa, ed il dato g è decrescente, quindi ci si aspetta che la soluzione generalizzata presenti un'onda d'urto uscente dal punto di tempo minimo t_0 sull'inviluppo delle caratteristiche. L'equazione della retta caratteristica uscente dal generico punto $(\xi,0)$ risulta essere

$$x = \xi + q'(g(\xi))t = \xi + g(\xi)t.$$

Ne segue che, per tempi piccoli, le caratteristiche portano il dato $u = 1$ per $\xi < 0$, ed il dato $u = 0$ per $\xi > 1$. Per $0 \le \xi \le 1$ si ha invece

$$(26) \qquad x = \xi + (1 - \xi^2)t.$$

Per calcolare l'inviluppo deriviamo la precedente equazione rispetto al parametro ξ, ottenendo

$$1 - 2\xi t = 0 \text{ ossia } \xi = \frac{1}{2t}.$$

Essendo $0 \le \xi \le 1$ si ha $t \ge 1/2$. Sostituendo nell'equazione (26), si ottiene che l'inviluppo ha equazione

$$x = t + \frac{1}{4t}.$$

Il punto con coordinata temporale minima è $t_0 = 1/2$, $x_0 = 1$ che è il punto di partenza dell'onda d'urto.

Per ricavare l'equazione di quest'ultima, usiamo le condizioni di Rankine–Hugoniot che nel nostro caso si scrivono, se $x = s(t)$ è la linea d'urto,

$$s'(t) = \frac{q(u^+(s(t),t)) - q(u^-(s(t),t))}{u^+(s(t),t) - u^-(s(t),t)} = \frac{1}{2}[u^+(s(t),t) + u^-(s(t),t)].$$

In prossimità del punto $(1, 1/2)$ si ha $u^+ = 0$. Per ricavare u^-, notiamo che un punto (x,t) sulla linea d'urto si trova sulla caratteristica

$$x = \xi + (1 - \xi^2)t$$

con[5]

$$\xi = \frac{1 - \sqrt{1 + 4t^2 - 4xt}}{2t}.$$

Su questa caratteristica,

$$u^-(x,t) = 1 - \xi^2 = \frac{2tx - 1 + \sqrt{1 + 4t^2 - 4xt}}{2t^2}.$$

Abbiamo dunque per la linea d'urto, finché non interseca la caratteristica $x = t$, il problema di Cauchy

$$s'(t) = \frac{2tx - 1 + \sqrt{1 + 4t^2 - 4xt}}{2t^2}, \qquad s\,(1/2) = 1$$

che va risolto numericamente[6].

Quando l'onda d'urto uscente da $(1, 1/2)$ interseca la caratteristica $x = t$, il valore di u^- è uguale a 1, per cui l'onda d'urto procede con velocità

$$s'\,(t) = 1/2$$

ed è una semiretta.

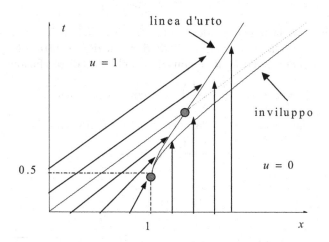

Figura 19.

---

[5]E non

$$\xi = \frac{1 + \sqrt{1 + 4t^2 - 4tx}}{2t}.$$

Perché?

[6]Si può mostrare che il problema di Cauchy ha una e una sola soluzione uscente dal punto $(1, 1/2)$.

Soluzione 3.18. Confrontando con il Problema 2.11 abbiamo

$$q(u) = u + f(u) = u + \frac{u}{1+u}$$

ed il problema da risolvere è dato da

$$\begin{cases} u_x + \left(1 + \dfrac{1}{(1+u)^2}\right) u_t = 0 & x > 0,\, t > 0 \\ u(x,0) = 0 & x > 0 \\ u(0,t) = g(t) & t > 0, \end{cases}$$

dove

$$g(t) = \begin{cases} c_0 & 0 \le t < 1 \\ 0 & t > 1. \end{cases}$$

Le caratteristiche sono le rette

$$t = \left(1 + \frac{1}{(1+u)^2}\right) x + \tau.$$

In particolare:

- le caratteristiche uscenti da $(\xi, 0)$ sono date da $t = 2(x - \xi)$;
- le caratteristiche uscenti da $(0, \tau)$, con $\tau > 1$, sono date da $t = 2x + \tau$;
- le caratteristiche uscenti da $(0, \tau)$, con $0 < \tau < 1$, sono date da

$$t = \left(1 + \frac{1}{(1+c_0)^2}\right) x + k.$$

Osserviamo che la pendenza delle caratteristiche dell'ultima famiglia è minore di 2. Ne deduciamo la presenza di un'onda di rarefazione centrata in $(0,1)$ e di una linea d'urto uscente dall'origine. L'equazione dell'onda di rarefazione è definita da

$$u(x,t) = R\left(\frac{t-1}{x}\right), \qquad \text{con } R(s) = (q')^{-1}(s)$$

nella zona di piano a sinistra della linea di shock, delimitata da

$$2 < \frac{t-1}{x} < 1 + \frac{1}{(1+c_0)^2}.$$

Poiché

$$(q')^{-1}(s) = (s-1)^{-1/2} - 1,$$

otteniamo

$$u(x,t) = R\left(\frac{t-1}{x}\right) = \left(\frac{t-1}{x} - 1\right)^{-1/2} - 1 = \sqrt{\frac{x}{t-x-1}} - 1.$$

Per quanto riguarda lo shock, vicino all'origine abbiamo

$$u^+ = 0 \,e\, u^- = c_0.$$

Le condizioni di Rankine–Hugoniot forniscono quindi

$$\frac{dt}{dx} = \frac{q(u^+) - q(u^-)}{u^+ - u^-} = 1 + \frac{1}{1+c_0},$$

da cui l'equazione della linea d'urto

$$t = \left(1 + \frac{1}{1 + c_0}\right) x.$$

Lo shock procede rettilineo fino all'intersezione con la caratteristica uscente da $(0, 1)$, cioè la retta

$$t = \left(1 + \frac{1}{(1 + c_0)^2}\right) x + 1.$$

Il punto di intersezione ha coordinate

$$(x_0, t_0) = \left(\frac{(1 + c_0)^2}{c_0}, \frac{2 + 3c_0 + c_0^2}{c_0}\right).$$

Dopo tale punto, in particolare per $t > x + 1$, si ha sempre $u^+ = 0$, ma stavolta, a sinistra lo shock interagisce con l'onda di rarefazione

$$u^- = \sqrt{\frac{x}{t - x - 1}} - 1.$$

L'equazione differenziale per la linea d'urto è quindi

$$\frac{dt}{dx} = 1 + \frac{1}{1 + u^-} = 1 + \sqrt{\frac{t - x - 1}{x}}.$$

La forma del secondo membro dell'equazione differenziale ci suggerisce la sostituzione

$$z(x) = t(x) - x - 1$$
$$z'(x) = t'(x) - 1.$$

Tenendo conto che

$$t(x_0) = t_0,$$

otteniamo che z risolve il problema

$$\begin{cases} \dfrac{dz}{dx} = \sqrt{\dfrac{z}{x}} \\ z\left(\dfrac{(1 + c_0)^2}{c_0}\right) = \dfrac{1}{c_0}. \end{cases}$$

Separando le variabili nell'equazione ed integrando tra x_0 ed x otteniamo

$$\sqrt{z} - \sqrt{\frac{1}{c_0}} = \sqrt{x} - \sqrt{\frac{(1 + c_0)^2}{c_0}},$$

vale a dire

$$\sqrt{t - x - 1} = \sqrt{x} - \sqrt{c_0}$$

ed infine l'arco di parabola

$$t = 2x - 2\sqrt{c_0 x} + 1 + c_0.$$

Riassumendo, la linea d'urto Γ è data da:

$$t = \begin{cases} \left(1 + \frac{1}{1 + c_0}\right) x & 0 \leq x \leq \frac{(1 + c_0)^2}{c_0} \\ 2x - 2\sqrt{c_0 x} + 1 + c_0 & x \geq \frac{(1 + c_0)^2}{c_0} \end{cases}$$

Si controlla facilmente che Γ è una curva di classe $C^1(\mathbf{R}^+)$.

La soluzione è **nulla a destra** di Γ. A **sinistra** di Γ si ha (figura):

$$u(x,t) = \begin{cases} c_0 & \left(1 + \frac{1}{1+c_0}\right)x < t \le \left(1 + \frac{1}{(1+c_0)^2}\right)x + 1, \\ \sqrt{\dfrac{x}{t - x - 1}} - 1 & \left(1 + \frac{1}{(1+c_0)^2}\right)x + 1 \le t \le 2x + 1, \\ 0 & t \ge 2x + 1. \end{cases}$$

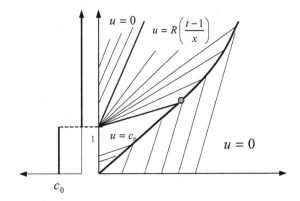

Figura 20.

4
Onde

1. Richiami di teoria

Il riferimento teorico per i problemi e gli esercizi contenuti in questo capitolo è [S], Capitolo 5. Richiamiamo alcuni risultati di uso frequente in relazione all'equazione delle onde e delle equazioni generali del secondo ordine in due variabili.

- *Problema di Cauchy globale (d=1)*: determinare $u = u(x, t)$ tale che

$$\begin{cases} u_{tt} - c^2 u_{xx} = 0 & x \in \mathbf{R}, \, t > 0 \\ u(x, 0) = g(x), \quad u_t(x, 0) = h(x) & x \in \mathbf{R}. \end{cases}$$

La soluzione è data dalla *formula di D'Alembert*

$$(1) \qquad u(x, t) = \frac{1}{2}[g(x + ct) + g(x - ct)] + \frac{1}{2c} \int_{x-ct}^{x+ct} h(y) \, dy.$$

Se $g \in C^2(\mathbf{R})$ e $h \in C^1(\mathbf{R})$, u è di classe C^2 nel semispazio $\mathbf{R} \times [0, \infty)$: non c'è alcun effetto regolarizzante. La soluzione si presenta nella forma

$$F(x - ct) + G(x + ct)$$

e cioè come sovrapposizione di due onde progressive che si propagano con velocità c in direzioni opposte. Le informazioni sui dati si propagano lungo le rette

$$x \pm ct = \text{costante}$$

che prendono il nome di *caratteristiche*. In particolare, il valore della soluzione nel punto (x, t) dipende solo dal valore di g agli estremi dell'intervallo $[x - ct, x + ct]$ e da quelli di h in tutto l'intervallo.

• *Classificazione delle equazioni lineari del secondo ordine.* Data un'equazione generale del tipo

$$au_{tt} + 2bu_{xt} + cu_{xx} + du_t + eu_x + hu = f$$

si dice *parte principale* dell'operatore differenziale a primo membro il complesso dei termini del secondo ordine

$$a(x,t)\partial_{tt} + 2b(x,t)\partial_{xt} + c(x,t)\partial_{xx}.$$

In riferimento ad un dominio Ω del piano xt, l'equazione si dice

a) **iperbolica** se $b^2 - ac > 0$,

b) **parabolica** se $b^2 - ac = 0$,

c) **ellittica** se $b^2 - ac < 0$.

Se l'equazione è iperbolica allora l'equazione possiede due famiglie di caratteristiche reali le cui equazioni, del tipo $\phi(x, y) = $ costante, risolvono l'equazione

$$a\phi_x^2 + 2b\phi_x\phi_y + c\phi_y^2 = 0.$$

Se l'equazione è parabolica allora ammette una sola famiglia di caratteristiche reali, che verificano la medesima equazione. Se l'equazione è ellittica, non possiede caratteristiche reali.

• *Problema di Cauchy globale (d = n).* In dimensione $n \geq 2$, il problema di Cauchy globale si scrive come

$$\begin{cases} u_{tt} - c^2\Delta u = 0 & \mathbf{x} \in \mathbf{R}^n, t > 0 \\ u(\mathbf{x},0) = g(\mathbf{x}), \quad u_t(\mathbf{x},0) = h(\mathbf{x}) & \mathbf{x} \in \mathbf{R}^n. \end{cases}$$

Se $n = 3$, $g \in C^3(\mathbf{R}^3)$ e $h \in C^2(\mathbf{R}^3)$ allora l'unica soluzione del problema, di classe C^2 nel semispazio $\mathbf{R}^3 \times [0, +\infty)$, è assegnata dalla **formula di Kirchhoff**

$$u(\mathbf{x},t) = \frac{\partial}{\partial t}\left[\frac{1}{4\pi c^2 t}\int_{\{|\mathbf{x}-\boldsymbol{\sigma}|=ct\}} g(\boldsymbol{\sigma})\,d\sigma\right] + \frac{1}{4\pi c^2 t}\int_{\{|\mathbf{x}-\boldsymbol{\sigma}|=ct\}} h(\boldsymbol{\sigma})\,d\sigma.$$

Se $n = 2$, $g \in C^3(\mathbf{R}^2)$ e $h \in C^2(\mathbf{R}^2)$ allora l'unica soluzione del problema, di classe C^2 nel semispazio $\mathbf{R}^2 \times [0, +\infty)$, è assegnata dalla **formula di Poisson**

$$u(\mathbf{x},t) = \frac{1}{2\pi c}\left\{\frac{\partial}{\partial t}\int_{\{|\mathbf{x}-\boldsymbol{\sigma}|\leq ct\}} \frac{g(\mathbf{y})}{\sqrt{c^2 t^2 - |\mathbf{x}-\mathbf{y}|^2}}d\mathbf{y} + \int_{\{|\mathbf{x}-\boldsymbol{\sigma}|\leq ct\}} \frac{h(\mathbf{y})}{\sqrt{c^2 t^2 - |\mathbf{x}-\mathbf{y}|^2}}\right.$$

• *Domini di dipendenza.* Se $n = 3$, la formula di Kirchhoff indica che $u(\mathbf{x},t)$ dipende dal valore dei dati solo sulla **superficie sferica**

$$\{\boldsymbol{\sigma} \in \mathbf{R}^3 : |\mathbf{x} - \boldsymbol{\sigma}| = ct\}.$$

In dimensione $n = 2$, la soluzione nel punto $(\mathbf{x},t)$ dipende dal valore dei dati in tutto il cerchio

$$\{\mathbf{y} \in \mathbf{R}^2 : |\mathbf{x} - \mathbf{y}| \leq ct\}.$$

2. Problemi risolti

- **2.1 − 2.11 :**   Onde e vibrazioni monodimensionali.
- **2.12 − 2.16 :**   Riduzione a forma canonica. Problemi di Cauchy e Goursat.
- **2.17 − 2.22 :**   Problemi in più dimensioni.

2.1. Onde e vibrazioni monodimensionali

> **Problema 2.1.** (Corda pizzicata). *Una corda di chitarra (inizialmente in quiete) viene pizzicata nel suo punto medio e poi rilasciata. Supponendo che la densità della corda sia ρ e che la sua tensione sia τ, formulare il modello matematico ed esprimere la soluzione come sovrapposizione di onde stazionarie.*

Soluzione

Indichiamo con L la lunghezza della corda, che immaginiamo disposta, quando è a riposo, sul segmento dell'asse x di estremi 0 ed L. Denotiamo con $u(x,t)$ lo spostamento trasversale dalla posizione di equilibrio del punto di ascissa x all'istante t e sia a lo spostamento del punto $x = L/2$ dalla sua posizione di equilibrio all'istante iniziale. La configurazione iniziale della corda pizzicata nel suo punto medio è allora descritta dalla funzione

$$g(x) = a - \frac{2a}{L}\left|x - \frac{L}{2}\right|.$$

Se a è piccolo rispetto alla lunghezza della corda stessa e se trascuriamo il peso della corda, u è soluzione dell'equazione

$$u_{tt} - c^2 u_{xx} = 0$$

dove $c = \sqrt{\tau/\rho}$ rappresenta la velocità di propagazione delle onde lungo la corda. Gli estremi fissi impongono condizioni di Dirichlet omogenee agli estremi della corda, mentre il fatto che inizialmente sia in quiete ci indica che la velocità iniziale è nulla. In conclusione, il modello matematico è il seguente:

$$\begin{cases} u_{tt} - c^2 u_{xx} = 0 & 0 < x < L,\, t > 0 \\ u(0,t) = u(L,t) = 0 & t \geq 0 \\ u(x,0) = g(x),\, u_t(x,0) = 0 & 0 \leq x \leq L. \end{cases}$$

Per rappresentare la soluzione del problema come sovrapposizione di onde stazionarie utilizziamo il metodo di separazione delle variabili. Cerchiamo quindi soluzioni (non nulle) del tipo $u(x,t) = v(x)w(t)$. Sostituendo nell'equazione e separando le variabili, possiamo scrivere

$$\frac{1}{c^2}\frac{w''(t)}{w(t)} = \frac{v''(x)}{v(x)}.$$

Otteniamo che i due membri devono essere identicamente uguali ad una costante $\lambda \in \mathbf{R}$. In particolare, tenendo conto anche delle condizioni di Dirichlet, v deve risolvere il problema agli autovalori

$$\begin{cases} v''(x) - \lambda v(x) = 0 & 0 < x < L \\ v(0) = v(L) = 0. \end{cases}$$

È facile controllare che tale problema ammette solo la soluzione nulla se $\lambda \geq 0$. Per $\lambda < 0$ l'integrale generale dell'equazione è dato da

$$v(x) = C_1 \cos\left(x\sqrt{-\lambda}\right) + C_2 \sin\left(x\sqrt{-\lambda}\right).$$

Imponendo le condizioni agli estremi otteniamo $C_1 = 0$ e

$$\sin\left(L\sqrt{-\lambda}\right) = 0$$

per cui il problema ammette soluzioni non banali se e solo se $L\sqrt{-\lambda} = k\pi$, con $k = 1, 2, \ldots$ Abbiamo quindi ottenuto le infinite soluzioni

$$v_k(x) = \sin\left(\frac{k\pi}{L}x\right), \qquad \text{con } \lambda_k = -\frac{k^2\pi^2}{L^2}, \qquad k = 1, 2, \ldots .$$

Le corrispondenti w_k soddisfano perciò l'equazione

$$w_k''(t) + \frac{c^2 k^2 \pi^2}{L^2} w_k(t) = 0,$$

da cui si ottiene

$$w_k(t) = a_k \cos\left(\frac{ck\pi}{L}t\right) + b_k \sin\left(\frac{ck\pi}{L}t\right).$$

Le onde stazionarie

$$u_k(x,t) = w_k(t)v_k(x)$$

costituiscono *i modi normali di vibrazione della corda*, ciascuno con frequenza

$$\nu_k = ck/2L.$$

Rappresentiamo la soluzione del problema di partenza come sovrapposizione di infiniti modi normali di oscillazione:

$$u(x,t) = \sum_{k=1}^{+\infty} \left[a_k \cos\left(\frac{ck\pi}{L}t\right) + b_k \sin\left(\frac{ck\pi}{L}t\right) \right] \sin\left(\frac{k\pi}{L}x\right).$$

Supponendo di poter derivare membro a membro, otteniamo

$$u_t(x,t) = \sum_{k=1}^{+\infty} \frac{ck\pi}{L} \left[-a_k \sin\left(\frac{ck\pi}{L}t\right) + b_k \cos\left(\frac{ck\pi}{L}t\right) \right] \sin\left(\frac{k\pi}{L}x\right).$$

Imponendo le condizioni iniziali ricaviamo che deve essere, per $0 \leq x \leq L$,

$$\sum_{k=1}^{+\infty} a_k \sin\left(\frac{k\pi}{L}x\right) = g(x), \qquad \sum_{k=1}^{+\infty} \frac{ck\pi}{L} b_k \sin\left(\frac{k\pi}{L}x\right) = 0.$$

Di conseguenza $b_k = 0$ per ogni k, mentre possiamo calcolare gli a_k sviluppando in serie di Fourier di soli seni il dato g in $[0, L]$. L'espressione formale della soluzione è quindi data da

$$(2) \qquad u(x,t) = \sum_{k=1}^{+\infty} a_k \cos\left(\frac{ck\pi}{L}t\right) \sin\left(\frac{k\pi}{L}x\right)$$

con

$$a_k = \frac{2}{L} \int_0^L g(x) \sin\left(\frac{k\pi}{L}x\right) dx.$$

Sfruttando la simmetria del dato iniziale rispetto ad $x = L/2$ e l'identità elementare

$$\sin(k\pi - \alpha) = (-1)^{k+1} \sin\alpha,$$

otteniamo

$$a_k = \begin{cases} \dfrac{4}{L} \displaystyle\int_0^{L/2} \dfrac{2a}{L} x \sin\left(\dfrac{k\pi}{L}x\right) dx & k \text{ dispari} \\ 0 & k \text{ pari}, \end{cases}$$

per cui, posto $k = 2h + 1$, si ha:

$$a_{2h+1} =$$
$$= \frac{8a}{L^2}\left[\frac{-Lx}{(2h+1)\pi} \cos\left(\frac{(2h+1)\pi}{L}x\right)\Big|_0^{L/2} + \frac{L}{(2h+1)\pi}\int_0^{L/2}\cos\left(\frac{(2h+1)\pi}{L}x\right) dx \right]$$
$$= \frac{8a}{L^2}\left[-\frac{L^2}{2(2h+1)\pi}\cos\left((2h+1)\frac{\pi}{2}\right) + \frac{L^2}{(2h+1)^2\pi^2}\sin\left((2h+1)\frac{\pi}{2}\right) \right]$$
$$= \frac{8a}{(2h+1)^2\pi^2}(-1)^h.$$

In definitiva

$$u(x,t) = \frac{8a}{\pi^2}\sum_{h=0}^{+\infty} \frac{(-1)^h}{(2h+1)^2}\cos\left(\frac{c\pi(2h+1)}{L}t\right)\sin\left(\frac{(2h+1)\pi}{L}x\right).$$

Si noti che la convergenza della serie è uniforme in $[0, L]$ (per il criterio di Weierstrass) ma che le derivate seconde in x e t non si possono calcolare mediante derivazione sotto il segno di somma. Ciò è conseguenza del fatto che il dato iniziale g non è regolare, avendo un punto angoloso in $x = L/2$. La formula definisce solo formalmente la soluzione del problema in senso classico. La definisce però certamente nel senso delle distribuzioni (si veda il Capitolo 6).

Problema 2.2. (Riflessione di onde progressive). *Si consideri il problema*

$$\begin{cases} u_{tt} - c^2 u_{xx} = 0 & 0 < x < L, t > 0 \\ u(x,0) = g(x), \quad u_t(x,0) = 0 & 0 \leq x \leq L \\ u(0,t) = u(L,t) = 0 & t \geq 0. \end{cases}$$

a) *Definendo opportunamente il dato iniziale g al di fuori dell'intervallo* $[0, L]$, *utilizzare la formula di d'Alembert per rappresentare la soluzione come sovrapposizione di onde progressive.*

b) *Esaminare il significato fisico del risultato e la sua relazione col metodo di separazione di variabili.*

Soluzione

a) L'idea è quella di estendere la definizione dei dati di Cauchy a tutto $\mathbf{R}$, in modo tale che il problema di Cauchy globale corrispondente abbia una soluzione che si annulla sulle rette $x = 0$, $x = L$. Restringendo tale soluzione sulla striscia $[0, L] \times \{t > 0\}$ otterremo la soluzione del problema dato. Se indichiamo con $\tilde{g}$ e $\tilde{h}$ le estensioni così ottenute dei dati di Cauchy, il problema di Cauchy globale da risolvere è

$$\begin{cases} u_{tt} - c^2 u_{xx} = 0 & x \in \mathbf{R}, t > 0 \\ u(x,0) = \tilde{g}(x) & x \in \mathbf{R} \\ u_t(x,0) = \tilde{h}(x) & x \in \mathbf{R} \end{cases}$$

e la soluzione è data dalla formula di D'Alembert

$$u(x,t) = \frac{1}{2} \left[\tilde{g}(x - ct) + \tilde{g}(x + ct) \right] + \frac{1}{2c} \int_{x-ct}^{x+ct} \tilde{h}(s) \, ds.$$

Siccome u soddisfa automaticamente l'equazione della corda vibrante (almeno formalmente), dobbiamo scegliere $\tilde{g}$ e $\tilde{h}$ in modo da soddisfare le condizioni iniziali e agli estremi. Nel nostro caso, l'estensione più semplice di h consiste nel porre $\tilde{h} = 0$. Per l'estensione di g, deve quindi essere

$$\begin{cases} u(x,0) = \tilde{g}(x) = g(x) & 0 \leq x \leq L \\ u(0,t) = \dfrac{1}{2} \left[\tilde{g}(-ct) + \tilde{g}(ct) \right] = 0 & t > 0 \\ u(L,t) = \dfrac{1}{2} \left[\tilde{g}(L - ct) + \tilde{g}(L + ct) \right] = 0 & t > 0. \end{cases}$$

Ne segue che, per ogni s,

(3) $$\tilde{g}(s) = -\tilde{g}(-s), \qquad \tilde{g}(L + s) = -\tilde{g}(L - s).$$

La prima condizione indica che $\tilde{g}$ *deve* essere una funzione **dispari**. Dalla seconda condizione, abbiamo

$$\tilde{g}(s + 2L) = \tilde{g}(L + (L + s)) = -\tilde{g}(L - (L + s)) = -\tilde{g}(-s) = \tilde{g}(s),$$

e quindi $\tilde{g}$ è una funzione $2L$–**periodica**. Possiamo perciò definire $\tilde{g}$ come la funzione $2L$–periodica tale che

$$\tilde{g}(s) = \begin{cases} g(s) & 0 < s < L \\ -g(-s) & -L < s < 0. \end{cases}$$

La soluzione del problema originale è dunque data da

(4) $$u(x,t) = \frac{1}{2}\left[\tilde{g}(x-ct) + \tilde{g}(x+ct)\right] \qquad \text{per } 0 \le x \le L,\, t \ge 0.$$

- *Significato fisico della* (4). Suddividiamo la striscia $[0,L] \times [0,+\infty)$ in regioni delimitate da segmenti di caratteristica, come in Figura 1. Analizziamo la formula

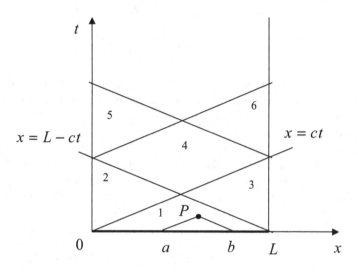

Figura 1.

(4) cominciando dai punti P nella regione 1. Sia $P = (x_0, t_0)$. Le caratteristiche *diretta* e *inversa* uscenti da P intersecano l'asse x nei punti $a = x_0 - ct_0$ e $b = x_0 + ct_0$, rispettivamente. Essendo a e b nell'intervallo $[0,L]$, si ha

$$u(x_0,t_0) = \frac{1}{2}\left[\tilde{g}(x_0+ct_0) + \tilde{g}(x_0-ct_0)\right] = \frac{1}{2}\left[g(x_0+ct_0) + g(x_0-ct_0)\right]$$

e la perturbazione in P è la media delle onde *diretta* ed *inversa* determinate dal dato in a e b.

Sia ora $P = (x_0, t_0)$ nella regione 2. Il punto $b = x_0 + ct_0$, piede della caratteristica *inversa* uscente da P, appartiene all'intervallo $[0,L]$ per cui $\tilde{g}(x_0+ct_0) = g(x_0 + ct_0)$. La caratteristica *diretta* uscente da P interseca l'asse x nel punto $-a = x_0 - ct_0 < 0$. Poiché $\tilde{g}$ è dispari abbiamo che $\tilde{g}(-a) = -\tilde{g}(a) = -g(a)$ ossia

$$\tilde{g}(x_0 - ct_0) = -g(-x_0 + ct_0).$$

L'interpretazione è che il valore $\tilde{g}(x_0 - ct_0)$ si ottiene da un'onda *inversa* determinata dal dato nel punto a, che raggiunge l'estremo sinistro della corda al tempo

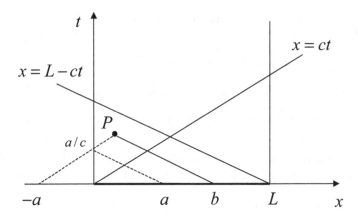

Figura 2.

$t = a/c$, subisce una riflessione con cambio di segno, e mantiene questo valore fino al tempo t_0. Il valore $u\,(x_0, t_0)$ è dunque determinato *dalla media di un'onda inversa uscente da b e da un'onda inversa uscente da a, riflessa in $(0, a/c)$ e cambiata di segno* (Figura 2).

Il ragionamento è analogo per i punti $P = (x_0, t_0)$ appartenenti alla regione 3. Il punto $a = x_0 - ct_0$, piede della caratteristica *diretta* uscente da P, appartiene all'intervallo $[0, L]$ per cui $\tilde{g}(x_0 - ct_0) = g(x_0 - ct_0)$. La caratteristica *inversa* uscente da P interseca l'asse x nel punto $b = x_0 + ct_0 > L$. Dalla seconda delle (3) si ha che

$$\tilde{g}(x_0 + ct_0) = -\tilde{g}(2L - x_0 - ct_0) = -g(2L - x_0 - ct_0).$$

Stavolta il valore $\tilde{g}(x_0 - ct_0)$ si ottiene da un'onda *diretta* determinata dal dato nel punto $2L - b$, che raggiunge l'estremo destro della corda al tempo $t = (b - L)/c$,

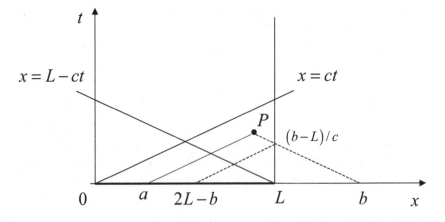

Figura 3.

subisce una riflessione con cambio di segno e mantiene questo valore fino al tempo t_0.

Il valore $u(x_0, t_0)$ è dunque determinato *dalla media di un'onda diretta uscente da a e da un'onda diretta uscente da $2L - b$, riflessa in $(0, (b - L)/c)$ e cambiata di segno* (Figura 3).

In riferimento alle Figure 4, dovrebbe ora essere chiaro il significato fisico del valore di u nei punti delle altre regioni.Per esempio, il valore in un punto della regione 5 è determinato dalla media tra un'onda diretta che subisce una riflessione con cambio di segno nell'estremo destro della corda e un'onda diretta che subisce due riflessioni con cambio di segno, prima nell'estremo destro poi in quello sinistro.

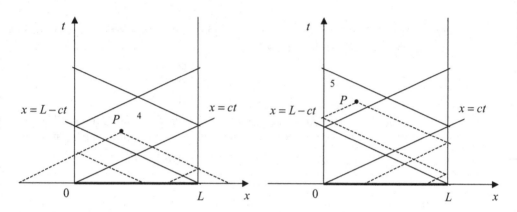

Figura 4.

• *Relazione col metodo di separazione delle variabili.* La formula (4) si può ottenere anche con il metodo di separazione delle variabili. Infatti, procedendo come nel Problema 2.1, supponendo che g sia sviluppabile in serie di soli seni nell'intervallo $[0, L]$, la soluzione è assegnata dalla formula

(5)
$$u(x,t) = \sum_{k=1}^{+\infty} a_k \cos\left(\frac{ck\pi}{L}t\right) \sin\left(\frac{k\pi}{L}x\right)$$

con

$$a_k = \frac{2}{L} \int_0^L g(x) \sin\left(\frac{k\pi}{L}x\right) dx.$$

Ora, gli a_k sono i coefficienti di Fourier di una funzione $2L$–periodica, dispari, e che coincide con g su $[0, L]$. In altre parole, con le notazioni introdotte,

(6)
$$\sum_{k=1}^{+\infty} a_k \sin\left(\frac{k\pi}{L}s\right) = \tilde{g}(s), \qquad \text{per ogni } s \in \mathbf{R}.$$

D'altra parte, utilizzando le formule di Werner, la (5) si riscrive come

$$u(x,t) = \sum_{k=1}^{+\infty} a_k \frac{1}{2}\left[\sin\left(\frac{k\pi}{L}x + \frac{ck\pi}{L}t\right) + \sin\left(\frac{k\pi}{L}x - \frac{ck\pi}{L}t\right)\right] =$$

$$= \frac{1}{2}\left[\sum_{k=1}^{+\infty} a_k \sin\left(\frac{k\pi}{L}(x+ct)\right) + \sum_{k=1}^{+\infty} a_k \sin\left(\frac{k\pi}{L}(x-ct)\right)\right],$$

e dalla (6) si deduce la (4).

Problema 2.3. (Equipartizione dell'energia). *Sia* u *la soluzione del problema (di Cauchy globale) della corda vibrante*

$$\begin{cases} \rho u_{tt} - \tau u_{xx} = 0 & x \in \mathbf{R},\, t > 0 \\ u(x,0) = g(x) & x \in \mathbf{R} \\ u_t(x,0) = h(x) & x \in \mathbf{R}. \end{cases}$$

Supponiamo che g *ed* h *siano funzioni regolari, nulle fuori da un intervallo chiuso e limitato* $[a,b]$. *Dimostrare che, dopo un tempo* T *abbastanza lungo, si ha*

$$E_{cin}(t) = E_{pot}(t) \qquad \text{per ogni } t \geq T.$$

Soluzione

Ricordiamo le espressioni dell'energia cinetica e potenziale associate alle piccole vibrazioni trasversali di una corda elastica infinita[1]:

$$E_{cin} = \frac{1}{2}\int_{\mathbf{R}} \rho u_t^2\, dx, \qquad E_{pot} = \frac{1}{2}\int_{\mathbf{R}} \tau u_x^2\, dx,$$

dove ρ rappresenta la densità lineare di massa, τ la tensione (costante lungo la corda), e $c = \sqrt{\tau/\rho}$ è la velocità dell'onda lungo la corda. Scriviamo la formula di D'Alembert come

$$u(x,t) = F(x+ct) + G(x-ct),$$

dove

$$F(s) = \frac{1}{2}\left[g(s) + \frac{1}{c}\int_0^s h(v)\, dv\right], \qquad G(s) = \frac{1}{2}\left[g(s) - \frac{1}{c}\int_0^s h(v)\, dv\right].$$

Abbiamo

$$u_x(x,t) = F'(x+ct) + G'(x-ct), \qquad u_t(x,t) = c\left[F'(x+ct) - G'(x-ct)\right],$$

---

[1]vedi [S], Capitolo 5, Sezione 2.2.

e quindi

$$
\begin{aligned}
E_{pot} &= \frac{1}{2} \int_{\mathbf{R}} \tau \left[F'(x+ct) + G'(x-ct) \right]^2 dx = \\
&= \frac{1}{2} \int_{\mathbf{R}} \tau \left[(F'(x+ct))^2 + (G'(x-ct))^2 + 2F'(x+ct)G'(x-ct) \right] dx \\
E_{cin} &= \frac{1}{2} \int_{\mathbf{R}} c^2 \rho_0 \left[F'(x+ct) - G'(x-ct) \right]^2 dx = \\
&= \frac{1}{2} \int_{\mathbf{R}} \tau \left[(F'(x+ct))^2 + (G'(x-ct))^2 - 2F'(x+ct)G'(x-ct) \right] dx.
\end{aligned}
$$

Per dimostrare la tesi basta dunque controllare che, per t sufficientemente grande, il prodotto $F'(x+ct)G'(x-ct)$ è identicamente nullo. Sfruttiamo il fatto che i dati sono nulli fuori dall'intervallo $[a, b]$: se $F'(x+ct) \neq 0$ allora

$$
(7) \qquad\qquad a < x + ct < b;
$$

allo stesso modo, se $G'(x-ct) \neq 0$ allora

$$
(8) \qquad\qquad a < x - ct < b.
$$

Otteniamo che $F'(x+ct)G'(x-ct) \neq 0$ implica, sottraendo membro a membro le disuguaglianze (7), (8),

$$
a - b < 2ct < b - a.
$$

Ne segue che, per

$$
t > T = \frac{b-a}{2c},
$$

il prodotto è nullo e le energie cinetica e potenziale sono uguali.

Problema 2.4. (Problema di Cauchy globale – impulsi). *Risolvere il problema di Cauchy globale*

$$
\begin{cases}
u_{tt} - c^2 u_{xx} = 0 & x \in \mathbf{R}, \ t > 0 \\
u(x,0) = g(x) & x \in \mathbf{R} \\
u_t(x,0) = h(x) & x \in \mathbf{R}
\end{cases}
$$

con i seguenti dati iniziali.
  a) $g(x) = 1$ se $|x| < a$, $g(x) = 0$ se $|x| > a$; $h(x) = 0$.
  b) $g(x) = 0$; $h(x) = 1$ se $|x| < a$, $h(x) = 0$ se $|x| > a$.

Soluzione

a) Essendo h nulla, la formula di D'Alembert si scrive, in questo caso,

$$
u(x,t) = \frac{1}{2} \left[g(x+ct) + g(x-ct) \right].
$$

Occorre quindi distinguere le zone di piano in cui $|x \pm ct| \gtrless a$. Abbiamo i seguenti casi, che corrispondono alle regioni in Figura 5, a partire da destra.
  • $x > a + ct$. Allora, a maggior ragione, $x > a - ct$, ed $u(x,t) = 0$.

- $\max\{a - ct, -a + ct\} < x < a + ct$. In questo caso, $g(x - ct) = 1$ e $g(x + ct) = 0$. Ne segue $u(x, t) = 1/2$.
- $\min\{a - ct, -a + ct\} < x < \max\{a - ct, -a + ct\}$. Ambedue i contributi sono positivi e $u(x, t) = 1$.
- $-a - ct < x < \min\{a - ct, -a + ct\}$. Stavolta $g(x - ct) = 0$ e $g(x + ct) = 1$, per cui $u(x, t) = 1/2$.
- $x < -a - ct$. Ciò implica $x < -a + ct$ ed $u(x, t) = 0$.

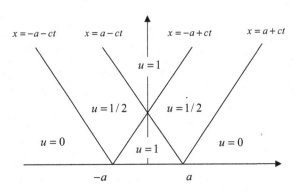

Figura 5.

b) Stavolta abbiamo

$$u(x, t) = \frac{1}{2c} \int_{x-ct}^{x+ct} h(s)\,ds.$$

Ragionando per casi come nel precedente punto abbiamo (Figura 6):

- $x > a + ct$. Allora $u(x, t) = 0$.
- $\max\{a - ct, -a + ct\} < x < a + ct$. Si ha

$$u(x, t) = \frac{1}{2c} \int_{x-ct}^{a} ds = \frac{a - x + ct}{2c}.$$

- $-a + ct < x < a - ct$ (e quindi $t < a/c$). Si ha

$$u(x, t) = \frac{1}{2c} \int_{x-ct}^{x+ct} ds = t.$$

- $a - ct < x < -a + ct$ (e quindi $t > a/c$). Si ha

$$u(x, t) = \frac{1}{2c} \int_{-a}^{a} ds = \frac{a}{c}.$$

- $-a - ct < x < \min\{a - ct, -a + ct\}$. Si ha

$$u(x, t) = \frac{1}{2c} \int_{-a}^{x+ct} ds = \frac{x + ct + a}{2c}.$$

- $x < -a - ct$. Ne segue $u(x, t) = 0$.

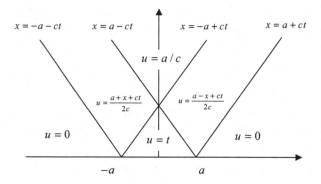

Figura 6.

Problema 2.5. (Vibrazioni forzate). *È dato il problema*

$$\begin{cases} u_{tt} - u_{xx} = f(x,t) & 0 < x < L, \, t > 0 \\ u(x,0) = u_t(x,0) = 0 & 0 \le x \le L \\ u(0,t) = u(L,t) = 0 & t \ge 0. \end{cases}$$

a) *Utilizzando il metodo di separazione delle variabili, scrivere un'espressione per la soluzione formale del problema.*

b) *Analizzare in dettaglio il caso*

$$f(x,t) = g(t)\sin\left(\frac{\pi x}{L}\right).$$

Soluzione

a) Poiché abbiamo condizioni di Dirichlet omogenee agli estremi, tenendo conto dei calcoli nel Problema 2.1, cerchiamo soluzioni del tipo

$$(9) \qquad u(x,t) = \sum_{k=1}^{+\infty} w_k(t) \sin(klx),$$

dove, per comodità di scrittura, abbiamo posto $l = \pi/L$. Notiamo che u soddisfa automaticamente le condizioni agli estremi dell'intervallo. Ipotizzando di poter derivare due volte termine a termine possiamo scrivere

$$u_{tt}(x,t) = \sum_{k=1}^{+\infty} w_k''(t) \sin(klx),$$

$$u_{xx}(x,t) = -\sum_{k=1}^{+\infty} k^2 l^2 w_k(t) \sin(klx).$$

Sostituendo formalmente nell'equazione otteniamo

$$(10) \qquad \sum_{k=1}^{+\infty} \left[w_k''(t) + k^2 l^2 w_k(t) \right] \sin(klx) = f(x,t).$$

Si tratta quindi di scrivere f come serie di Fourier di soli seni rispetto alla variabile x. A tale scopo, estendiamo f alla striscia $[-L, L] \times \{t > 0\}$ in modo dispari rispetto alla variabile x e scriviamo

$$f(x, t) = \sum_{k=1}^{+\infty} f_k(t) \sin(klx) \quad \text{dove } f_k(t) = \frac{2}{L} \int_0^L f(x, t) \sin(klx) \, dx.$$

Tenendo conto delle condizioni di Cauchy (che possiamo leggere in termini di serie di Fourier), la (10) è equivalente alle infinite equazioni ordinarie

$$\begin{cases} w_k''(t) + k^2 l^2 w_k(t) = f_k(t) \\ w_k(0) = 0, \quad w_k'(0) = 0 \end{cases} \quad (k \geq 1).$$

L'integrale generale dell'equazione omogenea associata è dato da

$$w_k(t) = C_1 \cos(klt) + C_2 \sin(klt).$$

Per trovare un integrale particolare dell'equazione non omogenea, è possibile applicare il metodo di variazione delle costanti, cioè cercare soluzioni particolari del tipo

$$w_k(t) = C_1(t) \cos(klt) + C_2(t) \sin(klt)$$

con l'ulteriore condizione

$$C_1'(t) \cos(klt) + C_2'(t) \sin(klt) = 0.$$

Sostituendo nell'equazione abbiamo che C_1, C_2 risolvono il sistema

$$\begin{cases} C_1'(t) \cos(klt) + C_2'(t) \sin(klt) = 0 \\ -kl C_1'(t) \sin(klt) + kl C_2'(t) \cos(klt) = f_k(t). \end{cases}$$

Con un po' di pazienza si ottiene che la soluzione dell'equazione con le condizioni iniziali date è

$$w_k(t) = \frac{1}{kl} \int_0^t \sin(kl\tau) f_k(t - \tau) \, d\tau.$$

Sostituendo nell'espressione di u otteniamo infine

$$(11) \qquad u(x, t) = \frac{2}{\pi} \sum_{k=1}^{+\infty} \frac{1}{k} \sin(klt) \int_0^t \int_0^L f(\xi, t - \tau) \sin(kl\xi) \sin(kl\tau) \, d\xi d\tau.$$

• *Analisi della soluzione.* Se f ha derivate continue fino al secondo ordine e $f(0, t) = f(L, t) = 0$ per ogni $t \geq 0$, allora la serie è rapidamente ed uniformemente convergente e si può derivare due volte sotto il segno di somma. La (11) definisce dunque l'unica soluzione del problema[2].

b) La forzante corrisponde al primo modo fondamentale di vibrazione della corda, modulato in ampiezza nel tempo dalla funzione g. Abbiamo

$$f_k(t) = \frac{2}{L} g(t) \int_0^L \sin(lx) \sin(klx) \, dx = 0 \quad \text{se } k \geq 2$$

---

[2]Invitiamo il lettore a completare i dettagli, controllando gli ordini di infinitesimo per $k \to \infty$, prima di $f_k(t)$ e poi di $w_k(t)$.

mentre

$$f_1(t) = \frac{2}{L}g(t)\int_0^L [\sin(lx)]^2\,dx = g(t).$$

Di conseguenza, $w_k(t) = 0$ per $k \geq 2$, mentre

$$w_1(t) = \frac{L}{\pi}\int_0^t \sin(l\tau)\,g(t-\tau)\,d\tau.$$

Dalla (9), infine, si trova

$$u(x,t) = \frac{L}{\pi}\sin\left(\frac{\pi}{L}x\right)\left(\int_0^t \sin\left(\frac{\pi}{L}\tau\right)g(t-\tau)\,d\tau\right).$$

La corda risponde alla forzante entrando in vibrazione al primo modo fondamentale, modulato in ampiezza nel tempo secondo la convoluzione di g col primo modo fondamentale.

Problema 2.6. (Corda semiinfinita con estremo fisso). *Consideriamo il problema*

$$\begin{cases} u_{tt} - c^2 u_{xx} = 0 & x > 0,\, t > 0 \\ u(x,0) = g(x),\ u_t(x,0) = h(x) & x \geq 0 \\ u(0,t) = 0 & t \geq 0, \end{cases}$$

con g ed h regolari, $g(0) = 0$.

a) *Dopo aver esteso opportunamente i dati iniziali a tutto $\mathbf{R}$, usare la formula di D'Alembert per scrivere una formula di rappresentazione della soluzione.*

b) *Interpretare la soluzione quando $h(x) = 0$ e*

$$g(x) = \begin{cases} \cos(x-4) & |x-4| \leq \dfrac{\pi}{2} \\ 0 & \text{altrimenti.} \end{cases}$$

Soluzione

a) Cerchiamo $\tilde{g}$ e $\tilde{h}$, definite su $\mathbf{R}$, tali che coincidano con g e h per $x > 0$ e che la funzione

(12) $$u(x,t) = \frac{1}{2}\left[\tilde{g}(x+ct) + \tilde{g}(x-ct)\right] + \frac{1}{2c}\int_{x-ct}^{x+ct}\tilde{h}(s)\,ds$$

(data dalla formula di D'Alembert) soddisfi la condizione

$$u(0,t) = 0$$

per ogni $t > 0$. Ciò implica

$$\frac{1}{2}\left[\tilde{g}(ct) + \tilde{g}(-ct)\right] + \frac{1}{2c}\int_{-ct}^{ct}\tilde{h}(s)\,ds = 0.$$

Il modo più semplice per soddisfare questa condizione è richiedere che entrambi gli addendi si annullino separatamente, e ciò avviene estendendo g ed h in modo dispari.

Possiamo quindi concludere che la soluzione è data dalla (12) con

$$\tilde{g}(s) = \begin{cases} g(s) & s \geq 0 \\ -g(-s) & s < 0 \end{cases}$$

e

$$\tilde{h}(s) = \begin{cases} h(s) & s \geq 0 \\ -h(-s) & s < 0. \end{cases}$$

b) Essendo $h = 0$, la soluzione si riduce a

$$u(x,t) = \frac{1}{2}\left[\tilde{g}(x+ct) + \tilde{g}(x-ct)\right].$$

Possiamo interpretare il dato iniziale come sovrapposizione di due onde sinusoidali (a supporto compatto e di ampiezza $1/2$) che all'istante $t = 0$ iniziano a muoversi in direzione opposta a velocità c. Da un punto di vista algebrico, $x + ct$ è sempre positivo e quindi

$$\tilde{g}(x+ct) = g(x+ct)$$

per ogni (x,t), mentre

$$x - ct \geq 0 \text{ per ogni } x \in \left[4 - \frac{\pi}{2}, 4 + \frac{\pi}{2}\right] \quad \text{se } t \leq \frac{8-\pi}{2c}$$

$$x - ct \leq 0 \text{ per ogni } x \in \left[4 - \frac{\pi}{2}, 4 + \frac{\pi}{2}\right] \quad \text{se } t \geq \frac{8+\pi}{2c}.$$

Distinguiamo quindi varie fasi:

- $0 < t < \dfrac{\pi}{2c}$. I due impulsi iniziano a viaggiare in direzioni opposte, ma continuano ad interagire in un intorno del punto $x = 4$.

- $\dfrac{\pi}{2c} < t < \dfrac{8-\pi}{2c}$. Si ha la medesima situazione del caso precedente, con la differenza che i due impulsi non interferiscono.

- $\dfrac{8-\pi}{2c} < t < \dfrac{8+\pi}{2c}$. L'impulso che viaggiava verso sinistra raggiunge l'estremo fisso della corda e quindi ne viene riflesso capovolgendosi[3] (ed interferendo con se stesso).

- $t > \dfrac{8+\pi}{2c}$. L'impulso che viaggiava verso sinistra si è completamente capovolto. Il profilo della corda è quindi dato da due impulsi di uguale forma, uno positivo e l'altro negativo, posti a distanza 8, che viaggiano verso destra a velocità c.

Le varie fasi sono illustrate in Figura 7.

---

[3]Ricordare il Problema 2.2.

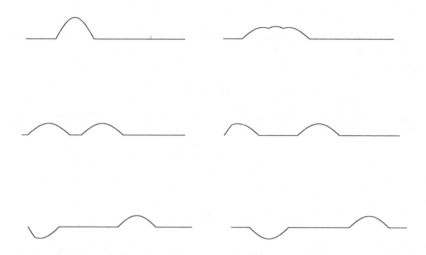

Figura 7. La soluzione del Problema 2.6 ($c = 1$) negli istanti $t = 0, 1, 2, 3, 5, 7$.

Problema 2.7. (Vibrazioni forzate di una corda semiinfinita). *Una corda semiinfinita è inizialmente a riposo lungo il semiasse $x \geq 0$, con l'estremo fissato in $x = 0$. Una forza esterna $f = f(t)$ mette in moto la corda.*

a) Scrivere il modello matematico che regola la vibrazione della corda.

b) Risolvere il problema usando la trasformata di Laplace in t, supponendo che la trasformata di u sia limitata per s che tende a $+\infty$.

Soluzione

a) Se indichiamo con $u(x,t)$ il profilo della corda al tempo t il modello si scrive come

$$\begin{cases} u_{tt} - c^2 u_{xx} = f(t) & x > 0, t > 0 \\ u(x,0) = u_t(x,0) = 0 & x \geq 0 \\ u(0,t) = 0 & t \geq 0. \end{cases}$$

b) Sia

$$U(x,s) = \mathcal{L}(u(x,\cdot))(s) = \int_0^{+\infty} u(x,t)e^{-st}dt, \qquad s \geq 0,$$

la trasformata di Laplace di u. Trasformando l'equazione e usando le condizioni iniziali, si trova[4]

(13)
$$-c^2 U_{xx}(x,s) + s^2 U(x,s) = F(s),$$

(abbiamo posto $F = \mathcal{L}(f)$) che è un'equazione ordinaria del secondo ordine a coefficienti costanti nella variabile $U(\cdot, s)$. L'integrale generale dell'equazione omogenea associata è

$$A(s)e^{-sx/c} + B(s)e^{sx/c} \qquad (s \geq 0).$$

Essendo $F(s)$ indipendente da x, è facile controllare che una soluzione particolare della (13) è data da

$$F(s)/s^2.$$

Abbiamo dunque

$$U(x,s) = \frac{F(s)}{s^2} + A(s)e^{-sx/c} + B(s)e^{sx/c}.$$

Poiché si richiede che $U(x,s)$ sia limitata per $s \to +\infty$, deve essere $B = 0$. D'altra parte, la condizione all'estremo implica che

$$0 = U(0,s) = A(s) + \frac{F(s)}{s^2}$$

da cui

$$A(s) = -\frac{F(s)}{s^2}.$$

Si trova allora

$$U(x,s) = F(s) \cdot \frac{1 - e^{-sx/c}}{s^2}.$$

Per antitrasformare ricordiamo che

$$\mathcal{L}[t](s) = 1/s^2$$

e che quindi, dalla formula del ritardo (vedi Appendice B),

$$\mathcal{L}[(t-a)H(t-a)](s) = \frac{e^{-as}}{s^2}$$

(dove H indica la funzione di Heavyside), da cui

(14)
$$u(x,t) = \int_0^t f(t-\tau)\left[\tau - \left(\tau - \frac{x}{c}\right) H\left(\tau - \frac{x}{c}\right)\right] d\tau.$$

---

[4]Ricordiamo che $\mathcal{L}(u_t) = sU(x,s) - u(x,0)$, $\mathcal{L}(u_{tt}) = s^2 U(x,s) - su(x,0) - u_t(x,0)$.

Problema 2.8. (Vibrazioni di una catena pendente). *In questo problema si deriva l'equazione per le piccole vibrazioni (piane) di una catena pendente di lunghezza L (vedi Figura 8). Indichiamo con $u = u(x,t)$ la deflessione della catena dalla verticale, e sia ρ la densità lineare (costante) di massa. Assumiamo che la catena sia perfettamente flessibile (cioè, che non vi sia nessuna resistenza alla deformazione), e che le vibrazioni siano puramente trasversali (cioè piane).*

a) *Indichiamo con $\tau(x + \Delta x)$ e $\tau(x)$ le tensioni nei punti $x + \Delta x$ ed x della catena, relativamente ad un piccolo intervallo $(x, x + \Delta x)$, ossia l'intensità delle forze esercitate sulla piccola porzione dalla parte della catena che sta sotto o sopra, rispettivamente. Ragionando come nel caso della corda vibrante ([S], Capitolo 5, Sezione 2.1) mostrare che, al primo ordine,*

$$\tau(x) = \rho g x$$

(qui g indica l'accelerazione di gravità).

b) *Mostrare che le piccole vibrazioni sono regolate dall'equazione*

$$u_{tt} = g(x u_{xx} + u_x).$$

Soluzione

a) Indichiamo con $\alpha(x)$, $\alpha(x+\Delta x)$ gli angoli tra la verticale ed il vettore tensione nei punti x e $x + \Delta x$ rispettivamente (vedi Figura 8).

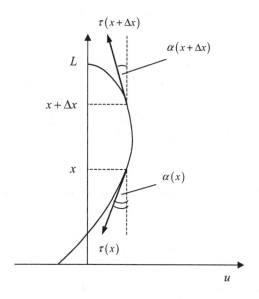

Figura 8.

Poiché non c'è moto in verticale deve essere nulla la componente verticale della risultante, cioè:

$$-\rho g(x + \Delta x) + \tau(x + \Delta x) \cos(\alpha(x + \Delta x)) = \tau(x) \cos(\alpha(x)) - \rho g x$$

ossia

$$\tau(x + \Delta x) \cos(\alpha(x + \Delta x)) - \tau(x) \cos(\alpha(x)) = \rho g \Delta x.$$

Dividendo per Δx e facendo tendere Δx a 0 si ottiene

$$\frac{d}{dx}\left[\tau(x) \cos(\alpha(x))\right] = \rho g$$

da cui

$$\tau(x) \cos(\alpha(x)) = \rho g x.$$

Nell'ipotesi di piccola ampiezza delle vibrazioni si ha $\alpha(x) \approx 0$ e al prim'ordine si può dunque scrivere

$$\tau(x) = \rho g x.$$

b) Usiamo la legge di Newton per la componente orizzontale della risultante; osservando che $\sin(\alpha(x)) \approx \tan(\alpha(x)) \approx u_x$ si ricava

$$\begin{aligned}
\rho \Delta x u_{tt} &= \tau(x + \Delta x) \sin(\alpha(x + \Delta x)) - \tau(x) \sin(\alpha(x)) = \\
&= \tau(x + \Delta x) u_x(x + \Delta x) - \tau(x) u_x(x).
\end{aligned}$$

Dividendo per Δx e facendo tendere Δx a 0 otteniamo

$$\rho u_{tt} = \frac{d}{dx}\left[\tau(x) u_x)\right] = \tau'(x) u_x + \tau(x) u_{xx},$$

per cui, essendo $\tau(x) = \rho g x$ (per il punto a)), u soddisfa l'equazione

$$u_{tt} = g u_x + g x u_{xx} = g\left(u_x + x u_{xx}\right).$$

Problema 2.9. (Catena pendente – separazione di variabili). *In riferimento al problema precedente, risolvere (per separazione di variabili) il problema*

$$\begin{cases}
u_{tt} = g(x u_{xx} + u_x) & 0 < x < L,\, t > 0 \\
u(x,0) = f(x),\, u_t(x,0) = h(x) & 0 \le x \le L \\
u(L,t) = 0,\, |u(0,t)| \text{ limitato} & t \ge 0.
\end{cases}$$

Soluzione

Poniamo $u(x,t) = v(x)w(t)$ e sostituiamo nell'equazione differenziale. Si ottiene

$$v(x)w''(t) = g(xv''(x) + v'(x))w(t),$$

da cui

$$\frac{1}{g}\frac{w''(t)}{w(t)} = \frac{xv''(x) + v'(x)}{v(x)} = \lambda.$$

Per $\lambda \ge 0$ si ottiene solo la soluzione nulla (controllare), per cui poniamo $\lambda = -\mu^2$. Si ottengono i due problemi

(15) $$\qquad w''(t) + \mu^2 g w(t) = 0 \qquad w(t) \text{ limitata}$$

e

(16) $$\qquad x v''(x) + v'(x) + \mu^2 v(x) = 0 \qquad v(L) = 0,\, v(0) \text{ limitata}.$$

La soluzione generale di (15) è data da

$$w(t) = A\cos\left(\sqrt{g}\mu t\right) + B\sin\left(\sqrt{g}\mu t\right).$$

L'equazione per v è:

$$(xv'(x))' + \mu^2 v(x) = 0 \qquad 0 < x < L.$$

Poiché $p(x) = x$ si annulla nell'origine, si tratta di un problema *di Sturm–Liouville singolare*[5]. Con un cambiamento di variabili è possibile ricondursi ad un'equazione di Bessel. Poniamo $s = 2\sqrt{x}$ e $V(s) = v(s^2/4)$. Otteniamo

$$v'(x) = \frac{1}{\sqrt{x}} V'(s),$$

$$v''(x) = \frac{1}{x} V''(s) - \frac{1}{2x\sqrt{x}} V'(s).$$

Sostituendo in (16), si trova che V risolve

$$s^2 V'' + s V' + \mu^2 s^2 V = 0, \qquad V(2\sqrt{L}) = 0,\ V(0) \text{ limitata},$$

che (una volta semplificata) è l'equazione di Bessel parametrica[6] di ordine 0. Le autofunzioni sono date da

$$V_j(s) = J_0\left(\frac{\alpha_j}{2\sqrt{L}} s\right)$$

con autovalori

$$\mu_j = \alpha_j / 2\sqrt{L},$$

dove gli α_j sono gli infiniti zeri di J_0, ordinati in modo crescente. Queste autofunzioni costituiscono una base hilbertiana di $L^2_w(0, 2\sqrt{L})$ rispetto al peso $w(x) = x$ e valgono le formule

$$\int_0^{2\sqrt{L}} J_0\left(\frac{\alpha_j}{2\sqrt{L}} s\right) J_0\left(\frac{\alpha_k}{2\sqrt{L}} s\right) s\, ds = 0 \qquad \text{per } j \neq k$$

e

$$\int_0^{2\sqrt{L}} J_0^2\left(\frac{\alpha_j}{2\sqrt{L}} s\right) s\, ds = 2L J_1^2(\alpha_j).$$

Risostituendo, abbiamo

$$v_j(x) = J_0\left(\alpha_j \sqrt{\frac{x}{L}}\right), \qquad j = 1, 2, \dots$$

e

$$\frac{1}{L J_1^2(\alpha_j)} \int_0^L J_0\left(\alpha_j \sqrt{\frac{x}{L}}\right) J_0\left(\alpha_k \sqrt{\frac{x}{L}}\right) dx = \delta_{jk}$$

e quindi le funzioni v_j costituiscono una base hilbertiana in $L^2(0, L)$. Le funzioni

$$u_j(x, t) = J_0\left(\alpha_j \sqrt{\frac{x}{L}}\right) \left[A_j \cos\left(\sqrt{\frac{g}{L}} \frac{\alpha_j}{2} t\right) + B_j \sin\left(\sqrt{\frac{g}{L}} \frac{\alpha_j}{2} t\right)\right]$$

---

[5]Appendice A.
[6]Appendice A.

sono i *modi normali* di vibrazione della catena. Per $j = 1$ si trova il *modo fonda-mentale* con *frequenza fondamentale*

$$\nu_1 = \frac{\alpha_1}{4\pi}\sqrt{\frac{g}{L}}.$$

La soluzione generale è data da

$$u(x,t) = \sum_{j=1}^{+\infty} u_j(x,t).$$

I coefficienti A_j e B_j si trovano dallo sviluppo in serie dei dati f e h rispetto alla base $\{v_j\}$. Da $u(x,0) = f(x)$ si trova

$$A_j = \frac{1}{LJ_1^2(\alpha_j)}\int_0^L f(x)J_0\left(\alpha_j\sqrt{\frac{x}{L}}\right)\,dx,$$

mentre da $u_t(x,0) = h(x)$ si trova

$$B_j = \frac{2}{\alpha_j J_1^2(\alpha_j)}\frac{1}{\sqrt{gL}}\int_0^L h(x)J_0\left(\alpha_j\sqrt{\frac{x}{L}}\right)\,dx.$$

Problema 2.10. (*Onde sonore in un tubo*). *Siano P_1 e P_2 due canne d'organo cilindriche ed identiche, di lunghezza L. Supponiamo che l'asse del cilindro coin-cida con il segmento $[0, L]$ sull'asse z. La canna P_1 è chiusa all'estremo $z = 0$ mentre è aperta all'estremo $z = L$; la canna P_2 è aperta da entrambi i lati.*

Premendo un tasto, l'aria viene messa in movimento nei due tubi. Quale dei due emetterà il suono più acuto (di frequenza superiore)?

Soluzione

Scegliamo di descrivere il moto dell'aria, che possiamo ritenere unidimensionale, mediante la *condensazione*[7] *s*. Ricordiamo che, se ρ_0 è la densità dell'aria a riposo, la condensazione è definita da

$$s(z,t) = \frac{\rho(z,t) - \rho_0}{\rho_0}$$

ed è soluzione dell'equazione

$$s_{tt} - c^2 s_{zz} = 0$$

dove $c = \sqrt{dp/d\rho}$ e p è la pressione. Se $u = u(z,t)$ è la velocità dell'aria, abbiamo inoltre la relazione[8]

(17) $u_t = -c^2 s_z.$

---

[7]In alternativa, si potrebbe usare il potenziale di velocità.
[8][S], Capitolo 5, Sezione 7.

Nel caso di P_1, in corrispondenza all'estremo chiuso si ha $s(0,t) = 0$, mentre per $z = L$ la velocità è nulla, per cui, da (17), si ha $s_z(L,t) = 0$. Riassumendo, nel caso di P_1, la condensazione soddisfa le equazioni seguenti:

$$\begin{cases} s_{tt} - c^2 s_{zz} = 0 & 0 < z < L \\ s(0,t) = 0, \quad s_z(0,t) = 0 & t > 0 \end{cases}$$

con opportune condizioni iniziali. Poniamo $s(z,t) = v(z)w(t)$ e separiamo le variabili. Si trova

$$\frac{v''(z)}{v(z)} = \frac{w''(t)}{c^2 w(t)} = -\lambda^2$$

con λ costante positiva. Tenendo conto delle condizioni agli estremi, v è soluzione del problema agli autovalori

$$v'' + \lambda^2 v = 0, \quad v'(0) = v(L) = 0.$$

Si trovano le infinite autofunzioni indipendenti

$$v_k(z) = \cos\left[\left(k + \frac{1}{2}\right)\frac{\pi z}{L}\right], \quad k = 0, 1, 2, \dots$$

In corrispondenza ad ogni k troviamo una funzione $w_k(t)$ che possiamo scrivere nel seguente modo più compatto:

$$w_k(t) = \cos\left[\left(k + \frac{1}{2}\right)\frac{\pi c t}{L} + \beta_k\right], \quad k = 0, 1, 2, \dots$$

La soluzione generale si ottiene per sovrapposizione delle funzioni $s_k(z,t) = v_k(z)w_k(t)$:

$$s(z,t) = \sum_{k=0}^{\infty} A_k \cos\left[\left(k + \frac{1}{2}\right)\frac{\pi z}{L}\right] \cos\left[\left(k + \frac{1}{2}\right)\frac{\pi c t}{L} + \beta_k\right]$$

dove i coefficienti sono determinati dal modo di eccitazione iniziale dell'aria. In ogni caso, le ampiezze A_k, che sono coefficienti di Fourier di qualche funzione, tendono a zero per $k \to \infty$ e quindi l'altezza del suono prodotto da P_1 è determinata dalla sua armonica fondamentale che corrisponde al termine

$$s_0(z,t) = v_0(z)w_0(t) = A_0 \cos\left(\frac{\pi z}{2L}\right) \cos\left(\frac{\pi c t}{2L} + \beta_0\right)$$

la cui frequenza è

$$f_0 = \frac{c}{4L}.$$

Nel caso di P_2, s è soluzione del problema

$$\begin{cases} s_{tt} - c^2 s_{zz} = 0 & 0 < z < L \\ s(0,t) = 0, \quad s(0,t) = 0 & t > 0 \end{cases}$$

con opportune condizioni iniziali. Procedendo nello stesso modo, si trova che la soluzione è data da

$$s(z,t) = \sum_{k=1}^{\infty} B_k \cos\left(\frac{k\pi z}{L}\right) \cos\left(\frac{k\pi c t}{L} + \gamma_k\right)$$

la cui armonica fondamentale è data da

$$s_1(z,t) = B_1 \cos\left(\frac{\pi z}{L}\right) \cos\left(\frac{\pi c t}{L} + \gamma_1\right)$$

con frequenza

$$g_0 = \frac{c}{2L}.$$

Conclusione: la canna *aperta emette un suono più acuto, di frequenza doppia*. La chiusura di un'estremo permette il doppio delle lunghezze d'onda all'interno del tubo, con conseguente dimezzamento della frequenza.

2.2. Riduzione a forma canonica. Problemi di Cauchy e Goursat

Problema 2.11. (Caratteristiche e soluzione generale). *Data l'equazione lineare del secondo ordine (in due variabili)*

$$2u_{xx} + 6u_{xy} + 4u_{yy} + u_x + u_y = 0,$$

classificarla e calcolarne le caratteristiche. Ridurre l'equazione in forma canonica e determinarne la soluzione generale.

Soluzione

Si ha

$$3^2 - 2 \cdot 4 = 1 > 0$$

e quindi l'equazione è iperbolica. La parte principale si può fattorizzare come

$$2u_{xx} + 6u_{xy} + 4u_{yy} = 2(\partial_x - 2\partial_y)(\partial_x - \partial_y)u.$$

Risolvendo l'equazione

$$\phi_x - 2\phi_y = 0$$

otteniamo la famiglia di caratteristiche (reali) $\phi(x,y) = 2x - y =$ costante. Risolvendo invece l'equazione

$$\psi_x - \psi_y = 0$$

otteniamo la famiglia di caratteristiche $\psi(x,y) = x - y =$ costante.

Alternativamente avremmo potuto risolvere l'equazione differenziale delle caratteristiche, data da

$$2\left(\frac{dy}{dx}\right)^2 - 6\frac{dy}{dx} + 4 = 0,$$

che fornisce

$$\frac{dy}{dx} = 1 \quad \text{oppure} \quad \frac{dy}{dx} = 2$$

da cui ancora $y - x = c_1$ e $y - 2x = c_2$.

Per scrivere l'equazione in forma normale, operiamo il cambio di coordinate

$$\begin{cases} \xi = 2x - y \\ \eta = x - y \end{cases} \quad \text{cioè} \quad \begin{cases} x = \xi - \eta \\ y = \xi - 2\eta. \end{cases}$$

Posto $U(\xi, \eta) = u(\xi - \eta, \xi - 2\eta)$, e quindi $u(x, y) = U(2x - y, x - y)$, otteniamo

$$
\begin{aligned}
u_x &= 2U_\xi + U_\eta \\
u_y &= -U_\xi - U_\eta \\
u_{xx} &= 4U_{\xi\xi} + 4U_{\xi\eta} + U_{\eta\eta} \\
u_{xy} &= -2U_{\xi\xi} - 2U_{\xi\eta} - U_{\eta\eta} \\
u_{yy} &= U_{\xi\xi} + 2U_{\xi\eta} + U_{\eta\eta}.
\end{aligned}
$$

L'equazione per U è $4U_{\xi\eta} + U_\xi = 0$, che si può riscrivere come

$$(U_\xi)_\eta = \frac{1}{4} U_\xi.$$

Integrando prima in η e poi in ξ, si ottiene

$$U_\xi(\xi, \eta) = e^{\eta/4} f(\xi)$$

con f arbitraria (regolare), e poi

$$U(\xi, \eta) = e^{\eta/4} F(\xi) + G(\eta),$$

dove F e G sono funzioni regolari e arbitrarie. Tornando alle variabili originali, la soluzione generale è data da

$$u(x, y) = e^{(x-y)/4} F(2x - y) + G(x - y).$$

Problema 2.12. (Equazione di Tricomi). *Determinare le caratteristiche dell'equazione di Tricomi*

$$u_{tt} - t u_{xx} = 0.$$

Soluzione

Iniziamo osservando che l'equazione è iperbolica e quindi le caratteristiche sono reali solo se $t > 0$ (l'equazione è parabolica per $t = 0$, che è un insieme a parte interna vuota e non è caratteristico per l'equazione in nessun punto). In tal caso, l'operatore di Tricomi si fattorizza come

$$u_{tt} - t u_{xx} = (\partial_t - \sqrt{t}\partial_x)(\partial_t + \sqrt{t}\partial_x)u,$$

per cui le caratteristiche si scrivono come $\phi(x, t) = $ costante, $\psi(x, t) = $ costante, dove

$$\phi_t - \sqrt{t}\phi_x = 0 \qquad \psi_t + \sqrt{t}\psi_x = 0.$$

Usando i metodi del capitolo precedente, troviamo la soluzione generale di queste due equazioni del prim'ordine:

$$\phi(x, t) = F\left(3x + 2t^{3/2}\right) \qquad \psi(x, t) = G\left(3x + 2t^{3/2}\right)$$

con F e G arbitrarie. Le caratteristiche sono perciò le curve di equazione

$$3x \pm 2t^{3/2} = \text{costante} \qquad \text{per } t \geq 0.$$

> **Problema 2.13.** (Problema di Cauchy). *Risolvere, se possibile, il problema di Cauchy*
> $$\begin{cases} u_{yy} - 2u_{xy} + 4e^x = 0 & (x,y) \in \mathbf{R}^2 \\ u(x,0) = \varphi(x) & x \in \mathbf{R} \\ u_y(x,0) = \psi(x) & x \in \mathbf{R}. \end{cases}$$

Soluzione

Cerchiamo di mettere in forma normale l'equazione, in modo da trovare l'integrale generale, e poi ci occuperemo della condizione di Cauchy. È facile vedere che l'equazione è iperbolica e che la parte principale si fattorizza come

$$u_{yy} - 2u_{xy} = \partial_y(\partial_y - 2\partial_x)u.$$

Questo ci permette di calcolare immediatamente le due famiglie di caratteristiche, che risultano essere

$$x = \text{costante} \quad e \quad x + 2y = \text{costante}.$$

Per ridurre a forma normale l'equazione, operiamo il cambio di coordinate

$$\begin{cases} \xi = x \\ \eta = x + 2y \end{cases} \quad \text{cioè} \quad \begin{cases} x = \xi \\ y = \dfrac{-\xi + \eta}{2}. \end{cases}$$

Posto $u(x,y) = U(x, x+2y)$ otteniamo

$$\begin{aligned} u_y &= 2U_\eta \\ u_{xy} &= 2U_{\xi\eta} + 2U_{\eta\eta} \\ u_{yy} &= 4U_{\eta\eta}. \end{aligned}$$

L'equazione per U è

$$U_{\xi\eta} = e^\xi,$$

da cui

$$U_\eta = e^\xi + f(\eta) \quad e \quad U = \eta e^\xi + F(\eta) + G(\xi)$$

dove F e G sono funzioni arbitrarie. Tornando alle variabili originali abbiamo l'integrale generale dell'equazione

$$u(x,y) = 2ye^x + F(x+2y) + G(x)$$

dove abbiamo inglobato l'addendo xe^x nella funzione arbitraria G. Veniamo ora alle condizioni di Cauchy; innanzitutto osserviamo che queste sono date sulla retta $y = 0$, che risulta essere non caratteristica in ogni suo punto e quindi il problema è ben posto (almeno localmente). Sostituendo otteniamo

$$\begin{cases} \varphi(x) = u(x,0) = F(x) + G(x) \\ \psi(x) = u_y(x,0) = 2e^x + 2F'(x). \end{cases}$$

Dalla seconda equazione si può ricavare, ad esempio,

$$F(x) = -e^x + \frac{1}{2}\int_0^x \psi(s)\,ds,$$

da cui

$$G(x) = \varphi(x) + e^x - \frac{1}{2} \int_0^x \psi(s)\, ds$$

ed infine

$$
\begin{aligned}
u(x,y) &= 2ye^x - e^{x+2y} + \frac{1}{2} \int_0^{x+2y} \psi(s)\, ds + \varphi(x) + e^x - \frac{1}{2} \int_0^x \psi(s)\, ds = \\
&= \left(1 + 2y - e^{2y}\right) e^x + \varphi(x) + \frac{1}{2} \int_x^{x+2y} \psi(s)\, ds.
\end{aligned}
$$

Problema 2.14. (*Caratteristiche ed integrale generale*). *Determinare le caratteristiche dell'equazione*

$$t^2 u_{tt} + 2t u_{xt} + u_{xx} - u_x = 0$$

Ridurla poi a forma canonica e trovarne la soluzione generale.

Soluzione

Da $t^2 - t^2 = 0$ otteniamo subito che l'equazione è parabolica. La parte principale si fattorizza come

$$t^2 u_{tt} + 2t u_{xt} + u_{xx} = (t\partial_t + \partial_x)^2 u$$

e quindi l'unica famiglia di caratteristiche è data da $\phi(x,t) = $ costante, dove ϕ è soluzione dell'equazione del prim'ordine

(18)
$$t\phi_t + \phi_x = 0.$$

Con i metodi del capitolo precedente si trova

$$\phi(x,t) = g\left(te^{-x}\right)$$

con g arbitraria, e quindi $\phi(x,t) = $ costante equivale a

$$te^{-x} = \text{costante}.$$

Operiamo il cambio di variabile

$$
\begin{cases}
\xi = te^{-x} \\
\eta = \psi(x)
\end{cases}
\qquad \text{cioè} \qquad
\begin{cases}
x = \psi^{-1}(\xi) \\
t = \xi\eta,
\end{cases}
$$

dove richiediamo che la funzione regolare ψ, che verrà scelta in modo opportuno successivamente, soddisfi la condizione $\psi' > 0$. In questo modo, oltre ad essere ben definita la ψ^{-1}, si ha

$$\det \begin{pmatrix} \xi_x & \xi_t \\ \eta_x & \eta_t \end{pmatrix} = \det \begin{pmatrix} -te^{-x} & e^{-x} \\ \psi'(x) & 0 \end{pmatrix} = e^{-x}\psi'(x) \neq 0 \qquad \text{per ogni } (x,t)$$

e quindi il cambio di variabili è localmente invertibile. Se $U(\xi, \eta)$ soddisfa $u(x, y) = U(te^{-x}, \psi(x))$ possiamo scrivere

$$
\begin{aligned}
u_x &= -te^{-x}U_\xi + \psi'U_\eta \\
u_t &= e^{-x}U_\xi \\
u_{xx} &= te^{-x}U_\xi + t^2e^{-2x}U_{\xi\xi} - 2\psi'te^{-x}U_{\xi\eta} + (\psi')^2U_{\eta\eta} + \psi''U_\eta \\
u_{xt} &= -e^{-x}U_\xi - te^{-2x}U_{\xi\xi} + \psi'e^{-x}U_{\xi\eta} \\
u_{tt} &= e^{-2x}U_{\xi\xi},
\end{aligned}
$$

e, sostituendo nell'equazione,

$$(\psi')^2U_{\eta\eta} + (\psi'' - \psi')U_\eta = 0.$$

Se scegliamo $\eta = \psi(x) = e^x$ il secondo addendo si annulla e $\psi' > 0$. Quindi U risolve l'equazione $U_{\eta\eta} = 0$, per cui

$$U(\xi, \eta) = F(\xi) + G(\xi)\eta,$$

dove F e G sono funzioni arbitrarie. Tornando alle variabili originali otteniamo infine

$$u(x, t) = F(te^{-x}) + G(te^{-x})e^x.$$

Problema 2.15. (Un principio di massimo). *Sia* $u = u(x, t)$ *una funzione tale che*

(19) $Lu = u_{tt} - u_{xx} \leq 0$

nel triangolo caratteristico

$$T = \{(x, t) : x > t, \, x + t < 1, \, t > 0\}.$$

Provare che, se $u \in C^2(\overline{T})$ *e:*

a) $u_t(x, 0) \leq 0$ *per* $0 \leq x \leq 1$, *allora*

$$\max_{\overline{T}} u = \max_{0 \leq x \leq 1} u(x, 0);$$

b) $u_t(x, 0) < 0$ *per* $0 \leq x \leq 1$ *oppure* $Lu < 0$ *in* T, *allora*

$$u(x, t) < \max_{0 \leq x \leq 1} u(x, 0), \quad \text{per ogni } (x, t) \in T.$$

Soluzione

a) Sia C un punto in $\overline{T}$ e consideriamo il triangolo caratteristico T_C di vertici A, B, C in Figura 9. Integriamo su T_C la disuguaglianza $Lu \leq 0$; si ha:

$$\int_{T_C} (u_{tt} - u_{xx}) \, dxdt \leq 0.$$

Dalla formula di Green, abbiamo:

$$\int_{T_C} (u_{tt} - u_{xx}) \, dxdt = \int_{\partial + T_C} (-u_t \, dx - u_x \, dt)$$

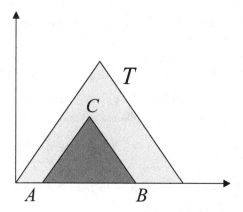

Figura 9.

dove $\partial^+ T_C$ indica la frontiera di T_C orientata in senso antiorario. Osserviamo ora che $dt = 0$ sul tratto AB, $dx = -dt$ sul tratto BC e $dx = dt$ sul tratto CA. Si ha quindi:

$$
\begin{aligned}
\int_{\partial^+ T_C} & (-u_t \, dx - u_x \, dt) = \\
&= -\int_0^1 u_t(x,0) \, dx + \int_{BC} (u_t \, dt + u_x \, dx) - \int_{CA} (u_t \, dt + u_x \, dx) \\
&= -\int_0^1 u_t(x,0) \, dx + \int_{BC} du - \int_{CA} du \\
&= -\int_0^1 u_t(x,0) \, dx + (u(C) - u(B)) - (u(A) - u(C)) \\
&= -\int_0^1 u_t(x,0) \, dx + 2u(C) - u(B) - u(A).
\end{aligned}
$$

Possiamo dunque scrivere[9]

$$(20) \qquad u(C) = \frac{u(B) + u(A)}{2} + \int_0^1 u_t(x,0) \, dx + \int_{T_C} (u_{tt} - u_{xx}) \, dx dt.$$

Essendo $u_t(x,0) \leq 0$ e $u_{tt} - u_{xx} \leq 0$, deduciamo che

$$u(C) \leq \frac{u(B) + u(A)}{2} \leq \max_{0 \leq x \leq 1} u.$$

Essendo C arbitrario in $\overline{T}$ la tesi segue.

b) Se $u_t(x,0) < 0$ per $0 \leq x \leq 1$ oppure $Lu < 0$ in T, dalla (20) si ha, se $C \in T$,

$$u(C) < \frac{u(B) + u(A)}{2} \leq \max_{0 \leq x \leq 1} u.$$

---

[9]Con questo metodo si può ricavare la formula di d'Alembert.

Problema 2.16. (Problema di Goursat). *Consideriamo il problema (detto ca-ratteristico o di Goursat)*

$$\begin{cases} u_{xy} + \lambda u = 0 & x > 0, \, y > 0 \\ u(x,0) = u(0,y) = 1 & x \ge 0, y \ge 0 \end{cases}$$

dove $\lambda > 0$, *nel quadrante* $\mathbf{R}_+^2 = \{(x,y) : x \ge 0, \, y \ge 0\}$.

a) *Se* $u \in C^2(\mathbf{R}_+^2)$, *ridurre il problema all'equazione integrale*

(21) $$u(x,y) = 1 - \lambda \int_0^x \int_0^y u(\xi, \eta) \, d\xi d\eta.$$

b) *Mostrare che la successione definita per ricorrenza*

$$\begin{cases} u_0(x,y) = 0 \\ u_{n+1}(x,y) = 1 - \lambda \int_0^x \int_0^y u_n(\xi, \eta) \, d\xi d\eta \end{cases}$$

è uniformemente convergente in ogni compatto di $\mathbf{R}_+^2$.

c) *Detto*

$$u_\infty = \lim_{n \to +\infty} u_n$$

mostrare che u_∞ *è soluzione (di classe* C^2 *nel quadrante) di* (21) *e che*

$$u_\infty(x,y) = J_0\left(2\sqrt{\lambda xy}\right),$$

dove J_0 *è la funzione di Bessel di ordine 0.*

d) *Mostrare infine che la soluzione è unica.*

Soluzione

a) Dimostriamo l'equivalenza tra il problema e l'equazione integrale. Sia u una soluzione C^2 del problema. Integrando l'equazione in x tra 0 ed x abbiamo

$$u_y(x,y) - u_y(0,y) = -\lambda \int_0^x u(\xi, y) \, d\xi.$$

Integrando nuovamente, stavolta tra 0 ed y nella seconda variabile,

$$u(x,y) - u(0,y) - u(x,0) + u(0,0) = -\lambda \int_0^x \int_0^y u(\xi, \eta) \, d\xi d\eta,$$

da cui, essendo $u(x,0) = u(0,y) = 1$, si ottiene la (21). Viceversa, se $u \in C(\mathbf{R}_+^2)$ verifica (21), allora, per calcolo diretto, $u(x,0) = u(0,y) = 1$ e, dal teorema fonda-mentale del calcolo integrale, $u \in C^2(\mathbf{R}_+^2)$. Derivando due volte la (21) si conclude l'equivalenza delle due formulazioni.

b) Calcoliamo i primi termini della successione. Si ha

$$u_1(x,y) = 1 - \lambda \int_0^x \int_0^y d\xi d\eta = 1 - \lambda xy$$

$$u_2(x,y) = 1 - \lambda \int_0^x \int_0^y (1 - \lambda \xi \eta)\, d\xi d\eta = 1 - \lambda xy + \lambda^2 \frac{x^2 y^2}{4} = u_1(x,y) + \lambda^2 \frac{x^2 y^2}{(2!)^2}$$

$$u_3(x,y) = 1 - \lambda \int_0^x \int_0^y \left(1 - \lambda xy + \lambda^2 \frac{x^2 y^2}{4}\right) d\xi d\eta = u_2(x,y) - \lambda^3 \frac{x^3 y^3}{(3!)^2}.$$

Ragionando per induzione, si ha

$$u_{n+1}(x,y) = u_n(x,y) + (-1)^{n+1} \lambda^{n+1} \frac{x^{n+1} y^{n+1}}{((n+1)!)^2}$$

e quindi

$$u_\infty(x,y) = \sum_{n=0}^{+\infty} \frac{(-\lambda)^n}{((n)!)^2} (xy)^n.$$

La u_∞ può essere vista come una serie di potenze del tipo $\sum a_n (xy)^n$. Il raggio di convergenza è dato da

$$\lim_{n\to+\infty} \left|\frac{a_n}{a_{n+1}}\right| = \lim_{n\to+\infty} \frac{1}{|\lambda|}(n+1)^2 = +\infty \qquad (\lambda > 0).$$

Il teorema sulla convergenza uniforme delle serie di potenze implica che la serie converge uniformemente in ogni insieme del tipo $\{(x,y) : 0 \le xy \le M)\}$, e quindi, in particolare, in ogni compatto di $\mathbf{R}_+^2$. In particolare, $u_\infty \in C\left(\mathbf{R}_+^2\right)$.

c) Sempre per la convergenza uniforme nei compatti del quadrante, per ogni $(x,y) \in \mathbf{R}_+^2$ fissato, possiamo passare al limite, nella relazione di ricorrenza in b), ottenendo

$$u_\infty(x,y) = 1 - \lambda \int_0^x \int_0^y u_\infty(\xi,\eta)\, d\xi d\eta.$$

Per il punto a), $u_\infty \in C^2\left(\mathbf{R}_+^2\right)$ e risolve il problema di Goursat. Osserviamo infine che, per definizione (vedi Appendice A),

$$J_0(z) = \sum_{n=0}^{+\infty} \frac{(-1)^n}{((n)!)^2} z^{2n}$$

per cui

$$u_\infty(x,y) = \sum_{n=0}^{+\infty} \frac{(-1)^n}{((n)!)^2} (\sqrt{\lambda xy})^{2n} = J_0(\sqrt{\lambda xy}).$$

d) Siano u_1 ed u_2 soluzioni del problema di Goursat (per il medesimo λ). Allora $w = u_1 - u_2$ soddisfa l'equazione integrale

$$w(x,y) = -\lambda \int_0^x \int_0^y w(\xi,\eta)\, d\xi d\eta.$$

Si può dunque scrivere

$$(22) \qquad w(x,y) = -\lambda \int_0^x \int_0^y \left[-\lambda \int_0^s \int_0^t w(\xi,\eta)\, d\xi d\eta \right] ds dt.$$

Osserviamo che, integrando per parti,

$$\int_0^y \left[\int_0^t w(\xi,\eta)\, d\eta \right] dt = \left[t \int_0^t w(\xi,\eta)\, d\eta \right]_0^y - \int_0^y t w(\xi,t)\, dt$$

$$= \int_0^y (y-t) w(\xi,t)\, dt$$

e, analogamente,

$$\int_0^x \left[\int_0^s w(\xi,t)\, d\xi \right] dt = \int_0^x (x-s) w(s,t)\, ds.$$

Abbiamo dunque, sostituendo in (22),

$$w(x,y) = \lambda^2 \int_0^x \int_0^y (x-s)(y-t) w(s,t)\, ds dt.$$

Iterando il ragionamento troviamo

$$w(x,y) = -\lambda^3 \int_0^x \int_0^y \frac{(x-s)^2 (y-t)^2}{2 \cdot 2} w(s,t)\, ds dt$$

e per induzione, per ogni $n \geq 1$,

$$w(x,y) = (-\lambda)^n \int_0^x \int_0^y \frac{(x-s)^n (y-t)^n}{(n!)^2} w(s,t)\, ds dt.$$

Fissiamo ora un compatto $K = \{(x,y) \in \mathbf{R}_+^2 : 0 \leq x \leq k, 0 \leq y \leq k\}$ e sia $M = \max_K |w|$. Si ha, essendo $(x-s)^n (y-t)^n \leq k^{2n}$,

$$|w(x,y)| \leq \frac{|\lambda|^n k^{2n+2} M}{(n!)^2} \to 0 \qquad \text{per } n \to +\infty.$$

Dunque $w \equiv 0$ in ogni compatto di $\mathbf{R}_+^2$ e quindi in tutto $\mathbf{R}_+^2$.

2.3. Problemi in più dimensioni

Problema 2.17. (Membrana circolare). *Supponiamo che una membrana a riposo occupi il cerchio $B_1 = \{(x, y) \in \mathbf{R}^2 : x^2 + y^2 \leq 1\}$ e sia mantenuta fissa agli estremi. Se il peso della membrana è trascurabile e non vi sono carichi esterni, le vibrazioni della membrana sono descritte dal seguente problema (che, data la simmetria circolare, scriviamo in coordinate polari):*

$$
\begin{cases}
u_{tt} - c^2 \left(u_{rr} + \dfrac{1}{r} u_r + \dfrac{1}{r^2} u_{\vartheta\vartheta} \right) = 0 & 0 < r < 1, \, 0 \leq \vartheta \leq 2\pi, \, t > 0 \\
u(r, \vartheta, 0) = g(r, \vartheta), \quad u_t(r, \vartheta, 0) = h(r, \vartheta) & 0 < r < 1, \, 0 \leq \vartheta \leq 2\pi \\
u(1, \vartheta, t) = 0 & 0 \leq \vartheta \leq 2\pi, \, t > 0.
\end{cases}
$$

Usando il metodo di separazione delle variabili trovare una formula di rappresentazione per la soluzione u nel caso $h = 0$ e $g = g(r)$.

Soluzione

Innanzitutto osserviamo che la soluzione (che è unica sotto ragionevoli ipotesi sui dati) è a simmetria radiale: infatti, se non lo fosse, potremmo costruire differenti soluzioni dello stesso problema semplicemente componendola con una rotazione (i dati sono a simmetria sferica!), contraddicendo l'unicità. Quindi $u = u(r, t)$ risolve il problema

$$
\begin{cases}
u_{tt} - c^2 \left(u_{rr} + \dfrac{1}{r} u_r \right) = 0 & 0 < r < 1, \, t > 0 \\
u(r, 0) = g(r), \quad u_t(r, 0) = 0 & 0 < r < 1 \\
u(1, t) = 0 & t > 0.
\end{cases}
$$

Cerchiamo soluzioni del tipo $u(r, t) = v(r)w(t)$ tali che, per il momento, $w'(0) = 0$ e

$$
v(0) \text{ finito}, \quad v(1) = 0.
$$

Sostituendo nell'equazione abbiamo

$$
v(r)w''(t) - c^2 \left(v''(r) + \frac{1}{r} v'(r) \right) w(t) = 0.
$$

Separando le variabili, deduciamo

$$
\frac{1}{c^2} \frac{w''(t)}{w(t)} = \frac{rv''(r) + v'(r)}{rv(r)} = \mu
$$

con μ costante. In particolare v risolve il problema

$$
\begin{cases}
(rv')' - \mu r v = 0 \\
v(0) \text{ limitata} \quad v(1) = 0.
\end{cases}
$$

Se $\mu \geq 0$, l'unica soluzione è $v \equiv 0$. Infatti, moltiplichiamo l'equazione differenziale per v e integriamo per parti sull'intervallo $(0, 1)$, tenendo conto delle condizioni ai limiti. Risulta

$$
0 = \int_0^1 (rv')'v \, dr - \mu \int_0^1 rv^2 \, dr = - \int_0^1 [(v')^2 + \mu v^2] r \, dr.
$$

Essendo $\mu \geq 0$ l'ultimo integrando è non negativo e ciò forza $v \equiv 0$ in $(0,1)$.

Se, viceversa $\mu = -\lambda^2$, L'equazione differenziale è

$$v'' + \frac{v'}{r} + \lambda^2 v = 0$$

che è l'equazione di Bessel parametrica di ordine 0 (vedi Appendice A). Le autofunzioni costituiscono una base hilbertiana per $L_w^2(0,1)$, rispetto al peso $w(r) = r$ e sono date da

$$u_n(r) = J_0(\lambda_n r),$$

dove J_0 è la funzione di Bessel di ordine 0 e $\lambda_1, \lambda_2, \ldots$ sono i suoi zeri. D'altra parte, l'equazione per w è

$$w''(t) + c^2 \lambda_n^2 w(t) = 0,$$

che, con la condizione iniziale $w'(0) = 0$ ha la famiglia ad un parametro di soluzioni data da:

$$w_n(t) = a_n \cos(c\lambda_n t).$$

Abbiamo così determinato i modi fondamentali di vibrazione della membrana:

$$u_n(r,t) = a_n \cos(c\lambda_n t) J_0(\lambda_n r).$$

La soluzione del problema di partenza si ottiene per sovrapposizione:

$$u(r,t) = \sum_{n=1}^{+\infty} a_n \cos(c\lambda_n t) J_0(\lambda_n r).$$

Per soddisfare anche la condizione iniziale $u(r,0) = g(r)$ i coefficienti a_n si determinano dall'equazione

$$\sum_{n=1}^{+\infty} a_n J_0(\lambda_n r) = g(r)$$

da cui[10], se J_1 è la funzione di Bessel di ordine 1,

$$a_n = \frac{2}{J_1^2(\lambda_n)} \int_0^1 s g(s) J_0(\lambda_n s)\, ds.$$

---

[10]Appendice **A**.

Problema 2.18. (Membrana con dissipazione). *Si consideri il problema*

$$\begin{cases} u_{tt}(\mathbf{x},t) + ku_t(\mathbf{x},t) = c^2\Delta u(\mathbf{x},t) & \mathbf{x}\in\mathbf{R}^2, t>0 \\ u(\mathbf{x},0) = 0, \quad u_t(\mathbf{x},0) = g(\mathbf{x}) & \mathbf{x}\in\mathbf{R}^2. \end{cases}$$

a) *Trovare* $\alpha \in \mathbf{R}$ *in modo che, posto*

$$v(\mathbf{x},t) = e^{\alpha t}u(\mathbf{x},t),$$

v risolva un'equazione senza termini del primo ordine (ma con termini di ordine zero) su $\mathbf{R}^2 \times \{t > 0\}$.

b) *Trovare* $\beta \in \mathbf{R}$ *in modo che, posto*

$$w(x_1,x_2,x_3,t) = w(\mathbf{x},x_3,t) = e^{\beta x_3}v(\mathbf{x},t),$$

w risolva un'equazione con solo termini del secondo ordine su $\mathbf{R}^3 \times \{t > 0\}$.

c) *Trovare la soluzione u del problema di partenza.*

Soluzione

a) Possiamo scrivere

$$u(\mathbf{x},t) = e^{-\alpha t}v(\mathbf{x},t)$$

e quindi

$$\begin{aligned} u_t &= -\alpha e^{-\alpha t}v + e^{-\alpha t}v_t \\ u_{tt} &= \alpha^2 e^{-\alpha t}v - 2\alpha e^{-\alpha t}v_t + e^{-\alpha t}v_{tt} \\ \Delta u &= e^{-\alpha t}\Delta v. \end{aligned}$$

Sostituendo nell'equazione abbiamo

$$e^{-\alpha t}\left(v_{tt} + (k - 2\alpha)v_t + (\alpha^2 - k\alpha)v\right) = c^2 e^{-\alpha t}\Delta v.$$

Di conseguenza, posto

$$\alpha = k/2,$$

abbiamo che

$$v(\mathbf{x},t) = e^{kt/2}u(\mathbf{x},t)$$

risolve

$$v_{tt} - \frac{k^2}{4}v = c^2\Delta v.$$

b) Scriviamo

$$v(\mathbf{x},t) = e^{-\beta x_3}w(\mathbf{x},x_3,t)$$

da cui

$$\begin{aligned} v_{tt} &= e^{-\beta x_3}w_{tt} \\ v_{x_1 x_1} + v_{x_2 x_2} &= e^{-\beta x_3}\left(w_{x_1 x_1} + w_{x_2 x_2}\right), \end{aligned}$$

e sostituendo abbiamo

$$e^{-\beta x_3}w_{tt} = c^2 e^{-\beta x_3}\left(w_{x_1 x_1} + w_{x_2 x_2} + \frac{k^2}{4c^2}w\right).$$

Osservando che

$$w_{x_3 x_3} = \beta^2 w$$

basta scegliere

$$\beta = k/(2c)$$

per ottenere che

$$w(\mathbf{x}, x_3, t) = e^{k x_3/(2c)} v(\mathbf{x}, t)$$

risolve

$$w_{tt} = c^2 \Delta w$$

(l'ultimo laplaciano è inteso in 3 dimensioni).

c) Tenendo conto che

$$w(\mathbf{x}, x_3, t) = e^{k(x_3 + tc)/2c} u(\mathbf{x}, t)$$

calcoliamo le condizioni iniziali per w. Abbiamo

$$
\begin{aligned}
w(\mathbf{x}, x_3, 0) &= e^{k x_3/2c} u(\mathbf{x}, 0) = 0 \\
w_t(\mathbf{x}, x_3, 0) &= \frac{k}{2} e^{k x_3/2c} u(\mathbf{x}, 0) + e^{k x_3/2c} u(\mathbf{x}, 0) \\
&= e^{k x_3/2c} g(\mathbf{x})
\end{aligned}
$$

e quindi, dalla formula di Kirchoff,

$$v(\mathbf{x}, t) = w(\mathbf{x}, 0, t) = \frac{1}{4\pi c^2 t} \int_{\partial B_{ct}(\mathbf{x}, 0)} e^{k\sigma_3/2c} g(\sigma_1, \sigma_2)\, d\boldsymbol{\sigma}$$

dove $d\boldsymbol{\sigma}$ indica l'elemento di superficie su $\partial B_{ct}(\mathbf{x}, 0)$. Per arrivare ad una formula più significativa, riduciamo l'integrale sulla sfera $\partial B_{ct}(\mathbf{x}, 0)$ ad un integrale doppio sul cerchio

$$K_{ct}(\mathbf{x}) = \left\{ \mathbf{y} = (y_1, y_2) : |\mathbf{y} - \mathbf{x}|^2 < c^2 t^2 \right\}.$$

L'equazione dei due emisferi superiore ed inferiore è,

$$y_3 = \pm\sqrt{c^2 t^2 - r^2} \qquad \left(r^2 = |\mathbf{y} - \mathbf{x}|^2 \right)$$

e

$$d\boldsymbol{\sigma} = \sqrt{1 + \frac{r^2}{c^2 t^2 - r^2}}\, dy_1 dy_2 = \frac{ct}{\sqrt{c^2 t^2 - r^2}}\, dy_1 dy_2.$$

Abbiamo, dunque,

$$
\begin{aligned}
v(\mathbf{x}, t) &= \frac{1}{4\pi c} \int_{K_{ct}(\mathbf{x})} \left[e^{k\sqrt{c^2 t^2 - r^2}/2c} + e^{-k\sqrt{c^2 t^2 - r^2}/2c} \right] \frac{g(y_1, y_2)}{\sqrt{c^2 t^2 - r^2}}\, dy_1 dy_2 \\
&= \frac{1}{2\pi c} \int_{K_{ct}(\mathbf{x})} \cosh\left(\frac{k\sqrt{c^2 t^2 - r^2}}{2c} \right) \frac{g(y_1, y_2)}{\sqrt{c^2 t^2 - r^2}}\, dy_1 dy_2.
\end{aligned}
$$

ed infine

$$u(\mathbf{x}, t) = e^{-kt/2} v(\mathbf{x}, t).$$

Problema 2.19. (Soluzione fondamentale in dimensione 2). *Scrivere l'espressione della soluzione fondamentale dell'equazione delle onde bidimensionale con e senza dissipazione.*

Soluzione

Per determinare la soluzione fondamentale ricordiamo che la soluzione del problema di Cauchy

$$\begin{cases} u_{tt}(\mathbf{x},t) - c^2\Delta u(\mathbf{x},t) = 0 & \mathbf{x}\in\mathbf{R}^2,\ t>0 \\ u(\mathbf{x},0) = 0, \quad u_t(\mathbf{x},0) = h(\mathbf{x}) & \mathbf{x}\in\mathbf{R}^2 \end{cases}$$

è data dalla formula di Poisson

$$\begin{aligned} u(\mathbf{x},t) &= \frac{1}{2\pi c}\int_{B_{ct}(\mathbf{x})}\frac{h(\mathbf{y})}{\sqrt{c^2t^2-|\mathbf{x}-\mathbf{y}|^2}}\,d\mathbf{y} = \\ &= \frac{1}{2\pi c}\int_{\mathbf{R}^2}\frac{H\left(c^2t^2-|\mathbf{x}-\mathbf{y}|^2\right)}{\sqrt{c^2t^2-|\mathbf{x}-\mathbf{y}|^2}}\,h(\mathbf{y})d\mathbf{y} \end{aligned}$$

dove H indica la funzione di Heaviside. L'espressione della soluzione $K(\mathbf{x},\mathbf{z},t)$ si trova con h data dalla distribuzione di Dirac in $\mathbf{z}$ e cioè

$$\begin{aligned} K(\mathbf{x},\mathbf{z},t) &= \frac{1}{2\pi c}\frac{H\left(c^2t^2-|\mathbf{x}-\mathbf{z}|^2\right)}{\sqrt{c^2t^2-|\mathbf{x}-\mathbf{z}|^2}} \\ &= \begin{cases} \dfrac{1}{2\pi c}\dfrac{1}{\sqrt{c^2t^2-|\mathbf{x}-\mathbf{z}|^2}} & \text{per } |\mathbf{x}-\mathbf{z}|^2 < c^2t^2 \\ 0 & \text{per } |\mathbf{x}-\mathbf{z}|^2 > c^2t^2. \end{cases} \end{aligned}$$

Questa soluzione rappresenta la perturbazione generata da un impulso iniziale di intensità unitaria, corrispondente ai dati iniziali

$$u(\mathbf{x},0) = 0 \quad\text{e}\quad u_t(\mathbf{x},0) = \delta(\mathbf{x}-\mathbf{z}).$$

Si noti che al tempo t la propagazione interessa tutti i punti all'interno del cerchio

$$\left\{(\mathbf{x},t): |\mathbf{x}-\mathbf{z}|^2 < c^2t^2\right\}.$$

Nel caso in cui sia presente nell'equazione il termine dissipativo ku_t, dal problema precedente ricaviamo che la soluzione fondamentale è data da

$$K_{diss}(\mathbf{x},\mathbf{z},t) = \frac{e^{-kt/2}}{2\pi c}\cosh\left(\frac{k\sqrt{c^2t^2-|\mathbf{x}-\mathbf{z}|^2}}{2c}\right)\frac{H\left(c^2t^2-|\mathbf{x}-\mathbf{z}|^2\right)}{\sqrt{c^2t^2-|\mathbf{x}-\mathbf{z}|^2}}.$$

Problema 2.20. (*Applicazione della formula di Kirchoff*). *Consideriamo il problema*

$$\begin{cases} u_{tt} - c^2 \Delta u = 0 & \mathbf{x} \in \mathbf{R}^3, t > 0 \\ u(\mathbf{x}, 0) = g(\mathbf{x}), \quad u_t(\mathbf{x}, 0) = h(\mathbf{x}) & \mathbf{x} \in \mathbf{R}^3, \end{cases}$$

con g ed h regolari (di classe C^3 e C^2 rispettivamente). Supponiamo che i dati g, h abbiano supporto nella sfera $B_\rho(\mathbf{0})$. Descrivere il supporto della soluzione u ad ogni istante t.

Soluzione

Ricordiamo che, dalla formula di Kirchoff, la soluzione del problema dato è

$$u(\mathbf{x}, t) = \frac{\partial}{\partial t} \left[\frac{1}{4\pi c^2 t} \int_{\partial B_{ct}(\mathbf{x})} g(\boldsymbol{\sigma}) \, d\boldsymbol{\sigma} \right] + \frac{1}{4\pi c^2 t} \int_{\partial B_{ct}(\mathbf{x})} h(\boldsymbol{\sigma}) \, d\boldsymbol{\sigma}$$

La condizione sui supporti dei dati iniziali può essere scritta come

$$|\mathbf{y}| \geq \rho \quad \Rightarrow \quad g(\mathbf{y}) = 0, h(\mathbf{y}) = 0.$$

Dall'espressione della soluzione ricaviamo che u è sicuramente nulla nel punto $(\mathbf{x}, t)$ se

$$\partial B_{ct}(\mathbf{x}) \cap B_\rho(\mathbf{0}) = \emptyset.$$

Ciò si verifica se

$$|\mathbf{x}| + \rho < ct$$

oppure se

$$|\mathbf{x}| - \rho > ct.$$

Il supporto della soluzione all'istante t è dunque contenuto nella corona sferica

$$\{\mathbf{x} \in \mathbf{R}^3 : ct - \rho \leq |\mathbf{x}| \leq ct + \rho\}$$

che si espande radialmente alla velocità c.

Problema 2.21. (*Focalizzazione di una discontinuità*). *Determinare la soluzione del problema*

$$\begin{cases} u_{tt} - c^2 \Delta u = 0 & \mathbf{x} \in \mathbf{R}^3, t > 0 \\ u(\mathbf{x}, 0) = 0, \quad u_t(\mathbf{x}, 0) = h(|\mathbf{x}|) & \mathbf{x} \in \mathbf{R}^3, \end{cases}$$

dove $(r = |\mathbf{x}|)$

$$h(r) = \begin{cases} 1 & 0 \leq r \leq 1 \\ 0 & r > 1. \end{cases}$$

Soluzione

Si noti che la soluzione è continua inizialmente in $\mathbf{x} = \mathbf{0}$; essendo poi radiale e pensando h prolungata a tutto l'asse reale in modo *pari*, w ha la forma

$$w(r, t) = \frac{F(r + ct)}{r} + \frac{G(r - ct)}{r}.$$

La condizione $w(r,0) = 0$ implica $F(r) = -G(r)$. La seconda condizione iniziale implica allora

$$G'(r) = -rh(r)/2c$$

da cui

$$G(r) = -\frac{1}{2c}\int_0^r sh(s)\ ds + G(0)$$

ed infine

$$w(r,t) = \frac{F(r+ct)}{r} + \frac{G(r-ct)}{r} = \frac{1}{2cr}\int_{r-ct}^{r+ct} sh(s)\ ds.$$

Per calcolare il valore di w distinguiamo varie regioni del piano rt (Figura 10). Nel settore triangolare

$$\{(r,t) : -1 < r - ct < r + ct < 1\}$$

(che implica in particolare $t < 1/c$) si ha $h = 1$, per cui

$$\int_{r-ct}^{r+ct} sh(s)\ ds = \left[\frac{s^2}{2}\right]_{r-ct}^{r+ct} = 2crt.$$

Se $r \neq 0$ si trova

$$w(r,t) = t$$

che vale, per continuità, anche se $r = 0$. In particolare

$$w(0,t) \to \frac{1}{c} \quad \text{se } t \uparrow \frac{1}{c}.$$

Se $t > 1/c$, nel settore

$$\{(r,t) : r - ct < -1,\ r + ct > 1\}$$

si ha

$$\int_{r-ct}^{r+ct} sh(s)\ ds = \int_{-1}^1 s\ ds = 0.$$

Di conseguenza, $w(r,t) = 0$ e quindi w *presenta una discontinuità in* $(0, 1/c)$, *dovuta, in ultima analisi, alla focalizzazione in* $r = 0$ *della discontinuità di* w_t *sulla circonferenza* $r = 1$.

Nei settori

$$\{(r,t) : r - ct > 1\} \quad \text{e} \quad \{(r,t) : r + ct < -1\}$$

si ha $h = 0$ per cui $w(r,t) = 0$.

Nella semistriscia

$$\{(r,t) : -1 < r - ct < 1,\ r + ct > 1\}$$

si trova

$$w(r,t) = \frac{1}{2cr}\int_{r-ct}^1 sh(s)\ ds = \frac{1}{2cr}\int_{r-ct}^1 s\ ds = \frac{1 - (r-ct)^2}{4cr}$$

ed infine, nella semistriscia

$$\{(r,t) : r - ct < -1,\ -1 < r + ct < 1\}$$

si trova

$$w\left(r,t\right) = \frac{1}{2cr}\int_{-1}^{r+ct} sh\left(s\right)\ ds = \frac{1}{2cr}\int_{-1}^{r+ct} s\ ds = \frac{\left(r+ct\right)^2-1}{4cr}.$$

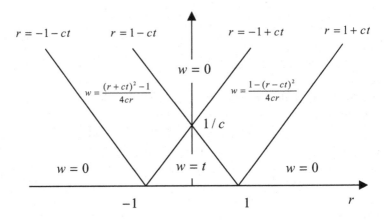

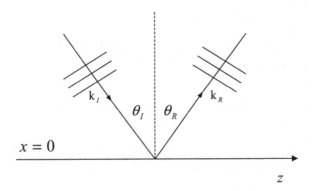

Figura 10. La soluzione del Problema 2.21.

Problema 2.22. (Riflessione di onde acustiche). *Un'onda armonica piana di ampiezza A e frequenza ω_I, che si propaga con velocità c nel piano xz, incide sul piano $x = 0$ e viene riflessa, come indicato in Figura 11. Determinare il potenziale acustico (di velocità) dell'onda incidente e di quella riflessa (usare la notazione complessa).*

Soluzione

In generale, un'onda armonica piana ha un potenziale acustico della forma

$$\phi\left(x,z,t\right) = A\exp\left\{i\left(k_1 x + k_2 y + k_3 z - \omega t\right)\right\} \qquad \left(\omega > 0\right).$$

Figura 11. Riflessione di onde acustiche.

L'onda si propaga nella direzione del vettore *numero d'onde* $\mathbf{k} = (k_1, k_2, k_3)$ con velocità $\omega/|\mathbf{k}|$. Nel nostro caso si ha $\mathbf{k}_I = (k_1, 0, k_3)$, e il potenziale acustico dell'onda armonica piana è della forma

$$\phi_I(x, z, t) = A \exp\{i(k_1 x + k_3 z - \omega_I t)\}.$$

Se indichiamo con c la velocità dell'onda, deve essere

$$|\mathbf{k}_I| = \frac{\omega_I}{c}$$

per cui, in riferimento alla Figura 11, si ottiene

$$k_1 = -\frac{\omega_I}{c} \sin\theta_I, \quad k_2 = \frac{\omega_I}{c} \cos\theta_I$$

e quindi

$$\phi_I(x, z, t) = A \exp\left\{i\omega_I\left(-\frac{x}{c}\cos\theta_I + \frac{z}{c}\sin\theta_I - t\right)\right\}.$$

Per determinare il potenziale $\phi_R(x, z, t)$ dell'onda riflessa, cerchiamo una soluzione dell'equazione

$$\phi_{tt} - c^2(\phi_{xx} + \phi_{zz}) = 0$$

della forma

$$\phi(x, z, t) = \phi_I(x, z, t) + \phi_R(x, z, t)$$

con la condizione di riflessione

$$\frac{\partial\phi}{\partial x} = 0 \quad \text{sul piano } x = 0.$$

Affinché $\phi_R(x, z, t)$ sia soluzione, deve essere, sempre in riferimento alla figura,

$$\phi_R(x, z, t) = B \exp\left\{i\omega_R\left(\frac{x}{c}\cos\theta_R + \frac{z}{c}\sin\theta_R - t\right)\right\}.$$

Imponendo la condizione di riflessione, si ha:

$$-A\cos\theta_I \exp\left\{i\omega_I\left(\frac{z}{c}\cos\theta_I - t\right)\right\} + B\cos\theta_R \exp\left\{i\omega_R\left(\frac{z}{c}\cos\theta_R - t\right)\right\} = 0.$$

Poiché questa equazione deve valere per $z \in \mathbf{R}$ e per $t \geq 0$, deve essere

$$A = B, \ \theta_I = \theta_R, \ \omega_I = \omega_R.$$

L'onda viene dunque riflessa senza cambiare ampiezza o frequenza e l'angolo di incidenza è uguale a quello di riflessione.

3. Esercizi proposti

Esercizio 3.1. *È dato il problema*

$$\begin{cases} u_{tt} - c^2 u_{xx} = 0 & 0 < x < L, \ t > 0 \\ u(x, 0) = g(x), \ u_t(x, 0) = h(x) & 0 \leq x \leq L \\ u(0, t) = 0, \ u(L, t) = B & t > 0. \end{cases}$$

a) *Determinare la soluzione stazionaria u_0 del problema.*

b) *Trovare un'espressione formale per la soluzione u.*

c) Verificare che, per $t \to \infty$, u non tende ad u_0.

Esercizio 3.2. Si consideri il problema

$$\begin{cases} u_{tt} - c^2 u_{xx} = 0 & 0 < x < L, t > 0 \\ u(x,0) = g(x), \quad u_t(x,0) = 0 & 0 \le x \le L \\ u_x(0,t) = u_x(L,t) = 0 & t \ge 0. \end{cases}$$

a) Definendo opportunamente il dato iniziale g al di fuori dell'intervallo $[0, L]$, utilizzare la formula di d'Alembert per rappresentare la soluzione come sovrapposizione di onde progressive.

b) Esaminare il significato fisico del risultato.

Esercizio 3.3. Risolvere il problema

$$\begin{cases} u_{tt} - c^2 u_{xx} = f(x,t) & 0 < x < L, t > 0 \\ u(x,0) = u_t(x,0) = 0 & 0 \le x \le L \\ u(0,t) = u(L,t) = 0 & t \ge 0 \end{cases}$$

nei casi

a) $f(x,t) = e^{-t} \sin\left(\dfrac{\pi x}{L}\right)$;

b) $f(x,t) = xe^{-t}$.

Esercizio 3.4. Risolvere il problema (di Cauchy–Neumann)

$$\begin{cases} u_{tt} - c^2 u_{xx} = f(x,t) & 0 < x < L, t > 0 \\ u(x,0) = u_t(x,0) = 0 & 0 \le x \le L \\ u_x(0,t) = u_x(L,t) = 0 & t \ge 0 \end{cases}$$

per

$$f(x,t) = e^{-t} \cos\left(\frac{\pi x}{2L}\right).$$

Esercizio 3.5. Sia $u = u(x,t)$ una funzione tale che

(23) $\qquad\qquad Lu = u_{tt} - u_{xx} - h^2 u \le 0, \qquad h > 0$

nel triangolo caratteristico

$$T = \{(x,t) : x > t, \, x + t < 1, \, t > 0\}.$$

Provare che, se $u \in C^2\left(\overline{T}\right)$ e per $0 \le x \le 1$,

$$u(x,0) \le M < 0, \quad u_t(x,0) \le 0,$$

allora

$$u < 0 \quad \text{in } T.$$

Esercizio 3.6. Scrivere il modello matematico per le vibrazioni trasversali libere di una corda semiinfinita, con posizione e velocità iniziali date, supponendo che l'estremo sia libero di muoversi lungo una guida rettilinea trasversale alla corda stessa. Fornire una formula per la soluzione di tale problema (si veda anche Problema 2.6).

Esercizio 3.7.   *In riferimento al Problema 2.7, trovare la soluzione per*

$$f(t) = -g$$

(cioè quando le oscillazioni forzate sono provocate dalla forza di gravità).

Esercizio 3.8.   *Risolvere il problema precedente nel caso in cui la corda non sia ferma inizialmente, ma si abbia*

$$u_t(x,0) = 1.$$

Esercizio 3.9.   *In riferimento ai Problemi 2.8, 2.9, studiare numericamente il caso $L = 1$ m, $g = 9.8$ m/s^2, $h = 0$ e*

$$f(x) = \begin{cases} \dfrac{x}{100} & 0 \leq x \leq \dfrac{1}{2} \\ \dfrac{(1-x)}{100} & \dfrac{1}{2} \leq x \leq 1. \end{cases}$$

In particolare

a) *trovare le prime tre frequenze di vibrazione;*

b) *calcolare le ampiezze dei primi tre modi di vibrazione;*

c) *plottare, per alcuni valori di t, l'approssimazione data dalla somma dei primi tre modi di vibrazione.*

Esercizio 3.10.   *Data l'equazione del secondo ordine*

$$u_{yy} - 2u_{xy} + 2u_x - u_y = 4e^x,$$

classificarla e calcolarne le caratteristiche. Se possibile, determinarne la soluzione generale.

Esercizio 3.11.   *Data l'equazione del secondo ordine*

$$u_{xy} + yu_y - u = 0,$$

classificarla e calcolarne le caratteristiche. Se possibile, determinarne l'integrale generale.

Esercizio 3.12.   *Sia Γ una curva di equazione $x = \varphi(y)$ con $\varphi \in C^2(0, \infty)$, continua in $y = 0$ e $\varphi(0) = 0$, $\varphi'(0) \geq 0$. Esaminare la risolubilità del seguente problema:*

$$\begin{cases} u_{xy} = F(x,y) & \text{per } x > \varphi(y), \, y > 0 \\ u(x,0) = g(x) & x > 0 \\ u(\varphi(y),y) = h(y) & y > 0 \end{cases}$$

(può essere utile integrare sul rettangolo R in Figura 12).

Esercizio 3.13.   *Nel settore*

$$S = \{(x,t) : -t < x < t, x > 0\},$$

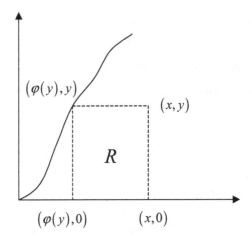

Figura 12.

risolvere il problema

$$\begin{cases} u_{tt} - u_{xx} = 0 & \text{nel settore } S \\ u(x,x) = g(x), \quad u(x,-x) = h(x) & x \geq 0 \\ g(0) = h(0). \end{cases}$$

Esercizio 3.14. *Stabilire se i seguenti problemi sono ben posti o malposti.*

a) *Problema di Cauchy caratteristico[11]*:

$$\begin{cases} u_{tt} - u_{xx} = 0 & \text{nel semipiano } x > t \\ u(x,x) = f(x) & x \in \mathbf{R} \\ \partial_\nu u(x,x) = g(x) & x \in \mathbf{R}, \end{cases}$$

dove

$$\nu = \frac{1}{\sqrt{2}}(1,-1)$$

(versore normale alla caratteristica $x = t$).

b) *Valori al bordo nel quadrante:*

$$\begin{cases} u_{tt} - u_{xx} = 0 & x > 0,\, t > 0 \\ u(x,0) = f(x) & x \geq 0 \\ u(0,t) = g(t) & t \geq 0. \end{cases}$$

Esercizio 3.15. *Consideriamo il seguente problema per una corda con frizione interna:*

(24)
$$\begin{cases} \rho u_{tt} - \tau u_{xx} = \gamma u_{xxt} & 0 < x < L,\ t > 0 \\ u(x,0) = f(x),\, u_t(x,0) = g(x) & 0 < x < L \\ u(0,t) = u(L,t) = 0 & t \geq 0, \end{cases}$$

---

[11]I dati di Cauchy sono assegnati su una linea caratteristica.

con ρ, τ, γ costanti positive.

a) Sia

$$E(t) = \frac{1}{2} \int_0^L \left[\rho u_t^2 + \tau u_x^2 \right] dx.$$

Supponendo sufficiente regolarità per u, dimostrare che $E'(t) \leq 0$ ed interpretare il risultato.

b) Usare il risultato del punto a) per dimostrare un teorema di unicità per il problema (24).

c) Utilizzando il metodo di separazione delle variabili, stabilire se $u(x,t) \to 0$ per $t \to \infty$.

Esercizio 3.16. Dato $\lambda > 0$, consideriamo il problema

$$\begin{cases} u_{tt}(x,y,t) = u_{xx}(x,y,t) + u_{yy}(x,y,t) + \lambda u(x,y,t) & (x,y) \in \mathbf{R}^2, \, t > 0 \\ u(x,y,0) = f(x,y), \quad u_t(x,y,0) = g(x,y) & (x,y) \in \mathbf{R}^2. \end{cases}$$

a) Determinare k in modo che la funzione

$$v(x,y,z,t) = e^{kz} u(x,y,t)$$

soddisfi l'equazione

$$v_{tt} = v_{xx} + v_{yy} + v_{zz}.$$

b) Utilizzando il risultato di a) trovare una formula di rappresentazione per la soluzione del problema dato.

Esercizio 3.17 (Guida acustica piana). Consideriamo una regione dello spazio delimitata da due piani $x = 0$ e $x = d$ (che consideriamo come guida acustica). Quali onde armoniche piane, polarizzate nel piano xz, possono propagarsi all'interno della regione? Studiarne le proprietà.

Esercizio 3.18 (Onde sonore lungo un tubo). Studiare la propagazione di onde sonore di velocità c e frequenza angolare ω, lungo un tubo cilindrico semiinfinito di raggio a. Stabilire, in particolare, quali modi si possono propagare senza attenuazione al variare del raggio a.

3.1. Soluzioni

Soluzione 3.1. **a)** La soluzione stazionaria è la funzione indipendente dal tempo che risolve il problema con le sole condizioni di Dirichlet. Quindi $u_0 = u_0(x)$ è soluzione di

$$\begin{cases} u_0'' = 0 & 0 < x < L \\ u_0(0) = 0, \, u_0(L) = B. \end{cases}$$

Si ottiene

$$u_0(x) = \frac{B}{L} x.$$

b) Per applicare il metodo di separazione delle variabili dobbiamo avere condizioni di Dirichlet omogenee. Poniamo

$$U(x,t) = u(x,t) - u_0(x).$$

Allora U risolve

$$\begin{cases} U_{tt} - c^2 U_{xx} = 0 & 0 < x < L, \, t > 0 \\ U(x,0) = g(x) - \dfrac{B}{L}x, \; U_t(x,0) = h(x) & 0 \le x \le L \\ U(0,t) = U(L,t) = 0 & t > 0. \end{cases}$$

Cerchiamo soluzioni del tipo $U(x,t) = v(x)w(t)$. Seguendo lo svolgimento del Problema 2.1 otteniamo che la soluzione si scrive come

$$U(x,t) = \sum_{k=1}^{+\infty} \left[a_k \cos\left(\frac{ck\pi}{L}t\right) + b_k \sin\left(\frac{ck\pi}{L}t\right) \right] \sin\left(\frac{k\pi}{L}x\right).$$

Deve essere, per $t = 0$ e $0 \le x \le L$,

$$\sum_{k=1}^{+\infty} a_k \sin\left(\frac{k\pi}{L}x\right) = g(x) - \frac{B}{L}x, \qquad \sum_{k=1}^{+\infty} \frac{ck\pi}{L} b_k \sin\left(\frac{k\pi}{L}x\right) = h(x),$$

per cui i coefficienti a_n e b_n sono assegnati dalle formule

$$a_k = \frac{2}{L}\int_0^L \left(g(x) - \frac{B}{L}x\right)\sin\left(\frac{k\pi}{L}x\right)dx, \qquad b_k = \frac{2}{ck\pi}\int_0^L h(x)\sin\left(\frac{k\pi}{L}x\right)dx.$$

c) La u trovata al punto b) è $2L$–periodica nel tempo, quindi ammette limite per $t \to \infty$ se e solo se è costante nel tempo, e ciò avviene se e solo se $g(x) = u_0(x)$ e $h(x) = 0$. In tutti gli altri casi la soluzione oscilla indefinitamente e non tende alla soluzione stazionaria.

Soluzione 3.2. Procediamo come nel Problema 2.2 estendendo la definizione dei dati di Cauchy a tutto $\mathbf{R}$, in modo tale che il problema di Cauchy globale corrispondente abbia una soluzione con derivata spaziale nulla sulle rette $x = 0$, $x = L$. Restringendo tale soluzione sulla striscia $[0, L] \times \{t > 0\}$ otterremo la soluzione del problema dato. Se indichiamo con $\tilde g$ e $\tilde h$ le estensioni dei dati, la soluzione del problema di Cauchy globale è data dalla formula di D'Alembert

$$u(x,t) = \frac{1}{2}\left[\tilde g(x - ct) + \tilde g(x + ct)\right] + \frac{1}{2c}\int_{x-ct}^{x+ct} \tilde h(s)\, ds.$$

Dobbiamo scegliere $\tilde g$ e $\tilde h$ in modo da soddisfare le condizioni iniziali e di Neumann agli estremi. L'estensione più semplice di h consiste nel porre $\tilde h = 0$. Per l'estensione di g deve quindi essere

$$\begin{cases} u(x,0) = \tilde g(x) = g(x) & 0 \le x \le L \\ u_x(0,t) = \dfrac{1}{2}\left[\tilde g'(-ct) + \tilde g'(ct)\right] = 0 & t > 0 \\ u(L,t) = \dfrac{1}{2}\left[\tilde g'(L - ct) + \tilde g'(L + ct)\right] = 0 & t > 0. \end{cases}$$

Ne segue che, per ogni s,

(25) $$\tilde{g}'(s) = -\tilde{g}'(-s), \qquad \tilde{g}'(L+s) = -\tilde{g}'(L-s).$$

La prima condizione indica che $\tilde{g}'$ *deve* essere una funzione dispari e quindi $\tilde{g}$ una funzione **pari**. Dalla seconda condizione, abbiamo

$$\tilde{g}'(s+2L) = \tilde{g}'(L+(L+s)) = -\tilde{g}'(L-(L+s)) = -\tilde{g}'(-s) = \tilde{g}'(s),$$

e quindi $\tilde{g}'$ è una funzione $2L$–**periodica**. Di conseguenza, anche $\tilde{g}$ è $2L$–**periodica** e tale che

$$\tilde{g}(s) = \begin{cases} g(s) & 0 < s < L, \\ -g(-s) & -L < s < 0. \end{cases}$$

La soluzione del problema originale è dunque data da

(26) $$u(x,t) = \frac{1}{2}\left[\tilde{g}(x-ct) + \tilde{g}(x+ct)\right] \qquad \text{per } 0 \le x \le L,\, t \ge 0.$$

Il significato fisico della (26) si ricava con ragionamenti del tutto analoghi a quelli fatti per il Problema 2.2. L'unica differenza è che ogni riflessione agli estremi **non** è accompagnata da un cambio di segno, essendo l'estensione di g pari.

Soluzione 3.3. Utilizzando la formula (11) otteniamo

a)

$$u(x,t) = \frac{L^2}{L^2 + c^2\pi^2}\left[e^{-t} - \cos\left(\frac{c\pi}{L}t\right) + \frac{L}{c\pi}\sin\left(\frac{c\pi}{L}t\right)\right]\sin\left(\frac{\pi}{L}x\right).$$

b)

$$u(x,t) = \frac{2L}{\pi}\sum_{k=1}^{+\infty}\frac{(-1)^{k+1}L^2}{k(L^2 + c^2\pi^2 k^2)}\left[e^{-t} - \cos\left(\frac{ck\pi}{L}t\right) + \frac{L}{ck\pi}\sin\left(\frac{ck\pi}{L}t\right)\right]\sin\left(\frac{k\pi}{L}x\right).$$

Soluzione 3.4. Seguendo la soluzione del Problema 2.5 otteniamo

$$u(x,t) = \frac{4L^2}{4L^2 + c^2\pi^2}\left[e^{-t} - \cos\left(\frac{c\pi}{2L}t\right) + \frac{2L}{c\pi}\sin\left(\frac{c\pi}{2L}t\right)\right]\cos\left(\frac{\pi}{2L}x\right).$$

Soluzione 3.5. Sia C un punto in T e consideriamo il triangolo caratteristico T_C di vertici A, B, C in Figura 9. Procediamo come nel Problema 2.15 integrando su T la disuguaglianza $Lu \le 0$. Si trova

(27) $$u(C) \le \frac{u(B) + u(A)}{2} + \int_0^1 u_t(x,0)\,dx + \frac{1}{2}\int_{T_C} h^2 u\,dx dt.$$

Poiché $u(x,0) \le M < 0$ per $0 \le x \le 1$, per continuità la funzione $u(x,t)$ si mantiene positiva, almeno per $t > 0$ abbastanza piccolo. Se u non si mantenesse negativa in tutto T, dovrebbe esserci un punto $C = (x_0, t_0)$ in cui si annulla per la prima volta; si avrebbe cioè

$$u(x_0, t_0) = 0 \quad \text{e} \quad u(x,t) < 0 \text{ per } t < t_0.$$

Dalla (27) si avrebbe, essendo $u(A) \leq M$, $u(B) \leq M$ e $u < 0$ in T_C:

$$0 = u(C) \leq M < 0,$$

contraddizione. Deve dunque essere $u < 0$ in tutto T.

Soluzione 3.6.   Se indichiamo con $u(x,t)$ il profilo della corda all'istante t, il modello è dato da

$$\begin{cases} u_{tt} - c^2 u_{xx} = 0 & x > 0,\, t > 0 \\ u(x,0) = g(x),\, u_t(x,0) = h(x) & x \geq 0 \\ u_t(0,t) = 0 & t \geq 0. \end{cases}$$

Seguendo lo svolgimento del Problema 2.6 cerchiamo $\tilde{g}$ e $\tilde{h}$, definite su $\mathbf{R}$, tali che coincidano con g ed h per $x > 0$, e che la funzione

$$u(x,t) = \frac{1}{2}\left[\tilde{g}(x+ct) + \tilde{g}(x-ct)\right] + \frac{1}{2c}\int_{x-ct}^{x+ct} \tilde{h}(s)\,ds$$

(data dalla formula di D'Alembert) soddisfi la condizione

$$u_t(0,t) = 0$$

per ogni $t > 0$. Abbiamo

$$u_x(x,t) = \frac{1}{2}\left[\tilde{g}'(x+ct) + \tilde{g}'(x-ct)\right] + \frac{1}{2c}\left[\tilde{h}(x+ct) - \tilde{h}(x-ct)\right]$$

e quindi la condizione all'estremo si scrive

$$\frac{1}{2}\left[\tilde{g}'(ct) + \tilde{g}'(-ct)\right] + \frac{1}{2c}\left[\tilde{h}(ct) - \tilde{h}(-ct)\right] = 0.$$

Quindi basta estendere h in modo pari e g' in modo dispari (cioè g in modo pari).

Soluzione 3.7.   Dalla (14) ricaviamo

$$\begin{aligned} u(x,t) &= -g\int_0^t \left[\tau - \left(\tau - \frac{x}{c}\right) H\left(\tau - \frac{x}{c}\right)\right]\,d\tau \\ &= -\frac{1}{2}gt^2 + g\int_0^t \left(\tau - \frac{x}{c}\right) H\left(\tau - \frac{x}{c}\right)\,d\tau. \end{aligned}$$

L'ultimo integrale vale 0 se $t \leq x/c$, e

$$\frac{1}{2}\left(\tau - \frac{x}{c}\right)^2 \qquad \text{se } t > \frac{x}{c}.$$

In conclusione, abbiamo

$$u(x,t) = \begin{cases} \dfrac{g}{2}\left[t^2 - \left(\tau - \dfrac{x}{c}\right)^2\right] & 0 \leq x \leq ct \\[2mm] -g\dfrac{t^2}{2} & x \geq ct. \end{cases}$$

L'interpretazione non è difficile. La porzione di corda da $x = ct$ in poi cade sotto il solo effetto della gravità. L'influenza dell'estremo fisso si sente solo sulla parte da $x = 0$ ad $x = ct$ (e quindi si propaga con velocità c).

Soluzione 3.8.   Ripercorrendo lo svolgimento del Problema 2.7 arriviamo all'equazione ordinaria

$$-c^2 U_{xx}(x,s) + s^2 u(x,s) = F(s) + 1,$$

che integrata fornisce

$$U(x,s) = (1 + F(s)) \frac{1 - e^{-xs/c}}{s^2}.$$

Antitrasformando, nel nostro caso si ottiene

$$u(x,t) = t - \left(t - \frac{x}{c}\right) H\left(t - \frac{x}{c}\right) - \frac{g}{2}\left[t^2 - \left(t - \frac{x}{c}\right)^2 H\left(t - \frac{x}{c}\right)\right].$$

Soluzione 3.9.   a) Dalla soluzione del Problema 2.9, le frequenze dei modi fondamentali sono date dalla formula

$$\nu_j = \frac{\alpha_j}{4\pi} \sqrt{\frac{g}{L}}$$

dove i numeri α_j sono gli zeri della funzione di Bessel J_0. I primi tre zeri sono

$$\alpha_1 = 2.40483..., \quad \alpha_2 = 5.52008..., \quad \alpha_3 = 8.65373...$$

per cui si trova

$$\nu_1 = 0.5990..., \quad \nu_2 = 1.3750..., \quad \nu_3 = 2.1558.... \ .$$

b) Usando sempre la soluzione del Problema 2.9, i primi tre modi fondamentali sono

$$u_j(x,t) = A_j J_0\left(\alpha_j \sqrt{x}\right) \cos\left(\frac{\sqrt{9.8}\alpha_j}{2} t\right) \qquad j = 1,2,3$$

dove

$$A_j = \frac{1}{J_1^2(\alpha_j)} \left\{ \int_0^{1/2} \frac{x}{100} J_0\left(\alpha_j \sqrt{x}\right) dx + \int_{1/2}^1 \frac{(1-x)}{100} J_0\left(\alpha_j \sqrt{x}\right) dx \right\}.$$

Inserendo i valori trovati in a), abbiamo:

$$A_1 = 0.003874..., \quad A_2 = -0.005787..., \quad A_3 = 0.002371.... \ .$$

Come si vede le ampiezze sono molto più piccole di 1 (la lunghezza della catena a riposo).

c) Si veda la Figura 13.

Soluzione 3.10.   L'equazione è iperbolica. Le due famiglie di caratteristiche sono date da $x =$ costante ed $x + 2y =$ costante. La soluzione generale è data da

$$u(x,y) = 2e^x + e^{(x+2y)/2}\left[F(x) + G(x + 2y)\right],$$

dove F e G sono funzioni arbitrarie.

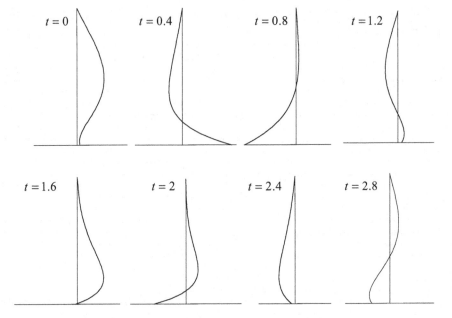

Figura 13. Posizioni della catena pendente (Esercizio 3.9) in vari istanti.

Soluzione 3.11. L'equazione è iperbolica. Le due famiglie di caratteristiche sono date da $x =$ costante ed $y =$ costante (l'equazione è già in forma normale). Poniamo $v = u_y$ e deriviamo l'equazione rispetto ad y. Si ottiene

$$v_{xy} + yv_y + v - v = 0,$$

cioè $(v_y)_x + yv_y = 0$. Integrando rispetto ad x si ottiene

$$v_y = f(y)e^{-xy}$$

da cui, integrando due volte

$$u(x,y) = yG(x) + G'(x) + \int_0^y (y - \eta)e^{-x\eta} f(\eta)\, d\eta,$$

dove f e G sono funzioni arbitrarie.

Soluzione 3.12. Integrando sul rettangolo R si ha:

$$\int_R u_{xy}(\xi, \eta)\, d\xi d\eta = \int_0^y d\xi \int_{\varphi(y)}^x u_{xy}(\xi, \eta)\, d\eta = \int_0^y [u_y(x, \eta) - u_y(\varphi(y), \eta)]\, d\eta$$

$$= u(x, y) - u(x, 0) - u(\varphi(y), y) + u(\varphi(y), 0).$$

Utilizzando i dati e l'equazione, troviamo la seguente formula di rappresentazione per u:

$$(28) \qquad u(x, y) = h(y) + g(x) - g(\varphi(y)) + \int_0^y \int_{\varphi(y)}^x F(\xi, \eta)\, d\xi d\eta.$$

Sia Q la regione $\{x > \varphi(y), \, y > 0\}$. Siano: $F \in C(\overline{Q})$; $h, g \in C^2(0, \infty)$, continue in $x = 0$ e $y = 0$, rispettivamente, con

$$h(0) = g(0).$$

Con queste ipotesi, si controlla facilmente che la (28) definisce una soluzione $u \in C^2(Q) \cap C(\overline{Q})$.

Per l'unicità, supponiamo che u, v siano soluzioni in $C^2(Q) \cap C(\overline{Q})$ dello stesso problema. La differenza $w = u - v$ è allora soluzione di $w_{xy} = 0$ con dati **nulli**. Se integriamo sul rettangolo di vertici $(a, b), (x, b), (a, y), (x, y)$, con $\varphi(y) < a < x$ e $0 < b < y$, troviamo, con gli stessi calcoli di prima,

$$0 = \int_R w_{xy}(\xi, \eta) \, d\xi d\eta = w(x, y) - w(a, y) - w(x, b) + w(a, b).$$

Passando al limite per $a \to \varphi(y)$ e $b \to 0$, poiché $w(a, y)$, $w(x, b)$ e $w(a, b)$ tendono a zero, si ottiene $w(x, y) = 0$ da cui l'unicità della soluzione.

Soluzione 3.13. Se $g, h \in C^2(0, \infty)$ e sono continue in zero, esiste una sola soluzione del problema con due derivate continue in S e continua in $\overline{S}$, data da

$$u(x, t) = g\left(\frac{x+t}{2}\right) + h\left(\frac{x-t}{2}\right) - \varphi(0).$$

Soluzione 3.14.   **a)** La soluzione è della forma

$$u(x, t) = F(x+t) + G(x-t).$$

Imponiamo i dati di Cauchy sulla retta $x = t$; si trova:

(29)
$$u(x, x) = F(2x) + G(0) = f(x)$$

che implica

$$F(z) = f\left(\frac{z}{2}\right) - G(0),$$

e

$$\frac{1}{\sqrt{2}}\left[u_x(x, x) - u_t(x, x)\right] = \sqrt{2}G'(0) = g(x).$$

Il problema è dunque risolubile solo se il dato di Neumann g è costante:

$$g(x) = k.$$

In tal caso si hanno infinite soluzioni date da

$$u(x, t) = f\left(\frac{x+t}{2}\right) + \frac{k}{\sqrt{2}}(x-t) + G(x-t)$$

dove G è una qualunque funzione tale che $G(0) = G'(0) = 0$. Si tratta dunque di un problema *mal posto*.

b) Anche questo problema è mal posto. Tutte le funzioni del tipo

$$u(x, t) = F(x+t) - F(x-t)$$

con F funzione pari ($F(-z) = F(z)$) sono soluzioni del problema con dati nulli.

Soluzione 3.15.   a) Derivando sotto il segno di integrale[12] si ha

$$E'(t) = \int_0^L [\rho u_t u_{tt} + \tau u_x u_{xt}]\,dx.$$

Dalle condizioni agli estremi deduciamo $u_t(0,t) = u_t(0,L) = 0$, per cui

$$\int_0^L u_x u_{xt}\,dx = [u_x u_t]_0^L - \int_0^L u_{xx} u_t\,dx = -\int_0^L u_{xx} u_t\,dx$$

e quindi, dall'equazione differenziale,

$$\begin{aligned}
E'(t) &= \int_0^L u_t [\rho u_{tt} - \tau u_{xx}]\,dx = \gamma \int_0^L u_t u_{xxt}\,dx \\
&= \gamma [u_t u_{xx}]_0^L - \gamma \int_0^L u_{xt}^2\,dx = -\gamma \int_0^L u_{xt}^2\,dx \le 0.
\end{aligned}$$

Interpretazione: $E(t)$ rappresenta l'energia meccanica totale al tempo t. La formula

$$E'(t) = -\gamma \int_0^L u_{xt}^2\,dx$$

indica che la corda dissipa energia al tasso $-\gamma \int_0^L u_{xt}^2\,dx$. Nel modello della piccole vibrazioni di una corda, u_x rappresenta lo spostamento relativo delle particelle di corda ed il termine u_{xt} è la velocità di variazione di u_x. Il termine $-\int_0^L u_{xt}^2\,dx$ rappresenta dunque l'energia cinetica per unità di tempo dissipata a causa della frizione interna tra le particelle di corda.

   b) Se u, v sono soluzioni del problema (24), la differenza $w = u - v$ è soluzione dello stesso problema con dati iniziali $f(x) = g(x) = 0$. Se $E(t)$ è l'energia associata a w, dal punto a) abbiamo che $E'(t) \le 0$ mentre $E(0) = 0$, essendo $w_x(x,0) = f'(x) = 0$ e $w_t(x,0) = g(x) = 0$. Deve dunque essere $E(t) = 0$ per ogni $t > 0$, che implica

$$w_x = w_t = 0$$

per ogni $0 < x < L$ e ogni $t > 0$. Ma allora w è costante ed essendo nulla inizialmente deve essere sempre nulla; ne segue $u = v$.

   c) Cerchiamo soluzioni della forma

$$u(x,t) = v(x)w(t).$$

Sostituendo nell'equazione differenziale, abbiamo

$$\rho v(x) w''(t) - \tau v''(x) w(t) = \gamma v''(x) w'(t)$$

Separando le variabili e ponendo $c^2 = \tau/\rho$ e $\varepsilon^2 = \gamma/\rho$, possiamo scrivere:

$$\frac{v''(x)}{v(x)} = \frac{w''(t)}{c^2 w(t) + \varepsilon^2 w'(t)} = -\lambda^2.$$

---

[12]Lecito se, per esempio, u ha derivate seconde continue in $0 \le x \le L$, $t \ge 0$.

Il problema agli autovalori per v è, quindi:

$$v''(x) + \lambda^2 v(x) = 0, \quad v(0) = v(L) = 0$$

che dà le soluzioni

$$v_n(x) = \sin \lambda_n x, \quad \lambda_n = \frac{n\pi}{L}, \ n = 1, 2, \ldots \ .$$

Per w abbiamo, di conseguenza:

$$w''(t) + \varepsilon^2 \lambda_n^2 w'(t) + c^2 \lambda_n^2 w(t) = 0.$$

L'integrale generale di questa equazione dipende dal segno di

$$\delta_n = \varepsilon^4 \lambda_n^2 - 4c^2.$$

Se $\delta_n < 0$, cioè per $1 \le n < 4c^2 L^2 / (\pi^2 \varepsilon^4)$,

$$w_n(t) = \exp\left(-\frac{\varepsilon^2 \lambda_n^2}{2} t\right) \left[a_n \sin\left(\frac{\lambda_n \sqrt{|\delta_n|}}{2} t\right) + b_n \cos\left(\frac{\lambda_n \sqrt{|\delta_n|}}{2} t\right) \right].$$

Se esiste n tale che $\delta_n = 0$,

$$w_n(t) = (a_n + b_n t) \exp\left(-\frac{\varepsilon^2 \lambda_n^2}{2} t\right).$$

Se $\delta_n > 0$

$$w_n(t) = a_n \exp\left(\frac{-\varepsilon^2 \lambda_n^2 + \lambda_n \sqrt{\delta_n}}{2} t\right) + b_n \exp\left(\frac{-\varepsilon^2 \lambda_n^2 - \lambda_n \sqrt{\delta_n}}{2} t\right).$$

La soluzione del problema (24) avrà la forma

$$u(x,t) = \sum_{n=1}^{\infty} w_n(t) \sin \lambda_n x.$$

Supponendo i dati f e g sviluppabili in serie di Fourier di soli seni in $[0, L]$, i coefficienti a_n e b_n si determinano imponendo i dati iniziali. Per stabilire se $u(x,t) \to 0$ per $t \to \infty$ non c'è bisogno di calcolarli esattamente. Supponiamo infatti che i dati f e g siano, per esempio, di classe $C^1(\mathbf{R})$ in modo che

$$\sum_{n=1}^{\infty} (|a_n| + |b_n|) < \infty.$$

Osserviamo ora che, nel caso $\delta_n < 0$,

$$|w_n(t)| \le (|a_n| + |b_n|) \exp\left(-\frac{\varepsilon^2 \lambda_n^2}{2} t\right) \le (|a_n| + |b_n|) \exp\left(-\frac{\varepsilon^2 \pi^2}{2L^2} t\right).$$

Nel caso che $\delta_n = 0$, si ha

$$|w_n(t)| \le (|a_n| + t|b_n|) \exp\left(-\frac{\varepsilon^2 \lambda_n^2}{2} t\right) \le (|a_n| + t|b_n|) \exp\left(-\frac{\varepsilon^2 \pi^2}{2L^2} t\right).$$

Sia ora $\delta_n > 0$. In questo caso si ha:

$$-\varepsilon^2 \lambda_n^2 + \lambda_n \sqrt{\delta_n} = \varepsilon^2 \lambda_n^2 \left(-1 + \sqrt{1 - \frac{4c^2}{\varepsilon^4 \lambda_n^2}} \right) \le -\frac{2c^2}{\varepsilon^2} < 0$$

e quindi

$$|w_n(t)| \le |a_n| \exp\left(-\frac{2c^2}{\varepsilon^2}t\right) + b_n \exp\left(\exp -\frac{\varepsilon^2 \pi^2}{2L^2}t\right).$$

E' ora facile concludere che $u(x,t) \to 0$ per $t \to \infty$.

Soluzione 3.16.   Per comodità di notazione indichiamo con Δ_2 e Δ_3 l'operatore di Laplace in due e tre dimensioni rispettivamente.

a) Si ha

$$v_{tt} - \Delta_3 v = \left[u_{tt} - \Delta_2 u - k^2 u\right] e^{kz} = 0 \qquad \text{se } k = \sqrt{\lambda}.$$

b) La funzione v precedentemente introdotta risolve il problema di Cauchy

$$\begin{cases} v_{tt} = \Delta_3 v & (x,y,z) \in \mathbf{R}^3,\ t > 0 \\ v(x,y,z,0) = f(x,y)e^{kz}, \quad v_t(x,y,z,0) = g(x,y)e^{kz} & (x,y,z) \in \mathbf{R}^3 \end{cases}$$

($k = \sqrt{\lambda}$). Dalla formula di Kirchoff abbiamo

$$v(x,y,z,t) = \frac{\partial}{\partial t}\left[\frac{1}{4\pi t}\int_{\partial B_t(x,y,z)} f(\xi,\eta)e^{k\zeta}\,d\boldsymbol\sigma\right] + \frac{1}{4\pi t}\int_{\partial B_t(x,y,z)} g(\xi,\eta)e^{k\zeta}\,d\boldsymbol\sigma$$

e quindi

$$\begin{aligned} u(x,y,t) &= v(x,y,0,t) = \\ &= \frac{\partial}{\partial t}\left[\frac{1}{4\pi t}\int_{\partial B_t(x,y,0)} f(\xi,\eta)e^{k\zeta}\,d\boldsymbol\sigma\right] + \frac{1}{4\pi t}\int_{\partial B_t(x,y,0)} g(\xi,\eta)e^{k\zeta}\,d\boldsymbol\sigma. \end{aligned}$$

Gli integrali sulla superficie $\partial B_t(x,y,0)$ possono poi essere ridotti ad integrali sul cerchio $K_t(x,y)$ come nel Problema 2.18.

Soluzione 3.17.   Certamente si possono propagare onde con vettore numero d'onde parallelo all'asse z il cui potenziale acustico è della forma

$$\phi(z,t) = A \exp\{i(k_3 z - \omega t)\}.$$

Possiamo però immaginare onde che si propagano in una direzione diversa con continue riflessioni sulle pareti della guida. Essendo polarizzate nel piano xz, possiamo rappresentarle come somma di un'onda incidente e di una riflessa e cioè

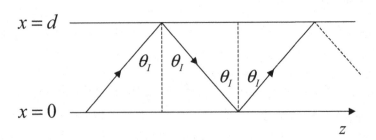

Figura 14.

mediante un potenziale acustico della forma (Figura 14)

$$\phi(x,z,t) = A\exp\left\{i\omega\left(\frac{x}{c}\cos\theta_I + \frac{z}{c}\sin\theta_I - t\right)\right\} + A\exp\left\{i\omega\left(-\frac{x}{c}\cos\theta_I + \frac{z}{c}\sin\theta_I - t\right)\right\}$$

dove abbiamo tenuto conto dei risultati del Problema 2.22.

Affinché l'onda venga riflessa devono essere verificate le condizioni di Neumann omogenee sulle pareti della guida:

$$\phi_x(0,z,t) = \phi_x(d,z,t) = 0.$$

La condizione $\phi_x(0,z,t) = 0$ è soddisfatta, l'altra dà

$$\exp\left\{i\frac{\omega d}{c}\cos\theta_I\right\} = \exp\left\{-i\frac{\omega d}{c}\cos\theta_I\right\}$$

che implica

$$\frac{\omega d}{c}\cos\theta_I = -\frac{\omega d}{c}\cos\theta_I + 2n\pi, \qquad n = 0,1,2,\ldots$$

da cui

(30) $$\cos\theta_I = \frac{n\pi c}{\omega d}.$$

Poiché $0 < \cos\theta_I \leq 1$, l'ultima equazione ha soluzioni **reali** solo per i numeri interi $n \leq N$, dove N è il massimo intero tale che

$$n \leq \frac{\omega d}{\pi c}.$$

Esiste quindi solo un numero finito N di angoli di incidenza θ_I, secondo i quali un'onda armonica piana può propagarsi lungo la guida. Ognuno di questi angoli corrisponde ad un **modo** della guida.

Fissato n, abbiamo

$$\sin\theta_I = \sqrt{1 - \frac{n^2\pi^2 c^2}{\omega^2 d^2}} \qquad \text{e} \qquad \frac{\omega}{c}\sin\theta_I = \sqrt{\frac{\omega^2}{c^2} - \frac{n^2\pi^2}{d^2}}$$

e quindi

$$k_3 = \sqrt{\frac{\omega^2}{c^2} - \frac{n^2\pi^2}{d^2}}$$

è il numero d'onde nella direzione z. Dalla formula di Eulero

$$2\cos\alpha = e^{i\alpha} + e^{-i\alpha}$$

con $\alpha = n\pi/d$, possiamo scrivere il potenziale per l'n−esimo modo nella forma più significativa seguente:

(31) $$\phi_n(x,z,t) = 2A\cos\frac{n\pi x}{d}\exp\left\{i(k_3 z - \omega t)\right\}.$$

Per $n = 0$ ritroviamo l'onda che si propaga in direzione z con velocità c. Per $0 < n \leq N$, l'onda ha il carattere di un'onda *stazionaria* nella direzione x e di una *progressiva* nella direzione z.

Soluzioni **complesse** della (30) corrispondono a numeri d'onda k_3 **immaginari puri**. Il potenziale (31) corrisponde ad onde che *decadono esponenzialmente* per $z \to +\infty$ (*onde evanescenti*).

Nota. Alternativamente si potrebbe fissare il numero d'onde k_3. Esiste allora una **frequenza di taglio**

$$\omega_c = \frac{\pi c}{d},$$

al di sotto della quale **non** vi è propagazione di onde armoniche, ed una successione di **frequenze di risonanza**

$$\omega_n = c\sqrt{k_3^2 + \frac{n^2\pi^2}{d^2}}$$

alle quali corrispondono onde armoniche che possono propagarsi.

Soluzione 3.18.   Usiamo coordinate cilindriche, $r = \sqrt{x^2 + y^2}$, θ, z con $0 \leq \theta \leq 2\pi$, $z \in \mathbf{R}$. Le onde di frequenza angolare ω che si propagano lungo il tubo si possono descrivere con un potenziale acustico del tipo

$$\Phi(r, \theta, z, t) = \varphi(r, \theta, z) e^{-i\omega t},$$

soluzione dell'equazione delle onde

$$(32) \qquad \Phi_{tt} - c^2\left\{\Phi_{rr} + \frac{1}{r}\Phi_r + \frac{1}{r^2}\Phi_{\theta\theta} + \Phi_{zz}\right\} = 0$$

all'interno del cilindro. Inoltre, la condizione di velocità normale nulla sulle pareti del tubo implica la condizione di Neumann omogenea

$$\varphi_r(a, \theta, z) = 0.$$

Sostituendo $\varphi(r, \theta, z) e^{-i\omega t}$ nella (32) si trova per φ l'equazione

$$(33) \qquad \varphi_{rr} + \frac{1}{r}\varphi_r + \frac{1}{r^2}\varphi_{\theta\theta} + \varphi_{zz} + \frac{\omega^2}{c^2}\varphi = 0.$$

Cerchiamo i modi di propagazione analizzando soluzioni a variabili separate:

$$\varphi(r, \theta, z) = u(r)\, v(\theta)\, w(z)$$

con u limitata, $u'(a) = 0$ e $v(\theta)$ 2π−periodica. Sostituendo nella (33) si ottiene, dopo aver diviso per φ,

$$\frac{u''(r) + \frac{1}{r}u'(r)}{u(r)} + \frac{1}{r^2}\frac{v''(\theta)}{v(\theta)} + \frac{w''(z)}{w(z)} + \frac{\omega^2}{c^2} = 0.$$

Poniamo prima

$$\frac{u''(r) + \frac{1}{r}u'(r)}{u(r)} + \frac{1}{r^2}\frac{v''(\theta)}{v(\theta)} = -\frac{w''(z)}{w(z)} - \frac{\omega^2}{c^2} = \alpha$$

da cui, definendo

$$\gamma = \frac{\omega^2}{c^2} - \alpha,$$

si ha

$$(34) \qquad w''(z) + \gamma w(z) = 0.$$

Da

$$\frac{u''(r) + \frac{1}{r}u'(r)}{u(r)} + \frac{1}{r^2}\frac{v''(\theta)}{v(\theta)} = \alpha$$

deduciamo

$$\frac{r^2u''(r) + ru'(r) - r^2\alpha u(r)}{u(r)} = -\frac{v''(\theta)}{v(\theta)} = \beta.$$

Essendo v una funzione 2π periodica, da

$$v''(\theta) + \beta v(\theta) = 0$$

deduciamo che deve essere

$$\beta = m^2 \quad \text{con } m \geq 0, \text{ intero}$$

e

$$v(\theta) = v_0 \cos[m(\theta - \theta_0)].$$

L'equazione per u è allora

$$(35) \qquad u''(r) + \frac{1}{r}u'(r) + \left(-\alpha - \frac{m^2}{r^2}\right)u(r) = 0.$$

Se $\alpha = -\lambda^2$ (consideriamo per semplicità solo questo caso), la (35) è l'equazione di Bessel[13] parametrica di ordine m. Le sole soluzioni limitate sono le funzioni

$$u_m(r) = u_0 J_m(\lambda a)$$

dove J_m è la funzione di Bessel di prima specie e di ordine m. La condizione $u'(a) = 0$ dà

$$J_m'(\lambda a) = 0.$$

Gli zeri di J_m' sono infiniti: $\lambda_{m1} < \lambda_{m2} < ... < \lambda_{mp} < ...$ e si trovano su tavole standard. Il primo zero di J_0' è zero. Alcuni zeri positivi, con due decimali esatti, sono:

$$\lambda_{01} = 3.83 \quad \lambda_{02} = 7.02 \quad \lambda_{03} = 10.17$$
$$\lambda_{11} = 1.84 \quad \lambda_{12} = 5.33 \quad \lambda_{13} = 8.54$$
$$\lambda_{21} = 3.05 \quad \lambda_{22} = 6.71 \quad \lambda_{23} = 9.97.$$

Troviamo dunque infinite soluzioni della (35) della forma

$$u_{mp}(r) = u_0 J_m(\lambda_{mp}r/a).$$

Se la frequenza angolare è fissata, i valori di γ sono determinati dall'equazione

$$(36) \qquad \gamma_{mp} = \frac{\omega^2}{c^2} - \frac{\lambda_{mp}^2}{a^2}.$$

Se il secondo membro della (36) è positivo,

$$\frac{\omega^2}{c^2} - \frac{\lambda_{mk}^2}{a^2} = k^2,$$

---

[13]Appendice A.

l'onda corrispondente

$$\Phi_{mk}(r,\theta,z,t) = A_{mk} J_m\left(\frac{\lambda_{mk}}{a}r\right)\cos\left[m(\theta-\theta_0)\right]\exp\{i(kz-\omega t)\}$$

si propaga **senza attenuazione** lungo il tubo. Se invece

$$\frac{\omega^2}{c^2} - \frac{\lambda_{mk}^2}{a^2} = -k^2,$$

il modo corrispondente (limitato per $z > 0$) è

$$\Phi_{mk}(r,\theta,z,t) = A_{mk} J_m\left(\frac{\lambda_{mk}}{a}r\right)\cos\left[m(\theta-\theta_0)\right]\exp\{-kz-i\omega t\},$$

che si attenua mentre procede lungo il tubo.

Dalla (36) si vede che, se il raggio del tubo decresce, un numero crescente di modi viene attenuato. Se il raggio è sufficientemente piccolo, solo un modo di propagazione rimane. Infatti, nel caso $m = 0$, $\lambda_{00} = 0$ e il modo corrispondente è l'onda armonica piana

$$\Phi_{00}(r,\theta,z,t) = A\exp\left\{i\omega(\frac{z}{c}-t)\right\}$$

che si può propagare qualunque sia il raggio. Pertanto, non appena

$$\omega < \lambda_{11}\frac{c}{a} = 1.84\frac{c}{a},$$

solo l'onda piana può propagarsi, tutte le altre sono "filtrate" dal tubo.

5
Analisi funzionale

1. Richiami di teoria

Il riferimento teorico per i problemi e gli esercizi contenuti in questo capitolo è [S], Capitoli 6, 7 e 8. Richiamiamo alcune nozioni di base sugli spazi di Hilbert, sulle distribuzioni e sugli spazi di Sobolev.

1.1. Spazi di Banach e Hilbert

• Uno **spazio di Banach** è uno spazio vettoriale[1] X, normato e completo. Normato significa che in X è introdotta una funzione, detta **norma**,

$$\|\cdot\|_X : X \to \mathbf{R}_+$$

con le seguenti proprietà: *annullamento* ($\|x\|_X = 0$ se e solo se $x = 0$), *omogeneità* ($\|\lambda x\|_X = |\lambda| \, \|x\|_X$) e *disuguaglianza triangolare*

$$\|x + y\|_X \leq \|x\|_X + \|y\|_X \, .$$

Completo significa che *ogni successione fondamentale[2] (o di Cauchy) è convergente in X*.

---

[1]Ci limiteremo a spazi vettoriali sul campo reale.
[2]$\{x_n\} \subset X$ è fondamentale se $\|x_n - x_m\|_X \to 0$ se $m, n \to \infty$.

Esempi tipici di spazi di Banach sono gli spazi $L^p(\Omega)$, $1 \leq p \leq \infty$ delle funzioni f, misurabili nell'insieme[3] $\Omega \subseteq \mathbf{R}^n$ e $p-$ sommabili secondo Lebesgue, cioè tali che

$$\|f\|_p = \|f\|_{L^p(\Omega)} = \left(\int_\Omega |f|^p\right)^{1/p} < \infty \quad \text{se } 1 \leq p < \infty,$$

oppure

$$\|f\|_\infty = \|f\|_{L^\infty(\Omega)} = \operatorname*{ess\,sup}_\Omega |f| < \infty \quad \text{se } p = \infty.$$

• *Disuguaglianza di Hölder.* Siano $f \in L^p(\Omega)$, $g \in L^q(\Omega)$, con $1 \leq p, q \leq +\infty$, e $p^{-1} + q^{-1} = 1$ (si dice che p e q sono esponenti coniugati). Vale la disuguaglianza

$$\int_\Omega |uv|\, d\mathbf{x} \leq \left(\int_\Omega |u|^p\, d\mathbf{x}\right)^{1/p} \left(\int_\Omega |v|^q\, d\mathbf{x}\right)^{1/q}.$$

Nel caso $p = q = 2$, questa disuguaglianza si chiama *disuguaglianza di Cauchy-Schwarz.*

• Si dice spazio *pre-hilbertiano* uno spazio vettoriale H nel quale sia definito un *prodotto interno* (o *prodotto scalare*)

$$\langle \cdot, \cdot \rangle_H : H \times H \to \mathbf{R}$$

con le seguenti proprietà: *bilinearità*[4], *simmetria* ($\langle x, y \rangle = \langle y, x \rangle$), *positività* ($\langle x, x \rangle \geq 0$ e $\langle x, x \rangle = 0$ se e solo se $x = 0$). Il prodotto scalare induce la norma

$$\|x\|_H = \langle x, x \rangle^{1/2}.$$

Se H è completo rispetto alla norma indotta si dice **spazio di Hilbert**.

$L^2(\Omega)$ è uno spazio di Hilbert con il prodotto scalare[5]

$$\langle u, v \rangle = \int_\Omega uv\, d\mathbf{x}.$$

• *Regola del parallelogramma.* Se H è uno spazio di Hilbert, vale la relazione

$$2\|u\|_H^2 + 2\|v\|_H^2 = \|u + v\|_H^2 + \|u - v\|_H^2.$$

Questa formula *caratterizza le norme indotte da un prodotto interno.*

• *Teorema delle proiezioni.* Sia H uno spazio di Hilbert e V un suo sottospazio chiuso. Per ogni $x \in H$ esiste uno ed un solo $P_V x$ appartenente a V (la *proiezione* di x su V) tale che

$$\|P_V x - x\| = \inf_{v \in V} \|v - x\|.$$

Inoltre, posto $Q_V x = x - P_V x$, si ha $\langle v, Q_V x \rangle = 0$ per ogni $v \in V$ e

$$\|x\|^2 = \|P_V x\|^2 + \|Q_V x\|^2 \quad \text{(teorema di Pitagora)}.$$

---

[3]Prevalemtemente, Ω sarà *un dominio*, cioè *un aperto connesso.*

[4]Ossia linearità rispetto ad entrambi gli argomenti.

[5]Salvo avviso contrario, useremo il simbolo $\langle \cdot, \cdot \rangle$ invece di $\langle \cdot, \cdot \rangle_{L^2(\Omega)}$ per il prodotto interno in $L^2(\Omega)$.

• *Applicazioni lineari.* Se F è un'applicazione lineare tra due spazi di Hilbert H_1 e H_2, allora la continuità di F equivale alla *limitatezza: esiste una costante C tale che*

$$\|Fu\|_{H_2} \leq C\|u\|_{H_1}$$

per ogni $u \in H_1$. La più piccola di tali costanti definisce la *norma* di F.

• *Duale e Teorema di Riesz.* Sia H uno spazio di Hilbert. L'insieme dei funzionali lineari e continui da H in $\mathbf{R}$ si dice *spazio* **duale** di H e si indica con H'.

Teorema (di rappresentazione): Sia F un elemento del duale H'. Esiste un unico elemento $u \in H$ tale che

$$\langle u, v \rangle = Fv \qquad \text{per ogni } v \in H.$$

Inoltre $\|u\|_H = \|F\|_{H'}$.

• *Convergenza debole.* Sia H spazio di Hilbert. Si dice che una successione $\{x_n\} \subset H$ *converge debolmente* a $\bar{x}$ (e si scrive $x_n \rightharpoonup \bar{x}$) se $\langle x_n, v \rangle \to \langle \bar{x}, v \rangle$ per ogni $v \in H$ (per $n \to \infty$). Se una successione converge fortemente allora converge debolmente, ma non è detto il viceversa.

Se $x_n \rightharpoonup \bar{x}$ allora $\{x_n\}$ è limitata e $\{\|x_n\|\}$ è inferiormente semicontinua, cioè:

$$\|\bar{x}\| \leq \liminf \|x_n\|.$$

• *Compattezza e compattezza debole.* Un sottoinsieme K di uno spazio metrico si dice *compatto* se ogni successione contenuta in K ammette una sottosuccessione convergente. K si dice *precompatto* se la sua chiusura è compatta. Una definizione equivalente è la seguente: K è precompatto se e solo se, per ogni $\varepsilon > 0$, K è contenuto nell'unione di un numero finito di sfere di raggio ε.

Sia $T : H_1 \to H_2$ un operatore tra spazi di Hilbert. T si dice *compatto* se, per ogni $B \subset H_1$ limitato, l'insieme $T(B) \subset H_2$ è precompatto.

Ogni insieme limitato è *debolmente precompatto*: da una successione limitata è sempre possibile estrarre una sottosuccessione debolmente convergente.

1.2. Distribuzioni

Sia $\Omega \subset \mathbf{R}^n$ un dominio. Col simbolo $\mathcal{D}(\Omega)$ si indica lo spazio vettoriale $C_0^\infty(\Omega)$ delle funzioni derivabili indefinitamente, a supporto[6] compatto, dotato della seguente nozione di convergenza: $\varphi_k \to \varphi$ in $\mathcal{D}(\Omega)$ se i supporti delle φ_k sono contenuti nel medesimo compatto e tutte le derivate di φ_k convergono uniformemente in Ω. Gli elementi di $\mathcal{D}(\Omega)$ si chiamano *funzioni test*.

Lo *spazio $\mathcal{D}'(\Omega)$ delle distribuzioni su Ω* è l'insieme dei funzionali lineari e continui in $\mathcal{D}(\Omega)$. Se $F \in \mathcal{D}'(\Omega)$ usiamo la notazione

$$\langle F, \varphi \rangle$$

per indicare l'azione di F su una funzione φ. In particolare, dire che F è continuo significa

$$\langle F, \varphi_k \rangle \to \langle F, \varphi \rangle$$

---

[6]Il supporto di una funzione continua è la chiusura dell'insieme in cui è diversa da zero.

se $\varphi_k \to \varphi$ in $C_0^\infty(\Omega)$. Analogamente si definiscono le distribuzioni vettoriali $\mathcal{D}'(\Omega; \mathbf{R}^m)$ utilizzando vettori di m funzioni test.

Se u è una funzione di $L^1_{loc}(\Omega)$ allora u può essere vista come distribuzione secondo l'identificazione canonica[7]

$$\langle u, \varphi \rangle = \int_\Omega u\varphi \, d\mathbf{x}.$$

• *Derivate delle distribuzioni.* Sia $F \in \mathcal{D}'(\Omega)$. La *derivata* $\partial_{x_i} F$ è la distribuzione definita dalla formula

$$< \partial_{x_i} F, \varphi > = - < F, \partial_{x_i} \varphi >, \qquad \forall \varphi \in \mathcal{D}(\Omega).$$

• *Funzioni a decrescenza rapida e distribuzioni temperate.* Indichiamo con $\mathcal{S}(\mathbf{R}^n)$ lo spazio delle funzioni $v \in C^\infty(\mathbf{R}^n)$ a *decrescenza rapida* all'infinito, tali cioè che

$$D^\alpha v(\mathbf{x}) = o\left(|\mathbf{x}|^{-m}\right), \qquad |\mathbf{x}| \to \infty,$$

per ogni $m \in \mathbf{N}$ e ogni multi-indice $\boldsymbol{\alpha}$ (se $\boldsymbol{\alpha} = (\alpha_1, \dots, \alpha_n)$ allora $D^\alpha = \partial_{x_1}^{\alpha_1} \dots \partial_{x_n}^{\alpha_n}$). Se $\{v_k\} \subset \mathcal{S}(\mathbf{R}^n)$ e $v \in \mathcal{S}(\mathbf{R}^n)$, si dice che $v_k \to v$ in $\mathcal{S}(\mathbf{R}^n)$ se qualunque siano i multi-indici $\boldsymbol{\alpha}, \boldsymbol{\beta}$,

$$\mathbf{x}^\beta D^\alpha v_k \to \mathbf{x}^\beta D^\alpha v, \quad \text{uniformemente in } \mathbf{R}^n.$$

$T \in \mathcal{D}'(\mathbf{R}^n)$ si dice *temperata* se

$$\langle T, v_k \rangle \to 0$$

per ogni $\{v_k\} \subset \mathcal{D}(\mathbf{R}^n)$ tale che $v_k \to 0$ in $\mathcal{S}(\mathbf{R}^n)$. L'insieme delle distribuzioni temperate si indica con $\mathcal{S}'(\mathbf{R}^n)$.

• *Trasformate di Fourier delle distribuzioni temperate.* Sia $T \in \mathcal{S}'(\mathbf{R}^n)$. la trasformata di Fourier $\widehat{T} = \mathcal{F}[T]$ è la distribuzione temperata definita dalla formula

$$\langle \widehat{T}, v \rangle = \langle T, \widehat{v} \rangle, \qquad \forall v \in \mathcal{S}(\mathbf{R}^n).$$

1.3. Alcuni spazi di Sobolev

Gli spazi di Sobolev che utilizzeremo di più sono lo spazio di Hilbert[8]

$$H^1(\Omega) = \left\{ u \in L^2(\Omega) : \nabla u \in L^2(\Omega; \mathbf{R}^n) \right\}$$

dotato del prodotto scalare

$$\langle u, v \rangle_{H^1(\Omega)} = \int_\Omega [\nabla u \cdot \nabla v + uv] \, d\mathbf{x}$$

ed il suo sottospazio chiuso $H_0^1(\Omega)$, chiusura di $C_0^\infty(\Omega)$ in $H^1(\Omega)$. Gli elementi di $H_0^1(\Omega)$ sono quelli in $H^1(\Omega)$ che hanno *traccia nulla* $\partial\Omega$. In modo analogo si definiscono gli spazi di Hilbert $H^m(\Omega)$ delle funzioni aventi tutte le derivate parziali di ordine minore o uguale ad m in $L^2(\Omega)$.

---

[7]Che giustifica, in qualche modo, l'uso ambiguo della notazione $\langle \cdot, \cdot \rangle$ sia per il prodotto interno di L^2 che per la dualità tra distribuzioni e funzioni test.

[8]Tutte le derivate vanno intese nel senso delle distribuzioni.

- *Spazi di Sobolev in* **R**. Si ha

$$H^1(a,b) \subset C([a,b])$$

(questa proprietà non vale in dimensione $n \geq 2$). Inoltre, se $u \in H^1(a,b)$ vale il teorema fondamentale del calcolo:

$$u(x) - u(y) = \int_x^y u'(s)\,ds \qquad a \leq x \leq y \leq b.$$

- *Disuguaglianza di Poincaré e norme equivalenti*. Se Ω è limitato esiste una costante C_P, che dipende solo da Ω e da n, tale che

$$\|u\|_2 \leq C_P \|\nabla u\|_2.$$

per ogni $u \in H_0^1(\Omega)$. Ciò permette di utilizzare in $H_0^1(\Omega)$ la norma equivalente $\|\nabla u\|_2$ che adotteremo, salvo avviso contrario.

La disuguaglianza di Poincarè vale anche in sottospazi di $H^1(\Omega)$ più generali (ad esempio in quello delle funzioni a media nulla).

- *Duale di H_0^1*. Lo spazio duale di $H_0^1(\Omega)$ si indica con il simbolo $H^{-1}(\Omega)$. Ogni suo elemento è caratterizzato dal fatto di potersi scrivere (ma non in modo unico) come $f + \text{div}\,\mathbf{f}$, con

$$f \in L^2(\Omega; \mathbf{R}) \quad \text{e} \quad \mathbf{f} \in L^2(\Omega; \mathbf{R}^n).$$

- *Tracce*. Sia Ω un dominio limitato e lipschitziano (oppure un semispazio) e poniamo $\Gamma = \partial\Omega$. È ben definito l'*operatore di traccia*

$$\gamma_0 : H^1(\Omega) \to L^2(\Gamma),$$

lineare e continuo, tale che

(1) $\gamma_0 u = u_{|\Gamma}$ se $u \in C^\infty(\overline{\Omega})$

(2) $\|\gamma_0 u\|_{L^2(\Gamma)} \leq C_* \|u\|_{H^1(\Omega)}$.

Lo spazio delle tracce degli elementi di $H^1(\Omega)$ su $\partial\Omega$ si indica con

$$H^{1/2}(\Gamma) = \left\{ u_{|\Gamma} : u \in H^1(\Omega) \right\}$$

ed è uno spazio di Hilbert con la norma

$$\|w\|_{H^{1/2}(\Gamma)} = \inf\left\{ \|u\|_{H^1(\Omega)} : u \in H^1(\Omega), \ u_{|\Gamma} = w \right\}.$$

Si ha quindi, per $u \in H^1(\Omega)$,

$$\|u_{|\Gamma}\|_{L^2(\Gamma)} \leq \|u_{|\Gamma}\|_{H^{1/2}(\Gamma)} \leq C_* \|u\|_{H^1(\Gamma)}.$$

- *Teorema di Rellich*. Sia Ω limitato e lipschitziano. Allora l'immersione di $H^1(\Omega)$ in $L^2(\Omega)$ è *compatta*.

2. Problemi risolti

- **2.1 − 2.10 :**   Spazi di Hilbert.
- **2.11 − 2.18 :**   Distribuzioni.
- **2.19 − 2.28 :**   Spazi di Sobolev.

2.1. Spazi di Hilbert

Problema 2.1. (Spazio delle funzioni continue). **a)** *Sia* $C([-1,1])$ *lo spazio delle funzioni reali, continue nell'intervallo* $[-1,1]$, *munito della norma*

$$\|f\|_\infty = \max_{t\in[-1,1]} |f(t)|.$$

Verificare che $C([-1,1])$ *è uno spazio di Banach, ma che la norma non può essere indotta da un prodotto scalare (quindi* $C([-1,1])$ *non è uno spazio di Hilbert).* [Suggerimento: se la norma è indotta da un prodotto scalare allora vale la regola del parallelogramma.]

b) *Sia* $C^*([-1,1])$ *lo spazio delle funzioni reali, continue nell'intervallo* $[-1,1]$, *munito della norma*

$$\|f\|_2 = \left(\int_{-1}^{1} |f(t)|^2\, dt\right)^{1/2}.$$

Verificare che la norma è indotta da un prodotto scalare, ma che lo spazio non è completo rispetto a tale norma (quindi neppure $C^*([-1,1])$ *è uno spazio di Hilbert).* [Suggerimento: far vedere che la successione di funzioni

$$f_n(t) = \begin{cases} 0 & -1 \le t \le 0 \\ nt & 0 \le t \le \frac{1}{n} \\ 1 & \frac{1}{n} \le t \le 1, \end{cases}$$

è di Cauchy in $C^*([-1,1])$ ma converge alla funzione di Heaviside.]

Soluzione

a) Basta far vedere che lo spazio $C([-1,1])$ è completo; infatti, sia $\{f_n\} \subset C([-1,1])$ di Cauchy rispetto alla norma dell'estremo superiore. Allora, fissato $\varepsilon > 0$, per $n > m \ge N(\varepsilon)$, si ha

(1) $|f_n(x) - f_m(x)| < \varepsilon$,   per ogni $x \in [-1,1]$.

La (1) indica che, per ogni $x \in [-1,1]$, la successione di numeri reali $\{f_n(x)\}$ è di Cauchy e pertanto esiste finito

$$\lim_{n\to\infty} f_n(x) = f(x).$$

Passando al limite nella (1) per $n \to \infty$, si ricava

(2) $|f(x) - f_m(x)| < \varepsilon$,   per ogni $x \in [-1,1]$.

e cioè che $f_n \to f$ *uniformemente in* $[-1,1]$. Poiché la convergenza uniforme di una successione di funzioni continue implica la continuità della funzione limite, deduciamo che $f \in C\left(\left[-1,1\right]\right)$. Ogni successione di Cauchy in $C\left(\left[-1,1\right]\right)$ è dunque convergente e pertanto $C\left(\left[-1,1\right]\right)$ è completo.

Per vedere che la norma non può essere indotta da un prodotto scalare, facciamo vedere che non vale la legge del parallelogramma. A tale scopo basta cercare due funzioni f e g per le quali si abbia

$$\|f + g\|_\infty^2 + \|f - g\|_\infty^2 \neq 2\|f\|_\infty^2 + 2\|g\|_\infty^2.$$

Siano, ad esempio,

$$f = 1 + x \quad e \quad g = 1 - x.$$

Si ha

$$\|1 + x\|_\infty = 2 \qquad \|1 - x\|_\infty = 2$$

e

$$\|(1 + x) + (1 - x)\|_\infty = 2 \qquad \|(1 + x) - (1 - x)\|_\infty = 2,$$

quindi non vale la regola del parallelogramma e lo spazio non è uno spazio di Hilbert.

b) La norma indicata è la norma di $L^2(-1,1)$ (che effettivamente contiene le funzioni continue), indotta dal prodotto scalare

$$\langle f, g \rangle = \int_{-1}^{1} f(t)g(t)\,dt,$$

come è immediato controllare. Consideriamo la successione suggerita. Si ha (per fissare le idee immaginiamo $m > n$)

$$
\begin{aligned}
\|f_n - f_m\|_2^2 &= \int_0^{1/m} ((m-n)t)^2\,dt + \int_{1/m}^{1/n} (1 - nt)^2\,dt = \\
&= \frac{(m-n)^2}{3m^3} + \frac{1}{3n}\left(1 - \frac{n}{m}\right)^3 \leq \frac{1}{3m} + \frac{1}{3n}.
\end{aligned}
$$

Ne segue che, per $n, m \to +\infty$, $\|f_n - f_m\|_2 \to 0$ e quindi la successione è di Cauchy rispetto alla norma data. Allo stesso modo, considerata la funzione H di Heaviside, si ha

$$\|H - f_n\|_2^2 = \int_0^{1/n} (1 - nt)^2\,dt = \frac{1}{3n},$$

e otteniamo che f_n converge ad H in L^2. Poiché $H \notin C^*([-1,1])$ (è discontinua in $x = 0$), f_n è una successione di Cauchy in $C^*([-1,1])$ che non converge in $C^*([-1,1])$, per cui tale spazio non è completo.

Problema 2.2. (Proiezioni in uno spazio di Hilbert). *Posto* $H = L^2(-1, 1)$, *consideriamo il sottospazio V delle funzioni dispari, ossia*

$$V = \{u \in H : u(-t) = -u(t) \text{ per (quasi) ogni } t \in (-1, 1)\}.$$

a) *Dopo aver verificato che è possibile applicare il teorema delle proiezioni, calcolare $P_V f$, $Q_V f$, dove $f(t) = t - t^2$.*

b) *Dopo aver determinato $V^\perp$, scrivere l'espressione di $P_V f$, $Q_V f$ per una generica $f \in H$.*

Soluzione

a) Essendo H uno spazio di Hilbert e $f \in H$, dobbiamo solo controllare che V sia un sottospazio chiuso di H. Poiché una combinazione lineare di funzioni dispari è una funzione dispari V è uno spazio lineare. Per mostrare che è chiuso, controlliamo che il limite (in norma $L^2(-1, 1)$) di una successione di funzioni dispari è ancora una funzione dispari, cioè che

$$\text{se} \quad \{u_n\} \subset V, u_n \to \bar{u} \quad \text{allora } \bar{u} \in V.$$

La chiave sta nel fatto che se una successione converge in L^2 allora esiste una sua sottosuccessione convergente quasi ovunque. Esiste dunque $\{u_{n_k}\}$ tale che

$$u_{n_k}(t) \to \bar{u}(t)$$

per quasi ogni $t \in (-1, 1)$; abbiamo allora

$$0 = u_{n_k}(t) + u_{n_k}(-t) \to \bar{u}(t) + \bar{u}(-t) \qquad \text{per quasi ogni } t \in (-1, 1),$$

da cui deduciamo che $\bar{u} \in V$.

Il teorema delle proiezioni assicura quindi l'esistenza di un'unico vettore $P_V f$, caratterizzato dal fatto che $Q_V f = f - P_V f$ è ortogonale ad ogni vettore di V. In formule otteniamo, per ogni v dispari,

$$\int_{-1}^{1} \left((t - t^2) - P_V f(t) \right) v(t)\, dt = 0.$$

Essendo $tv(t)$ pari, $t^2 v(t)$ dispari e $P_V f(t) v(t)$ pari, si ha

$$\int_{-1}^{1} (t - t^2) v(t)\, dt = 2 \int_{0}^{1} tv(t)\, dt, \quad \text{e} \quad \int_{-1}^{1} P_V f(t) v(t)\, dt = 2 \int_{0}^{1} P_V f(t) v(t)\, dt$$

per cui

$$0 = \int_{-1}^{1} \left((t - t^2) - P_V f(t) \right) v(t)\, dt = 2 \int_{0}^{1} (t - P_V f(t)) v(t)\, dt,$$

Poiché l'ultimo integrale è calcolato sull'intervallo $[0, 1]$, l'uguaglianza vale per ogni $v \in L^2(0, 1)$; data l'arbitrarietà di v otteniamo che $t - P_V f(t) = 0$ quasi ovunque in $(0, 1)$. Essendo t e $P_V f$ dispari otteniamo

$$P_V f(t) = t, \qquad Q_V f(t) = t - t^2 - t = -t^2,$$

quasi ovunque in $(-1, 1)$.

b) Per identificare $V^\perp$ cerchiamo tutte le $u \in L^2(-1,1)$ tali che $\int_{-1}^{1} uv \, dt = 0$ per ogni $v \in V$. Sia $u \in V^\perp$; abbiamo:

$$0 = \int_{-1}^{1} u(t)v(t) \, dt = \int_{-1}^{0} u(t)v(t) \, dt + \int_{0}^{1} u(t)v(t) \, dt =$$

$$= -\int_{0}^{1} u(-t)v(t) \, dt + \int_{0}^{1} u(t)v(t) \, dt = \int_{0}^{1} [u(t) - u(-t)]v(t) \, dt.$$

Di nuovo, utilizzando l'arbitrarietà di v, otteniamo

$$u(t) - u(-t) = 0 \quad \text{q.o. in } (0,1)$$

e quindi $V^\perp$ è *il sottospazio delle funzioni pari*. Per calcolare le proiezioni su V e $V^\perp$ di una generica funzione f, basta scomporre f nella somma delle sue parti pari e dispari, cioè

$$f(t) = \frac{f(t) + f(-t)}{2} + \frac{f(t) - f(-t)}{2}$$

e ripercorrere i calcoli fatti in a) per $f(t) = t - t^2$. Si trova

$$P_V f(t) = \frac{f(t) - f(-t)}{2}, \qquad Q_V f(t) = \frac{f(t) + f(-t)}{2}.$$

Problema 2.3. (Scomposizione ortogonale). *Posto* $Q = (0,1) \times (0,1)$ *e* $H = L^2(Q)$, *consideriamo il sottospazio*

$$V = \{u \in H : u(x,y) = v(x) \text{ q.o., con } v \in L^2(0,1)\}.$$

Verificare che $H = V \oplus V^\perp$ *e determinare i proiettori* P_V, $P_{V^\perp}$. *Scomporre la funzione* $f(x,y) = xy$.

Soluzione

Il problema è approssimare nel migliore dei modi (in senso L^2) una funzione di due variabili mediante una funzione che dipenda dalla sola x. In base al teorema delle proiezioni, la scomposizione è possibile se V è un sottospazio chiuso. Si controlla subito che V è uno spazio lineare, per cui ci limitiamo a verificarne la chiusura. Posto $u_n(x,y) = v_n(x)$, supponiamo che u_n converga alla funzione $\bar{u}$ in $L^2(Q)$. Dobbiamo dimostrare che $\bar{u}$ dipende solo da x e che appartiene a $L^2(0,1)$. Poiché

$$\int_{0}^{1} \int_{0}^{1} [v_n(x) - v_m(x)]^2 dx \, dy = \int_{0}^{1} [v_n(x) - v_m(x)]^2 dx,$$

la successione $\{v_n\}$ è di Cauchy in $L^2(0,1)$ e quindi converge a $v = v(x)$, $v \in L^2(0,1)$. Essendo anche

$$\int_{0}^{1} [v_n(x) - v(x)]^2 dx = \int_{0}^{1} \int_{0}^{1} [v_n(x) - v(x)]^2 dx \, dy$$

deve essere $v = \bar{u}$, che implica la chiusura di V.

Determiniamo $V^\perp$. Questo sottospazio è costituito dalle funzioni $u \in H$ tali che, per ogni v in $L^2(0,1)$,

$$0 = \int_Q u(x,y)v(x)\,dxdy = \int_0^1 \left(\int_0^1 u(x,y)\,dy \right) v(x)\,dx.$$

Deduciamo che

$$V^\perp = \left\{ u \in H : \int_0^1 u(x,y)\,dy = 0, \text{ per quasi ogni } x \in (0,1) \right\}.$$

A questo punto è immediato vedere che, per ogni $f \in H$,

$$P_V f = \int_0^1 f(x,y)\,dy, \qquad Q_V f = f(x,y) - \int_0^1 f(x,y)\,dy.$$

In particolare, se $f(x,y) = xy$, si ha

$$xy = \frac{1}{2}x + \left(xy - \frac{1}{2}x \right),$$

dove il primo addendo appartiene a V ed il secondo a $V^\perp$.

Problema 2.4. (Norme di funzionali e teorema di Riesz). *Sia $H = L^2(0,1)$. Per $u \in H$, consideriamo il funzionale*

$$\mathcal{F}[u] = \int_0^{1/2} u(t)\,dt.$$

a) *Controllare che $\mathcal{F}$ è ben definito e che appartiene ad H'.*
b) *Calcolare $\|\mathcal{F}\|$, sia con la definizione che utilizzando il teorema di Riesz.*

Soluzione

a) Controlliamo che se $u \in L^2(0,1)$ allora $u \in L^1(0,1/2)$. Dalla disuguaglianza di Schwarz, otteniamo

$$(3) \qquad \left| \int_0^{1/2} u(t)\,dt \right| \leq \int_0^{1/2} |u(t)|\,dt \leq$$

$$\leq \frac{\sqrt{2}}{2} \left(\int_0^1 |u(t)|^2\,dt \right)^{1/2} = \frac{\sqrt{2}}{2} \|u\|_2.$$

Quindi $\mathcal{F}$ è ben definito da H in $\mathbf{R}$ ed è limitato. Essendo lineare, è anche continuo ed appartiene a H'.

b) Ricordiamo che, per definizione,

$$\|\mathcal{F}\| = \sup_{\|u\|_2 \leq 1} |\mathcal{F}[u]|.$$

Da (3) deduciamo subito che $\|\mathcal{F}\| \leq \sqrt{2}/2$. Facciamo vedere che $\|\mathcal{F}\| = \sqrt{2}/2$, esibendo una funzione di norma unitaria tale che $\mathcal{F}[u] = \sqrt{2}/2$. È ragionevole scegliere u in modo che concentri tutta la sua norma sull'intervallo $[0, 1/2]$. In particolare, se scegliamo

$$u(t) = \begin{cases} \sqrt{2} & 0 < t < \dfrac{1}{2} \\ 0 & \dfrac{1}{2} < t < 1, \end{cases}$$

si ha che $\|u\|_2 = 1$ e che $\mathcal{F}[u] = \sqrt{2}/2$, da cui la tesi.

Un modo alternativo di procedere consiste nell'applicare il teorema di Riesz. Essendo $\mathcal{F} \in H'$, tale teorema ci assicura l'esistenza (e l'unicità) di $f \in H$ per cui

$$\mathcal{F}[u] = \int_0^1 f(t)u(t)\,dt \qquad e \qquad \|\mathcal{F}\|_{H'} = \|f\|_H.$$

Deduciamo che

$$f(t) = \begin{cases} 1 & 0 < t < \dfrac{1}{2} \\ 0 & \dfrac{1}{2} < t < 1, \end{cases}$$

e quindi

$$\|\mathcal{F}\|_{H'} = \frac{\sqrt{2}}{2}.$$

Problema 2.5. (Operatori: norma, invertibilità, autovalori). *Posto* $H = L^2(0, +\infty)$ *consideriamo il seguente operatore lineare da H in sè:*

$$(Lu)(t) = u(2t).$$

a) *Verificare che L è continuo e calcolarne la norma.*

b) *Calcolare gli eventuali autovalori (reali) di L.*

Soluzione

a) Essendo L lineare, si tratta di dimostrare che è limitato. Si ha

$$(4) \qquad \|Lu\|_H = \left(\int_0^{+\infty} u^2(2t)\,dt \right)^{1/2} = \left(\frac{1}{2} \int_0^{+\infty} u^2(s)\,ds \right)^{1/2} = \frac{\sqrt{2}}{2} \|u\|_H,$$

da cui deduciamo che L è limitato (e quindi continuo), di norma $\sqrt{2}/2$.

b) Dobbiamo trovare soluzioni non nulle dell'equazione

$$(5) \qquad\qquad\qquad Lu = \lambda u.$$

Calcolando la norma di entrambi i membri e sfruttando (4) vediamo che si deve avere

$$\frac{\sqrt{2}}{2} \|u\| = |\lambda| \|u\|.$$

Di conseguenza, se u non è identicamente nullo, si deve avere $\lambda = \pm\sqrt{2}/2$. Ora, osserviamo che, applicando L ad entrambi i membri della (5), si ha

$$u(2^2 t) = L(Lu) = L(\lambda u) = \lambda^2 u.$$

Applicando L n volte, si trova che l'autofunzione u deve soddisfare la relazione

(6) $$u(2^n t) = \lambda^n u(t)$$

per quasi ogni $t > 0$ e per ogni intero $n \geq 0$. Poiché

$$u(t) = u\left(2^n \frac{t}{2^n}\right) = \lambda^n u\left(2^{-n}t\right)$$

si ottiene

$$u\left(2^{-n}t\right) = \lambda^{-n} u(t)$$

per cui la (6) è vera per $n \in \mathbf{Z}$, intero relativo. Ne segue che, per conoscere u, basta sapere quanto vale (ad esempio) sull'intervallo $[1, 2)$. In particolare, si ha

$$
\begin{aligned}
\int_{2^n}^{2^{n+1}} u^2(s)\,ds &= 2^n \int_1^2 u^2(2^n t)\,dt \\
&= 2^n \int_1^2 \lambda^{2n} u^2(t)\,dt \\
&= \int_1^2 u^2(t)\,dt.
\end{aligned}
$$

Quindi, scrivendo

$$(0, +\infty) = \bigcup_{n \in \mathbf{Z}} [2^n, 2^{n+1}),$$

si ha

$$
\begin{aligned}
\|u\|_H^2 &= \int_0^{+\infty} u^2(t)\,dt \\
&= \sum_{n \in \mathbf{Z}} \int_{2^n}^{2^{n+1}} u^2(t)\,dt \\
&= \sum_{n \in \mathbf{Z}} \int_1^2 u^2(t)\,dt.
\end{aligned}
$$

Se u è un'autofunzione, si deve avere

$$0 < \|u\|_H < +\infty.$$

D'altra parte, la serie scritta sopra è la somma di infiniti termini tutti uguali tra loro e converge se e solo se l'addendo è identicamente nullo, ossia se $u = 0$ quasi ovunque su $(1, 2)$. Per la proprietà di ricorrenza (6), si deduce $u = 0$ quasi ovunque su $(0, +\infty)$. In conclusione, neppure per $\lambda = \pm\sqrt{2}/2$ l'equazione

$$Lu = \lambda u$$

ha soluzioni non banali, per cui L non ammette autovalori reali.

Problema 2.6**. (Compattezza). *a) Sia $H = l^2$, cioè lo spazio di Hilbert*

$$l^2 = \left\{ \mathbf{x} = \{x_n\}_{n \geq 1} : \sum_{n \geq 1} x_n^2 < \infty \right\}$$

dotato del prodotto interno $\langle x, y \rangle = \sum_{n \geq 1} x_n y_n$. *Dato* $M > 0$, *definiamo l'insieme*

$$K = \left\{ \mathbf{x} \in l^2 : \sum_{n \geq 1} x_n^2 < M, \sum_{n \geq 1} n^2 x_n^2 < M \right\}.$$

Dimostrare che, per ogni $\varepsilon > 0$ *fissato, esiste un sottospazio finito dimensionale* $V_\varepsilon \subset H$ *tale che*

$$\operatorname{dist}(\mathbf{x}, V_\varepsilon) = \|\mathbf{x} - P_{V_\varepsilon} \mathbf{x}\| < \varepsilon \qquad \text{per ogni } \mathbf{x} \in K.$$

b) Dedurre che K *è un sottoinsieme precompatto di* H *(usare la definizione di compattezza mediante coperture di* ε*–sfere).*

Soluzione

a) Possiamo interpretare H come l'estensione infinito–dimensionale dello spazio $\mathbf{R}^n$: infatti le successioni possono essere viste come le infinite coordinate di un vettore e la definizione della norma non è altro che la versione infinito–dimensionale del teorema di Pitagora! È possibile dimostrare (e si invita il lettore a farlo) che una base hilbertiana (cioè un sistema ortonormale completo) di H è costituita dagli infiniti vettori $\mathbf{e}_i = (x_n)$ con $x_i = 1$, $x_n = 0$ per $n \neq i$. I sottospazi di dimensione finita di H più facili da descrivere sono quelli i cui elementi hanno solo un numero finito di coordinate non nulle. Più precisamente, poniamo

$$V_k = \{ \mathbf{x} \in H : x_n = 0 \quad \text{per ogni } n \geq k \text{ si ha } \}.$$

Invitiamo il lettore a verificare che V_k è un sottospazio vettoriale avente dimensione $k - 1$ (e quindi chiuso) e che, per ogni $\mathbf{x} \in H$, la sua distanza dal sottospazio V_k vale

$$(7) \qquad \|\mathbf{x} - P_{V_k} \mathbf{x}\| = \left(\sum_{n=k}^{+\infty} x_n^2 \right)^{1/2}.$$

Rendere arbitrariamente piccola la distanza di un elemento di H da V_k equivale quindi a rendere arbitrariamente piccolo il resto k–esimo della serie corrispondente. Sfruttando la definizione di K abbiamo, per ogni $\mathbf{x} \in K$ e per ogni k intero naturale,

$$\begin{aligned} M &> \sum_{n=1}^{+\infty} n^2 x_n^2 \geq \sum_{n=k}^{+\infty} n^2 x_n^2 \\ &\geq k^2 \sum_{n=k}^{+\infty} \frac{n^2}{k^2} x_n^2 \geq k^2 \sum_{n=k}^{+\infty} x_n^2. \end{aligned}$$

Ricordando la (7) possiamo perciò scrivere

$$\mathbf{x} \in K \quad \Rightarrow \quad \|\mathbf{x} - P_{V_k}\mathbf{x}\| \leq \frac{\sqrt{M}}{k}.$$

Per ottenere il risultato richiesto basta quindi scegliere $k > \sqrt{M}/\varepsilon$.

b) Ricordiamo che un insieme si dice precompatto se la sua chiusura è compatta. In particolare (se H è uno spazio metrico) un insieme $A \subset H$ è precompatto se e solo se per ogni $\varepsilon > 0$ esiste un numero finito di punti $\mathbf{y}_1, \ldots, \mathbf{y}_N$ tali che

$$A \subset \bigcup_{i=1}^{N} B_\varepsilon(\mathbf{y}_i)$$

dove $B_\varepsilon(\mathbf{y}_i)$ è la sfera di raggio ε e centro $\mathbf{y}_i$.
Fissiamo ora $\varepsilon > 0$ e

$$k > 2\frac{\sqrt{M}}{\varepsilon}$$

in modo che, in base a quanto provato nel punto a), ogni punto di K disti da V_k meno di $\varepsilon/2$. Consideriamo l'insieme

$$F = K \cap V_k.$$

F è un sottoinsieme limitato (infatti $\mathbf{x} \in F$ implica $\|\mathbf{x}\|_{V_k}^2 < M$) di uno spazio a dimensione finita (V_k, appunto) e quindi è precompatto. Dalla caratterizzazione precedentemente ricordata deduciamo l'esistenza di N punti $\mathbf{y}_1, \ldots, \mathbf{y}_N$ tali che

$$F \subset \bigcup_{i=1}^{N} B_{\varepsilon/2}(\mathbf{y}_i).$$

Ora, sia $\mathbf{x} \in K$. Si vede subito che

$$P_{V_k}\mathbf{x} \in F$$

e quindi esiste un indice i per il quale

$$P_{V_k}\mathbf{x} \in B_{\varepsilon/2}(\mathbf{y}_i).$$

Otteniamo dunque

$$\begin{aligned} \|\mathbf{x} - \mathbf{y}_i\| &\leq \|\mathbf{x} - P_{V_k}\mathbf{x}\| + \|P_{V_k}\mathbf{x} - \mathbf{y}_i\| \\ &\leq \frac{\varepsilon}{2} + \frac{\varepsilon}{2} = \varepsilon \end{aligned}$$

e cioè $\mathbf{x} \in B_\varepsilon(\mathbf{y}_i)$. Il ragionamento vale per ogni $\mathbf{x} \in K$. Abbiamo quindi dimostrato che

$$K \subset \bigcup_{i=1}^{N} B_\varepsilon(\mathbf{y}_i),$$

cioè che K è precompatto.

Problema 2.7. (Convergenza debole). *Siano* H *uno spazio di Hilbert ed* $(u_n) \subset$ H *una successione tale che*

$$u_n \rightharpoonup \bar{u}$$

e

$$\|u_n\| \to \bar{u}.$$

Mostrare che u_n *converge fortemente a* $\bar{u}$.

Soluzione

Ricordiamo che u_n converge debolmente a $\bar{u}$ se, per ogni $v \in H$,

$$\langle u_n, v \rangle \to \langle \bar{u}, v \rangle.$$

In particolare, scegliendo $v = \bar{u}$ otteniamo

$$\langle u_n, \bar{u} \rangle \to \langle \bar{u}, \bar{u} \rangle = \|\bar{u}\|^2.$$

D'altra parte, la convergenza delle norme si scrive come

$$\langle u_n, u_n \rangle \to \langle \bar{u}, \bar{u} \rangle = \|\bar{u}\|^2.$$

Mettendo assieme questi due fatti possiamo scrivere

$$\|u_n - \bar{u}\|_2^2 = \langle u_n, u_n \rangle - 2\langle u_n, \bar{u} \rangle + \langle \bar{u}, \bar{u} \rangle \to 0,$$

e quindi u_n tende fortemente ad u.

Problema 2.8. (Operatore compatto). *Posto* $H = L^2(0,1)$ *si consideri l'operatore non lineare*

$$T[f](t) = \int_0^1 (t + f(s))^2 \, ds.$$

a) *Mostrare che* T *è ben definito e continuo da* H *in sé.*
b) *Mostrare che* T *è compatto.*

Soluzione

a) Innanzitutto osserviamo che, se $f \in H$, allora

$$(8) \qquad |T[f](t)| = \int_0^1 (t + f(s))^2 \, ds \le 2 \int_0^1 \left(t^2 + f^2(s) \right) \, ds \le 2 + 2\|f\|_2^2,$$

e quindi T è definito in H. Controlliamo che l'immagine di T è contenuta in H. Grazie alla (8) abbiamo

$$\|T[f]\|_2^2 = \int_0^1 \left[\int_0^1 (t + f(s))^2 \, ds \right]^2 \, dt \le \left[2 + 2\|f\|_2^2 \right]^2,$$

per cui $T : H \to H$. Per provare la continuità (T non è lineare, quindi bisogna farlo direttamente) siano f e g in H. Abbiamo

$$\|T[f] - T[g]\|_2^2 = \int_0^1 \left[\int_0^1 (t + f(s))^2 - (t + g(s))^2 \, ds \right]^2 dt \le$$

$$\le \int_0^1 \left[\int_0^1 (2t + f(s) + g(s)) (f(s) - g(s)) \, ds \right]^2 dt \le$$

$$\le \int_0^1 \left[\int_0^1 (2t + f(s) + g(s))^2 \, ds \right] \cdot \left[\int_0^1 (f(s) - g(s))^2 \, ds \right] dt \le$$

$$\le \left[4 + 2\|f + g\|_2^2 \right]^2 \cdot \|f - g\|_2^2$$

(abbiamo utilizzato la disuguaglianza di Schwarz e, nell'ultimo passaggio, la (8)). Quindi, se $f \to g$ in H allora $T[f] \to T[g]$ in H e T è continuo.

b) Sia

$$\mathcal{F} = \{ f \in H : \|f\|_2 \le M \}.$$

Vogliamo dimostrare che $T[\mathcal{F}]$ è precompatto in H. A tale scopo possiamo usare il criterio di compattezza negli spazi L^2 e verificare che $T[\mathcal{F}]$ è limitato e che esistono C, α tali che, per ogni $f \in \mathcal{F}$, pensata nulla fuori da $(0, 1)$,

(9) $$\|T[f](t + h) - T[f](t)\|_2 \le C|h|^\alpha.$$

Come già visto in a), da (8) otteniamo, per ogni $f \in \mathcal{F}$,

$$\|T[f]\|_2^2 \le \left[2 + 2\|f\|_2^2 \right]^2 \le \left[2 + 2M^2 \right]^2,$$

e quindi $T[\mathcal{F}]$ è limitato. D'altra parte abbiamo

$$\|T[f](t + h) - T[f](t)\|_2^2 \le \int_0^1 \left[\int_0^1 (t + h + f(s))^2 - (t + f(s))^2 \, ds \right]^2 dt \le$$

$$\le \int_0^1 \left[\int_0^1 \left(2h(t + f(s)) + h^2 \right) ds \right]^2 dt \le$$

$$\le h^2 \int_0^1 \left[\int_0^1 (h + 2t + 2f(s)) \, ds \right]^2 dt$$

e applicando di nuovo la disuguaglianza di Schwarz e la (8) si ottiene la (9) con $\alpha = 2$.

Problema 2.9. (Proiezioni iterate[a].). *Siano V e W due sottospazi chiusi di uno spazio di Hilbert H. Definiamo la seguente successione $\{x_n\}$ di proiezioni: $x_0 \in H$, assegnato, e*

$$x_{2n+1} = P_{W^\perp} x_{2n}, \quad x_{2n+2} = P_{V^\perp} x_{2n+1} \qquad \text{per } n \geq 0.$$

Dimostrare che

a) *se $V^\perp \cap W^\perp = \{0\}$, allora $x_n \to 0$;*

b) *se $V^\perp \cap W^\perp \neq \{0\}$, allora $x_n \to P_{V^\perp \cap W^\perp} x_0$.*

[Suggerimento: **a)** mostrare nell'ordine che: $\|x_n\|$ descresce, $x_n \rightharpoonup 0$ e che $\|x_n\|^2 = \langle x_{2n-1}, x_0 \rangle$; **b)** ricondursi al caso precedente sottraendo $P_{V^\perp \cap W^\perp} x_0$.]

[a]Questo problema è connesso col *metodo di alternanza di Schwarz* presentato nel Problema 2.14, Capitolo 6

Soluzione

a) L'idea è che, trattandosi di una sequenza di proiezioni, la successione delle norme decresca. Di conseguenza $\{x_n\}$ sarà limitata, con limite finito, in particolare zero. Verifichiamo che $\|x_n\|$ decresce. Infatti, si ha, essendo $\langle x_{n+1}, x_n \rangle = \|x_{n+1}\|^2$,

$$\begin{aligned}
\|x_{n+1} - x_n\|^2 &= \|x_{n+1}\|^2 - 2\langle x_{n+1}, x_n \rangle + \|x_n\|^2 \\
&= \|x_{n+1}\|^2 - 2\|x_{n+1}\|^2 + \|x_n\|^2 \\
&= -\|x_{n+1}\|^2 + \|x_n\|^2
\end{aligned}$$

per cui $\|x_n\| \geq \|x_{n+1}\|$ e $\|x_n\| \downarrow l \geq 0$. Inoltre

$$\|x_{n+1} - x_n\| \to 0.$$

Facciamo vedere che $x_n \rightharpoonup 0$ e poi che $l = 0$ (Problema 2.7).

Sia $\{x_{2n_k}\}$ una qualunque sottosuccessione di $\{x_{2n}\}$ che converge debolmente: $x_{2n_k} \rightharpoonup x$, con x che appartiene a $V^\perp$. Poiché anche $x_{2n_k+1} \rightharpoonup x$ (infatti la distanza tra x_{2n_k} e x_{2n_k+1} tende a 0) si ha anche $x \in W^\perp$, per cui deve essere $x = 0$. Essendo la sottosuccessione generica, concludiamo che $x_{2n} \rightharpoonup 0$. Stesso discorso per $\{x_{2n+1}\}$ e perciò $x_n \rightharpoonup 0$.

Supponendo per fissare le idee che $x_n \in V^\perp$, e quindi $x_{n-1} \in W^\perp$, si ha, essendo le proiezioni ortogonali operatori simmetrici,

$$\|x_n\|^2 = \langle x_n, x_{n-1} \rangle = \langle x_n, P_{W^\perp} x_{n-2} \rangle = \langle P_{W^\perp} x_n, x_{n-2} \rangle = \langle x_{n+1}, x_{n-2} \rangle.$$

Iterando il ragionamento, si deduce

$$\|x_n\|^2 = \langle x_{n+1}, x_{n-2} \rangle = \langle x_{n+2}, x_{n-3} \rangle = \cdots = \langle x_{2n-1}, x_0 \rangle$$

e quindi, poiché $x_{2n-1} \rightharpoonup 0$ si ha $\|x_n\| \to 0$.

b) Se $V^\perp \cap W^\perp \neq \{0\}$, poniamo

$$z_0 = x_0 - P_{V^\perp \cap W^\perp} x_0.$$

La successione che parte da z_0 ed è generata come prima dalle proiezioni su $V^\perp$ e $W^\perp$, alternativamente, è data da

$$z_n = x_n - P_{V^\perp \cap W^\perp} x_0.$$

Poiché si controlla facilmente che $P_{V^\perp \cap W^\perp} z_n = 0$, la successione z_n vive negli spazi $V^\perp \setminus (V^\perp \cap W^\perp)$ e $W^\perp \setminus (V^\perp \cap W^\perp)$ la cui intersezione è il vettore nullo. Ci siamo dunque ricondotti al caso precedente e pertanto $z_n \to 0$ ossia $x_n \to P_{V^\perp \cap W^\perp} x_0$.

Problema 2.10. (*Proiezione su un convesso*). *Sia H uno spazio di Hilbert e $K \subset H$ un suo sottoinsieme (non vuoto) chiuso e convesso. Sulla falsariga del teorema di proiezione su sottospazi ([S], Capitolo 6, Sezione 2) dimostrare che per ogni $x \in H$ esiste un unico elemento $P_K x \in K$ tale che*

$$\|P_K x - x\| = \inf_{v \in K} \|v - x\|.$$

Verificare che $P_K x$ è identificato in modo univoco dalla disuguaglianza

(10) $\langle x - P_K x, v - P_K x \rangle \leq 0$ *per ogni $v \in K$.*

Soluzione

Siano

$$d = \inf_{y \in K} \|v - x\|$$

e $\{v_n\} \subset K$ una successione minimizzante, cioè tale che, per ogni n,

$$v_n \in K, \qquad d \leq \|v_n - x\|^2 \leq d^2 + \frac{1}{n}.$$

Dimostriamo che v_n è di Cauchy. Infatti, applicando la regola del parallelogramma ai vettori $x - v_n$, $x - v_m$, otteniamo

$$2\|x - v_n\|^2 + 2\|x - v_m\|^2 = \|v_n - v_m\|^2 + 4 \left\| x - \frac{v_n + v_m}{2} \right\|^2.$$

Ora, dalla convessità di K otteniamo che, siccome v_n e v_m sono elementi di K, anche $(v_n + v_m)/2$ lo è e quindi la sua distanza da x è maggiore di d. Possiamo quindi scrivere

$$\begin{aligned}
\|v_n - v_m\|^2 &= 2\|x - v_n\|^2 + 2\|x - v_m\|^2 - 4 \left\| x - \frac{v_n + v_m}{2} \right\|^2 \leq \\
&\leq 2d^2 + \frac{2}{n} + 2d^2 + \frac{2}{m} - 4d^2 = \frac{2}{n} + \frac{2}{m}.
\end{aligned}$$

Pertanto $\|v_n - v_m\| \to 0$ quando m ed n tendono ad infinito e la successione è di Cauchy. Essendo H completo esiste un elemento $w \in H$ tale che $v_n \to w$ in H. Tenendo conto che K è chiuso (e che la norma è continua) possiamo scrivere

$$w \in K, \qquad \|x - w\| = d.$$

Per dimostrare che w è unico, consideriamo $w' \in K$ con $\|x - w'\| = d$. Applicando nuovamente la regola del parallelogramma (stavolta ai vettori $x - w$, $x - w'$) abbiamo

$$\|w - w'\|^2 = 2\|x - w\|^2 + 2\|x - w'\|^2 - 4 \left\| x - \frac{w + w'}{2} \right\|^2 \leq 2d^2 + 2d^2 - 4d^2 = 0$$

(di nuovo, essendo K convesso, $(w + w')/2$ appartiene a K) cioè $w = w'$. Quindi ad ogni $x \in H$ possiamo associare uno ed un solo elemento $w = P_K x \in K$, la proiezione di x su K, che realizza la minima distanza.

Dimostriamo che $P_K x$ verifica la (10). Fissiamo $v \in K$ e poniamo, per $0 \le t \le 1$,

$$u = t P_K x + (1 - t) v.$$

Per la convessità di K, $u \in K$ e quindi

$$\|x - P_K x\|^2 \le \|x - u\|^2 = \|x - P_K x - (1 - t)(v - P_K x)\|^2 =$$
$$= \|x - P_K x\|^2 + (1 - t)^2 \|v - P_K x\|^2 - 2(1 - t)\langle x - P_K x, v - P_K x \rangle$$

e cioè, per $t < 1$,

$$0 \le (1 - t)\|v - P_K x\|^2 - 2\langle x - P_K x, v - P_K x \rangle.$$

Passando al limite per $t \to 1$ ricaviamo (10).

Viceversa, sia $y \in K$ tale che

$$\langle x - y, v - y \rangle \le 0 \qquad \text{per ogni } v \in K.$$

In particolare, per $v = P_K x$ otteniamo

$$\langle x - y, P_K x - y \rangle = \langle x - P_K x + P_K x - y, P_K x - y \rangle = \langle x - P_K x, P_K x - y \rangle + \|P_K x - y\|^2 \le 0.$$

Poiché abbiamo appena dimostrato che

$$\langle x - P_K x, P_K x - y \rangle \ge 0$$

deve essere $\|P_K x - y\|^2 \le 0$ e quindi $y = P_K x$. Di conseguenza $P_K x$ è caratterizzato dalla (10).

2.2. Distribuzioni

Problema 2.11. (Distribuzioni e serie di Fourier). *Dimostrare che la serie*

$$\sum_{k=1}^{+\infty} c_k \sin kx$$

converge in $\mathcal{D}'(\mathbf{R})$ se la successione numerica $\{c_k\}$ è a crescita lenta, cioè se esiste $p \in \mathbf{R}$ tale che $c_k = O(k^p)$ per $k \to +\infty$.

Soluzione

Occorre mostrare che, per ogni $v \in C_0^\infty(\mathbf{R})$,

(11)
$$\sum_{k=1}^{\infty} c_k \int_{\mathbf{R}} v(x) \sin kx \, dx$$

è convergente. Osserviamo preliminarmente due fatti. Primo: dire che la successione $\{c_k\}$ è a crescita lenta significa che esistono $p \in \mathbf{R}$ e C tali che

$$|c_k| \le C k^p \qquad \text{per ogni } k \ge 1.$$

Secondo: sia N un intero maggiore di $p + 2$; possiamo supporre che N sia pari, e porre $N = 2n$. Prendiamo una qualunque funzione test v; il suo supporto sarà contenuto in un intervallo, diciamo $[a, b]$. Si noti che v e tutte le sue derivate si annullano in a e b. Abbiamo allora, integrando N volte per parti:

$$
\begin{aligned}
\int_{\mathbf{R}} v(x) \sin kx \, dx &= \int_a^b v(x) \sin kx \, dx \\
&= \frac{1}{k} \int_a^b v'(x) \cos kx \, dx \\
&= -\frac{1}{k^2} \int_a^b v''(x) \sin kx \, dx \\
&= \frac{(-1)^n}{k^N} \int_a^b v^{(N)}(x) \sin kx \, dx.
\end{aligned}
$$

Pertanto

$$
\left| \int_{\mathbf{R}} v(x) \sin kx \, dx \right| \le \frac{(b-a)}{k^N} \max \left| v^{(N)} \right|
$$

e

$$
\begin{aligned}
\left| c_k \int_{\mathbf{R}} v(x) \sin kx \, dx \right| &\le C(b-a) \max \left| v^{(N)} \right| \frac{1}{k^{N-p}} \\
&\le C(b-a) \max \left| v^{(N)} \right| \frac{1}{k^2}
\end{aligned}
$$

essendo $N > p + 2$. La serie (11) è dunque convergente.

Problema 2.12. (Supporto di una distribuzione). **a)** *Dimostrare che se $F \in \mathcal{D}'(\mathbf{R}^n)$, $v \in C_0^\infty(\mathbf{R}^n)$ e v si annulla in un aperto contenente il supporto di F, allora $\langle F, v \rangle = 0$.*

b) *È vero che $\langle F, v \rangle = 0$ se v si annulla solo sul supporto di F?*

Soluzione

a) Sia K il supporto di F; K è il complementare del più grande aperto Ω tale che, se v è una funzione test con supporto contenuto in Ω, allora $\langle F, v \rangle = 0$. Ma se v si annulla in un aperto contenente K allora il supporto di v deve essere contenuto in Ω e pertanto $\langle F, v \rangle = 0$.

b) Non è vero. Basta prendere

$$
F = \delta'
$$

e v funzione test tale che

$$
v(0) = 0, v'(0) \ne 0.
$$

Il supporto di F è $K = \{0\}$ e v si annulla su K, ma

$$
\langle F, v \rangle = \langle \delta', v \rangle = -\langle \delta, v' \rangle = -v'(0) \ne 0.
$$

Problema 2.13. (Equazione differenziale in $\mathcal{D}'$). Risolvere, in $\mathcal{D}'(\mathbf{R})$, l'equazione

$$G' + a(x)G = \delta'.$$

Soluzione

Essendo $a \in C^\infty(\mathbf{R})$, anche $h(x) = \exp \int_0^x a(s)\,ds$ appartiene a $C^\infty(\mathbf{R})$. Il funzionale $h\delta'$ è perciò una distribuzione e, se v è una funzione test, si ha

$$
\begin{aligned}
\langle h\delta', v \rangle &= \langle \delta', hv \rangle = -\langle \delta, h'v + hv' \rangle \\
&= -h'(0)\,v(0) - h(0)\,v'(0) = -a(0)\,v(0) - v'(0) \\
&= \langle -a(0)\,\delta + \delta', v \rangle.
\end{aligned}
$$

Vale dunque la formula

$$h\delta' = -a(0)\,\delta + \delta'.$$

Osserviamo ora che, se moltiplichiamo entrambi i membri dell'equazione per h, possiamo scrivere

$$\frac{d}{dx}\left[G(x) \exp \int_0^x a(s)\,ds \right] = h\delta' = -a(0)\,\delta + \delta'.$$

Poiché l'insieme delle primitive di $a(0)\,\delta + \delta'$ è dato da

$$-a(0)\,H + \delta + c$$

dove H è la funzione di Heaviside e $c \in \mathbf{R}$, si ottiene

$$G(x) \exp \int_0^x a(s)\,ds = -a(0)\,H + \delta + c.$$

La soluzione generale dell'equazione differenziale è quindi data da

$$G(x) = (-a(0)\,H + \delta + c)\,e^{-\int_0^x a(s)ds} = \delta + (-a(0)\,H + c)\,e^{-\int_0^x a(s)ds}.$$

Problema 2.14. (Funzioni a decrescenza rapida). Verificare che
a) la funzione $v(\mathbf{x}) = e^{-|\mathbf{x}|^2}$ appartiene a $\mathcal{S}(\mathbf{R}^n)$;
b) la funzione $v(\mathbf{x}) = e^{-|\mathbf{x}|^2} \sin\left(e^{|\mathbf{x}|^2}\right)$ non appartiene a $\mathcal{S}(\mathbf{R}^n)$.

Soluzione

a) Sia $v(\mathbf{x}) = e^{-|\mathbf{x}|^2}$. Ogni derivata $D^\alpha v$ di ordine k è della forma

(polinomio omogeneo di grado k nelle variabili $x_1, ..., x_n$) $e^{-|\mathbf{x}|^2}$.

Pertanto, qualunque sia $m \in \mathbb{N}$, si ha

$$\lim_{|\mathbf{x}| \to \infty} |\mathbf{x}|^m D^\alpha v(\mathbf{x}) = 0$$

per cui $D^\alpha v(\mathbf{x}) = o\left(|\mathbf{x}|^{-m}\right)$ e v è a decrescita rapida all'infinito.

b) Sia $v(\mathbf{x}) = e^{-|\mathbf{x}|^2} \sin\left(e^{|\mathbf{x}|^2}\right)$. Abbiamo:

$$D_{x_j} v(\mathbf{x}) = 2x_j \left[-e^{-|\mathbf{x}|^2} \sin\left(e^{|\mathbf{x}|^2}\right) + \cos\left(e^{|\mathbf{x}|^2}\right) \right]$$

e quindi

$$\lim_{|\mathbf{x}| \to \infty} D_{x_j} v(\mathbf{x}) \text{ non esiste.}$$

Concludiamo che $v \notin \mathcal{S}(\mathbf{R}^n)$.

Problema 2.15. (Distribuzioni e distribuzioni temperate). *Verificare che se $F \in \mathcal{D}'(\mathbf{R}^n)$ è a supporto compatto allora $F \in \mathcal{S}'(\mathbf{R}^n)$.*

Soluzione

Sia F a supporto $K \subset \mathbf{R}^n$, compatto e sia $\{v_k\} \subset C_0^\infty(\mathbf{R}^n)$ tale che $v_k \to 0$ in $\mathcal{S}(\mathbf{R}^n)$. Siano A e B aperti tali che $K \subset A \subset B$. Se w è una funzione test con supporto in B e $w \equiv 1$ su A, per ogni altra funzione test v si ha che

$$\langle F, v \rangle = \langle F, vw \rangle.$$

Infatti, la funzione test $z = v - vw$ si annulla in A e quindi ha supporto contenuto nel complementare di K, per cui $\langle F, z \rangle = \langle F, v \rangle - \langle F, vw \rangle = 0$.

Poiché (controllare) $v_k w \to 0$ in $C_0^\infty(\mathbf{R}^n)$, concludiamo che

$$\langle F, v_k \rangle = \langle F, v_k w \rangle \to 0$$

e di conseguenza che F è temperata.

Problema 2.16. (Funzioni L^p e distribuzioni temperate). **a)** *Verificare che $L^p(\mathbf{R}^n) \subset \mathcal{S}'(\mathbf{R}^n)$ per ogni $1 \leq p \leq +\infty$.*
b) *Mostrare che, se $u_k \to u$ in $L^p(\mathbf{R}^n)$ allora $u_k \to u$ in $\mathcal{S}'(\mathbf{R}^n)$.*

Soluzione

Sia $f \in L^p(\mathbf{R}^n)$, $1 \leq p \leq \infty$ e sia $\{v_k\} \subset C_0^\infty(\mathbf{R}^n)$ tale che $v_k \to 0$ in $\mathcal{S}(\mathbf{R}^n)$. Se $q = p/(p-1)$ è l'esponente coniugato di p, possiamo scrivere

$$\langle f, v_k \rangle = \int_{\mathbf{R}^n} \frac{f(\mathbf{x})}{(1+|\mathbf{x}|)^{(n+1)/q}} (1+|\mathbf{x}|)^{(n+1)/q} v_k(\mathbf{x}) \, d\mathbf{x}$$

e per la disuguaglianza di Hölder:

$$|\langle f, v_k \rangle| \leq \|f\|_{L^p} \sup_{\mathbf{R}} \left[(1+|\mathbf{x}|)^{(n+1)/q} |v_k(\mathbf{x})| \right] \left(\int_{\mathbf{R}^n} \frac{1}{(1+|\mathbf{x}|)^{(n+1)}} d\mathbf{x} \right)^{1/q}.$$

Poiché

$$\int_{\mathbf{R}^n} \frac{1}{(1+|\mathbf{x}|)^{(n+1)}} d\mathbf{x} = \omega_n \int_0^{+\infty} \frac{\rho^{n-1}}{(1+\rho)^{(n+1)}} d\rho < \infty$$

e poiché da $v_k \to 0$ in $\mathcal{S}(\mathbf{R}^n)$ si ha

$$\sup_{\mathbf{R}} \left[(1+|\mathbf{x}|)^{(n+1)/q} |v_k(\mathbf{x})| \right] \to 0,$$

concludiamo che $\langle f, v_k \rangle \to 0$ e che perciò f è temperata.

b) Sia $u_k \to 0$ in $L^p(\mathbf{R}^n)$, $1 \leq p \leq \infty$ e sia $v \in \mathcal{S}(\mathbf{R}^n)$. Se $q = p/(p-1)$ è l'esponente coniugato di p, possiamo scrivere

$$\langle u_k, v \rangle = \int_{\mathbf{R}^n} \frac{u_k(\mathbf{x})}{(1+|\mathbf{x}|)^{(n+1)/q}} (1+|\mathbf{x}|)^{(n+1)/q} v(\mathbf{x})\, d\mathbf{x}$$

e per la disuguaglianza di Hölder:

$$|\langle u_k, v \rangle| \leq \|u_k\|_{L^p} \sup_{\mathbf{R}} \left[(1+|\mathbf{x}|)^{(n+1)/q} |v(\mathbf{x})| \right] \left(\int_{\mathbf{R}^n} \frac{1}{(1+|\mathbf{x}|)^{(n+1)}}\, d\mathbf{x} \right)^{1/q}.$$

Poiché

$$\int_{\mathbf{R}^n} \frac{1}{(1+|\mathbf{x}|)^{(n+1)}}\, d\mathbf{x} = \omega_n \int_0^{+\infty} \frac{\rho^{n-1}}{(1+\rho)^{(n+1)}}\, d\rho < \infty$$

e poiché $\|u_k\|_{L^p} \to 0$, si ha

$$\langle u_k, v \rangle \to 0,$$

per cui $u_k \to 0$ in $\mathcal{S}'(\mathbf{R}^n)$.

Problema 2.17. *Sia* $u \in \mathcal{D}'(\mathbf{R})$, *periodica di periodo* T *(ricordiamo che* F *è periodica se, per ogni test* v *si ha*

$$\langle F(x+T), v \rangle := \langle F, v(x-T) \rangle = \langle F, v \rangle,$$

e che ogni distribuzione periodica è temperata). Calcolare la trasformata di Fourier di u. *Antitrasformare la formula trovata ed identificarla.*

Soluzione

Poichè u è periodica, si ha

$$u(x+T) - u(x) = 0.$$

Trasformando si ottiene

$$(12) \qquad \left(e^{iT\xi} - 1 \right) \widehat{u}(\xi) = 0.$$

Gli zeri di $e^{iT\xi} - 1$ sono $\xi_n = 2\pi n/T$, $n \in \mathbb{Z}$, e sono zeri semplici (molteplicità uno). La soluzione generale della (12) è data dalla formula seguente[9]:

$$(13) \qquad \widehat{u}(\xi) = \sum_{n \in \mathbb{Z}} c_n \delta \left(\xi - \frac{2n\pi}{T} \right)$$

dove $c_n \in \mathbf{C}$ sono costanti arbitrarie con convergenza valida[10] in $\mathcal{D}'(\mathbf{R})$. Poichè l'antitrasformata di $\delta(\xi - a)$ è uguale a $e^{-iax}/2\pi$, antitrasformando, si trova

$$u(x) = \frac{1}{2\pi} \sum_{n \in \mathbb{Z}} c_n \exp \left(-i\frac{2n\pi x}{T} \right)$$

---

[9][S], Capitolo 7, Sezione 3.3.
[10]Si può dimostrare che è valida anche in $\mathcal{S}'(\mathbf{R})$.

che è lo sviluppo in serie di Fourier di u, valido sempre in $\mathcal{D}'(\mathbf{R})$ (e anche in $\mathcal{S}'(\mathbf{R})$). I numeri $c_n/2\pi$ sono dunque i coefficienti di Fourier dello sviluppo di u.

Nota. Il calcolo dei coefficienti di Fourier $\widehat{u}_n = c_n/2\pi$ è piuttosto delicato. Un caso abbastanza agevole è il seguente[11]. Supponiamo di poter scrivere

$$u = u_1 + u_2$$

con u_1, u_2 $T-$ periodiche, $u_1 \in L^1_{loc}(\mathbf{R})$. Se x_0 **non appartiene al supporto di** u_2 e $\widetilde{u}_2$ indica la restrizione di u_2 all'intervallo $(x_0, x_0 + T)$, si ha:

$$(14) \qquad \widehat{u}_n = \frac{1}{T} \int_{x_0}^{x_0+T} u_1(x)\, e^{-i2n\pi x/T} dx + \langle \widetilde{u}_2, e^{-i2n\pi x/T} \rangle.$$

Si noti che nel caso di $u = u_1$ si ritrova la formula usuale. Un esempio si trova nell'Esercizio 3.14.

Problema 2.18. (Funzioni a crescita lenta e distribuzioni temperate). *Verificare che se $u \in L^1_{loc}(\mathbf{R}^n)$ ed esiste un polinomio $P = P(\mathbf{x})$ tale che*

$$\frac{u}{P} \in L^1(\mathbf{R}^n)$$

allora $u \in \mathcal{S}'(\mathbf{R}^n)$.

Soluzione

Siano $u \in L^1_{loc}(\mathbf{R}^n)$ e P un polinomio tale che

$$\frac{u}{P} \in L^1(\mathbf{R}^n).$$

Sia $\{v_k\} \subset C_0^\infty(\mathbf{R}^n)$ tale che

$$v_k \to 0 \quad \text{in } \mathcal{S}(\mathbf{R}^n).$$

In particolare $Pv_k \to 0$ uniformemente in $\mathbf{R}^n$. Allora

$$
\begin{aligned}
|\langle u, v_k \rangle| &= \left| \int_{\mathbf{R}^n} u(\mathbf{x})\, v_k(\mathbf{x})\, d\mathbf{x} \right| = \\
&= \left| \int_{\mathbf{R}^n} \frac{u(\mathbf{x})}{P(\mathbf{x})} P(\mathbf{x})\, v_k(\mathbf{x})\, d\mathbf{x} \right| \\
&\leq \sup_{\mathbf{R}^n} |Pv_k| \int_{\mathbf{R}^n} \left| \frac{u(\mathbf{x})}{P(\mathbf{x})} \right| d\mathbf{x} \to 0
\end{aligned}
$$

essendo $u/P \in L^1(\mathbf{R}^n)$. Segue che u è temperata.

---

[11]Si veda *Gilardi, Analisi tre*, MacGraw-Hill Italia, 1994.

2.3. Spazi di Sobolev

Problema 2.19. (Singolarità in spazi di Sobolev). *Consideriamo la funzione*

$$u(x,y) = \left(\sqrt{x^2 + y^2}\right)^\alpha$$

e sia $D = \{(x,y) \in \mathbf{R}^2 : x^2 + y^2 < 1\}$. *Stabilire:*

a) *per quali valori di* $\alpha \in \mathbf{R}$ *si ha* $u \in L^2(D)$;

b) *per quali valori di* $\alpha \in \mathbf{R}$ *si ha* $u \in H^1(D)$;

c) *per quali valori di* $\alpha \in \mathbf{R}$ *si ha* $u \in H^{-1}(D)$.

Soluzione

a) La funzione u è misurabile, quindi basta calcolare l'integrale di u^2 e vedere se è finito. Passando in coordinate polari otteniamo

$$\|u\|_2^2 = \int_D (x^2 + y^2)^\alpha \, dx dy = \int_0^{2\pi} d\theta \int_0^1 r^{2\alpha+1} \, dr.$$

L'integrale improprio converge se e solo se $2\alpha + 1 > -1$. Perciò

$$u \in L^2(D) \qquad \text{se e solo se} \qquad \alpha > -1.$$

b) Innanzitutto u deve essere in $L^2(D)$, cioè $\alpha > -1$. In secondo luogo, il gradiente di u (nel senso delle distribuzioni) deve appartenere ad $L^2(D; \mathbf{R}^2)$. Si noti che, per $\alpha < 0$, $u \notin C^1(\overline{D})$ e quindi non è detto a priori che le sue derivate distribuzionali coincidano con quelle classiche. Nonostante ciò è possibile dimostrare che (si veda l'Esercizio 3.15), per $\alpha > -1$,

$$u_x(x,y) = \alpha x (x^2 + y^2)^{(\alpha-2)/2}, \qquad u_y(x,y) = \alpha y (x^2 + y^2)^{(\alpha-2)/2}.$$

Abbiamo perciò

$$\|\nabla u\|_2^2 = \int_D \alpha^2 (x^2 + y^2)^{\alpha-1} \, dx dy = C\alpha^2 \int_0^1 r^{2\alpha-1} \, dr.$$

Si deve quindi avere $2\alpha - 1 > -1$ oppure $\alpha = 0$ e perciò

$$u \in H^1(D) \qquad \text{se e solo se} \qquad \alpha \geq 0.$$

c) Affinché u appartenga al duale di $H_0^1(D)$ è necessario verificare l'esistenza di una costante C tale che

$$\left| \int_D uv \, dx dy \right| \leq C \left(\int_D |\nabla v|^2 \, dx dy \right)^{1/2} \qquad \text{per ogni } v \in H_0^1(D).$$

Ora, ricordiamo che, siccome siamo in dimensione 2, per ogni $1 \leq p < +\infty$ si ha[12] $H^1(D) \subset L^p(D)$. Ne deduciamo, grazie alla disuguaglianza di Poincaré, che esiste una costante A (dipendente da D e da p) tale che ogni $v \in H_0^1(D)$ verifica

$$\|v\|_p \leq A\|\nabla v\|_2.$$

---

[12]Dal teorema di immersione di Sobolev, [S], Capitolo 8, Sezione 9.

Se $q > 1$ indica l'esponente coniugato di p, combinando la precedente disuguaglianza con quella di Hölder abbiamo che

$$\int_D uv \, dxdy \leq \left(\int_D u^q \, dxdy\right)^{1/q} \left(\int_D v^p \, dxdy\right)^{1/p} \leq$$
$$\leq A\left(\int_D u^q \, dxdy\right)^{1/q} \left(\int_D |\nabla v|^2 \, dxdy\right)^{1/2}.$$

Abbiamo dimostrato che se $u \in L^q(D)$, con $q > 1$, allora $u \in H^{-1}(D)$. Vediamo allora per quali valori di α u appartiene ad $L^q(D)$ (per qualche $q > 1$). Essendo

$$\int_D (x^2 + y^2)^{q\alpha/2} \, dxdy = 2\pi \int_0^1 r^{q\alpha+1} \, dr$$

otteniamo $q\alpha+1 > -1$, che è verificata (per qualche $q > 1$) non appena $\alpha > -2$. È possibile dimostrare anche il viceversa (vedi Esercizio 3.16), cioè che per $\alpha \leq -2$, u non appartiene al duale di $H_0^1(D)$. Otteniamo quindi

$$u \in H^{-1}(D) \qquad \text{se e solo se} \qquad \alpha > -2.$$

Problema 2.20. (Singolarità in spazi di tracce). *Consideriamo la funzione*

$$u(x,y) = \left(\sqrt{x^2 + y^2}\right)^\alpha$$

e sia $D_+ = \{(x,y) \in \mathbf{R}^2 : x > 0, y > 0, x^2 + y^2 < 1\}$. Stabilire:
  a) *per quali valori di $\alpha \in \mathbf{R}$ si ha $u \in L^2(\partial D_+)$;*
  b) *per quali valori di $\alpha \in \mathbf{R}$ si ha $u \in H^1(\partial D_+)$;*
  c) *per quali valori di $\alpha \in \mathbf{R}$ si ha $u \in H^{1/2}(\partial D_+)$.*

Soluzione

a) La funzione u presenta una singolarità solo nell'origine e per $\alpha < 0$, quindi è differenziabile quanto si vuole sull'arco

$$\{(x,y) : x > 0, y > 0, x^2 + y^2 = 1\} \subset \partial D_+.$$

Per simmetria è sufficiente studiarla sul segmento

$$S = \{(x,0) : 0 < x < 1\} \subset \partial D_+.$$

Si ha

$$\|u\|_{L^2(S)}^2 = \int_0^1 u^2(x,0) \, dx = \int_0^1 x^{2\alpha} \, dx,$$

e l'integrale (improprio se $\alpha < 0$) converge se $2\alpha > -1$, per cui

$$u \in L^2(\partial D_+) \qquad \text{se e solo se} \qquad \alpha > -\frac{1}{2}.$$

b) Esattamente come nell'esercizio precedente, per $\alpha > -1/2$ le derivate distribuzionali di u coincidono (quasi ovunque) con quelle classiche. Quindi

$$\|u_x\|_{L^2(S)}^2 = \int_0^1 \alpha^2 x^{2\alpha-2}\, dx.$$

L'integrale è finito se $\alpha = 0$ oppure $2\alpha - 2 > -1$. Otteniamo

$$u \in H^1(\partial D_+) \qquad \text{se e solo se} \qquad \alpha = 0 \text{ oppure } \alpha > \frac{1}{2}.$$

c) Essendo il dominio lipschitziano, la teoria sugli spazi di tracce è valida. In particolare abbiamo visto nel problema precedente che l'estensione di u su D_+ definita dalla medesima espressione algebrica è in $H^1(D)$ (e quindi in $H^1(D_+)$) per $\alpha \geq 0$. Otteniamo subito

$$u \in H^{1/2}(\partial D_+) \qquad \text{se} \qquad \alpha \geq 0.$$

Problema 2.21. (Controllo della norma $L^\infty(\mathbf{R})$). *Dimostrare che se $u \in H^1(\mathbf{R})$ allora $u \in L^\infty(\mathbf{R})$ e vale*

$$\|u\|_{L^\infty(\mathbf{R})} \leq \|u\|_{H^1(\mathbf{R})}.$$

Soluzione

Dimostriamo la disuguaglianza per le funzioni C^∞ a supporto compatto, e per densità otterremo il risultato generale (ricordiamo che $H^1(\mathbf{R}) = H_0^1(\mathbf{R})$). Infatti, sia $u \in C_0^\infty(\mathbf{R})$. Si ha

$$
\begin{aligned}
u^2(t) &= \int_{-\infty}^t 2u(s)u'(s)\, ds \\
&\leq \left(\int_{-\infty}^t u^2(s)\, ds\right)^{1/2}\left(\int_{-\infty}^t u'^2(s)\, ds\right)^{1/2} \\
&\leq \int_{-\infty}^t u^2(s)\, ds + \int_{-\infty}^t u'^2(s)\, ds
\end{aligned}
$$

(nell'ultimo passaggio abbiamo utilizzato la disuguaglianza elementare $ab \leq a^2 + b^2$). Possiamo quindi prendere l'estremo superiore in t di ambedue i membri, e scrivere

$$(15) \qquad u \in C_0^\infty(\mathbf{R}) \quad \Rightarrow \quad \|u\|_{L^\infty(\mathbf{R})} \leq \|u\|_{H^1(\mathbf{R})}.$$

Sia ora $\{u_n\} \subset C_0^\infty(\mathbf{R})$ e $u_n \to u$ in $H^1(\mathbf{R})$; la (15) implica che

$$\|u_n - u_m\|_{L^\infty(\mathbf{R})} \leq \|u_n - u_m\|_{H^1(\mathbf{R})}$$

e quindi che $\{u_n\}$ è di Cauchy in $L^\infty(\mathbf{R})$. Perciò u_n converge a u anche in $L^\infty(\mathbf{R})$. Di conseguenza la (15) è valida anche per $u \in H^1(\mathbf{R})$.

Problema 2.22. (Controllo della norma $L^\infty(a,b)$). *Dimostrare che se $u \in H^1(a,b)$ allora $u \in L^\infty(a,b)$ e vale*

$$\|u\|_{L^\infty(a,b)} \le C\|u\|_{H^1(a,b)}$$

dove $C = \max\{(b-a)^{-1/2}, (b-a)^{1/2}\}$.

Soluzione

Poiché u è continua sul compatto $[a,b]$ è anche limitata. Dobbiamo provare l'esistenza di una costante C tale che, per ogni $t \in [a,b]$,

$$u(t) \le C(\|u\|_2 + \|u'\|_2) \qquad \text{per ogni } u \in H^1(a,b).$$

A tale scopo, innanzitutto osserviamo che, dalla continuità di u (e dal teorema della media integrale), possiamo fissare un punto $\xi \in [a,b]$ tale che

$$u^2(\xi) = \frac{1}{b-a}\int_a^b u^2(s)\, ds = \frac{1}{b-a}\|u\|_2^2.$$

Otteniamo quindi

$$
\begin{aligned}
|u(t)| &= \left| u(\xi) + \int_\xi^t u'(s)\, ds \right| \le \frac{1}{\sqrt{b-a}}\|u\|_2 + \int_a^b |u'(s)|\, ds \le \\
&\le \frac{1}{\sqrt{b-a}}\|u\|_2 + \sqrt{b-a}\|u'\|_2 \le \\
&\le C(\|u\|_2 + \|u'\|_2),
\end{aligned}
$$

dove

$$C = \max\left\{ \frac{1}{\sqrt{b-a}}, \sqrt{b-a} \right\}.$$

Problema 2.23. (Teorema di Riesz e δ di Dirac). *Sia δ la delta di Dirac unidimensionale centrata in 0. Provare che δ appartiene al duale di $H^1(-1,1)$. Determinare l'elemento di $H^1(-1,1)$ (la cui esistenza è garantita dal teorema di Riesz) che la rappresenta mediante il prodotto scalare.*

Soluzione

Evidentemente δ è un funzionale lineare ed è ben definito su $H^1(-1,1)$ in quanto le funzioni in tale spazio sono continue e quindi ha senso parlare di valore puntuale. Per dimostrare la continuità di δ occorre provare l'esistenza di una costante C tale che

$$v(0) = C(\|v\|_2 + \|v'\|_2) \qquad \text{per ogni } v \in H^1(-1,1).$$

Questo discende direttamente dal Problema 2.22 e quindi δ appartiene al duale di H^1. Per il Teorema di Riesz, esiste una funzione $u \in H^1(-1,1)$ tale che

$$\int_{-1}^1 [u'(t)v'(t) + u(t)v(t)]\, dt = v(0) \qquad \text{per ogni } v \in H^1(-1,1).$$

Per identificarla, supponiamo che u sia regolare in $[-1, 0]$ e in $[0, 1]$, separatamente. Integrando per parti, possiamo scrivere

$$\int_{-1}^{0} [u'(t)v'(t) + u(t)v(t)] \, dt = u'(0^-)v(0) - u'(-1)v(-1) - \int_{-1}^{0} [u''(t) - u(t)] \, v(t) \, dt$$

e

$$\int_{0}^{1} [u'(t)v'(t) + u(t)v(t)] \, dt = u'(1)v(1) - u'(0^+)v(0) - \int_{0}^{1} [u''(t) - u(t)] \, v(t) \, dt.$$

Sommando membro a membro, si trova, riordinando opportunamente i termini,

$$\int_{-1}^{1} [u''(t) - u(t)] \, v(t) \, dt + v(0) \left[u'(0^-) - u'(0^+) \right] - u'(-1)v(-1) + u'(1)v(1) = v(0).$$

Se scegliamo v a supporto contenuto in $(-1, 0)$, otteniamo

$$\int_{-1}^{0} [u''(t) - u(t)] \, v(t) \, dt = 0$$

che forza

$$u''(t) - u(t) = 0$$

in $(-1, 0)$, data l'arbitrarietà di v. Analogamente si trova $u''(t) - u(t) = 0$ in $(0, 1)$. Scegliamo ora v generica; abbiamo

$$v(0) \left[u'(0^-) - u'(0^+) \right] - u'(-1)v(-1) + u'(1)v(1) = v(0).$$

L'arbitrarietà dei valori $v(0)$, $v(1)$ e $v(-1)$ implica la condizione "di trasmissione"

$$u'(0^-) - u'(0^+) = 1$$

e la condizione di Neumann

$$u'(-1) = u'(1) = 0.$$

Riassumendo, siamo condotti a risolvere il problema seguente:

$$\begin{cases} u''(t) - u'(t) = 0 & \text{per } -1 < t < 0, \, 0 < t < 1 \\ u'(-1) = u'(1) = 0, & u'(0^-) - u'(0^+) = 1. \end{cases}$$

L'integrale generale dell'equazione è una combinazione lineare di esponenziali, per cui poniamo

$$u(t) = \begin{cases} A_1 e^t + A_2 e^{-t} & -1 \leq t \leq 0 \\ B_1 e^t + B_2 e^{-t} & 0 \leq t \leq 1. \end{cases}$$

Le condizioni al contorno e la richiesta di continuità in 0 per u impongono

$$\begin{cases} A_1 e^{-1} - A_2 e = 0 \\ B_1 e - B_2 e^{-1} = 0 \\ A_1 - A_2 - B_1 + B_2 = 1 \\ A_1 + A_2 = B_1 + B_2 \end{cases}$$

da cui si ricava

$$A_2 = B_1 = \frac{1}{2(e^2 - 1)}, \qquad A_1 = B_2 = \frac{e^2}{2(e^2 - 1)}$$

ed infine

$$u(t) = \begin{cases} \dfrac{1}{2(e^2 - 1)} \left[e^{2+t} + e^{-t} \right] & -1 \le t \le 0 \\[3mm] \dfrac{1}{2(e^2 - 1)} \left[e^t + e^{2-t} \right] & 0 \le t \le 1. \end{cases}$$

È facile vedere che $u \in H^1(-1,1)$ (è C^1 a tratti) ed integrando per parti in senso inverso si dimostra (verificarlo) che questa è effettivamente la u cercata (la cui unicità è garantita dal teorema di Riesz).

Problema 2.24. (Teorema di Riesz e media integrale). *Provare che il funzionale*

$$Lu = \int_0^1 u(t)\, dt$$

appartiene allo spazio $H^{-1}(0,1)$. Determinare l'elemento di $H_0^1(0,1)$ che lo rappresenta.

Soluzione

L è un funzionale lineare e continuo su $L^2(0,1)$ e quindi lo è, a maggior ragione, su $H_0^1(0,1)$. In particolare, la continuità si deduce direttamente dalla disuguaglianza di Schwarz e da quella di Poincaré:

$$\left| \int_0^1 u(t)\, dt \right| \le \left(\int_{-1}^1 dt \right)^{1/2} \left(\int_{-1}^1 |u(t)|^2\, dt \right)^{1/2} \le \sqrt{2} \|u\|_2 \le \sqrt{2} C_P \|u'\|_2.$$

Di conseguenza, per il teorema di Riesz, esiste uno ed un solo $u \in H_0^1(0,1)$ tale che

$$\int_0^1 u'(t) v'(t)\, dt = \int_0^1 v(t)\, dt \qquad \text{per ogni } v \in H_0^1(0,1).$$

Per identificarlo, procediamo formalmente supponendo u regolare (almeno con due derivate continue in $[0,1]$) e di poter così integrare per parti, ottenendo

$$u'(1)v(1) - u'(0)\, v(0) - \int_0^1 u''(t) v(t)\, dt = \int_0^1 v(t)\, dt \qquad \text{per ogni } v \in H_0^1(0,1)$$

da cui

$$\int_0^1 [u''(t) - v(t)] v(t)\, dt = 0 \qquad \text{per ogni } v \in H_0^1(0,1).$$

L'arbitrarietà di v forza

$$u''(t) = -1 \qquad \text{in } (0,1)$$

con $u(1) = u(0) = 0$. Si trova

$$u(t) = \frac{1}{2}(t - t^2).$$

Rifacendo i calcoli a ritroso, si vede che u rappresenta L mediante il prodotto scalare in $H_0^1(0,1)$ e quindi è l'elemento cercato.

Problema 2.25. (Teorema di Riesz). *Date f e g funzioni regolari consideriamo il funzionale*

$$Lv = \int_0^1 (f(t)v'(t) + g(t)v(t))\, dt.$$

Provare che L appartiene al duale di $H^1(0,1)$. Detto u l'elemento di $H^1(0,1)$ che lo rappresenta, scrivere un problema ai limiti che determini univocamente u; risolverlo esplicitamente nel caso in cui $f(t) = t(t-1)$ e $g(t) = -2t$.

Soluzione

Il funzionale L è lineare, quindi basta provarne la continuità. Dalla disuguaglianza di Schwarz otteniamo

$$|Lv| = \left| \int_0^1 (f(t)v'(t) + g(t)v(t))\, dt \right| \le \|f\|_2 \|v'\|_2 + \|g\|_2 \|v\|_2$$

e perciò, non appena f e g sono a quadrato sommabile, L è un funzionale continuo. Dal teorema di Riesz esiste un unico $u \in H^1(0,1)$ tale che

$$(16) \qquad \int_0^1 (u'(t)v'(t) + u(t)v(t))\, dt = \int_0^1 (f(t)v'(t) + g(t)v(t))\, dt$$

per ogni $v \in H^1(0,1)$. Seguendo la falsariga degli esercizi precedenti, supponiamo che u sia sufficientemente regolare per poter integrare per parti. Otteniamo

$$\int_0^1 u'(t)v'(t)\, dt = u'(1)v(1) - u'(0)v(0) - \int_0^1 u''(t)v(t)\, dt$$

e

$$\int_0^1 f(t)v'(t)\, dt = f(1)v(1) - f(0)v(0) - \int_0^1 f'(t)v(t)\, dt.$$

Sostituendo nella (16) si trova

$$\int_0^1 (-u'' + u + f' - g)v\, dt + [u'(1) - f(1)]v(1) - [u'(0) - f(0)]v(0) = 0$$

per ogni $v \in H^1(0,1)$. Quindi, se scegliamo v nulla agli estremi, otteniamo

$$\int_0^1 (-u'' + u + f' - g)v\, dt = 0$$

che forza

$$u'' - u = f' - g \quad \text{in } (0,1).$$

Se v è generica, abbiamo

$$[u'(1) - f(1)]v(1) - [u'(0) - f(0)]v(0) = 0$$

che forza le condizioni

$$u'(1) = f(1) \quad \text{e} \quad u'(0) = f(0).$$

In conclusione, u è la soluzione del problema

$$\begin{cases} u''(t) - u(t) = f'(t) - g(t) \\ u'(0) = f(0),\ u'(1) = f(1). \end{cases}$$

Nel caso in cui $f(t) = t^2 - t$ e $g(t) = -2t$, si ha
$$u'' - u = -1, \; u'(0) = u'(1) = 0.$$
La soluzione è data da $u(t) \equiv 1$.

Problema 2.26. (Proiezioni). *Siano* $H = H^1(-1, 1)$ *e*
$$V = \{u \in H : u(0) = 0\}.$$
Dopo aver dimostrato che V è un sottospazio chiuso di H, calcolare la proiezione su V di f, dove $f(t) = 1$ su $[-1, 1]$.

Soluzione

Il fatto che V sia un sottospazio si verifica direttamente (si ricordi che le funzioni di H sono continue e quindi ha senso calcolarne il valore in un punto). Si tratta perciò di dimostrare che è chiuso, cioè che se $u_n(0) = 0$ e $u_n \to \bar{u}$ in H allora $\bar{u}(0) = 0$. A tale scopo basta osservare che la convergenza in H implica la convergenza uniforme, infatti, come visto nel Problema 2.22,
$$\|u\|_\infty \le \sqrt{2}\|u\|_H.$$
A sua volta, la convergenza uniforme implica la convergenza puntuale *ovunque* su $[-1, 1]$. In particolare se $u_n \to \bar{u}$ in H allora $u_n(0) \to \bar{u}(0)$ e V è chiuso. Il teorema delle proiezioni ci garantisce perciò l'esistenza (e l'unicità) della proiezione $P_V f$. Per determinarla, dobbiamo minimizzare, al variare di $u \in V$, la forma quadratica
$$E(u) = \|f - u\|_H^2 = \int_{-1}^{1} \left[(u'(t))^2 + (1 - u(t))^2 \right] dt.$$
Sappiamo che il minimo $u = P_V f$ verifica la condizione
$$\langle f - u, v \rangle = \int_{-1}^{1} [u'(t)v'(t) - (1 - u(t))v(t)] \, dt = 0 \qquad \text{per ogni } v \in H^1(-1, 1).$$
Supponendo u regolare, integriamo per parti, ottenendo
$$\int_{-1}^{1} u'(t)v'(t) \, dt = u'(t)v(t)\big|_{-1}^{1} - \int_{-1}^{1} u''(t)v(t) \, dt,$$
e di conseguenza

(17) $$u'(1)v(1) - u'(-1)v(-1) - \int_{-1}^{1} [u'' + 1 - u] \, v \, dt = 0$$

per ogni $v \in H^1(-1, 1)$. In particolare, l'uguaglianza deve valere per tutte le $v \in H_0^1(-1, 1)$, per cui
$$\int_{-1}^{1} [u'' + 1 - u] \, v \, dt = 0 \qquad \text{per ogni } v \in H_0^1(-1, 1)$$
che forza
$$u'' + 1 - u = 0 \quad \text{q.o. in } (-1, 1).$$

Ma allora l'integrale nella (17) è sempre nullo e ricaviamo

$$u'(1)v(1) - u'(-1)v(-1) = 0 \qquad \text{per ogni } v \in H^1(-1,1)$$

che forza

$$u'(-1) = u'(1) = 0.$$

Tenuto conto che $u(0) = 0$ (infatti $u \in V$) otteniamo che u è soluzione del problema

$$\begin{cases} u''(t) - u(t) = 1 & -1 < t < 0,\, 0 < t < 1 \\ u'(-1) = u'(1) = 0, & u(0) = 0. \end{cases}$$

Ricaviamo

$$u(t) = \begin{cases} 1 + A_1 e^t + A_2 e^{-t} & -1 \le t \le 0 \\ 1 + B_1 e^t + B_2 e^{-t} & 0 \le t \le 1 \end{cases}$$

con

$$\begin{cases} A_1 e^{-1} - A_2 e = 0 \\ B_1 e - B_2 e^{-1} = 0 \\ 1 + A_1 + A_2 = 1 + B_1 + B_2 = 0. \end{cases}$$

Si ottiene

$$A_2 = B_1 = -\frac{1}{e^2 + 1}, \qquad A_1 = B_2 = \frac{e^2}{e^2 + 1}$$

ed infine

$$u(t) = \begin{cases} 1 + \dfrac{1}{e^2 + 1}\left[e^{2+t} + e^{-t}\right] & -1 \le t \le 0 \\ 1 + \dfrac{1}{e^2 + 1}\left[e^t + e^{2-t}\right] & 0 \le t \le 1. \end{cases}$$

Si ha che $u \in H^1(-1,1)$ (è C^1 a tratti) e coincide con $P_V f$.

Problema 2.27. (Giustapposizione di funzioni). *Sia $\Omega \subset \mathbf{R}^n$ un dominio regolare e limitato e supponiamo che Ω sia diviso in due sottodomini aventi interfaccia Γ regolare. In altre parole*

$$\Omega = \Omega_1 \cup \Omega_2 \cup \Gamma,$$

con Ω_1, Ω_2 domini regolari e Γ ipersuperficie regolare. Siano $u_1 \in H^1(\Omega)$ e $u_2 \in H^1(\Omega)$. Dire sotto quali condizioni la funzione definita da

$$u(\mathbf{x}) = \begin{cases} u_1(\mathbf{x}) & \mathbf{x} \in \Omega_1 \\ u_2(\mathbf{x}) & \mathbf{x} \in \Omega_2 \end{cases}$$

appartiene ad $H^1(\Omega)$.

Soluzione

Essendo $u_i \in L^2(\Omega_i)$ per $i = 1,2$ si ottiene subito che

$$u \in L^2(\Omega)$$

e quindi $u \in \mathcal{D}'(\Omega)$. Affinché $u \in H^1(\Omega)$ occorre che ∇u sia rappresentato nel senso delle distribuzioni da un vettore $\mathbf{w} \in L^2(\Omega{:}\mathbf{R}^n)$ e cioè che

$$\langle \nabla u, \mathbf{F} \rangle = \int_\Omega \mathbf{w} \cdot \mathbf{F}\, d\mathbf{x}$$

per ogni campo vettoriale di funzioni test $\mathbf{F} \in C_0^\infty(\Omega; \mathbf{R}^n)$. Poiché ∇u_1 e ∇u_2 sono elementi di $L^2(\Omega_1; \mathbf{R}^n)$ e $L^2(\Omega_2; \mathbf{R}^n)$, rispettivamente, il candidato $\mathbf{w}$ dovrebbe essere definito dal vettore

$$\mathbf{w} = \begin{cases} \nabla u_1 & \text{in } \Omega_1 \\ \nabla u_2 & \text{in } \Omega_2 \end{cases}$$

ma occorre evitare che u abbia "salti" attraverso Γ (vedi problema precedente). Una condizione naturale è allora che *le tracce di u_1 e u_2 su Γ coincidano*. Controlliamo. Per definizione di gradiente nel senso delle distribuzioni abbiamo:

$$\begin{aligned} \langle \nabla u, \mathbf{F} \rangle &= -\langle u, \text{div} \mathbf{F} \rangle = -\int_\Omega u \, \text{div} \mathbf{F} \, dx = \\ &= -\int_{\Omega_1} u_1 \text{div} \mathbf{F} \, dx - \int_{\Omega_2} u_2 \, \text{div} \mathbf{F} \, dx \end{aligned}$$

(Γ, essendo regolare, ha misura nulla). Essendo $\mathbf{F} = 0$ su $\partial\Omega$, dal teorema della divergenza per gli spazi H^1, abbiamo, se $\boldsymbol{\nu}$ indica il versore normale a Γ, esterno a Ω_1:

$$\int_{\Omega_1} u_1 \, \text{div} \mathbf{F} \, dx = \int_\Gamma u_1 \mathbf{F} \cdot \boldsymbol{\nu} \, d\boldsymbol{\sigma} - \int_{\Omega_1} \nabla u_1 \cdot \mathbf{F} \, dx$$

e

$$\int_{\Omega_2} u_2 \, \text{div} \mathbf{F} \, dx = -\int_\Gamma u_2 \mathbf{F} \cdot \boldsymbol{\nu} \, d\boldsymbol{\sigma} - \int_{\Omega_2} \nabla u_2 \cdot \mathbf{F} \, dx.$$

Poiché $u_1 = u_2$ si trova, infine,

$$\langle \nabla u, \mathbf{F} \rangle = \int_\Omega \mathbf{w} \cdot \mathbf{F} \, dx.$$

La condizione $u_1 = u_2$ è quindi sufficiente (anche necessaria[13]) affinché $u \in H^1(\Omega)$.

Problema 2.28. (Esempio di giustapposizione). *Siano*

$$Q^+ = \{(x,y) \in \mathbf{R}^2; 0 < x < 1, 0 < y < 1\}$$
$$Q^- = \{(x,y) \in \mathbf{R}^2; -1 < x < 0, 0 < y < 1\}$$

e $Q = Q^+ \cup Q^- \cup \{x = 0, \, 0 < y < 1\}$. *Definiamo*

$$u(x,y) = \begin{cases} xy^2 & 0 < x \leq 1, 0 < y < 1 \\ 1 - x^2 y & -1 < x \leq 0, 0 < y < 1. \end{cases}$$

Calcolare il gradiente di u nel senso delle distribuzioni. Stabilire se $u \in H^1(Q)$.

Soluzione

In Q^+ e Q^-, separatamente, u è un polinomio e quindi u definisce anche una distribuzione; si noti che u presenta un salto pari a -1, nella direzione orizzontale (per esempio) attraverso il segmento verticale $\{x = 0, \, 0 < y < 1\}$. Sia v una

---

[13]Lasciamo il controllo al lettore.

funzione test e calcoliamo il gradiente distribuzionale di u; si ha, per definizione:

$$\langle u_x, v \rangle = -\langle u, v_x \rangle = -\int_Q u(x,y)\, v_x(x,y)\ dxdy =$$

$$= -\int_0^1 dy \int_0^1 xy^2 v_x(x,y)\ dx - \int_0^1 dy \int_{-1}^0 (1 - x^2 y)\, v_x(x,y)\ dx.$$

Integrando per parti gli integrali in x, si trova, essendo $v(1,y) = 0$:

$$\langle u_x, v \rangle = \int_0^1 dy \int_0^1 y^2 v(x,y)\ dx - \int_0^1 v(0,y)\ dy - \int_0^1 dy \int_{-1}^0 2xy\, v(x,y)\ dx.$$

Questa formula indica che, posto

$$w_1(x,y) = \begin{cases} y^2 & 0 < x < 1, 0 < y < 1 \\ -2xy & -1 < x < 0, 0 < y < 1 \end{cases}$$

e $F = \delta \otimes 1$ la distribuzione definita da[14]

$$\langle F, v \rangle = \int_0^1 v(0,y)\ dy,$$

si ha

$$u_x = w_1 - \delta \otimes 1.$$

Si noti che la distribuzione $\delta \otimes 1$ ha supporto sulla linea di discontinuità di u e segnala la presenza di un salto unitario (negativo) di u attraverso l'asse y nella direzione positiva di x. Calcoliamo u_y. Per definizione,

$$\langle u_y, v \rangle = -\langle u, v_y \rangle = -\int_Q u(x,y)\, v_y(x,y)\ dxdy =$$

$$= -\int_0^1 dx \int_0^1 xy^2 v_y(x,y)\ dy - \int_{-1}^0 dx \int_0^1 (1 - x^2 y)\, v_y(x,y)\ dy.$$

Integrando per parti gli integrali in y, si trova, essendo $v(x,0) = v(x,1) = 0$:

$$\langle u_x, v \rangle = \int_0^1 dx \int_0^1 2xy\, v(x,y)\ dy - \int_{-1}^0 dx \int_0^1 x^2\, v(x,y)\ dy.$$

Questa formula indica che, posto

$$w_2(x,y) = \begin{cases} 2xy & 0 < x < 1, 0 < y < 1 \\ -x^2 & -1 < x < 0, 0 < y < 1 \end{cases}$$

si ha

$$u_y = w_2.$$

Non vi sono distribuzioni concentrate sulla linea di discontinuità in quanto nella direzione verticale u non ha discontinuità. Mentre $u_y \in L^2(Q)$, la distribuzione che rappresenta u_x non è identificabile con una funzione di $L^2(Q)$, per cui $u \notin H^1(Q)$.

---

[14]Una distribuzione di Dirac distribuita lungo il segmento $x = 0$, $0 < y < 1$.

3. Esercizi proposti

Esercizio 3.1. Sia $H = L^2(0, 2\pi)$ pensando di estenderne gli elementi come funzioni periodiche su tutto $\mathbf{R}$. Consideriamo il sottospazio delle funzioni $2\pi/3-$ periodiche:

$$V = \left\{ u \in H : u\left(t + \frac{2}{3}\pi\right) = u(t) \quad \text{q.o. } t \in \mathbf{R} \right\}.$$

Dopo aver verificato che V è un sottospazio chiuso di H, determinare $V^\perp$ ed i proiettori P_V, $P_{V^\perp}$.

Esercizio 3.2. In $H = L^2(0, 1)$ consideriamo il sottospazio chiuso V dei polinomi di secondo grado. Calcolare $P_V f$ quando $f(t) = t^3$.

Esercizio 3.3. Posto $Q = (0, 1) \times (0, 1)$ ed $H = L^2(Q)$, consideriamo i sottospazi

$$K = \{u \in H : u(x, y) = \text{costante}\}$$

$$V = \left\{ u \in H : u(x, y) = v(x), \; v \in L^2(0, 1), \; \int_0^1 v(x) dx = 0 \right\}$$

$$W = \left\{ u \in H : u(x, y) = w(y), \; w \in L^2(0, 1), \; \int_0^1 w(y) dy = 0 \right\}.$$

Verificare che

$$S = K \oplus V \oplus W$$

è chiuso e determinare i proiettori P_S, $P_{S^\perp}$. Scomporre la funzione $f(x, y) = xy$.

Esercizio 3.4. Sia $H = L^2(B_1)$ (dove B_1 è il cerchio unitario in $\mathbf{R}^2$) e consideriamo il seguente operatore lineare da H in sè:

$$(Lu)(x, y) = u(y, -x).$$

a) Verificare che L è continuo e calcolarne la norma.

b) Calcolare gli eventuali autovalori (reali) di L.

Esercizio 3.5. **a)** Sia $f \in H^1(0, \pi)$. Esaminare la possibilità di sviluppare f in serie di soli coseni o soli seni.

b) Stimare la miglior costante di Poincaré C_P, per la quale vale

$$\|u\|_{L^2(0,L)} \leq C_P \|u'\|_{L^2(0,L)} \qquad \text{per ogni } u \in V$$

nei casi $V = H_0^1(0, L)$ e

$$V = \{u \in H^1(0, L) : u(0) = 0\}.$$

Esercizio 3.6. Sfruttando i risultati del Problema 2.6 e dell'esercizio precedente, dimostrare che l'inclusione $H^1(0, \pi) \hookrightarrow L^2(0, \pi)$ è compatta.

Esercizio 3.7. Posto $H = L^2(0, \pi)$ consideriamo il sottoinsieme

$$K = \{u \in H : \sup\text{ess}|u| \leq 1\}.$$

a) Verificare che K è chiuso e convesso in H.

b) Calcolare $P_K f$, dove $f(t) = 2\sin t$ in $(0, \pi)$ (vedi anche Problema 2.10).

Esercizio 3.8.   Sia $\{x_k\} \subset \mathbf{R}$, $x_k \to +\infty$. Mostrare che

$$\sum_{k=1}^{+\infty} c_k \delta(x - x_k)$$

converge in $\mathcal{D}'(\mathbf{R})$ qualunque sia la successione numerica $\{c_k\} \subset \mathbf{R}$.

Esercizio 3.9.   Sia $f: \mathbf{R} \to \mathbf{R}$ il prolungamento 2π–periodico della funzione

$$f_0(x) = \frac{\pi - x}{2} \qquad 0 < x < 2\pi.$$

a) Scrivere la serie di Fourier di f e verificare che converge in $\mathcal{D}'(\mathbf{R})$ a f.

b) Dedurre la (notevole) formula

(18) $$\sum_{n=1}^{\infty} \cos nx = -\frac{1}{2} + \pi \sum_{n=-\infty}^{\infty} \delta(x - 2\pi n)$$

in $\mathcal{D}'(\mathbf{R})$.

Esercizio 3.10.   Verificare che ogni polinomio è una distribuzione temperata, mentre $e^x \notin \mathcal{S}'(\mathbf{R})$.

Esercizio 3.11.   Mostrare che

a) la distribuzione $\mathrm{pv}1/x$ appartiene a $\mathcal{S}'(\mathbf{R})$;

b) la distribuzione $\mathrm{comb}(x)$ appartiene a $\mathcal{S}'(\mathbf{R})$.

Esercizio 3.12.   **a)** Sia $B_r \subset \mathbf{R}^3$ la sfera di raggio r e centro l'origine. Indichiamo con T la distribuzione in $\mathcal{D}'(\mathbf{R}^3)$ definita dalla formula

$$\langle T, v \rangle = \int_{\partial B_r} v \, d\sigma$$

(una specie di "δ" distribuita sulla superficie sferica ∂B_r, che, a volte, con abuso di notazione, si scrive $\delta(|\mathbf{x}| - r)$).
Verificare che T è temperata e calcolarne la trasformata di Fourier.

b) Usare il risultato del punto a) per calcolare la soluzione fondamentale dell'equazione

$$u_{tt} - \Delta u = 0$$

in $\mathbf{R}^3$.

Esercizio 3.13.   Provare che, se esistono m e C tali che

$$|c_n| < C(1 + |n|^m)$$

per ogni $n \in \mathbf{Z}$ la distribuzione

$$F = \sum_{n=-\infty}^{+\infty} c_n \delta \left(x - n\right)$$

appartiene a $\mathcal{S}'(\mathbf{R})^{15}$.

Esercizio 3.14. Sia comb_T il pettine di Dirac, distribuzione definita dalla formula

$$\mathrm{comb}_T \left(x\right) = \sum_{n \in \mathbb{Z}} \delta \left(x - nT\right).$$

a) Mostrare che comb_T è periodica di periodo T ; usando il risultato (e la nota!) del Problema 2.17, calcolare la sua serie di Fourier.

b) Dedurre le seguenti (notevoli) formule:

$$\widehat{\mathrm{comb}_T} = \frac{2\pi}{T} \mathrm{comb}_{2\pi/T},$$

e (formula di Poisson)

$$\sum_{n \in \mathbb{Z}} \widehat{v} \left(nT\right) = \frac{2\pi}{T} \sum_{n \in \mathbb{Z}} v \left(\frac{2\pi n}{T}\right)$$

per ogni $v \in \mathcal{S}' \left(\mathbf{R}\right)$.

Esercizio 3.15. Sia

$$u(x, y) = (x^2 + y^2)^{\alpha/2},$$

definita (quasi ovunque) nel cerchio unitario e sia $\alpha > -1$. Dimostrare che, anche se u non è necessariamente C^1, il suo gradiente in senso distribuzionale coincide con quello classico.

Esercizio 3.16. **a)** Verificare che la funzione

$$v(x, y) = \log \left(\log \left(x^2 + y^2 + 1\right)\right) - \log \left(\log 2\right)$$

appartiene ad $H_0^1(B_1)$, dove B_1 è il cerchio unitario centrato nell'origine.

b) Dedurre che, per $\alpha \leq -2$,

$$u(x, y) = (x^2 + y^2)^{\alpha/2}$$

non appartiene ad $H^{-1}(B_1)$.

Esercizio 3.17. Vero o falso:

a) Se $u \in H^1 \left(\mathbf{R}\right)$, $u \left(x\right) \to 0$ per $x \to \pm\infty$.

b) Se $u \in H^1 \left(\mathbf{R}^n\right)$, $n > 1$, allora $u \left(\mathbf{x}\right) \to 0$ per $|\mathbf{x}| \to +\infty$.

---

[15]La condizione è anche necessaria: *Se F è temperata, allora esistono m e C tali che $|c_n| \leq C \left(1 + |n|^m\right)$, per ogni intero n.*

c) Se $\Omega \subset \mathbf{R}^n$ è un dominio illimitato, non può valere la disuguaglianza di Poincaré

$$\int_\Omega v^2 \le C_P \int_\Omega |\nabla v|^2$$

per $u \in H_0^1(\Omega)$.

Esercizio 3.18.   Sia δ la delta di Dirac in 0. Provare che δ appartiene ad $H^{-1}(-1, 1)$. Determinare l'elemento di $H_0^1(-1, 1)$ che la rappresenta mediante il prodotto scalare.

Esercizio 3.19.   Provare che il funzionale

$$Lu = \int_0^1 u'(t)\, dt$$

appartiene al duale dello spazio $H^1(0, 1)$. Determinare l'elemento di $H^1(0, 1)$ che lo rappresenta.

Esercizio 3.20.   a) Date f e g funzioni regolari consideriamo il funzionale

$$Lv = \int_0^1 (f(t)v'(t) + g(t)v(t))\, dt.$$

Provare che L appartiene ad $H^{-1}(0, 1)$. Detto u l'elemento di $H_0^1(0, 1)$ che lo rappresenta, scrivere un problema ai limiti che determini univocamente u.
b) Calcolare esplicitamente u nel caso $f = g = 1$.

Esercizio 3.21.   Siano $H = H_0^1(-1, 1)$ e

$$V = \{u \in H : u(0) = 0\}.$$

Dopo aver dimostrato che V è un sottospazio chiuso di H, calcolare la proiezione su V di f, dove $f(t) = 1 - t^2$ su $[-1, 1]$.

Esercizio 3.22.   (Sottospazi di $H_0^1(\Omega)$). Sia $\Omega \subset \mathbf{R}^n$ un dominio tale che $\Omega = \Omega_1 \cup \Omega_2$. Sia $V = H_0^1(\Omega)$ col prodotto interno $\langle u, v \rangle = \int_\Omega \nabla u \cdot \nabla v$ e definiamo

$$V_1 = \left\{u \in H_0^1(\Omega_1),\, u = 0 \text{ in } \Omega \backslash \Omega_1\right\} \quad e \quad V_2 = \left\{u \in H_0^1(\Omega_2),\, u = 0 \text{ in } \Omega \backslash \Omega_2\right\}.$$

Dimostrare che V_1 e V_2 sono sottospazi chiusi di V e che

$$V_1^\perp \cap V_2^\perp = \{\mathbf{0}\}.$$

3.1. Soluzioni

Soluzione 3.1. V è un sottospazio ed è chiuso, in quanto la convergenza L^2 implica quella quasi ovunque di almeno una sottosuccessione. Sia $u \in V^\perp$. Abbiamo, per ogni $v \in V$,

$$0 = \int_0^{2\pi} u(t)v(t)\, dt = \int_0^{2\pi/3} u(t)v(t)\, dt + \int_{2\pi/3}^{4\pi/3} u(t)v(t)\, dt + \int_{4\pi/3}^{2\pi} u(t)v(t)\, dt.$$

Cambiando variabile negli ultimi due integrali e sfruttando la periodicità di v, si trova

$$0 = \int_0^{2\pi/3} \left[u(t) + u\left(t + \frac{2}{3}\pi\right) + u\left(t + \frac{4}{3}\pi\right) \right] v(t)\, dt.$$

L'uguaglianza precedente vale per ogni $v \in L^2(0, 2\pi/3)$, per cui

$$u(t) + u\left(t + \frac{2}{3}\pi\right) + u\left(t + \frac{4}{3}\pi\right) = 0 \quad \text{q.o. in } (0, 2\pi/3).$$

Invece che all'intervallo $(0, 2\pi/3)$ possiamo ridurre tutti gli integrali agli intervalli $(2\pi/3, 4\pi/3)$ o $(4\pi/3, 2\pi)$, per cui la conclusione è che

$$V^\perp = \left\{ u \in L^2(0, 2\pi) : u(t) + u\left(t + \frac{2}{3}\pi\right) + u\left(t + \frac{4}{3}\pi\right) = 0 \quad \text{q.o. in } (0, 2\pi) \right\}.$$

Di conseguenza, possiamo scrivere

$$P_V f(t) = \frac{1}{3} \left[f(t) + f\left(t + \frac{2}{3}\pi\right) + f\left(t + \frac{4}{3}\pi\right) \right]$$

e

$$P_{V^\perp} f(t) = \frac{1}{3} \left[2f(t) - f\left(t + \frac{2}{3}\pi\right) - f\left(t + \frac{4}{3}\pi\right) \right].$$

Soluzione 3.2. Si tratta di minimizzare la distanza in $L^2(0, 1)$ tra il polinomio $p(t) = t^3$, di terzo grado, con uno di secondo. Abbiamo

$$V = \left\{ at^2 + bt + c : a, b, c \in \mathbf{R} \right\}.$$

V è un sottospazio chiuso perché è finito–dimensionale. Dobbiamo quindi minimizzare l'integrale

$$\int_0^1 \left(t^3 - at^2 - bt - c \right)^2 dt$$

al variare di a, b, c.[16] Dal teorema delle proiezioni, posto $P_V t^3 = At^2 + Bt + C$ e $g(t) = t^3 - P_V t^3$, abbiamo

$$\int_0^1 g(t)(at^2 + bt + c)\, dt = 0 \qquad \text{per ogni } a, b, c.$$

In particolare, l'equazione precedente deve valere quando *due* dei tre coefficienti sono nulli ed il terzo è uguale a 1. Le tre equazioni corrispondenti si scrivono come

$$0 = \int_0^1 g(t)\, dt \quad = \quad \int_0^1 (t^3 - At^2 - Bt - C)\, dt = \frac{1}{4} - \frac{A}{3} - \frac{B}{2} - C$$

$$0 = \int_0^1 g(t) t\, dt \quad = \quad \int_0^1 (t^4 - At^3 - Bt^2 - Ct)\, dt = \frac{1}{5} - \frac{A}{4} - \frac{B}{3} - \frac{C}{2}$$

$$0 = \int_0^1 g(t) t^2\, dt \quad = \quad \int_0^1 (t^5 - At^4 - Bt^3 - Ct^2)\, dt = \frac{1}{6} - \frac{A}{5} - \frac{B}{4} - \frac{C}{3},$$

---

[16]Naturalmente, si potrebbe calcolare esplicitamente l'integrale e poi minimizzare la risultante funzione di tre variabili.

cioè

$$\begin{cases} 4A + 6B + 12C & = & 3 \\ 15A + 20B + 30C & = & 12 \\ 12A + 15B + 20C & = & 10. \end{cases}$$

Con un po' di pazienza si ricava $A = 3/2$, $B = -3/5$ e $C = 1/20$, per cui

$$P_V f = \frac{3}{2}t^2 - \frac{4}{5}t + \frac{1}{20}.$$

Soluzione 3.3. Per provare la chiusura di S si può ragionare come nello svolgimento del Problema 2.3. Cerchiamo di caratterizzare $S^{\perp}$. Se $h \in S^{\perp}$ allora

$$\int_Q h(x,y)(v(x) + w(y) + k)\,dxdy = 0$$

per ogni v, w e k. In particolare, scegliendo alternativamente v o w nulla, si può integrare rispetto ad una delle due variabili ottenendo

$$S^{\perp} = \left\{ h \in L^2(Q) : \int_0^1 h(x,y)\,dx = \int_0^1 h(x,y)\,dy = 0 \quad \text{q.o. in } (0,1) \right\}.$$

Poniamo ora

$$P_S f(x,y) = V(x) + W(y) + K.$$

Si deve avere, per ogni $g \in L^2(0,1)$,

$$\begin{aligned} 0 &= \int_Q [f(x,y) - (V(x) + W(y) + K)]\,g(x)\,dxdy = \\ &= \int_0^1 \left[\int_0^1 f(x,y)\,dy - V(x) - K \right] g(x)\,dx, \end{aligned}$$

(ricordiamo che $\int_0^1 W(y)\,dy = 0$) perciò, quasi ovunque,

$$\int_0^1 f(x,y)\,dy - V(x) - K = 0$$

e

$$V(x) = \int_0^1 f(x,y)\,dy - K.$$

Allo stesso modo deve essere, per ogni $g \in L^2(0,1)$,

$$\begin{aligned} 0 &= \int_Q [f(x,y) - (V(x) + W(y) + K)]\,g(y)\,dxdy = \\ &= \int_0^1 \left[\int_0^1 f(x,y)\,dx - W(y) - K \right] g(y)\,dy, \end{aligned}$$

e quindi

$$W(y) = \int_0^1 f(x,y)\,dx - K.$$

Infine,

$$0 = \int_Q [f(x,y) - (V(x) + W(y) + K)]\, dxdy =$$

$$= \int_Q f(x,y)\, dxdy - K,$$

per cui

$$K = \int_Q f(x,y)\, dxdy.$$

In definitiva

$$P_S f(x,y) = \int_0^1 f(x,y)\, dy + \int_0^1 f(x,y)\, dx - \int_Q f(x,y)\, dxdy,$$

e

$$P_{S^\perp} f = f - P_S f.$$

Soluzione 3.4. **a)** L'operatore L è lineare, quindi si tratta di dimostrarne la limitatezza. Si ha

$$\|Lu\|_H^2 = \int_{B_1} (Lu)^2(x,y)\, dxdy = \int_{B_1} u^2(y,-x)\, dxdy = \|u\|_H^2,$$

da cui si deduce che L è continuo e che $\|L\| = 1$.

b) Siano $\lambda \in \mathbf{R}$, $v \not\equiv 0$ tali che

$$Lv = \lambda v.$$

Calcolando le norme di ambedue i membri ed usando il punto a), si trova $|\lambda| = 1$, per cui gli unici possibili autovalori sono $\lambda = \pm 1$. Si tratta ora di vedere se è possibile trovare delle funzioni non nulle v_+ e v_- tali che

$$v_+(y,-x) = v_+(x,y) \qquad \text{oppure} \qquad v_-(y,-x) = -v_-(x,y).$$

A tale scopo basta scegliere (ad esempio)

$$v_+(x,y) = x^2 + y^2 \quad \text{e} \quad v_-(x,y) = xy,$$

e pertanto ± 1 sono gli autovalori di L.

Soluzione 3.5. Poiché $f' \in L^2(0,\pi)$, pensando alle sue estensioni pari e dispari in $(-\pi, \pi)$ possiamo scrivere, rispettivamente nei due casi:

$$f'(x) = \sum_{n=0}^{\infty} a_n \cos nx \quad \text{e} \quad f'(x) = \sum_{n=1}^{\infty} b_n \sin nx$$

con convergenza delle serie in $L^2(0,\pi)$. Si noti che[17]

$$a_0 = \int_0^\pi f' = f(\pi) - f(0).$$

---

[17]Ricordiamo che le funzioni di $H^1(a,b)$ sono *assolutamente continue*, per cui vale il teorema fondamentale del calcolo integrale.

Poiché le serie di Fourier possono essere integrate termine a termine, si trova, nel primo caso:

$$f(x) = f(0) + \sum_{n=0}^{\infty} \int_0^x a_n \cos nx \, dx = f(0) + [f(\pi) - f(0)]x + \sum_{n=1}^{\infty} A_n \sin nx$$

dove $A_n = a_n/n$. Se supponiamo che

$$f(\pi) = f(0) = 0,$$

allora

$$f(x) = \sum_{n=1}^{\infty} A_n \sin nx$$

con serie *uniformemente convergente in tutto* **R**.

Nel secondo caso, integrando termine a termine si ha:

$$f(x) = f(0) + \beta + \sum_{n=1}^{\infty} B_n \cos nx$$

dove

$$B_n = -\frac{b_n}{n} \quad \text{e} \quad \beta = \sum_{n=1}^{\infty} \frac{b_n}{n}.$$

Ogni funzione in $H^1(0,\pi)$ può quindi essere sviluppata in serie di coseni, con la serie *uniformemente convergente in tutto* **R**.

b) Sia $u \in H_0^1(0,L)$. Ripetendo i ragionamenti del punto a) per funzioni $2L$–periodiche, otteniamo che

$$u = \sum_{n=1}^{\infty} A_n \sin\left(\frac{n\pi}{L}x\right), \qquad u' = \sum_{n=1}^{\infty} a_n \cos\left(\frac{n\pi}{L}x\right),$$

dove

$$a_n = \frac{n\pi}{L} A_n.$$

Dall'identità di Parseval otteniamo

$$\|u\|_{L^2(0,L)}^2 = \sum_{n=1}^{\infty} A_n^2$$

e

$$\|u'\|_{L^2(0,L)}^2 = \sum_{n=1}^{\infty} a_n^2 = \sum_{n=1}^{\infty} \left(\frac{n\pi}{L}\right)^2 A_n^2 \geq \left(\frac{\pi}{L}\right)^2 \sum_{n=1}^{\infty} A_n^2.$$

Perciò vale

$$\|u\|_{L^2(0,L)} \leq \frac{L}{\pi} \|u'\|_{L^2(0,L)} \qquad \text{per ogni } u \in H_0^1(0,L).$$

Osserviamo che, se $A_1 = 1$ e $A_n = 0$ per $n \geq 2$, nelle disuguaglianze precedenti vale l'uguale, quindi la costante $C_P = L/\pi$ non può essere migliorata.

Sia ora

$$V = \{u \in H^1(0,L) : u(0) = 0\}.$$

È facile vedere[18] che la funzione

$$\tilde{u}(x) = \begin{cases} u(x) & 0 \le x \le L \\ u(L-x) & L \le x \le 2L \end{cases}$$

appartiene ad $H_0^1(0, 2L)$, e che

$$\|\tilde{u}\|_{L^2(0,L)} = \sqrt{2}\|u\|_{L^2(0,L)}, \quad \|\tilde{u}'\|_{L^2(0,2L)} = \sqrt{2}\|u'\|_{L^2(0,2L)}.$$

Dai ragionamenti precedenti sappiamo che

$$\|\tilde{u}\|_{L^2(0,2L)} \le \frac{2L}{\pi}\|\tilde{u}'\|_{L^2(0,2L)},$$

da cui

$$\|u\|_{L^2(0,L)} \le \frac{2L}{\pi}\|u'\|_{L^2(0,L)} \qquad \text{per ogni } u \in V.$$

Soluzione 3.6. Si tratta di dimostrare che la sfera unitaria di $H^1(0, \pi)$,

$$B = \left\{ u \in H^1(0, \pi) : \|u'\|_2^2 + \|u\|_2^2 \le 1 \right\},$$

è precompatta in $L^2(0, \pi)$. A tale scopo, ricordiamo dall'Esercizio 3.5 che u si può sviluppare in serie di Fourier di *coseni*:

$$u = \sum_{n=0}^{+\infty} A_0 \cos nt$$

dove

$$A_0 = \frac{1}{\pi}\int_0^\pi u(t)\cos nt\, dt \quad \text{e} \quad A_n = \frac{2}{\pi}\int_0^\pi u(t)\cos nt\, dt,$$

con la serie di Fourier *uniformemente convergente* in **R**. Grazie alla linearità dell'integrale e all'identità di Parseval

$$\|u\|_2^2 = 2A_0^2 + \sum_{n=0}^{+\infty} A_n^2.$$

L'applicazione che ad una funzione u associa la successione dei suoi coefficienti di Fourier A_n è un'isomorfismo tra gli spazi vettoriali $L^2(0, 2\pi)$ ed l^2 che è anche un'isometria tra spazi metrici. Di conseguenza, se dimostriamo che la sfera B si può identificare con un sottoinsieme di l^2 del tipo K considerato nel Problema 2.6, otterremo la tesi.

Sempre dall'Esercizio 3.5 sappiamo che $A_n = b_n/n$, dove i numeri b_n, $n \ge 1$, sono i coefficienti della serie di Fourier in soli *seni* di u'. Inoltre, dall''identità di Parseval,

$$\|u'\|_2^2 = \sum_{n=1}^{+\infty} n^2 A_n^2.$$

---

[18]Lasciamo la dimostrazione al lettore.

In termini di serie di Fourier, quindi,

$$\|u'\|_2^2 + \|u\|_2^2 \leq 1 \qquad \Longleftrightarrow \qquad 2A_0^2 + \sum_{n=1}^{+\infty} A_n^2 + \sum_{n=1}^{+\infty} n^2 A_n^2 \leq 1.$$

La sfera B di $H^1(0,\pi)$ si può dunque identificare con il sottoinsieme di l^2 dato da (il fattore 2 che moltiplica A_0 è irrilevante):

$$K = \left\{ (A_n) : \sum_{n=0}^{+\infty} A_n^2 + \sum_{n=1}^{+\infty} n^2 A_n^2 \leq 1 \right\}.$$

Dal problema 2.6 segue la tesi.

Soluzione 3.7. **a)** Per dimostrare che K è chiuso occorre provare che se u_n è una successione di funzioni L^2 tali che $\|u_n\|_\infty \leq 1$ e se $u_n \to \bar u$ in L^2, allora $\|\bar u\|_\infty \leq 1$. A tale scopo è sufficiente osservare che la convergenza L^2 implica la convergenza puntuale quasi ovunque di almeno una sottosuccessione: ne segue che $|\bar u(t)| \leq 1$ quasi ovunque, da cui la tesi. Per verificare invece la convessità di K, fissiamo u_1, u_2 in K. Si ha, per $0 \leq \lambda \leq 1$,

$$|\lambda u_1(t) + (1-\lambda)u_2(t)| \leq \lambda|u_1(t)| + (1-\lambda)|u_2(t)| \leq 1.$$

Quindi ogni combinazione lineare convessa di elementi di K appartiene a K.

b) Si tratta di risolvere il seguente problema di minimo:

$$\min \int_0^\pi (2\sin t - u(t))^2 \, dt \qquad \text{al variare di } u \text{ con } |u(t)| \leq 1.$$

Possiamo scrivere

$$\int_0^\pi (2\sin t - u(t))^2 \, dt = \int_{\{2\sin t \leq 1\}} (2\sin t - u(t))^2 \, dt + \int_{\{2\sin t > 1\}} (2\sin t - u(t))^2 \, dt.$$

Osserviamo che il primo integrale è nullo (quindi minimo) se $u(t) = 2\sin t$ nel dominio di integrazione. D'altra parte, per minimizzare il secondo integrale, è sufficiente scegliere $u(t) = 1$. Tenuto conto che $2\sin t \geq 1$ nell'intervallo $(\pi/6, 5\pi/6)$, sembra quindi ragionevole porre

$$u(t) = P_K f(t) = \begin{cases} 2\sin t & 0 \leq t \leq \dfrac{\pi}{6} \\ 1 & \dfrac{\pi}{6} \leq t \leq \dfrac{5\pi}{6} \\ 2\sin t & \dfrac{5\pi}{6} \leq t \leq \pi. \end{cases}$$

Per dimostrare che la scelta effettuata è corretta, verifichiamo che $P_K f$ soddisfa (10). Infatti, si ha

$$\int_0^\pi (f(t) - P_K f(t))(v(t) - u(t)) \, dt = \int_{\pi/6}^{5\pi/6} (2\sin t - 1)(v(t) - 1) \, dt \leq 0$$

per ogni v tale che $v(t) \leq 1$, e la tesi segue.

Soluzione 3.8.   Sia $\{c_k\} \subset \mathbf{R}$. Occorre mostrare che, per ogni $v \in C_0^\infty (\mathbf{R})$, la serie

$$(19) \qquad \sum_{k=1}^\infty c_k \langle \delta (x - x_k) , v \rangle$$

è convergente. Poichè il supporto di v è compatto (in particolare limitato) e $x_k \to +\infty$, se k_0 è abbastanza grande, per $k > k_0$ i punti x_k non appartengono al supporto di v; quindi $v(x_k) = 0$ per $k > k_0$. Ma allora la serie (19) si riduce ad un numero finito di termini, con somma necessariamente finita.

Soluzione 3.9.   **a)** Essendo f dispari, si può sviluppare in termini di soli seni; si trova

$$f \sim \sum_{n=1}^\infty \frac{\sin nx}{n}$$

con uguaglianza nel senso della convergenza in $L_{loc}^2 (\mathbf{R})$ e perciò anche in $\mathcal{D}' (\mathbf{R})$.

b) Qualche osservazione preliminare. La funzione f, che si può rappresentare con la formula

$$f(x) = \sum_{n=-\infty}^\infty f_0 (x - 2n\pi),$$

presenta un salto pari a π in $x = 2\pi n$, $n \in \mathbf{Z}$. Scriviamo questa formula in termini della funzione di Heaviside $H(x)$. Poiché per ogni $n \in \mathbf{Z}$

$$H(x - 2\pi n) = \begin{cases} 1 & x > 2\pi n \\ 0 & x < 2\pi n \end{cases} \quad \text{e} \quad H(-x - 2\pi n) = \begin{cases} 0 & x > -2\pi n \\ 1 & x < -2\pi n \end{cases},$$

possiamo scrivere

$$(20) \qquad \sum_{n=1}^\infty \frac{\sin nx}{n} = \frac{\pi - x}{2} - \pi H(-x) + \pi \sum_{n=1}^\infty [H(x - 2n\pi) - H(-x - 2n\pi)]$$

valida in $\mathcal{D}' (\mathbf{R})$. Ora, le serie convergenti in $\mathcal{D}' (\mathbf{R})$, possono essere differenziate termine a termine, ottenendo una serie ancora convergente in $\mathcal{D}' (\mathbf{R})$; dalla (20) ricaviamo, differenziando termine a termine e ricordando che[19]

$$\frac{d}{dx} H(x - 2n\pi) = \delta (x - 2n\pi),$$

$$\frac{d}{dx} H(-x - 2n\pi) = -\delta (-x - 2n\pi) = -\delta (x - 2n\pi),$$

si trova la (18).

Soluzione 3.10.   Basta far vedere che ogni monomio $P(\mathbf{x}) = x_1^{\alpha_1} x_2^{\alpha_2} \cdots x_n^{\alpha_n}$ è una distribuzione temperata. Sia $m \geq 0$ il grado del monomio e sia $\{v_k\} \subset C_0^\infty (\mathbf{R}^n)$ tale che $v_k \to 0$ in $\mathcal{S}(\mathbf{R}^n)$. Osserviamo che

$$|P(\mathbf{x})| = |x_1^{\alpha_1} x_2^{\alpha} \cdots x_n^{\alpha_n}| \leq |\mathbf{x}|^m$$

---

[19]La distribuzione di Dirac in zero è *pari*.

e che la funzione

$$h(\mathbf{x}) = |\mathbf{x}|^m (1 + |\mathbf{x}|)^{-(m+n+1)}$$

è integrabile in $\mathbf{R}^n$. Infatti, se ω_n è la superficie della sfera unitaria in $\mathbf{R}^n$, si ha

$$\int_{\mathbf{R}^n} \frac{|\mathbf{x}|^m}{(1 + |\mathbf{x}|)^{m+n+1}} d\mathbf{x} = \omega_n \int_0^{+\infty} \frac{\rho^{m+n-1}}{(1 + \rho)^{m+n+1}} d\rho = M < \infty.$$

Per definizione di convergenza in $\mathcal{S}(\mathbf{R}^n)$ si ha anche che

$$\sup_{\mathbf{R}^n} (1 + |\mathbf{x}|)^{m+n+1} |v_k(\mathbf{x})| \to 0 \qquad \text{per } k \to +\infty.$$

Abbiamo allora:

$$
\begin{aligned}
|\langle P, v_k \rangle| &= \left| \int_{\mathbf{R}^n} P(\mathbf{x}) v_k(\mathbf{x}) \, d\mathbf{x} \right| \leq \int_{\mathbf{R}^n} \frac{|\mathbf{x}|^m}{(1 + |\mathbf{x}|)^{m+n+1}} (1 + |\mathbf{x}|)^{m+n+1} |v_k(\mathbf{x})| \, d\mathbf{x} \\
&\leq M \sup_{\mathbf{R}^n} (1 + |\mathbf{x}|)^{m+n+1} |v_k(\mathbf{x})| \to 0
\end{aligned}
$$

per cui P definisce una distribuzione temperata.

Sia ora $u(x) = e^x$ e consideriamo una funzione test v *non negativa*, che valga 1 nell'intervallo $[-1, 1]$ e zero fuori dall'intervallo $[-2, 2]$. Poniamo

$$v_k(x) = v(x - k) e^{-x}.$$

Per ogni $k \geq 1$, v_k è una funzione test che si annulla fuori dall'intervallo $[k - 2, k + 2]$ e vale 1 nell'intervallo $[k - 1, k + 1]$. Inoltre[20], per ogni $m, p \geq 0$

$$\sup_{\mathbf{R}} |x^m D^p v_k(x)| \to 0 \qquad \text{per } k \to +\infty$$

per cui $v_k \to 0$ in $\mathcal{S}(\mathbf{R})$. Tuttavia

$$\langle u, v_k \rangle = \int_{k-2}^{k+2} v(x - k) \, dx \geq \int_{k-1}^{k+1} dx = 2k \to +\infty.$$

Concludiamo che u non è una distribuzione temperata.

<u>**Soluzione 3.11.**</u> **a)** Mostriamo che se $F \in \mathcal{S}'(\mathbf{R}^n)$ anche $F' \in \mathcal{S}'(\mathbf{R}^n)$. Se $\{v_k\} \subset C_0^\infty(\mathbf{R}^n)$ e $v_k \to 0$ in $\mathcal{S}(\mathbf{R}^n)$, anche $v_k' \to 0$ in $\mathcal{S}(\mathbf{R}^n)$. Abbiamo allora

$$\langle F', v_k \rangle = -\langle F, v_k' \rangle \to 0$$

essendo F temperata.

In particolare, per il Problema 2.18, $u(x) = \log x$ è temperata e quindi anche pv$1/x$ è temperata essendo la derivata di u.

b) Il pettine di Dirac è una distribuzione temperata. Infatti, sia $\{v_k\} \subset C_0^\infty(\mathbf{R})$ tale che $v_k \to 0$ in $\mathcal{S}(\mathbf{R})$. Si ha

$$\langle \text{comb}, v_k \rangle = \sum_{n=-\infty}^{+\infty} v_k(n).$$

---

[20]Controllare.

Ora, per definizione di convergenza in $\mathcal{S}(\mathbf{R})$, segue che $n^2 v_k(n) \to 0$ uniformemente in n, per $k \to \infty$. Fissato $\varepsilon > 0$, si può allora scrivere

$$n^2 |v_k(n)| < \varepsilon$$

per $k \geq k_0$ opportunamente grande. Di conseguenza, per $k \geq k_0$,

$$|\langle \text{comb}, v_k \rangle| \leq \varepsilon \sum_{n=-\infty}^{+\infty} \frac{1}{n^2} \leq C\varepsilon$$

e quindi $\langle \text{comb}, v_k \rangle \to 0$.

Soluzione 3.12. **a)** T è temperata essendo il suo supporto ∂B_r compatto. Per definizione, presa $v \in \mathcal{S}(\mathbf{R}^3)$,

$$\langle \widehat{T}, v \rangle = \langle T, \widehat{v} \rangle = \int_{\partial B_r} \widehat{v} \, d\sigma = \int_{\partial B_r} d\sigma \int_{\mathbf{R}^3} e^{-i\boldsymbol{\xi} \cdot \boldsymbol{\sigma}} v(\boldsymbol{\xi}) \, d\mathbf{x} =$$

$$= \int_{\mathbf{R}^3} v(\boldsymbol{\xi}) \left(\int_{\partial B_r} e^{-i\boldsymbol{\xi} \cdot \boldsymbol{\sigma}} \, d\sigma \right) d\mathbf{x}.$$

Si ha, dunque, che è la funzione

$$\widehat{T}(\boldsymbol{\xi}) = \int_{\partial B_r} e^{-i\boldsymbol{\xi} \cdot \boldsymbol{\sigma}} \, d\sigma.$$

Per calcolare l'integrale, passiamo a coordinate sferiche (r, θ, ψ), con asse verticale coincidente con $\boldsymbol{\xi}$, $0 < \theta < 2\pi$, $0 < \psi < \pi$; Ponendo $|\boldsymbol{\xi}| = \rho$ ed osservando che, su ∂B_r,

$$\boldsymbol{\xi} \cdot \boldsymbol{\sigma} = r\rho \cos \psi$$

e $d\sigma = r^2 \sin \psi \, d\psi$, si ha

$$\int_{\partial B_r} e^{-i\boldsymbol{\xi} \cdot \boldsymbol{\sigma}} \, d\sigma = 2\pi r^2 \int_0^{\pi} e^{-ir\rho \cos \psi} \sin \psi \, d\psi = 4\pi r \frac{r}{\rho} \sin r\rho.$$

In conclusione,

$$\widehat{T}(\boldsymbol{\xi}) = 4\pi r \frac{\sin r |\boldsymbol{\xi}|}{|\boldsymbol{\xi}|}.$$

b) La soluzione fondamentale dell'equazione delle onde è la soluzione del problema

$$\begin{cases} u_{tt} - \Delta u = 0 & \text{in } \mathbf{R}^3 \times (0, +\infty) \\ u(\mathbf{x}, 0) = 0, \, u_t(\mathbf{x}, 0) = \delta(\mathbf{x} - \mathbf{y}) & \text{su } \mathbf{R}^3. \end{cases}$$

Data l'invarianza per traslazioni dell'equazione, risolviamo il problema per $\mathbf{y} = \mathbf{0}$. Poniamo

$$\widehat{u}(\boldsymbol{\xi}) = \int_{\mathbf{R}^3} e^{-i\boldsymbol{\xi} \cdot \mathbf{x}} u(\boldsymbol{\xi})$$

la trasformata di Fourier di u rispetto alle variabili spaziali. Applicando la trasformata, otteniamo che $\widehat{u}$ risolve il problema

$$\begin{cases} \widehat{u}_{tt} + |\boldsymbol{\xi}|^2 \widehat{u} = 0 & t > 0 \\ \widehat{u}(\boldsymbol{\xi}, 0) = 0, \, \widehat{u}_t(\boldsymbol{\xi}, 0) = 1, \end{cases}$$

per ogni $\boldsymbol{\xi} \in \mathbf{R}^3$. La soluzione generale dell'equazione è data da

$$\hat{u}(\boldsymbol{\xi}, t) = C_1 e^{i|\boldsymbol{\xi}|t} + C_2 e^{-i|\boldsymbol{\xi}|t}.$$

Imponendo le condizioni iniziali otteniamo

$$C_1 + C_2 = 0 \quad \text{e} \quad C_1 i|\boldsymbol{\xi}| - C_2 i|\boldsymbol{\xi}| = 1,$$

per cui

$$\hat{u}(\boldsymbol{\xi}, t) = \frac{1}{2i|\boldsymbol{\xi}|} \left(e^{i|\boldsymbol{\xi}|t} - e^{-i|\boldsymbol{\xi}|t} \right) = \frac{\sin(|\boldsymbol{\xi}|t)}{|\boldsymbol{\xi}|}.$$

Possiamo perciò applicare il risultato del punto a) (con $r = t$) ed ottenere

$$u(\mathbf{x}, t) = \frac{\delta(|\mathbf{x}| - t)}{4\pi t}$$

e quindi, in definitiva,

$$K(\mathbf{x}, \mathbf{y}, t) = \frac{\delta(|\mathbf{x} - \mathbf{y}| - t)}{4\pi t}.$$

Soluzione 3.13.   Siano

$$F = \sum c_n \delta(x - n)$$

con

$$c_n < (1 + |n|^m)$$

e $\{v_k\} \subset C_0^\infty(\mathbf{R})$ tale che $v_k \to 0$ in $\mathcal{S}(\mathbf{R})$. Si ha

$$\langle F, v_k \rangle = \sum_{n=-\infty}^{+\infty} c_n v_k(n).$$

Ora, per definizione di convergenza in $\mathcal{S}(\mathbf{R})$, segue che

$$n^{m+2} v_k(n) \to 0$$

uniformemente in n, per $k \to \infty$. Fissato $\varepsilon > 0$, si può allora scrivere

$$n^{m+2} |v_k(n)| < \varepsilon$$

per $k \geq k_0$ opportunamente grande. Di conseguenza, per $k \geq k_0$,

$$|\langle F, v_k \rangle| \leq \varepsilon \sum_{n=-\infty}^{+\infty} \frac{(1 + n^m)}{n^{m+2}} \leq C\varepsilon$$

e quindi $\langle F, v_k \rangle \to 0$.

Soluzione 3.14.   **a)** Controlliamo la periodicità di comb_T. Sia v una funzione test. Abbiamo:

$$
\begin{aligned}
\langle \mathrm{comb}_T(x + T), v \rangle &= \langle \mathrm{comb}_T, v(x - T) \rangle = \sum_{n \in \mathbf{Z}} v(nT - T) \\
&= \sum_{n \in \mathbf{Z}} v(nT) = \langle \mathrm{comb}_T, v \rangle.
\end{aligned}
$$

Dal Problema 2.17, la serie di Fourier di comb_T è data dalla seguente formula in $\mathcal{D}'(\mathbf{R})$:

$$\mathrm{comb}_T(x) = \sum_{n \in \mathbf{Z}} \widehat{u}_n \exp\left(-i\frac{2n\pi x}{T}\right).$$

Per calcolare $\widehat{u}_n$ usiamo la formula (14) e la nota relativa; il punto $x_0 = -T/2$ non appartiene al supporto di comb_T e la restrizione di comb_T all'intervallo

$$(x_0, x_0 + T) = (-T/2, T/2)$$

coincide con $\delta(x)$. Dalla (14) con $u_1 = 0$, si trova

$$\widehat{u}_n = \frac{1}{T}\langle \delta, e^{-i2n\pi x/T}\rangle = \frac{1}{T}$$

da cui la serie di Fourier di comb_T :

$$\mathrm{comb}_T(x) = \frac{1}{T}\sum_{n \in \mathbf{Z}} \exp\left(-i\frac{2n\pi x}{T}\right).$$

b) Dalla (13) si deduce, essendo $\widehat{u}_n = c_n/2\pi$,

$$\widehat{\mathrm{comb}_T}(\xi) = \frac{2\pi}{T}\sum_{n \in \mathbf{Z}} \delta\left(\xi - \frac{2n\pi}{T}\right) = \frac{2\pi}{T}\mathrm{comb}_{2\pi/T}(\xi).$$

Se ora $v \in \mathcal{S}'(\mathbf{R})$, si ha:

$$\langle \widehat{\mathrm{comb}_T}, v\rangle = \langle \mathrm{comb}_T, \widehat{v}\rangle = \sum_{n \in \mathbf{Z}} \widehat{v}(nT)$$

mentre

$$\frac{2\pi}{T}\langle \mathrm{comb}_{2\pi/T}, v\rangle = \frac{2\pi}{T}\sum_{n \in \mathbf{Z}} v\left(\frac{2\pi n}{T}\right)$$

da cui la formula di Poisson.

[**Soluzione 3.15.**]   Essendo $\alpha > -1$ abbiamo già visto (Problema 2.19) che $u \in L^2(B_1)$, e quindi $u \in \mathcal{D}'(B_1)$. Indichiamo con v la derivata parziale di u rispetto ad x nel senso delle distribuzioni, e riserviamo la scrittura u_x per la derivata classica di u (definita fuori dall'origine). Calcoliamo v. Sia dunque $\varphi \in C_0^\infty(B_1)$. Si ha

$$
\begin{aligned}
\langle v, \varphi\rangle &= \langle u, \varphi_x\rangle = -\int_{B_1} u(x,y)\varphi_x(x,y)\,dxdy = \\
&= -\int_{B_\varepsilon} u\varphi_x\,dxdy - \int_{B_1 \setminus B_\varepsilon} u\varphi_x\,dxdy = \\
&= -\int_{B_\varepsilon} u\varphi_x\,dxdy - \int_{\partial B_\varepsilon} u\varphi\nu_x\,ds + \int_{B_1 \setminus B_\varepsilon} u_x\varphi\,dxdy,
\end{aligned}
$$

dove ν_x denota la componente orizzontale del versore normale esterno a ∂B_ε (si ricordi che $\varphi = 0$ su ∂B_1). Ora,

$$\left|\int_{B_\varepsilon} u\varphi_x\,dxdy\right| \leq C\int_{B_\varepsilon} |u|\,dxdy = C'\int_0^\varepsilon r^{\alpha+1}\,dr = C''\varepsilon^{\alpha+2} \to 0,$$

e

$$\left| \int_{\partial B_\varepsilon} u \varphi \nu_x \, ds \right| \le C \int_{\partial B_\varepsilon} |u| \, dx dy = C' \int_0^{2\pi} \varepsilon^\alpha \, d\theta = C'' \varepsilon^{\alpha+1} \to 0$$

(tutti i limiti si intendono per $\varepsilon \to 0$; si ricordi che $\alpha > -1$). In definitiva si ottiene

$$\langle v, \varphi \rangle = \int_{B_1} u_x \varphi \, dx dy.$$

Ragionando allo stesso modo per u_y si ottiene la tesi.

Soluzione 3.16. **a)** Prima di risolvere l'esercizio ricordiamo che l'integrale

$$\int_0^{1/2} t^a \log^b t \, dt$$

risulta finito se e solo se $a > -1$, oppure $a = 1$ e $b > -1$.

Esattamente come nell'esercizio precedente si può vedere che le derivate parziali di v nel senso delle distribuzioni sono uguali alle espressioni delle derivate classiche calcolate formalmente, per cui si ha

$$\nabla v(x,y) = \frac{1}{\log (x^2 + y^2 + 1)} \cdot \frac{1}{x^2 + y^2 + 1} \cdot (2x, 2y).$$

Passando in coordinate polari otteniamo

$$\int_{B_1} v^2(x,y) \, dx dy = 2\pi \int_0^1 \left[\log \log (1 + r^2) \right]^2 r \, dr < +\infty$$

(l'integrando è finito in un intorno dell'origine) e

$$\int_{B_1} |\nabla v(x,y)|^2 \, dx dy = 8\pi \int_0^1 \frac{1}{\log (1 + r^2)^2} \cdot \frac{1}{r^2} r \, dr < +\infty.$$

Essendo $v(x,y) = 0$ su ∂B_1 otteniamo che $v \in H_0^1(B_1)$.

b) La dualità tra H^{-1} ed H_0^1 si scrive, su u e v, come

$$\int_{B_1} u(x,y) v(x,y) \, dx dy = 2\pi \int_0^1 \log(1 + r^2) r^\alpha \cdot r \, dr = +\infty$$

se $\alpha \le -2$.

Soluzione 3.17. **a)** Vero. Infatti, si può scrivere

$$u^2(x) - u^2(y) = 2 \int_x^y u(s) u'(s) \, ds$$

per cui, pensando $y > x$,

$$|u^2(x) - u^2(y)| \le \left(\int_x^y u^2 ds \right)^{1/2} \left(\int_x^y (u')^2 \, ds \right)^{1/2}.$$

Essendo $u \in H^1(\mathbf{R})$, si ha, se $x \to +\infty$,

$$\int_x^y u^2 ds \to 0 \quad \text{e} \quad \int_x^y (u')^2 \, ds \to 0$$

quindi, in base al criterio di Cauchy per l'esistenza del limite finito,

$$\lim_{x \to +\infty} u^2(x) = l \geq 0.$$

Ma deve essere $l = 0$, altrimenti, se fosse $l > 0$, scelto $\varepsilon > 0$ in modo che $l - \varepsilon > 0$, si avrebbe

$$u^2(x) > l - \varepsilon$$

per $x > N = N(\varepsilon)$ e quindi

$$\int_{\mathbf{R}} u^2(x)\,dx \geq \int_N^{+\infty} u^2(x)\,dx > \int_N^{+\infty} (l - \varepsilon)dx = +\infty$$

contro l'ipotesi che $u \in L^2(\mathbf{R})$.

b) Falso in generale, per ogni $n > 1$. Per esempio, sia $n = 3$. Consideriamo nella sfera $B_R(\mathbf{x}_0)$ la funzione radiale

$$u_R(\mathbf{x}) = \begin{cases} 1 & \text{se } |\mathbf{x} - \mathbf{x}_0| < \dfrac{R}{2} \\ \dfrac{R}{|\mathbf{x} - \mathbf{x}_0|} - 1 & \text{se } \dfrac{R}{2} \leq |\mathbf{x} - \mathbf{x}_0| \leq R. \end{cases}$$

Osserviamo che $u_R(\mathbf{x}) = 0$ se $|\mathbf{x} - \mathbf{x}_0| = R$, mentre $u_R(\mathbf{x}) = 1$ se $|\mathbf{x} - \mathbf{x}_0| = R/2$ per cui u_R è continua in $B_R(\mathbf{x}_0)$ e si annulla sul bordo. Inoltre $0 \leq u_R \leq 1$ e, per $R/2 \leq |\mathbf{x} - \mathbf{x}_0| \leq R$,

$$|\nabla u_R(\mathbf{x})| = \frac{R}{|\mathbf{x} - \mathbf{x}_0|^2} \leq \frac{2}{R}.$$

Costruiamo ora una funzione $u \in H^1(\mathbf{R}^3)$ che non ha limite per $|\mathbf{x}| \to +\infty$. Scegliamo, per $k \geq 1$, intero,

$$\mathbf{x}_k = (k, 0, 0) \quad \text{e} \quad R_k = \frac{1}{k^2}.$$

Definiamo:

$$u(\mathbf{x}) = \begin{cases} u_{R_k}(\mathbf{x}) & \text{in } B_{R_k}(\mathbf{x}_k), \quad k \geq 1 \\ 0 & \text{se } \mathbf{x} \notin \cup_{k \geq 1} B_{R_k}(\mathbf{x}_k) \end{cases}$$

dove

$$u_{R_k}(\mathbf{x}) = \begin{cases} 1 & \text{se } |\mathbf{x} - \mathbf{x}_k| < \dfrac{R_k}{2} \\ \dfrac{R_k}{|\mathbf{x} - \mathbf{x}_k|} - 1 & \text{se } \dfrac{R_k}{2} \leq |\mathbf{x} - \mathbf{x}_k| \leq R_k. \end{cases}$$

Si ha, essendo $0 \leq u_{R_k} \leq 1$:

$$\int_{\mathbf{R}^3} u^2 = \sum_{k \geq 1} \int_{B_{R_k}(\mathbf{x}_k)} u_{R_k}^2 < \frac{4\pi}{3} \sum_{k \geq 1} R_k^3 = \frac{4\pi}{3} \sum_{k \geq 1} \frac{1}{k^6} < \infty.$$

Inoltre, essendo

$$|\nabla u_{R_k}| \leq \frac{2}{R_k},$$

$$\int_{\mathbf{R}^3} |\nabla u|^2 = \sum_{k \geq 1} \int_{B_{R_k}(\mathbf{x}_k)} |\nabla u_{R_k}|^2 < \frac{8\pi}{3} \sum_{k \geq 1} R_k = 2 \sum_{k \geq 1} \frac{1}{k^2} < \infty.$$

Dunque $u \in H^1\left(\mathbf{R}^3\right)$, ed è anche limitata; tuttavia, $|\mathbf{x}_k| = k \to +\infty$ e

$$u\left(\mathbf{x}_k\right) = 1 \nrightarrow 0$$

mentre, se $\mathbf{y}_k = (0,0,k)$,

$$|\mathbf{y}_k| = k \to +\infty$$

e $u\left(\mathbf{y}_k\right) = 0$: il limite di $u\left(\mathbf{x}\right)$ per $|\mathbf{x}| \to \infty$ non esiste.

c) Falso. Per avere una disuguaglianza di Poincaré è sufficiente che il dominio sia limitato in una direzione. Per esempio, per $n > 1$, consideriamo la striscia

$$\Omega = \left\{(\mathbf{x}', x_n) \in \mathbf{R}^n : \mathbf{x}' \in \mathbf{R}^{n-1}, \, 0 < x_n < d\right\}.$$

Sia $v \in C_0^\infty(\Omega)$. Allora si può scrivere, essendo $v\left(\mathbf{x}',0\right) = 0$,

$$v^2\left(\mathbf{x}', x_n\right) = \left(\int_0^{x_n} v_{x_n}\left(\mathbf{x}', s\right) ds\right)^2 \le x_n \int_0^{x_n} v_{x_n}^2\left(\mathbf{x}', s\right) ds \le x_n \int_0^d v_{x_n}^2\left(\mathbf{x}', s\right) ds.$$

Integrando rispetto a x_n in $(0,d)$ e rispetto a $\mathbf{x}'$ in $\mathbf{R}^{n-1}$ si trova:

$$\int_\Omega v^2 \le \frac{d^2}{2} \int_\Omega v_{x_n}^2 \le \frac{d^2}{2} \int_\Omega |\nabla v|^2.$$

Per densità, questa disuguaglianza si estende a $v \in H_0^1(\Omega)$.

Soluzione 3.18.   Il fatto che δ sia un funzionale lineare e continuo su $H_0^1(-1,1)$ segue da ragionamenti analoghi a quelli fatti nella soluzione del Problema 2.23. Per il teorema di Riesz, esiste una funzione $u \in H_0^1(-1,1)$ tale che

$$\int_{-1}^1 u'(t)v'(t)\,dt = v(0) \qquad \text{per ogni } v \in H_0^1(-1,1).$$

Supponiamo che u sia regolare su $[-1,0]$ e su $[0,1]$, in modo da poter integrare per parti. Abbiamo

$$\int_{-1}^1 u'(t)v'(t)\,dt = \int_{-1}^0 u'(t)v'(t)\,dt + \int_0^1 u'(t)v'(t)\,dt =$$

$$= (u'(0^-) - u'(0^+))v(0) - \int_{-1}^0 u''(t)v(t)\,dt - \int_0^1 u''(t)v(t)\,dt.$$

L'arbitrarietà di v forza le seguenti condizioni per u:

$$\begin{cases} u''(t) = 0 & \text{per } -1 < t < 0 \text{ e per } 0 < t < 1, \\ u(-1) = u(1) = 0, \quad u'(0^-) - u'(0^+) = 1. \end{cases}$$

Otteniamo

$$u(t) = \begin{cases} A_1 + A_2 t & -1 \le t \le 0 \\ B_1 + B_2 t & 0 \le t \le 1. \end{cases}$$

Le condizioni al contorno e la continuità in 0 per u impongono

$$\begin{cases} A_1 - A_2 = 0 \\ B_1 + B_2 = 0 \\ A_2 - B_2 = 1 \\ A_1 = B_1 \end{cases}$$

da cui si ricava

$$A_1 = A_2 = B_1 = \frac{1}{2}, \qquad B_2 = -\frac{1}{2}$$

ed infine

$$u(t) = \frac{1}{2}\left(1 - |t|\right).$$

Soluzione 3.19. Siamo nella situazione del Problema 2.25, con $f \equiv 1$ e $g \equiv 0$. Otteniamo che l'elemento u candidato a rappresentare L risolve il problema

$$\begin{cases} u''(t) - u(t) = 0 \\ u'(0) = u'(1) = 1. \end{cases}$$

Otteniamo

$$u(t) = \frac{1}{1+e}\left(e^t + e^{2-t}\right).$$

Soluzione 3.20.   **a)** Ragionando come nella soluzione del Problema 2.25 si prova facilmente che L è lineare e continuo. Cerchiamo $u \in H_0^1(0,1)$ tale che

$$\int_0^1 u'(t)v'(t)\, dt = \int_0^1 \left(f(t)v'(t) + g(t)v(t)\right)\, dt \quad \text{per ogni } v \in H_0^1(0,1).$$

Supponiamo che u sia sufficientemente regolare. Otteniamo

$$\int_0^1 u'(t)v'(t)\, dt = u'(1)v(1) - u'(0)v(0) - \int_0^1 u''(t)v(t)\, dt = -\int_0^1 u''(t)v(t)\, dt$$

e

$$\int_0^1 f(t)v'(t)\, dt = f(1)v(1) - f(0)v(0) - \int_0^1 f'(t)v(t)\, dt = -\int_0^1 f'(t)v(t)\, dt.$$

Di conseguenza,

$$\int_0^1 \left(-u''(t) + f'(t) - g(t)\right)v(t)\, dt = 0 \qquad \text{per ogni } v \in H_0^1(0,1),$$

che implica

$$\begin{cases} u''(t) = f'(t) - g(t) \\ u(0) = u(1) = 0. \end{cases}$$

b) Il problema diviene

$$\begin{cases} u''(t) = -1 \\ u(0) = u(1) = 0, \end{cases}$$

per cui

$$u(t) = \frac{1}{2}(t - t^2).$$

Soluzione 3.21. Seguendo lo svolgimento del Problema 2.26 otteniamo che V è un sottospazio chiuso di H. Per determinare $P_V f$ dobbiamo minimizzare, al variare di $u \in V$, la forma quadratica

$$E(u) = \|f - u\|_H^2 = \int_{-1}^{1} (2t - u'(t))^2 \, dt.$$

Sappiamo che il minimo $u = P_V f$ verifica la condizione

$$\langle f - u, v \rangle = \int_{-1}^{1} (2t - u'(t)) v'(t) \, dt = 0 \qquad \text{per ogni } v \in H_0^1(-1, 1).$$

Supponendo di poter integrare per parti, possiamo scrivere

$$\int_{-1}^{1} (2t - u'(t)) v'(t) \, dt = -\int_{-1}^{1} (2 - u''(t)) v(t) \, dt = 0$$

per ogni $v \in H$. La candidata proiezione u deve verificare il problema

$$\begin{cases} u''(t) = 2 & \text{per } -1 < t < 0, \, 0 < t < 1 \\ u(-1) = u(1) = 0, & u(0) = 0. \end{cases}$$

Ricaviamo

$$u(t) = \begin{cases} t^2 + A_1 t + A_2 & -1 \leq t \leq 0 \\ t^2 + B_1 t + B_2 & 0 \leq t \leq 1. \end{cases}$$

con

$$\begin{cases} 1 - A_1 + A_2 = 0 \\ 1 + B_1 + B_2 = 0 \\ A_2 = B_2 = 0. \end{cases}$$

Si ottiene

$$u(t) = t^2 - |t|$$

come si può verificare direttamente.

Soluzione 3.22. Se $u \in H_0^1(\Omega_1)$, la sua estensione nulla in $\Omega \setminus \Omega_1$ è una funzione in $H_0^1(\Omega)$ per cui V_1 è un sottospazio di V. Per controllare che è chiuso, sia $v_n \to v$ in V, $v_n \in V_1$. In particolare, $\{v_n\}$ è di Cauchy in $H_0^1(\Omega_1)$ e quindi $v_n \to v_0$ in $H_0^1(\Omega_1)$. Sia $\overline{v}_0$ l'estensione di v_0 nulla in $\Omega \setminus \Omega_1$. Allora $\overline{v}_0 \in V_1$ e

$$v_n \to \overline{v}_0$$

in V. Ne segue che $v_0 = \overline{v}_0 \in V_1$ e perciò V_1 è chiuso. Stessi discorsi per V_2.

Dimostrare che $V_1^\perp \cap V_2^\perp = \{0\}$ equivale a mostrare[21] che $V_1 + V_2$ è denso in V; ciò segue se si dimostra che

$$C_0^\infty(\Omega_1) + C_0^\infty(\Omega_2) = C_0^\infty(\Omega).$$

Sia dunque $v \in C_0^\infty(\Omega)$; vogliamo costruire $v_1 \in C_0^\infty(\Omega_1)$ e $v_2 \in C_0^\infty(\Omega_2)$ tali che $v = v_1 + v_2$.

Sia K il supporto di v. Allora

$$\text{dist}(K, \partial\Omega) = d > 0.$$

---

[21] Il lettore controlli.

Definiamo, per $s > 0$ e $j = 1, 2$,

$$A_j^s = \{\mathbf{x} \in \Omega_j \colon \text{dist}(\mathbf{x}, \partial\Omega_j) > s\}.$$

Per $s < d$ si ha

$$K \subset A_1^s \cup A_2^s.$$

Se riusciamo a costruire due funzioni $w_1 \in C_0^\infty(\Omega_1)$ e $w_2 \in C_0^\infty(\Omega_2)$ tali che $w_1 = w_2$ in K possiamo definire

$$v_1 = v\frac{w_1}{w_1 + w_2} \quad \text{e} \quad v_2 = v\frac{w_2}{w_1 + w_2}.$$

Per costruire w_1, sia $z = \chi\left(A_1^{d/2}\right)$ la funzione caratteristica di $A_1^{d/2}$ e consideriamo il nucleo regolarizzante[22]

$$\eta(\mathbf{x}) = \begin{cases} c\exp\left(\dfrac{1}{|\mathbf{x}|^2 - 1}\right) & 0 \le |\mathbf{x}| < 1 \\[2mm] 0 & |\mathbf{x}| \ge 1 \end{cases}$$

dove $c = \left(\int_{\mathbf{R}^n} \eta\right)^{-1}$. Poniamo

$$\eta_\varepsilon(\mathbf{x}) = \varepsilon^{-n}\eta\left(\frac{|\mathbf{x}|}{\varepsilon}\right)$$

e

$$w_1 = \eta_\varepsilon * z.$$

Se $\varepsilon = d/2$, w_1 ha le proprietà richieste. Stessa costruzione per w_2.

---

[22][S], Capitolo 7, Sezione 1.2.

6

Formulazioni variazionali

1. Richiami di teoria

Il riferimento teorico per i problemi e gli esercizi contenuti in questo capitolo è [S], Capitoli 6 (per i problemi variazionali astratti), 9 e 10 (per i problemi ellittici e di evoluzione). Richiamiamo alcune nozioni di base sui problemi variazionali.

- *Forme bilineari e coercività.* Sia V uno spazio di Hilbert. Un'applicazione

$$B : V \times V \to \mathbf{R}$$

è una *forma bilineare* se è lineare in entrambi i membri. La forma

$$B^*(u,v) = B(v,u)$$

si chiama *aggiunta* di B. B è:

simmetrica (o *autoaggiunta*) se

$$B(v,u) = B(u,v),$$

continua, se

$$|B(u,v)| \leq M\|u\|_V\|v\|_V,$$

coerciva, se esiste una costante $a > 0$ tale che

$$B(u,u) \geq a\|u\|_V^2$$

per ogni $u, v \in V$.

Sia H uno spazio di Hilbert. La terna $V, H V'$ (il duale di V) si dice *hilbertiana* se

$$V \subset H \subset V',$$

V è *denso* in H e l'immersione di V in H è *compatta*[1].

La forma B si dice *debolmente coerciva* rispetto alla terna Hilbertiana (V, H, V') se esistono $\lambda_0 \in \mathbf{R}$ e $a > 0$ tali che

$$B(u, u) + \lambda_0 \|u\|_H^2 \geq a\|u\|_V^2$$

per ogni $u \in V$.

• *Problema variazionale astratto* (stazionario): determinare $u \in V$ tale che

(1) $$B(u, v) = Fv, \qquad \forall v \in V$$

dove B è bilineare in V e $F \in V'$.

Teorema 1 (di Lax–Milgram). Se B è continua e coerciva con costante di coercività a, allora esiste un unica soluzione $\bar{u}$ del problema (1), e vale la stima di stabilità

$$\|\bar{u}\|_V \leq \frac{1}{a}\|F\|_{V'}.$$

Se inoltre B è simmetrica allora $\bar{u}$ è anche l'unica minimizzante del funzionale "energia"

$$E(v) = \frac{1}{2}B(v, v) - Fv, \qquad \text{per } v \in V.$$

Teorema 2 (dell'alternativa di Fredholm). Sia B una forma bilineare in V, debolmente coerciva rispetto alla terna hilbertiana (V, H, V') e sia $F \in V'$.

Siano poi $\mathcal{N}_B$ e $\mathcal{N}_{B^*}$, rispetttivamente, i sottospazi (*autospazi*) delle soluzioni dei due problemi omogenei

$$B(u, v) = 0, \qquad \forall v \in V \qquad \text{e} \qquad B_*(w, v) = 0, \qquad \forall v \in V.$$

Allora
a) $\dim \mathcal{N}_B = \dim \mathcal{N}_{B_*} = d < \infty$.
b) Il problema (1) ha soluzione se e solo se $Fw = 0$ per ogni $w \in \mathcal{N}_{B_*}$.

• *Autovalori di Dirichlet per l'operatore* $-\Delta$. Sia $\Omega \subset \mathbf{R}^n$ un dominio limitato e lipschitziano e si consideri il problema agli autovalori

$$-\Delta u = \lambda u \qquad u \in H_0^1(\Omega).$$

Esiste una successione di numeri

$$0 < \lambda_1 < \lambda_2 \leq \lambda_3 \leq \dots,$$

con $\lambda_k \to +\infty$, tale che il problema ammette soluzioni non banali se e solo se $\lambda = \lambda_k$. Le corrispondenti autofunzioni costituiscono una base ortonormale (ortogonale) in $H_0^1(\Omega)$ ed una base ortogonale (ortonormale) in $L^2(\Omega)$. In particolare, il primo autovalore λ_1 è *semplice*, cioè il suo autospazio è del tipo

$$\{t\varphi_1 : t \in \mathbf{R}\}$$

---

[1] In altri contesti nella definizione di terna Hilbertiana si richiede che l'immersione di V in H sia solo continua.

e φ_1 può essere scelta strettamente positiva su Ω.

Risultati analoghi valgono anche per le altre condizioni al contorno.

• *Problema variazionale astratto* (dinamico, del primo ordine): data (V, H, V') terna Hilbertiana, con V, H separabili e $B(\cdot, \cdot, t)$ bilineare in V, trovare una funzione

$$u \in L^2(0, T; V) \cap C([0, T]; H)$$

tale che

$$\begin{cases} \dfrac{d}{dt} \langle \mathbf{u}(t), v \rangle_H + B(\mathbf{u}(t), v, t) = \langle \mathbf{f}(t), v \rangle_H & \forall v \in V, \\ \mathbf{u}(0) = g \end{cases}$$

q.o. t in $(0, T)$ e nel senso delle distribuzioni in $(0, T)$.

Teorema 3. Se $\mathbf{f} \in L^2(0, T; H)$, $g \in H$ e B è continua e debolmente coerciva, uniformemente[2] rispetto a t, esiste unica la soluzione del problema variazionale.

• *Problema variazionale astratto* (dinamico, del secondo ordine): data (V, H, V') terna Hilbertiana, con V, H separabili, e $B(\cdot, \cdot)$ bilineare in V, trovare una funzione

$$\mathbf{u} \in C([0, T]; V) \cap C^1([0, T]; H), \ \mathbf{u}'' \in L^2([0, T]; V')$$

tale che

$$\begin{cases} \dfrac{d^2}{dt^2} \langle \mathbf{u}(t), v \rangle_H + B(\mathbf{u}(t), v) = \langle \mathbf{f}(t), v \rangle_H & \forall v \in V, \\ \mathbf{u}(0) = g \\ \mathbf{u}'(0) = h \end{cases}$$

per q.o. $t \in (0, T)$ e nel senso delle distribuzioni in $(0, T)$.

Teorema 4. Se $\mathbf{f} \in L^2(0, T; H)$, $g \in V$, $h \in H$ e B è continua, simmetrica e debolmente coerciva, uniformemente[3] rispetto a t, esiste unica la soluzione del problema variazionale.

Tipicamente, la terna hilbertiana è costituita da uno spazio V intermedio tra $H_0^1(\Omega)$ e $H^1(\Omega)$,

$$H_0^1(\Omega) \subseteq V \subseteq H^1(\Omega),$$

da $H = L^2(\Omega)$ e V'.

---

[2]Cioè la costante di continuità M e quella di coercività a non dipendono da t.
[3]Cioè la costante di continuità M e quella di coercività a non dipendono da t.

2. Problemi risolti

- **2.1** – **2.5** : Problemi in una dimensione.
- **2.6** – **2.16** : Problemi ellittici.
- **2.17** – **2.22** : Problemi di evoluzione.

2.1. Problemi in una dimensione

Problema 2.1. (Condizioni di Dirichlet). *Scrivere la formulazione variazionale del problema:*
$$\begin{cases} (x^2 + 1)u'' - xu' = \sin 2\pi x & 0 < x < 1 \\ u(0) = u(1) = 0. \end{cases}$$
Mostrare che esso ha una sola soluzione $u \in H_0^1(0,1)$ e determinare esplicitamente una costante C per la quale si abbia
$$\|u'\|_{L^2(0,1)} \leq C.$$

Soluzione

Date le condizioni di Dirichlet omogenee, scegliamo come spazio delle funzioni test lo spazio $H_0^1(0,1)$ (chiusura, rispetto alla norma usuale, dello spazio $C_0^1(0,1)$). Moltiplichiamo l'equazione per una generica $v \in H_0^1(0,1)$ ed integriamo; risulta:

(2) $$\int_0^1 \left[(x^2 + 1)u''(x) - xu'(x)\right] v(x)\, dx = \int_0^1 \sin(2\pi x)v(x)\, dx.$$

Integrando per parti possiamo scrivere

$$\int_0^1 (x^2 + 1)u''(x)v(x)\, dx$$

$$= \left[(x^2 + 1)u'(x)v(x)\right]_0^1 - \int_0^1 u'(x)\frac{d}{dx}\left[(x^2 + 1)v(x)\right]\, dx =$$

$$= -\int_0^1 \left[(x^2 + 1)u'(x)v'(x) + 2xu'(x)v(x)\right]\, dx$$

e quindi, sostituendo nella (2),

$$\int_0^1 \left[(x^2 + 1)u'(x)v'(x) + 3xu'(x)v(x)\right]\, dx = -\int_0^1 \sin(2\pi x)v(x)\, dx.$$

Posto

$$B(u,v) = \int_0^1 \left[(x^2 + 1)u'(x)v'(x) + 3xu'(x)v(x)\right]\, dx,$$

$$Fv = -\int_0^1 \sin(2\pi x)v(x)\, dx,$$

abbiamo la seguente formulazione variazionale del problema dato: *trovare $u \in H_0^1(0,1)$ tale che*

(3) $$B(u,v) = Fv \quad \text{per ogni } v \in H_0^1(0,1).$$

Osserviamo che, se $u \in C^2$ e $v \in C^1$ verificano (3), allora possiamo ripetere il procedimento di integrazione per parti in senso inverso ottenendo

$$\int_0^1 \left[(x^2+1)u''(x) - xu'(x) - \sin(2\pi x)\right] v(x)\, dx \quad \text{per ogni } v \in C_0^1(0,1).$$

L'arbitrarietà di v forza

$$(x^2+1)u''(x) - xu'(x) - \sin(2\pi x) = 0 \quad \text{in } (0,1)$$

cosicché u è soluzione classica del problema di partenza. Questo controllo indica che la formulazione variazionale ottenuta è coerente con la formulazione classica, nel caso di soluzioni regolari. Per l'analisi del problema, il riferimento è il teorema di Lax–Milgram. Si controlla direttamente che B è bilineare e che F è lineare. Per quanto riguarda la continuità si ha, dalle disuguaglianze di Schwarz e di Poincaré (che in questo caso vale con $C_P = 1/\pi$, vedi Esercizio 3.5, Capitolo 5),

$$|B(u,v)| \leq \|x^2+1\|_\infty \|u'\|_2 \|v'\|_2 + \|3x\|_\infty \|u'\|_2 \|v\|_2 \leq \left(2 + \frac{3}{\pi}\right) \|u'\|_2 \|v'\|_2$$

e

$$|Fv| \leq \|\sin 2\pi x\|_2 \|v\|_2 \leq \frac{\sqrt{2}}{2\pi} \|v'\|_2.$$

Per quanto riguarda la coercività di B, invece, dobbiamo stimare (dal basso)

$$B(u,u) = \int_0^1 \left[(x^2+1)(u')^2 + 3xu'u\right]\, dx.$$

A tale scopo osserviamo che

$$uu' = (u^2)'/2$$

e perciò, sempre integrando per parti ed usando la disuguaglianza di Poincaré,

$$\begin{aligned}
\int_0^1 3xuu'\, dx &= \int_0^1 \frac{3}{2}x(u^2)'\, dx = -\int_0^1 \frac{3}{2}u^2\, dx \\
&= -\frac{3}{2}\|u\|_2^2 \geq -\frac{3}{2\pi^2}\|u'\|_2^2.
\end{aligned}$$

Tenuto conto che $x^2+1 \geq 1$ abbiamo

$$B(u,u) \geq a\|u'\|_2^2,$$

dove

$$a = 1 - \frac{3}{2\pi^2} > 0.$$

Quindi B è coerciva e possiamo applicare il teorema di Lax–Milgram ed ottenere l'esistenza di un'unica soluzione u di (3). Inoltre si ha

$$\|u'\|_2 \leq \frac{1}{a}\|F\|_{H^{-1}} \leq \left(1 - \frac{3}{2\pi^2}\right)\frac{\sqrt{2}}{2\pi},$$

da cui si deduce la disuguaglianza richiesta.

Problema 2.2. (Condizioni di Neumann). *Scrivere la formulazione variazionale del problema:*

$$\begin{cases} e^x u'' + e^x u' - cu = 1 - 2x & 0 < x < 1 \\ u'(0) = u'(1) = 0. \end{cases}$$

Discutere la risolubilità del problema al variare del parametro reale c.

Soluzione

Notiamo che l'equazione può essere riscritta come

$$-(e^x u')' + cu = 2x - 1.$$

Date le condizioni al bordo di Neumann, scegliamo come spazio di funzioni test $V = H^1(0,1)$. Moltiplichiamo l'equazione per una generica funzione test v ed integriamo su $(0,1)$:

$$\int_0^1 [-(e^x u')' + cu]\, v\, dx = \int_0^1 (2x-1)v\, dx.$$

Applichiamo ora la formula di integrazione per parti per scrivere

$$\int_0^1 [-(e^x u')' + cu]\, v\, dx = [-e^x u' v]_0^1 + \int_0^1 [e^x u' v' + cuv]\, dx.$$

Ponendo

$$B(u,v) = \int_0^1 [e^x u' v' + cuv]\, dx, \qquad Fv = \int_0^1 (2x-1)v\, dx,$$

si ottiene la formulazione variazionale seguente: *determinare $u \in V$ tale che*

$$(4) \qquad\qquad B(u,v) = Fv \qquad \text{per ogni } v \in V.$$

Prima di proseguire osserviamo che, se $u \in C^2$ è soluzione debole, integrando per parti otteniamo

$$(5) \qquad \int_0^1 [e^x(u'' + u') - cu + 2x - 1]\, v\, dx - [e^x u' v]_0^1 = 0 \quad \forall v \in C^1(0,1).$$

In particolare, tale relazione deve valere per tutte le v che si annullano agli estremi:

$$\int_0^1 [e^x u'' + e^x u' - cu + 2x - 1]\, v\, dx = 0 \qquad \text{per ogni } v \in C_0^1(0,1),$$

che forza

$$e^x u'' + e^x u' - cu + 2x - 1 = 0 \qquad \text{in } (0,1)$$

e cioè u risolve l'equazione di partenza. Sostituendo in (5), otteniamo

$$-eu'(1)v(1) + u'(0)v(0) = 0 \qquad \text{per ogni } v \in C^1(0,1),$$

che implica $u'(0) = u'(1) = 0$. In altre parole, una soluzione di (4) che sia anche regolare è una soluzione classica del problema di partenza e perciò la formulazione variazionale è corretta.

Per l'analisi del problema proviamo ad applicare il teorema di Lax–Milgram, o, se non è possibile, quello dell'alternativa di Fredholm. La linearità di F e la bilinearità di B sono evidenti. Occupiamoci della loro continuità. Si ha:

$$|Fv| \leq \|2x - 1\|_2 \|v\|_2 \leq \frac{\sqrt{3}}{3} \left(\|v'\|_2 + \|v\|_2 \right)$$

e

$$|B(u,v)| \leq \|e^x\|_\infty \|u'\|_2 \|v'\|_2 + |c| \|u\|_2 \|v\|_2 \leq \max\{e, |c|\} \left(\|u'\|_2 \|v'\|_2 + \|u\|_2 \|v\|_2 \right),$$

pertanto F è un elemento di V' e B è continua. Passiamo alla coercività di B; possiamo scrivere, essendo $e^x \geq 1$ in $[0,1]$,

$$B(u,u) = \int_0^1 \left[e^x (u')^2 + cu^2 \right] dx \geq \|u'\|_2^2 + c\|v\|_2^2.$$

Risulta che, se $c > 0$, B è coerciva, con costante di coercività $\min\{1, c\}$. In base al teorema di Lax–Milgram deduciamo l'esistenza di un'unica soluzione u di (3). Viceversa, se $c \leq 0$, allora

$$B(u,u) + (1 - c)\|u\|_2^2 \geq \|u'\|_2^2 + \|u\|_2^2$$

e B risulta essere una forma debolmente coerciva rispetto alla terna formata da V, $H = L^2(0,1)$ e V'. Infatti, l'immersione di V in H è compatta, la terna è hilbertiana e si può applicare il teorema dell'alternativa di Fredholm, in base al quale (4) è risolubile se e solo se

$$Fw = \int_0^1 (1 - 2x)w \, dx = 0$$

per ogni soluzione w del problema omogeneo aggiunto:

$$B(v,w) = 0 \qquad \text{per ogni } v \in H^1(0,1).$$

Si osservi che $B(u,v) = B(v,u)$ e quindi il problema è autoaggiunto. In formule, se w è soluzione del problema omogeneo aggiunto, per ogni $v \in V$ si ha

$$\int_0^1 \left[e^x v' w' + cvw \right] dx = 0,$$

che è la formulazione debole (dimostrarlo) del problema di Sturm–Liouville

$$\begin{cases} -(e^x u')' = -cu & 0 < x < 1 \\ u'(0) = u'(1) = 0. \end{cases}$$

Sappiamo[4] che tale problema ammette una successione di autovalori $-c = \lambda_k \geq 0$ tutti semplici; in particolare, l'autospazio corrispondente a ciascun autovalore ha dimensione 1 ed è generato da $\psi_k \in V$, $\|\psi_k\| = 1$. Per $-c \neq \lambda_k$, il problema ammette solo la soluzione nulla. Riassumendo abbiamo

se $c \neq -\lambda_k$ per ogni k allora esiste un'unica soluzione $u \in V$ di (4)

---

[4]Appendice A.

Viceversa,

$$\text{se } c = -\lambda_k \text{ (4) è risolubile se e solo se } \int_0^1 x\psi_k(x)\,dx = 0,$$

ed in tal caso ammette le infinite soluzioni $u = \bar{u} + C\psi_k$, dove $\bar{u}$ è una soluzione particolare.

In generale il calcolo esplicito delle ψ_k e, quindi, il controllo delle condizioni di compatibilità, non è eseguibile elementarmente. Il caso $c = -\lambda_1 = 0$ è semplice ed è facile vedere che le soluzioni del problema omogeneo aggiunto si riducono alle funzioni costanti (cioè $\psi_1 \equiv 1$). Il problema dato ammette dunque soluzione, in quanto

$$\int_0^1 (1 - 2x) \cdot 1\,dx = 0.$$

Integrando l'equazione si ottengono le infinite soluzioni

$$u(t) = (x^2 + x + 1)e^{-x} + C,$$

con C costante arbitraria.

Problema 2.3. (Condizioni di Robin–Dirichlet). *Scrivere la formulazione variazionale del problema*

$$\begin{cases} \cos x\, u'' - \sin x\, u' - xu = 1 & 0 < x < \pi/6 \\ u'(0) = -u(0),\ u(\pi/6) = 0 \end{cases}$$

e discuterne esistenza ed unicità. Ricavare una stima di stabilità per la soluzione.

Soluzione

L'equazione si può scrivere in forma di divergenza come

$$-(\cos x\, u')' + xu = -1.$$

Date le condizioni di Dirichlet nell'estremo destro scegliamo come spazio in cui ambientare il problema

$$V = \left\{ v \in H^1(0, \pi/6) : v(\pi/6) = 0 \right\}.$$

Moltiplicando l'equazione per $v \in V$ ed integrando otteniamo

$$\int_0^{\pi/6} [-(\cos xu')' + xu]\,v\,dx = \int_0^{\pi/6} -v\,dx \qquad \text{per ogni } v \in V.$$

Stavolta la formula di integrazione per parti fornisce

$$\int_0^{\pi/6} -(\cos x\, u')'v\,dx = [-\cos x\, u'v]_0^{\pi/6} + \int_0^{\pi/6} \cos x\, u'v'\,dx =$$

$$= u'(0)v(0) + \int_0^1 \cos x\, u'v'\,dx =$$

$$= -u(0)v(0) + \int_0^1 \cos x\, u'v'\,dx,$$

dove, nell'ultimo passaggio, abbiamo utilizzato la condizione di Robin in $x = 0$. La formulazione debole del problema è perciò la seguente: *determinare $u \in V$ tale che*

(6) $$B(u, v) = Fv \quad \text{per ogni } v \in V,$$

dove

$$B(u, v) = \int_0^{\pi/6} [\cos x\, u'v' + xuv]\, dx - u(0)v(0),$$

$$Fv = \int_0^{\pi/6} -v\, dx.$$

Come nei problemi precedenti, è possibile verificare (ed invitiamo il lettore a farlo) che, se la soluzione variazionale u è regolare, è possibile riottenere la formulazione classica da quella debole integrando per parti in direzione inversa.

Il funzionale F è lineare e la forma B è bilineare.

Controlliamo la loro continuità. Per ogni $v \in V$, possiamo scrivere

$$v(\pi/6) - v(0) = \int_0^{\pi/6} v'(t)\, dt,$$

da cui

$$|v(0)| \le \int_0^{\pi/6} |v'(x)|\, dx \le \sqrt{\frac{\pi}{6}}\, \|v'\|_2$$

(nell'ultimo passaggio abbiamo applicato la disuguaglianza di Schwarz al prodotto $v' \cdot 1$). Inoltre, le funzioni di V soddisfano la disuguaglianza di Poincaré

$$\|v\|_2 \le C_P \|v'\|_2,$$

e quindi possiamo usare la norma equivalente

$$\|v\|_V = \|v'\|_2.$$

tenendo conto delle disuguaglianze precedenti, otteniamo

$$|B(u, v)| \le \|u'\|_2 \|v'\|_2 + \|x\|_\infty \|u\|_2 \|v\|_2 + |u'(0)||v'(0)| \le$$
$$\le \left(1 + \frac{\pi}{6} C_P^2 + \frac{\pi}{6}\right) \|u'\|_2 \|v'\|_2,$$

e

$$|Fv| \le \|1\|_2 \|v\|_2 \le C_P \sqrt{\frac{\pi}{6}}\, \|v'\|_2.$$

Le forme sono dunque entrambe continue. Passiamo alla coercività di B. Ricordando che $\cos x \ge \sqrt{3}/2$ e $x \ge 0$ su $[0, \pi/6]$ possiamo scrivere

$$B(u, u) = \int_0^{\pi/6} [\cos x\, (u')^2 + xu^2]\, dx - (u'(0))^2 \ge$$

$$\ge \frac{\sqrt{3}}{2} \|u'\|_2^2 - \frac{\pi}{6} \|u'\|_2^2 = a\|u'\|_2^2$$

dove

$$a = \frac{\sqrt{3}}{2} - \frac{\pi}{6} > 0.$$

Siamo perciò in condizioni di applicare il teorema di Lax–Milgram, ottenendo l'esistenza di un'unica soluzione u di (6). Inoltre, sempre dal teorema di Lax–Milgram,

$$\|u'\|_2 \leq \frac{1}{a}\|F\|_{V'} \leq \left(\frac{\sqrt{3}}{2} - \frac{\pi}{6}\right)^{-1} C_P \sqrt{\frac{\pi}{6}}.$$

Grazie all'Esercizio 3.5.b), Capitolo 5, sappiamo che la miglior costante di Poincaré in V è data da $C_P = 1/3$. In conclusione,

$$\|u'\|_2 \leq \frac{\sqrt{2\pi}}{9 - \pi\sqrt{3}} \approx 0.7043... \ .$$

Problema 2.4. (Problemi su un dominio illimitato). *Scrivere la formulazione variazionale del problema*

$$\begin{cases} -u'' + \dfrac{2 + x^2}{1 + x^2}u = \dfrac{1}{1 + x^2} & x \in \mathbf{R} \\ u(x) \to 0 & x \to \pm\infty \end{cases}$$

e provare esistenza ed unicità. Ricavare una stima in $L^\infty(\mathbf{R})$ per la soluzione.

Soluzione

I problemi in domini illimitati sono in generale più delicati da trattare. In questo caso, tuttavia, lo spazio $H^1(\mathbf{R})$, cioè la chiusura dello spazio $C_0^\infty(\mathbf{R})$ mediante la norma usuale, si presta particolarmente bene, anche perché incorpora le condizioni nulle all'infinito (Esercizio 3.17.a), Capitolo 5). Inoltre, una funzione $v \in C_0^\infty(\mathbf{R})$ ha supporto compatto e quindi si può moltiplicare l'equazione per v ed integrare su $\mathbf{R}$, senza problemi di convergenza degli integrali. Si ha:

$$\int_{-\infty}^{+\infty} \left[-u'' + \frac{2 + x^2}{1 + x^2}u\right] v\, dx = \int_{-\infty}^{+\infty} \frac{1}{1 + x^2}v\, dx.$$

Usiamo ora la formula di integrazione per parti per scrivere

$$\int_{-\infty}^{+\infty} -u''v\, dx = -[u'v]_{-\infty}^{+\infty} + \int_{-\infty}^{+\infty} u'v'\, dx$$

e otteniamo la seguente formulazione variazionale: *determinare $u \in H^1(\mathbf{R})$ tale che:*

(7) $$B(u,v) = Fv \quad \text{per ogni } v \in H^1(\mathbf{R}),$$

dove

$$B(u,v) = \int_{-\infty}^{+\infty} \left[u'v' + \frac{2 + x^2}{1 + x^2}uv\right] dx$$

e

$$Fv = \int_{-\infty}^{+\infty} \frac{1}{1 + x^2}v\, dx.$$

Lasciamo al lettore la verifica che, se u è regolare ed è soluzione di (7), allora è una soluzione classica del problema di partenza.

Per applicare il teorema di Lax–Milgram dobbiamo provare la continuità di F e di B e la coercività di B.

Possiamo scrivere, rispettivamente,

$$(8) \qquad |Fv| \;\leq\; \left\|\frac{1}{1+x^2}\right\|_2 \|v\|_2$$

$$(9) \qquad\qquad = \sqrt{\frac{\pi}{2}}\|v\|_2,$$

e

$$|B(u,v)| \;\leq\; \|u'\|_2\|v'\|_2 + \left\|\frac{2+x^2}{1+x^2}\right\|_\infty \|u\|_2\|v\|_2$$

$$\qquad\qquad \leq\; 2\|u\|_{H^1(\mathbf{R})}\|v\|_{H^1(\mathbf{R})}$$

per cui F e B sono continue. Essendo poi

$$\min_{\mathbf{R}}\left(\frac{2+x^2}{1+x^2}\right) = 1,$$

si ha

$$B(u,u) \;=\; \int_{-\infty}^{+\infty}\left[(u')^2 + \frac{2+x^2}{1+x^2}u^2\right]dx$$

$$\qquad\qquad \geq\; \|u'\|_2^2 + \|u\|_2$$

$$\qquad\qquad =\; \|u\|_{H^1(\mathbf{R})}^2$$

per cui B è coerciva, con costante di coercività uguale a 1. Di conseguenza il teorema di Lax–Milgram implica l'esistenza e l'unicità della soluzione.

Per quanto riguarda la stima della soluzione, da[5]

$$\|u\|_{L^\infty(\mathbf{R})} \leq \|u\|_V$$

e dalla (8) otteniamo

$$\|u\|_{L^\infty(\mathbf{R})} \;\leq\; \|u\|_V$$

$$\qquad\qquad \leq\; \|F\|_V \leq \sqrt{\frac{\pi}{2}}.$$

---

[5]Problema 2.21, Capitolo 5.

Problema 2.5. (Equazione di Legendre). *Sia*

$$V = \left\{ v \in L^2(-1,1) : (1-x^2)^{1/2} v' \in L^2(-1,1) \right\}.$$

a) *Controllare che la formula*

(10) $$\langle u, v \rangle_V = \int_{-1}^{1} [uv + (1-x^2) u'v'] \, dx$$

definisce un prodotto interno rispetto al quale V è uno spazio di Hilbert.

b) *Studiare il problema variazionale*

$$\langle u, v \rangle_V = Fv \equiv \int_{-1}^{1} fv \, dx \qquad \text{per ogni } v \in V,$$

con $f \in L^2(-1,1)$ *e interpretarlo in senso forte.*

c) *Studiare il problema agli autovalori*

(11) $$\langle u, v \rangle_V = \lambda \int_{-1}^{1} uv \, dx \qquad \text{per ogni } v \in V.$$

Soluzione

a) Controlliamo le proprietà del prodotto interno. La positività di $\langle u, u \rangle_V$ è evidente mentre

$$\langle u, u \rangle_V = \int_{-1}^{1} [u^2 + (1-x^2)(u')^2] \, dx = 0$$

implica $u = 0$ q.o. in $(-1,1)$. Si può dunque concludere che $\langle u, v \rangle_V$ è realmente un prodotto interno. Facciamo vedere che V è completo rispetto a tale prodotto interno. Sia $\{u_n\}$ una successione di Cauchy in V. Allora $\{u_n\}$ è di Cauchy anche in $L^2(-1,1)$, per cui $u_n \to u_0 \in L^2(-1,1)$. D'altra parte, anche la successione $\left\{ (1-x^2)^{1/2} u'_n \right\}$ è di Cauchy in $L^2(-1,1)$ e perciò

$$(1-x^2) u'_n \to w \in L^2(-1,1).$$

A meno di sottosuccessioni,

$$u_n \to u_0 \quad \text{e} \quad (1-x^2)^{1/2} u'_n \to w$$

q.o. in $(-1,1)$, per cui anche

$$u'_n \to u_1 \quad \text{q.o.} \quad \text{e} \quad w = (1-x^2)^{1/2} u_1.$$

Deve allora essere $u_1 = u'_0$, che implica V completo.

b) Indichiamo con $\|\cdot\|$ e con $\|\cdot\|_V$ la norma in $L^2(-1,1)$ e quella indotta dal prodotto interno (10), rispettivamente. Poiché

$$|Fv| = \left| \int_{-1}^{1} fv \, dx \right| \le \|f\| \, \|v\| \le \|f\| \, \|v\|_V,$$

il funzionale F definisce un elemento di V'. Il teorema di Riesz implica perciò che esiste unica la soluzione u di (11) e

$$\|u\|_V \leq \|f\|.$$

Per l'interpretazione in senso forte, procediamo formalmente integrando per parti il secondo termine del prodotto interno; la (11) diventa:

$$\left[\left(1-x^2\right)u'v\right]_{-1}^1 + \int_{-1}^1 \left\{u - \left[\left(1-x^2\right)u'\right]'\right\} v\,dx = \int_{-1}^1 fv\,dx \qquad \text{per ogni } v \in V,$$

quindi l'arbitrarietà di v forza prima

(12) $$\qquad -\left[\left(1-x^2\right)u'\right]' + u = f \qquad \text{in } (-1,1)$$

e poi

$$\lim_{x \to \pm 1} \left(1-x^2\right)u'(x) = 0.$$

Le condizioni ai limiti sono dunque quelle "naturali", di Neumann omogenee. Si noti che il limite è necessario poiché le funzioni di V possono essere illimitate in un intorno di ± 1.

c) Da quanto visto al punto b), il problema agli autovalori

$$\langle u, v \rangle_V = \lambda \int_{-1}^1 uv\,dx \qquad \text{per ogni } v \in V$$

equivale all'equazione (di Legendre)

$$-\left[\left(1-x^2\right)u'\right]' = (\lambda - 1)u \qquad \text{in } (-1,1),$$

con le condizioni ai limiti

$$\lim_{x \to \pm 1} \left(1-x^2\right)u'(x) = 0.$$

Le uniche soluzioni di questo problema[6] sono i *polinomi di Legendre* P_n, definiti ricorsivamente dalla formula (di Rodrigues)

$$P_n(x) = \frac{1}{2^n n!} \frac{d^n}{dx^n} \left(x^2 - 1\right)^n, \qquad n \in \mathbf{N},$$

con autovalori $\lambda_n = 1 + n(n+1)$. I primi polinomi di Legendre sono:

$$P_0(x) = 1, \ P_1(x) = x, \ P_2(x) = \frac{1}{3}\left(3x^2 - 1\right), \ P_4(x) = \frac{1}{2}\left(5x^3 - 3x\right).$$

---

[6]Appendice A.

2.2. Problemi ellittici

Problema 2.6. (Condizioni di Dirichlet). *Scrivere la formulazione variazionale del problema*

$$\begin{cases} -\Delta u + c(\mathbf{x})u = f(\mathbf{x}) & \mathbf{x} \in \Omega \\ u = 0 & \mathbf{x} \in \partial\Omega, \end{cases}$$

dove Ω è un dominio regolare e limitato di $\mathbf{R}^n$, ed $f \in L^2(\Omega)$. Dare condizioni su c che garantiscano l'applicabilità del teorema di Lax-Milgram e scrivere la corrispondente stima di stabilità.

Soluzione

Le condizioni di Dirichlet omogenee suggeriscono di scegliere come spazio delle funzioni test lo spazio $H_0^1(\Omega)$. Moltiplichiamo perciò l'equazione per una generica $v \in H_0^1(\Omega)$ ed integriamo. Essendo (per la formula di Gauss)

$$\int_\Omega -\Delta u\, v\, d\mathbf{x} = -\int_{\partial\Omega} \partial_\nu u\, v\, d\boldsymbol{\sigma} + \int_\Omega \nabla u \cdot \nabla v\, d\mathbf{x} = \int_\Omega \nabla u \cdot \nabla v\, d\mathbf{x}$$

otteniamo

$$\int_\Omega [\nabla u \cdot \nabla v + c(\mathbf{x})uv]\, d\mathbf{x} = \int_\Omega fv\, d\mathbf{x} \quad \text{per ogni } v \in H_0^1(\Omega).$$

Essendo u e v in L^2, per dare senso all'integrale assumiamo senz'altro[7] $c \in L^\infty(\Omega)$. Possiamo quindi porre

$$B(u,v) = \int_\Omega [\nabla u \cdot \nabla v + c(\mathbf{x})uv]\, d\mathbf{x}, \quad Fv = \int_\Omega fv\, d\mathbf{x},$$

e scrivere la seguente formulazione variazionale del problema dato: *determinare $u \in H_0^1(\Omega)$ tale che*

$$(13) \qquad\qquad B(u,v) = Fv \quad \text{per ogni } v \in H_0^1(\Omega).$$

Viceversa, se $u \in C_0^2(\Omega)$ è soluzione di (13), possiamo utilizzare la formula di Gauss nell'altra direzione ottenendo

$$\int_\Omega [-\Delta u + c(\mathbf{x})u - f]\, v\, d\mathbf{x} \quad \text{per ogni } v \in C_0^1(\Omega),$$

e quindi $-\Delta u + c(\mathbf{x})u - f = 0$ q.o. in Ω. In particolare, se anche i coefficienti c ed f sono continui, l'uguaglianza vale ovunque ed u è soluzione classica del problema di partenza

Per applicare il teorema di Lax–Milgram dobbiamo studiare la continuità di F e B e la coercività di B (la linearità di F e B si prova direttamente). A tale scopo ricordiamo che per ogni $u \in H_0^1(\Omega)$ vale la disuguaglianza di Poincaré

$$\|u\|_2 \le C_P \|\nabla u\|_2$$

---

[7]Volendo essere più raffinati, si può osservare che, per il teorema di immersione di Sobolev (vedi [S], Capitolo 8, Sezione 9), u e v appartengono ad $L^{p^*}(\Omega)$, con $p^* = 2n/(n-2)$, e quindi è sufficiente richiedere $c \in L^q(\Omega)$, con $q = n/2$.

che ci permette di usare in $H^1_0(\Omega)$ la norma equivalente $\|u\|_{H^1_0} = \|\nabla u\|_2$. Per quanto riguarda la continuità di F e B abbiamo, dalle disuguaglianze di Schwarz e di Poincaré,

$$|B(u,v)| \leq \|\nabla u\|_2 \|\nabla v\|_2 + \|c\|_\infty \|u\|_2 \|v\|_2 \leq \left(1 + \|c\|_\infty C^2_P\right) \|\nabla u\|_2 \|\nabla v\|_2$$

e

$$|Fv| \leq \|f\|_2 \|v\|_2 \leq C_P \|f\|_2 \|\nabla v\|_2.$$

Per quanto riguarda la coercività dobbiamo invece stimare (dal basso)

$$B(u,u) = \int_\Omega \left[|\nabla u|^2 + c(\mathbf{x})u^2\right] d\mathbf{x}.$$

Una prima possibilità è imporre $c(\mathbf{x}) \geq 0$ quasi ovunque in Ω. Con quest'ipotesi, B risulta coerciva, con costante di coercività $a = 1$. Si possono formulare ipotesi meno restrittive su c, a patto di accontentarci di una costante di coercività più piccola. Infatti, supponiamo

$$c(\mathbf{x}) \geq -\gamma \qquad \text{per q.o. } \mathbf{x} \in \Omega.$$

Abbiamo, sempre per la disuguaglianza di Poincaré,

$$\int_\Omega c(\mathbf{x})u^2 \, d\mathbf{x} \geq -\gamma \|u\|^2_2 \geq -\gamma C^2_P \|\nabla u\|^2_2$$

da cui

$$B(u,u) \geq a\|\nabla u\|^2_2,$$

dove

$$a = 1 - \gamma C^2_P.$$

Di conseguenza, per avere $a > 0$, cioè la coercività di B, basta supporre c non "troppo" negativa[8], più precisamente

$$\gamma < \frac{1}{C^2_P}.$$

L'applicazione del teorema di Lax–Milgram implica, sotto le precedenti ipotesi, l'esistenza di un'unica soluzione u di (13), che soddisfa la stima di stabilità

$$\|\nabla u\|_2 \leq \frac{1}{a}\|F\|_{H^{-1}} \leq \frac{C_P\|f\|_2}{1 - \gamma C^2_P}.$$

---

[8]Volendo tener conto del teorema di immersione di Sobolev e proseguire il ragionamento iniziato nella nota precedente, il ruolo di γ viene svolto da $\|c^-\|_q$, dove q è come nella nota precedente e $c^-(x) = \inf\{0, -c(x)\}$ è la *parte negativa* di c.

Problema 2.7. (Un problema di minimo). *Sia* $Q = (0,1) \times (0,1) \subset \mathbf{R}^2$. *Si voglia minimizzare, al variare di $v \in H_0^1(Q)$, il funzionale*

$$E(v) = \int_Q \left\{ \frac{1}{2}|\nabla v|^2 - xv \right\} dxdy.$$

Scrivere l'equazione di Eulero e provare che esiste un'unica minimizzante $u \in H_0^1(Q)$. Trovare una formula esplicita per u.

Soluzione

Osserviamo che se poniamo, per $v, w \in H_0^1(\Omega)$,

$$B(v,w) = \int_Q \nabla v \cdot \nabla w \, dxdy \qquad e \qquad Fv = \int_Q xv \, dxdy,$$

allora possiamo scrivere

$$E(v) = \frac{1}{2}B(v,v) - Fv.$$

Essendo B simmetrica, abbiamo che u minimizza E se e solo se risolve l'*equazione di Eulero*

$$\int_Q \nabla u \cdot \nabla v \, dxdy = \int_Q xv \, dxdy \qquad \text{per ogni } v \in H_0^1(\Omega)$$

ossia

$$(14) \qquad\qquad B(u,v) = Fv \qquad \text{per ogni } v \in H_0^1(\Omega).$$

Tale problema ammette una ed una sola soluzione. Infatti

$$|Fv| \le \|x\|_2 \|v\|_2 \le \frac{C_P}{\sqrt{2}} \|\nabla v\|_2$$

dove C_P è la costante di Poincaré per $H_0^1(\Omega)$. Quindi F è lineare e continuo e B è bilineare, continua e coerciva (è il prodotto scalare di $H_0^1(\Omega)$!). Applicando il teorema di Lax–Milgram (o, meglio, il teorema di Riesz), otteniamo l'esistenza e l'unicità della soluzione u, che minimizza E.

Per determinare l'espressione esplicita di u, riconosciamo che il problema (14) è la formulazione variazionale del problema di Dirichlet seguente:

$$\begin{cases} -\Delta u = x & \text{in } \Omega \\ u = 0 & \text{su } \partial\Omega. \end{cases}$$

Possiamo allora pensare di usare i metodi esaminati nel Capitolo 2, in particolare il metodo di separazione delle variabili, per calcolare la soluzione esplicita. Scriviamo, dunque, il termine non omogeneo come serie di Fourier di soli seni, rispetto ad y:

$$x = \sum_{n=1}^{+\infty} xb_n \sin(n\pi y)$$

dove

$$b_n = 2\int_0^1 \sin(n\pi y)\, dy = \frac{2}{n\pi}[-\cos n\pi + 1] = \begin{cases} 0 & \text{per } n \text{ pari} \\ 4/n\pi & \text{per } n \text{ dispari} \end{cases},$$

e cerchiamo soluzioni del tipo

$$u(x,y) = \sum_{n=1}^{+\infty} u_n(x) \sin(n\pi y).$$

Osserviamo che u soddisfa automaticamente le condizioni $u(x,0) = u(x,1) = 0$. Derivando (formalmente) otteniamo

$$u_{xx}(x,y) = \sum_{n=1}^{+\infty} u_n'' \sin(n\pi y), \qquad u_{yy}(x,y) = \sum_{n=1}^{+\infty} -n^2\pi^2 u_n(x) \sin(n\pi y)$$

perciò si deve avere

$$(15) \qquad \Delta u(x,y) = \sum_{n=1}^{+\infty} \left[u_n''(x) - n^2\pi^2 u_n(x) \right] \sin(n\pi y) = \sum_{n=1}^{+\infty} x b_n \sin(n\pi y).$$

In definitiva le u_n risolvono gli infiniti problemi ai limiti

$$\begin{cases} u_n''(x) - n^2\pi^2 u_n(x) = b_n x \\ u_n(0) = u_n(1) = 0. \end{cases}$$

Per n pari $b_n = 0$ e si trova $u_n \equiv 0$. Per n dispari l'equazione diviene

$$u_n''(x) - n^2\pi^2 u_n(x) = \frac{4}{n\pi} x,$$

il cui integrale generale è dato da

$$u_n(x) = C_1 e^{n\pi x} + C_2 e^{-n\pi x} - \frac{4}{n^3\pi^3} x.$$

Imponendo le condizioni ai limiti troviamo

$$u_n(x) = \frac{4}{n^3\pi^3} \left[\frac{e^{n\pi x} - e^{-n\pi x}}{e^{n\pi} - e^{-n\pi}} - x \right]$$

e quindi, ponendo $n = 2k+1$ (n è dispari)

$$(16) \qquad u(x,y) = \frac{4}{\pi^3} \sum_{k=0}^{+\infty} \frac{1}{(2k+1)^3} \left[\frac{\sinh((2k+1)\pi x)}{\sinh((2k+1)\pi)} - x \right] \sin((2k+1)\pi y).$$

Utilizzando il criterio di convergenza di Weierstrass si vede che, essendo

$$\frac{\sinh((2k+1)\pi x)}{\sinh((2k+1)\pi)} \le 1 \qquad \text{per } 0 \le x \le 1, \, k \ge 0,$$

sia la serie (16) che quelle delle derivate parziali prime (i cui termini sono di ordine $1/(2k+1)^2$) convergono uniformemente in $\overline{Q}$ e quindi $u \in C_0^1(\overline{Q}) \subset H_0^1(Q)$. Inoltre, anche le serie delle derivate seconde convergono uniformemente in ogni compatto strettamente contenuto in Q, quindi è possibile derivare termine a termine e verificare che u è la soluzione (a questo punto addirittura classica) cercata.

Osserviamo che le serie delle derivate seconde non convergono uniformemente in $\overline{Q}$: infatti, dalla (15), Δu è discontinuo in $\overline{Q}$, in quanto vale x in Q e 0 per $y = 1$; quindi, pur essendo i coefficienti regolari, u non è di classe $C^2(\overline{Q})$. Questo non dovrebbe stupire, visto che il dominio è solo lipschitziano.

Problema 2.8. (Teorema di Riesz ed operatore di Laplace). *Dato* $\Omega \subset \mathbf{R}^n$, *dominio limitato e regolare, consideriamo lo spazio* $H_0^1(\Omega)$ *dotato del prodotto scalare*

$$\langle u, v \rangle = \int_\Omega \nabla u \cdot \nabla v \, d\mathbf{x},$$

e sia $F \in H^{-1}(\Omega)$.
  a) *Applicare il teorema di Riesz ad* F *e derivarne un opportuno problema variazionale.* **b)** *Scrivere il corrispondente problema classico ed interpretarlo alla luce del teorema di Riesz.*

Soluzione

a) Utilizzando $\langle \nabla u, \nabla v \rangle$ come prodotto scalare in $H_0^1(\Omega)$, il teorema di Riesz si scrive: *esiste un'unica* $u \in H_0^1(\Omega)$ *tale che*

$$(17) \qquad \int_\Omega \nabla u \cdot \nabla v \, d\mathbf{x} = Fv \qquad \text{per ogni } v \in H_0^1(\Omega)$$

e inoltre

$$\|u\|_{H_0^1(\Omega)} = \|F\|_{H^{-1}(\Omega)}.$$

Il problema variazionale (17) è dunque ben posto in $H_0^1(\Omega)$.

b) Ricordiamo che lo spazio delle funzioni test $\mathcal{D}(\Omega)$ è denso in $H_0^1(\Omega)$, quindi la formulazione variazionale del punto a) è equivalente all'equazione

$$\int_\Omega \nabla u \cdot \nabla \varphi \, d\mathbf{x} = \langle F, \varphi \rangle \qquad \text{per ogni } v \in \mathcal{D}(\Omega).$$

dove[9] $\langle F, \varphi \rangle$ indica la dualità tra $\mathcal{D}(\Omega)$ e $\mathcal{D}'(\Omega)$. Utilizzando il linguaggio delle distribuzioni, possiamo allora scrivere, per ogni $\varphi \in \mathcal{D}(\Omega)$,

$$0 = \langle \nabla u, \nabla \varphi \rangle - \langle F, \varphi \rangle = \langle -\Delta u - F, \varphi \rangle.$$

Perciò

$$-\Delta u = F$$

nel senso delle distribuzioni. Ne segue che, per ogni $F \in H^{-1}(\Omega)$, $u = (-\Delta)^{-1} F$ è l'elemento di $H_0^1(\Omega)$ per il quale vale

$$\langle F, v \rangle = \langle (-\Delta)^{-1} F, v \rangle_{H_0^1(\Omega)} \qquad \text{per ogni } v \in H_0^1(\Omega),$$

ed inoltre vale

$$\|F\|_{H^{-1}(\Omega)} = \|(-\Delta)^{-1} F\|_{H_0^1(\Omega)}.$$

Quanto detto equivale ad affermare che l'*isomorfismo canonico* dato dal teorema di Riesz coincide con l'operatore

$$(-\Delta)^{-1} : H^{-1}(\Omega) \longrightarrow H_0^1(\Omega).$$

---

[9]Abbiamo sempre usato il simbolo $\langle \cdot, \cdot \rangle$ per la dualità tra distribuzioni, come generalizzazione del prodotto interno in L^2.

Problema 2.9. (*Forme bilineari su sottospazi*). *Dato il dominio limitato e regolare $\Omega \subset \mathbf{R}^n$, consideriamo il sottospazio di $H^1(\Omega)$ (dotato dell'usuale prodotto scalare)*

$$V = \left\{ u \in H^1(\Omega) : \int_\Omega u \, d\mathbf{x} = 0 \right\}.$$

a) *Dire a quale problema è associata la seguente formulazione variazionale: trovare $u \in V$ tale che*

$$\int_\Omega \nabla u \cdot \nabla v \, d\mathbf{x} = 0, \qquad \text{per ogni } v \in V.$$

b) *Applicare il teorema di Lax-Milgram e dedurre che il problema in questione ammette l'unica soluzione $u = 0$.*

c) *Dedurre che due soluzioni del problema*

$$\begin{cases} -\Delta u = f & \mathbf{x} \in \Omega \\ \partial_\nu u = g & \mathbf{x} \in \partial\Omega, \end{cases}$$

con $f \in L^2(\Omega)$ e $g \in L^2(\partial\Omega)$, differiscono per una costante.

Soluzione

a) Come prima considerazione osserviamo che V è chiuso in $H^1(\Omega)$ e quindi vale la scomposizione

$$H^1(\Omega) = V \oplus V^\perp$$

dove $V^\perp$ è lo spazio delle funzioni costanti[10]. Ne deduciamo che, per ogni $v \in H^1(\Omega)$, possiamo scrivere

$$v = \tilde{v} + C_v \qquad \text{dove } C_v = \int_\Omega v \, d\mathbf{x} \quad \text{e } \tilde{v} \in V.$$

Sia $u \in V$ soluzione del problema dato e $v \in H^1(\Omega)$. Otteniamo

$$\int_\Omega \nabla u \cdot \nabla v \, d\mathbf{x} = \int_\Omega \nabla u \cdot \nabla (\tilde{v} + C_v) \, d\mathbf{x} = \int_\Omega \nabla u \cdot \nabla \tilde{v} \, d\mathbf{x} = 0,$$

perciò u risolve anche il problema equivalente: *determinare $u \in V$ tale che*

$$\int_\Omega \nabla u \cdot \nabla v \, d\mathbf{x} = 0, \qquad \text{per ogni } v \in H^1(\Omega).$$

Supponendo u regolare ed integrando per parti mediante la formula di Gauss otteniamo

$$(18) \qquad 0 = \int_\Omega \nabla u \cdot \nabla v \, d\mathbf{x} = \int_{\partial\Omega} u_\nu \, v \, d\boldsymbol{\sigma} - \int_\Omega -\Delta u \, v \, d\mathbf{x}$$

---

[10]Lasciamo al lettore la dimostrazione di questi fatti.

per ogni $v \in H^1(\Omega)$. In particolare,

$$\int_\Omega -\Delta u\, v\, d\mathbf{x} = 0 \qquad \text{per ogni } v \in H_0^1(\Omega),$$

che forza $\Delta u = 0$ in Ω . Sostituendo in (18) troviamo

$$\int_{\partial\Omega} u_\nu\, v\, d\boldsymbol{\sigma} = 0 \qquad \text{per ogni } v \in H^1(\Omega),$$

che forza $u_\nu = 0$ su $\partial\Omega$. Riassumendo, la formulazione debole data corrisponde al problema al contorno

$$\begin{cases} -\Delta u = 0 & \mathbf{x} \in \Omega \\ \partial_\nu u = 0 & \mathbf{x} \in \partial\Omega \\ \displaystyle\int_\Omega u\, d\mathbf{x} = 0. \end{cases}$$

b) Ricordiamo che, nel sottospazio V delle funzioni $H^1(\Omega)$ a media nulla in un dominio limitato e regolare, vale la disuguaglianza di Poincaré

$$\|u\|_2 \le C_P \|\nabla u\|_2.$$

Vogliamo dimostrare che la forma bilineare

$$B(u,v) = \int_\Omega \nabla u \cdot \nabla v\, d\mathbf{x}$$

è continua e coerciva in V. Se così è, visto che il secondo membro della formulazione variazionale è il funzionale nullo (ovviamente continuo) otterremo, per il teorema di Lax–Milgram, che il problema variazionale ammette solo la soluzione nulla. Si ha

$$|B(u,v)| \le \|\nabla u\|_2 \|\nabla v\|_2 \le \|u\|_{H^1} \|v\|_{H^1}$$

e, grazie alla disuguaglianza di Poincaré, per ogni λ,

$$\begin{aligned} B(u,u) &= \|\nabla u\|_2^2 = \lambda\|\nabla u\|_2^2 + (1-\lambda)\|\nabla u\|_2^2 \\ &\ge \lambda\|\nabla u\|_2^2 + \frac{1-\lambda}{C_P^2}\|u\|_2^2 = \frac{1}{C_P^2 + 1}\|u\|_{H^1(\Omega)}^2 \end{aligned}$$

(nell'ultimo passaggio abbiamo scelto $\lambda = (1-\lambda)/C_P^2 = 1/(C_P^2 + 1)$). Da queste disuguaglianze segue la tesi.

c) Siano u_1 ed u_2 due diverse soluzioni del problema dato. Allora $w = u_1 - u_2$ è soluzione del problema

$$(19) \qquad \int_\Omega \nabla w \cdot \nabla v\, d\mathbf{x} = 0 \qquad \text{per ogni } v \in H^1(\Omega).$$

Utilizzando la scomposizione ortogonale di $H^1(\Omega)$ che abbiamo visto nel punto a), scriviamo $w = \tilde{w} + C_w$ e $v = \tilde{v} + C_v$. La (19) diventa

$$\int_\Omega \nabla \tilde{w} \cdot \nabla \tilde{v}\, d\mathbf{x} = 0 \qquad \text{per ogni } \tilde{v} \in V.$$

Ma allora, dal punto b), ricaviamo $\tilde{w} = 0$, cioè $w = C_w$, che prova la tesi.

Problema 2.10. (Condizioni di Robin). *a) Dimostrare che, in $H^1(\Omega)$, dove Ω è un dominio regolare e limitato di $\mathbf{R}^n$, la formula*

$$\|u\|_*^2 = \int_\Omega |\nabla u|^2 \, d\mathbf{x} + \int_{\partial\Omega} u^2 \, d\boldsymbol{\sigma}$$

definisce una norma equivalente a quella standard.

b) Scrivere la formulazione variazionale del problema di Robin

$$\begin{cases} -\Delta u = f & \mathbf{x} \in \Omega \\ \partial_\nu u + \gamma u = 0 & \mathbf{x} \in \partial\Omega, \end{cases}$$

con $\gamma > 0$, e discuterne la buona posizione.

Soluzione

a) Dimostriamo l'equivalenza delle norme $\|u\|_{H^1(\Omega)}$ e $\|u\|_*$ per le funzioni in $C^\infty(\overline{\Omega})$. Essendo Ω limitato e regolare (basta lipschitziano) otterremo l'equivalenza in $H^1(\Omega)$ per densità. Sia dunque $u \in C^\infty(\overline{\Omega})$. Uno dei possibili modi di procedere è il seguente. Consideriamo il campo vettoriale (su $\mathbf{R}^n$) definito da

$$\mathbf{F} = \frac{\mathbf{x}}{n}.$$

Chiaramente si ha $\mathrm{div}\mathbf{F} = 1$ ed inoltre, data la limitatezza di Ω, $|\mathbf{F}| \leq M$ su $\overline{\Omega}$. Possiamo applicare la formula di Gauss ad u^2 ed $\mathbf{F}$ e scrivere

$$(20) \qquad \int_\Omega u^2 \mathrm{div}\mathbf{F} \, d\mathbf{x} = \int_{\partial\Omega} u^2 \mathbf{F} \cdot \boldsymbol{\nu} \, d\boldsymbol{\sigma} - \int_\Omega \nabla(u^2) \cdot \mathbf{F} \, d\mathbf{x}.$$

Per quanto osservato abbiamo

$$\int_\Omega u^2 \mathrm{div}\mathbf{F} \, d\mathbf{x} = \int_\Omega u^2 \, d\mathbf{x},$$

$$\left| \int_{\partial\Omega} u^2 \mathbf{F} \cdot \boldsymbol{\nu} \, d\boldsymbol{\sigma} \right| \leq \int_{\partial\Omega} u^2 |\mathbf{F}| \, d\boldsymbol{\sigma} \leq M \int_{\partial\Omega} u^2 \, d\boldsymbol{\sigma}$$

e

$$\left| \int_\Omega \nabla(u^2) \cdot \mathbf{F} \, d\mathbf{x} \right| \leq \int_\Omega 2|u||\nabla u||\mathbf{F}| \, d\mathbf{x} \leq \frac{1}{4} \int_\Omega u^2 \, d\mathbf{x} + 4M^2 \int_\Omega |\nabla u|^2 \, d\mathbf{x}$$

(nell'ultima riga abbiamo usato la disuguaglianza elementare $2ab \leq a^2 + b^2$, con $a = |u|/2$ e $b = 2M|\nabla u|$). Sostituendo in (20) ricaviamo

$$\frac{3}{4} \int_\Omega u^2 \, d\mathbf{x} \leq M \int_{\partial\Omega} u^2 \, d\boldsymbol{\sigma} + 4M^2 \int_\Omega |\nabla u|^2 \, d\mathbf{x}$$

cioè

$$\begin{aligned} \|u\|_{H^1}^2 &= \int_\Omega |\nabla u|^2 \, d\mathbf{x} + \int_\Omega u^2 \, d\mathbf{x} \\ &\leq \frac{19}{3} M^2 \int_\Omega |\nabla u|^2 \, d\mathbf{x} + \frac{4}{3} M \int_{\partial\Omega} u^2 \, d\boldsymbol{\sigma} \leq C\|u\|_*^2, \end{aligned}$$

dove $C = M \max\{19M, 4\}/3$. Come già detto, la disuguaglianza si prolunga per densità a tutto $H^1(\Omega)$.

Viceversa, dalla teoria delle tracce sappiamo che $u|_{\partial\Omega} \in H^{1/2}(\partial\Omega)$ e che questo spazio è immerso con continuità in $L^2(\Omega)$. In formule, esiste una costante C_* tale che, per ogni $u \in H^1(\Omega)$,

$$\|u|_{\partial\Omega}\|_{L^2(\partial\Omega)} \leq \|u|_{\partial\Omega}\|_{H^{1/2}(\partial\Omega)} \leq C_* \|u\|_{H^1(\Omega)}$$

e quindi

$$\|u\|_* \leq \sqrt{1 + C_*^2}\, \|u\|_{H^1(\Omega)}.$$

Riassumendo, si ha $C_1\| \cdot \|_{H^1(\Omega)} \leq \| \cdot \|_* \leq C_2\| \cdot \|_{H^1(\Omega)}$ e quindi le norme sono equivalenti. Osserviamo, infine, che la norma $\| \cdot \|_*$ è indotta dal prodotto scalare

$$\langle u, v \rangle_* = \int_\Omega \nabla u \cdot \nabla v \, dx + \int_{\partial\Omega} uv \, d\boldsymbol{\sigma}.$$

b) Tenuto conto del risultato nel punto precedente, introduciamo lo spazio di Hilbert $H^1_*(\Omega)$ delle funzioni in $H^1(\Omega)$, dotato però della norma $\| \cdot \|_*$ (e del prodotto scalare associato). Moltiplicando l'equazione per $v \in H^1_*(\Omega)$ ed integrando otteniamo

$$\int_\Omega -\Delta u \, v \, d\mathbf{x} = \int_\Omega fv \, dx.$$

Usando la formula di Gauss e utilizzando la condizione di Robin, risulta

$$\int_\Omega -\Delta u \, v \, dx = \int_\Omega \nabla u \cdot \nabla v \, dx - \int_{\partial\Omega} \partial_\nu u \, v \, d\boldsymbol{\sigma}$$
$$= \int_\Omega \nabla u \cdot \nabla v \, dx + \gamma \int_{\partial\Omega} u \, v \, d\boldsymbol{\sigma}.$$

Poniamo perciò

$$B(u, v) = \int_\Omega \nabla u \cdot \nabla v \, dx + \gamma \int_{\partial\Omega} u \, v \, d\mathbf{x}, \quad Fv = \int_\Omega fv \, d\mathbf{x},$$

e scriviamo la seguente formulazione variazionale del problema dato: determinare $u \in H^1_*(\Omega)$ tale che

$$B(u, v) = Fv \qquad \text{per ogni } v \in H^1_*(\Omega).$$

Otteniamo subito che la forma bilineare B soddisfa le disuguaglianze

$$|B(u, v)| \leq \max\{1, \gamma\}|\langle u, v \rangle_*| \leq \max\{1, \gamma\}\|u\|_*\|v\|_*,$$

$$B(u, u) = \int_\Omega |\nabla u|^2 \, dx + \gamma \int_{\partial\Omega} u^2 \, d\boldsymbol{\sigma} \geq \min\{1, \gamma\}\|u\|_*^2$$

(nella prima abbiamo utilizzato la disuguaglianza di Schwarz per il prodotto scalare in $H^1_*(\Omega)$). Quindi B è continua e coerciva (ricordiamo che $\gamma > 0$) e per l'applicazione del teorema di Lax–Milgram è sufficiente controllare la continuità in $H^1(\Omega)$ del funzionale lineare. Data l'equivalenza delle norme, abbiamo che questo vale, ad esempio, per $f \in L^2(\Omega)$ (è sufficiente che appartenga al duale di $H^1(\Omega)$). In tal caso, il problema è sempre ben posto.

Problema 2.11. (Condizioni di Neumann). *Siano* $\Omega \subset \mathbf{R}^n$, *dominio limitato e regolare,* $\mathbf{b} \in L^\infty(\Omega; \mathbf{R}^n)$ *ed* $f \in L^2(\Omega)$. *Scrivere la formulazione variazionale del problema*

$$\begin{cases} -\Delta u + \mathbf{b}(\mathbf{x}) \cdot \nabla u = f & \mathbf{x} \in \Omega \\ \partial_\nu u = 0 & \mathbf{x} \in \partial\Omega, \end{cases}$$

e discuterne la risolubilità.

Soluzione

Date le condizioni al contorno di Neumann, scegliamo $V = H^1(\Omega)$ ed enunciamo la formulazione debole del problema nel modo seguente: *determinare* $u \in V$ *tale che*

$$B(u, v) = \int_\Omega [\nabla u \cdot \nabla v + v\mathbf{b}(\mathbf{x}) \cdot \nabla u] \, d\mathbf{x} = \int_\Omega fv \, d\mathbf{x} = Fv \quad \text{per ogni } v \in V.$$

Essendo $f \in L^2(\Omega)$ il funzionale lineare F è limitato. Allo stesso modo, ponendo $\|\mathbf{b}\|_\infty = b$, si ha

$$|B(u, v)| \leq \|\nabla u\|_2 \|\nabla v\|_2 + b\|\nabla u\|_2 \|v\|_2 \leq (1 + b)\|u\|_V \|v\|_V$$

e anche la forma bilineare B è continua.

La forma B *non* può però essere coerciva; infatti, se $u = k \neq 0$, costante, $\|u\|_2 = k\sqrt{|\Omega|} > 0$ mentre $B(u, u) = 0$. Tuttavia B è debolmente coerciva rispetto alla terna hilbertiana V, $H = L^2(\Omega)$, V'. Infatti, si ha, dalla disuguaglianza di Schwarz (e da $2ab \leq a^2 + b^2$):

(21) $$\int_\Omega u\mathbf{b} \cdot \nabla u \, d\mathbf{x} \geq -b\|\nabla u\|_2 \|u\|_2 \geq -\frac{1}{4}\|\nabla u\|_2^2 - b^2\|u\|_2^2$$

e perciò

$$B(u, u) = \int_\Omega |\nabla u|^2 \, d\mathbf{x} + \int_\Omega u\mathbf{b} \cdot \nabla u \, d\mathbf{x} \geq \frac{3}{4}\|\nabla u\|_2^2 - b^2\|u\|_2^2$$

ovvero

$$B(u, u) + \left(\frac{3}{4} + b^2\right)\|u\|_2 \geq \frac{3}{4}\|u\|_V^2$$

che mostra la coercività debole di B. Essendo l'immersione di V in H compatta, possiamo applicare il teorema dell'alternativa di Fredholm. Questo implica che il problema è risolubile se e solo se

(22) $$\int_\Omega fw \, d\mathbf{x} = 0$$

per ogni w soluzione del problema omogeneo aggiunto

$$\int_\Omega [\nabla w \cdot \nabla v + w\mathbf{b} \cdot \nabla v] \, d\mathbf{x} = 0 \quad \text{per ogni } v \in V.$$

Questa condizione non è esplicitabile elementarmente, tranne che in casi particolarmente semplici come, per esempio, $\mathbf{b} = \mathbf{0}$. In tal caso infatti, le uniche soluzioni del problema omogeneo aggiunto sono le costanti e la (22) si riduce a

$$\int_\Omega f \, d\mathbf{x} = 0.$$

Nota. Trovare l'errore. Se div $\mathbf{b} = 0$, invece della (21) si può scrivere

$$\int_\Omega u\mathbf{b} \cdot \nabla u \, d\mathbf{x} = \frac{1}{2} \int_\Omega \mathbf{b} \cdot \nabla(u^2) \, d\mathbf{x} = \int_{\partial\Omega} u^2 \mathbf{b} \cdot \boldsymbol{\nu} \, d\sigma$$

per cui, se $\mathbf{b} \cdot \boldsymbol{\nu} \geq b_0 > 0$ (cioè se il flusso di $\mathbf{b}$ attraverso $\partial\Omega$ è uscente), risulta

$$B(u,u) = \int_\Omega |\nabla u|^2 \, d\mathbf{x} + \int_\Omega u\mathbf{b} \cdot \nabla u \, d\mathbf{x} \geq \|\nabla u\|_2^2 + b_0 \|u\|_{L^2(\partial\Omega)}^2$$

e quindi, ricordando il Problema 2.10, la forma B è coerciva!!

Problema 2.12. (Alternativa di Fredholm). *Sia $Q = (0,\pi) \times (0,\pi)$. Studiare la risolubilità del problema di Dirichlet*

$$\begin{cases} \Delta u + 2u = f & \text{in } Q \\ u = 0 & \text{su } \partial Q. \end{cases}$$

Esaminare, in particolare, i casi

$$f(x,y) = 1 \qquad e \qquad f(x,y) = x - \frac{\pi}{2}.$$

Soluzione

Posto $V = H_0^1(Q)$ con la norma del gradiente in $L^2(Q)$, la formulazione debole del problema è data da

$$B(u,v) = \int_Q [\nabla u \cdot \nabla v - 2uv] \, dxdy = \int_Q -fv \, dxdy \equiv Fv \qquad \text{per ogni } v \in V.$$

Per le disuguaglianze di Schwarz e Poincaré, B è bilineare e continua in V; infatti

$$|B(u,v)| \leq (1 + 2C_P^2)\|u\|_V \|v\|_V.$$

Se $f \in L^2(Q)$ (come nei due casi proposti) anche F è continuo in V. La forma B *non* è però coerciva. Infatti, il problema omogeneo

$$(23) \qquad B(u,v) = \int_Q (\nabla u \cdot \nabla v - 2uv) \, dxdy = 0 \qquad \text{per ogni } v \in V,$$

che è la formulazione variazionale di

$$(24) \qquad \begin{cases} \Delta u + 2u = 0 & \text{in } Q \\ u = 0 & \text{su } \partial Q, \end{cases}$$

ha soluzioni non nulle in V, che si possono calcolare con il metodo di separazione di variabili del Capitolo 2. Si trovano senza difficoltà le funzioni

$$(25) \qquad \bar{u}(x,y) = c \sin x \sin y \qquad c \in \mathbf{R}$$

In altri termini, $\lambda = 2$ è un autovalore di Dirichlet dell'operatore $-\Delta$ e le (25) sono le corrispondenti autofunzioni. Inserendo $v = \bar{u}$ in (23), risulta

$$B(\bar{u}, \bar{u}) = 0$$

per cui la forma bilineare non è coerciva. Incidentalmente, osserviamo che l'autofunzione $\sin x \sin y$ è *positiva* su Q. Dalla teoria generale[11] deduciamo che 2 è il *primo autovalore di Dirichlet* dell'operatore $-\Delta$ (cioè il più piccolo nella successione degli autovalori). Gli altri autovalori si possono calcolare per separazione delle variabili. Scriviamo

$$u(x, y) = p(x) q(y)$$

e sostituiamo nell'equazione

$$-\Delta u = \lambda u.$$

Si trova, dopo qualche aggiustamento:

$$\frac{p''(x)}{p(x)} = -\frac{q''(y)}{q(y)} - \lambda$$

che si spezza nei due problemi ai limiti

$$p'' + \mu^2 p = 0, \qquad p(0) = p(\pi) = 0$$

e

$$q'' + (\lambda - \mu^2)q = 0, \qquad q(0) = q(\pi) = 0.$$

Si perviene alla doppia infinità di autovalori/autofunzioni data da

$$\lambda = n^2 + m^2 \qquad \varphi_{nm}(x, y) = \sin nx \sin my \qquad n, m \geq 1, \text{ interi.}$$

Tornando al problema variazionale, concludiamo che non si può applicare il teorema di Lax-Milgram. Proviamo con il teorema dell'alternativa di Fredholm. La forma bilineare B è *debolmente coerciva*; infatti,

$$B(u, u) + 2 \int_\Omega u^2 dx dy = \|u\|_V^2$$

e la terna hilbertiana

$$V, L^2(Q), V'$$

soddisfa le ipotesi del teorema. Deduciamo che il problema ha soluzione se e solo se F si annulla su ogni soluzione del problema omogeneo aggiunto. Essendo B simmetrica, il problema omogeneo aggiunto coincide con (23) e quindi, il problema ha soluzione se e solo se

$$\int_Q f(x, y) \sin x \sin y \, dx dy = 0.$$

Per $f(x, y) = 1$ abbiamo

$$\int_Q \sin x \sin y \, dx dy = 4$$

---

[11]Vedi i richiami di teoria.

e quindi il problema **non** ha soluzione. Viceversa, per

$$f(x,y) = x - \pi/2$$

otteniamo

$$\int_Q \left(x - \frac{\pi}{2}\right) \sin x \sin y \, dx dy = 0$$

e quindi il problema ammette infinite soluzioni del tipo

$$u(x,y) = U(x,y) + c \sin x \sin y.$$

Per determinare U, scriviamola come sovrapposizione delle autofunzioni φ_{nm}, ponendo[12]

$$U(x,y) = \sum_{n,m \geq 1} u_{nm} \sin nx \sin my$$

ed imponiamo che sia soluzione di

$$\Delta U + 2U = x - \frac{\pi}{2}.$$

Deve essere

$$\Delta U + 2U = \sum_{n,m \geq 1} \left(-n^2 - m^2 + 2\right) u_{nm} \sin nx \sin my = x - \frac{\pi}{2}.$$

Sviluppiamo ora f in serie doppia di Fourier di soli seni. I coefficienti f_{nm} dello sviluppo sono dati da

$$f_{nm} = \frac{4}{\pi^2} \int_0^\pi \int_0^\pi \left(x - \frac{\pi}{2}\right) \sin nx \sin my \, dx dy \qquad n, m \geq 1.$$

Otteniamo

$$f_{nm} = \begin{cases} 0 & n \text{ dispari e } \forall m \text{ oppure } m \text{ pari e } \forall n, \\ -\dfrac{8}{\pi} \dfrac{1}{2h(2k+1)} & n = 2h \text{ e } m = 2k+1, \, h \geq 1, \, k \geq 0 \end{cases}$$

e quindi

$$u_{nm} = \begin{cases} 0 & n \text{ dispari e } \forall m \text{ oppure } m \text{ pari e } \forall n \\ \dfrac{-8}{2\pi h(2k+1)[2 - 4h^2 - (2k+1)^2]} & n = 2h \text{ e } m = 2k+1, \, h \geq 1, \, k \geq 0. \end{cases}$$

Infine,

$$U(x,y) = \sum_{h \geq 1, k \geq 0} \frac{-8}{2\pi h(2k+1)[2 - 4h^2 - (2k+1)^2]} \sin 2hx \sin (2k+1) y.$$

---

[12]Capitolo 2.

Problema 2.13. (Alternativa di Fredholm). *Sia* $Q = (0, \pi) \times (0, \pi)$. *Discutere, al variare del parametro reale* λ, *la risolubilità del problema*

$$\begin{cases} \Delta u + \lambda u = 1 & \text{in } Q \\ u = 0 & \text{su } \partial Q \setminus \{y = 0\} \\ -u_y(x, 0) = x & \text{per } 0 \leq x \leq \pi. \end{cases}$$

Soluzione

Per la formulazione variazionale del problema è naturale scegliere il sottospazio di $H^1(Q)$ adattato alle condizioni di Dirichlet. Poniamo perciò

$$V = \left\{ v \in H^1(Q) : u = 0 \text{ su } \partial Q \setminus \{y = 0\} \right\}.$$

Su V vale la disuguaglianza di Poincarè

$$\|v\|_2 \leq C_P \|\nabla v\|_2$$

e quindi possiamo scegliere la norma equivalente

$$\|v\|_V = \|\nabla v\|_2.$$

Moltiplichiamo l'equazione per $v \in V$ ed integriamo. Il primo membro diventa

$$\begin{aligned} \int_Q [\Delta u + \lambda u] \, v \, dx dy &= \int_{\partial Q} \partial_\nu u \, v \, ds - \int_Q [\nabla u \cdot \nabla v - \lambda uv] \, dx dy \\ &= -\int_0^\pi u_y(x, 0) v(x, 0) \, dx - \int_Q [\nabla u \cdot \nabla v - \lambda uv] \, dx dy \\ &= -\int_0^\pi x v(x, 0) \, dx - \int_Q [\nabla u \cdot \nabla v - \lambda uv] \, dx dy. \end{aligned}$$

La formulazione debole è la seguente: *determinare* $u \in V$ *tale che*

$$B(u, v) = Fv \qquad \text{per ogni } v \in V,$$

dove

$$B(u, v) = \int_Q [\nabla u \cdot \nabla v - \lambda uv] \, dx dy$$

e

$$Fu = -\int_Q v \, dx dy - \int_0^\pi x v(x, 0) \, dx.$$

Dalla teoria delle tracce sappiamo che se v appartiene a V allora

$$\|v\|_{L^2(\partial Q)} \leq C_* \|v\|_{H^{1/2}(\partial Q)} \leq C_* \|v\|_V.$$

Ne segue che

$$|Fv| \leq \pi \|v\|_2 + \pi \sqrt{\frac{\pi}{3}} \|v(\cdot, 0)\|_{L^2(0,\pi)} \leq \pi \left(C_P + \sqrt{\frac{\pi}{3}} C_* \right) \|v\|_V,$$

per cui il funzionale lineare F è continuo. Allo stesso modo, essendo

$$|B(u, v)| \leq \|\nabla u\|_2 \|\nabla v\|_2 + |\lambda| \|u\|_2 \|v\|_2 \leq (1 + |\lambda| C_P^2) \|u\|_V \|v\|_V,$$

anche B è continua.

Sia $\lambda \leq 0$. Allora

$$B(u,u) \geq \|u\|_V^2$$

per cui B è anche coerciva ed il teorema di Lax–Milgram assicura esistenza e unicità della soluzione debole.

Sia, viceversa, $\lambda > 0$. In questo caso sappiamo assicurare solo la debole coercività: infatti

$$B(u,u) + \lambda\|u\|_2^2 \geq \|u\|_V^2.$$

Siamo quindi in condizioni di applicare il teorema dell'alternativa di Fredholm rispetto alla terna hilbertiana V, $L^2(Q)$, V'. Per il teorema di Rellich, infatti, l'immersione di V in $L^2(Q)$ è compatta. Poiché B è simmetrica, il problema è risolubile se e solo se

$$(26) \qquad \int_Q w(x,y)\,dxdy + \int_0^\pi xw(x,0)\,dx = 0$$

per ogni w soluzione del problema omogeneo aggiunto

$$B(w,v) = 0 \qquad \text{per ogni } v \in V,$$

che è la formulazione debole di

$$(27) \qquad \begin{cases} -\Delta w = \lambda w & \text{in } Q \\ w = 0 & \text{su } \partial Q \setminus \{y=0\} \\ -w_y(x,0) = 0 & 0 \leq x \leq \pi. \end{cases}$$

Sappiamo dalla teoria generale che (27) ammette una successione di autovalori $0 < \lambda_1 < \lambda_2 \leq \lambda_3 \leq \dots$, mentre ammette solo la soluzione nulla per $\lambda \neq \lambda_k$. Quindi, per $\lambda \neq \lambda_k$ abbiamo esistenza ed unicità della soluzione del problema originale. Viceversa, se $\lambda = \lambda_k$, il problema è risolubile se e solo se vale la condizione di compatibilità (26) ed in tal caso ammette infinite soluzioni. In questo caso, gli autovalori si possono calcolare per separazione di variabili, come nel problema precedente. Si trova

$$\lambda = \lambda_{nm} = n^2 + \frac{(2m+1)^2}{4} \qquad (n \geq 1, \, m \geq 0)$$

con autofunzioni

$$\varphi_{nm}(x,y) = \sin nx \cos\left(\frac{2m+1}{2}y\right).$$

Per

$$\lambda \neq \lambda_{nm}$$

il problema ha una sola soluzione. Se λ è uno dei λ_{nm}, il problema è risolubile se e solo se vale la condizione di compatibilità

$$\int_Q \sin nx \cos\left(\frac{2m+1}{2}y\right)\,dxdy + \int_0^\pi x \sin nx \, dx = 0.$$

Poiché la somma a primo membro non è nulla per alcun valore di $n \geq 1$ e $m \geq 0$, le condizioni di compatibilità non sono verificate e pertanto, se λ è uno dei λ_{nm}, il problema originale non ha soluzione.

Problema 2.14. (*Metodo di alternanza di Schwarz[a]*) *In riferimento alla figura, sia $\Omega \subset \mathbf{R}^2$ un dominio tale che $\Omega = \Omega_1 \cup \Omega_2$ dove Ω_1 e Ω_2 sono domini aventi frontiera regolare (Lipschitziana è sufficiente), con $\Omega_1 \cap \Omega_2 \neq \emptyset$. Poniamo $V = H_0^1(\Omega)$ col prodotto interno $\langle u, v \rangle = \int_\Omega \nabla u \cdot \nabla v$ e definiamo (si veda l'Esercizio 3.22, Capitolo 5)*

$$V_1 = \left\{ u \in H_0^1(\Omega_1), \, u = 0 \ in \ \Omega\backslash\Omega_1 \right\} \quad e \quad V_2 = \left\{ u \in H_0^1(\Omega_2), \, u = 0 \ in \ \Omega\backslash\Omega_2 \right\}.$$

Data $f \in L^2(\Omega)$ e scelto un elemento arbitrario $u_0 \in H_0^1(\Omega)$, definiamo u_{2n+1} $(n \geq 0)$ e u_{2n} $(n \geq 1)$, rispettivamente, come le soluzioni dei seguenti problemi:

$$-\Delta u_{2n+1} = f \quad in \ \Omega_1, \qquad u_{2n+1} = u_{2n} \quad su \ \partial\Omega_1$$

e

$$-\Delta u_{2n} = f \quad in \ \Omega_2, \qquad u_{2n} = u_{2n-1} \quad su \ \partial\Omega_1.$$

Dimostrare che u_n converge in $H_0^1(\Omega)$ alla soluzione $u \in H_0^1(\Omega)$ del problema

$$-\Delta u = f \quad in \ \Omega$$

provando che

$$u_{2n+1} - u = P_{V_1^\perp}(u_{2n} - u) \quad e \quad u_{2n+1} - u = P_{V_1^\perp}(u_{2n} - u)$$

e usando il risultato del Problema 2.9, Capitolo 5.

[a]Importante nel trattamento numerico dei problemi al contorno per equazioni a derivate parziali.

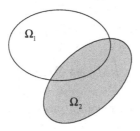

Figura 1.

Soluzione

La successione u_n è costruita a partire da u_0, risolvendo alternativamente in Ω_1 e Ω_2 un problema di Dirichlet, aggiornando i dati al bordo mediante u_{n-1}. Osserviamo che $u_{2n+1} - u$ è soluzione di $-\Delta u = 0$ in Ω_1 e quindi si può scrivere

$$\langle u_{2n+1} - u, v_1 \rangle = 0 \qquad \forall v_1 \in V_1$$

che equivale a

$$u_{2n+1} - u \in V_1^\perp.$$

Aggiungendo e sottraendo u_{2n}, si trova, per ogni $n \geq 0$,

$$\langle u_{2n+1} - u_{2n}, v_1 \rangle = \langle u - u_{2n}, v_1 \rangle \qquad \forall v_1 \in V_1.$$

Poiché $u_{2n+1} - u_{2n} \in V_1$, l'ultima equazione equivale a

$$u_{2n+1} - u_{2n} = P_{V_1}(u - u_{2n})$$

ovvero (essendo $u - u_{2n} = (u - u_{2n+1}) + (u_{2n+1} - u_{2n})$) a

$$u - u_{2n+1} = P_{V_1^\perp}(u - u_{2n}).$$

Ragionando in modo analogo si deduce che

$$u - u_{2n} = P_{V_1^\perp}(u - u_{2n-1}).$$

Ponendo $x_0 = u_0$, $x_{2n+1} = u - u_{2n+1}$ e $x_n = u - u_{2n}$ si rientra nella schema iterativo del Problema 2.9, Capitolo 5. Dire che $u_n \to 0$ in $H_0^1(\Omega)$ equivale ad affermare che $x_n \to 0$ in V. Per usare il risultato del Problema 2.9, Capitolo 5, occorre che V_1 e V_2 siano sottospazi chiusi di V e che $V_1^\perp \cap V_2^\perp = \{0\}$. Ciò segue dai risultati dell'Esercizio 3.22, Capitolo 5.

Problema 2.15. (Derivata obliqua). *Sia $\Omega \subset \mathbf{R}^2$ un dominio limitato con frontiera di classe C^1. Si consideri la seguente forma bilineare in $H^1(\Omega)$, dove $b = b(x,y) \in C^1(\overline{\Omega})$:*

$$a(u,v) = \int_\Omega [u_x v_x + u_y v_y + b u_x v_y - b u_y v_x + b_y u_x v - b_x u_y v]\ dxdy.$$

a) *Date $f \in L^2(\Omega)$, $\mathbf{f} = (f_1, f_2) \in L^2(\Omega; \mathbf{R}^2)$ e $g \in L^2(\partial\Omega)$, interpretare in senso classico il problema variazionale*

$$(28) \qquad a(u,v) = Fv \qquad \qquad \text{per ogni } v \in H^1(\Omega)$$

dove

$$Fv = \int_\Omega (fv + \mathbf{f} \cdot \nabla v) + \int_{\partial\Omega} gv\ ds.$$

b) *Stabilire sotto quali condizioni il problema è risolubile. Esaminare il caso b costante.*

Soluzione

a) Per prima cosa, scriviamo la forma bilineare in forma più leggibile. Ponendo

$$A(x,y) = \begin{pmatrix} 1 & b(x,y) \\ -b(x,y) & 1 \end{pmatrix} \qquad e \qquad \mathbf{b}(x,y) = (b_y, -b_x)$$

risulta

$$a(u,v) = \int_\Omega [A(x,y)\nabla u \cdot \nabla v + (\mathbf{b}(x,y) \cdot \nabla u)v]\ dxdy.$$

La (28) è dunque la formulazione variazionale del problema

$$(29) \qquad \begin{cases} \mathcal{L}u = -\operatorname{div}(A(x,y)\nabla u) + \mathbf{b}(x,y) \cdot \nabla u = f - \operatorname{div} \mathbf{f} & \text{in } \Omega, \\ \partial_\nu^A u \equiv A(x,y)\nabla u \cdot \boldsymbol{\nu} = g & \text{su } \partial\Omega, \end{cases}$$

dove $\boldsymbol{\nu} = (\nu_1, \nu_2)$ è la normale esterna a $\partial\Omega$. Esplicitiamo meglio il problema (29). Essendo

$$A(x,y)\nabla u = (u_x + b(x,y)u_y, -b(x,y)u_x + u_y)$$

si trova

$$\operatorname{div}(A(x,y)\nabla u) = u_{xx} + bu_{yx} + b_x u_y - b_y u_x - bu_{xy} + u_{yy}$$

e quindi

$$-\operatorname{div}(A(x,y)\nabla u) + \mathbf{b}(x,y) \cdot \nabla u = -\Delta u.$$

Si ha poi, introducendo il versore $\boldsymbol{\tau} = (-\nu_2, \nu_1)$, tangente a $\partial\Omega$:

$$
\begin{aligned}
A(x,y)\nabla u \cdot \boldsymbol{\nu} &= (u_x + bu_y)\nu_1 + (-bu_x + u_y)\nu_2 = \\
&= \nabla u \cdot \boldsymbol{\nu} + b\nabla u \cdot \boldsymbol{\tau} = \nabla u \cdot (\boldsymbol{\nu} + b\boldsymbol{\tau}) \\
&= \partial_\sigma u
\end{aligned}
$$

dove $\boldsymbol{\sigma} = \boldsymbol{\nu} + b\boldsymbol{\tau}$. In conclusione, troviamo il problema

(30)
$$\begin{cases} \Delta u = \operatorname{div}\mathbf{f} - f & \text{in } \Omega, \\ \partial_\sigma u = g & \text{su } \partial\Omega. \end{cases}$$

Si noti che

(31)
$$\boldsymbol{\nu} \cdot \frac{\boldsymbol{\sigma}}{|\boldsymbol{\sigma}|} = \boldsymbol{\nu} \cdot \frac{\boldsymbol{\nu} + b\boldsymbol{\tau}}{\sqrt{1 + b^2}} = \frac{1}{\sqrt{1 + b^2}},$$

per cui il vettore $\boldsymbol{\sigma}$ **non è mai tangente** a $\partial\Omega$; per questa ragione si dice che (30) è un *problema di derivata obliqua*.

b) Se u è soluzione del problema e $c \in \mathbf{R}$, $u + c$ è soluzione dello stesso problema e perciò il lemma di Lax-Milgram non è applicabile perché la forma bilineare pur essendo continua in $H^1(\Omega)$, **non** è coerciva. Tuttavia è *debolmente coerciva*. Infatti, posto $M = \max|\mathbf{b}|$, si ha:

$$
\begin{aligned}
\left| \int_\Omega (\mathbf{b}(x,y) \cdot \nabla v)v \, dxdy \right| &\le M \int_\Omega |\nabla v| \, |v| \, dxdy \le M \|\nabla v\|_{L^2(\Omega)} \|v\|_{L^2(\Omega)} \\
&\le \frac{1}{2} \|\nabla v\|_{L^2(\Omega)} + \frac{M^2}{2} \|v\|_{L^2(\Omega)}^2
\end{aligned}
$$

per cui

$$
\begin{aligned}
a(v,v) &= \int_\Omega [A(x,y)\nabla v \cdot \nabla v + (\mathbf{b}(x,y) \cdot \nabla v)v] \, dxdy \\
&\ge \frac{1}{2} \|\nabla v\|_{L^2(\Omega)} - \frac{M^2}{2} \|v\|_{L^2(\Omega)}^2
\end{aligned}
$$

e quindi

$$a(v,v) + M^2 \|v\|_{L^2(\Omega)}^2 \ge \min\left\{\frac{1}{2}, \frac{M^2}{2}\right\} \|v\|_{H^1(\Omega)}^2.$$

Per il teorema di Rellich, l'immersione di V in $H = L^2(\Omega)$ è compatta e quindi la terna $V = H^1(\Omega)$, H, V' è hilbertiana.

Possiamo dedurre che il problema (28) è risolubile se e solo se F è ortogonale in $H^1(\Omega)$ alle soluzioni del problema *omogeneo aggiunto*

$$(32) \qquad a_*(w,v) = 0 \qquad \text{per ogni } v \in H^1(\Omega)$$

dove

$$
\begin{aligned}
a_*(w,v) &= a(v,w) = \int_\Omega [A(x,y)\nabla v \cdot \nabla w + (\mathbf{b}(x,y)\cdot\nabla v)w]\,dxdy = \\
&= \int_\Omega [A^\top(x,y)\nabla w \cdot \nabla v + (\mathbf{b}(x,y)\cdot\nabla v)w]\,dxdy.
\end{aligned}
$$

L'equazione aggiunta (32) è la formulazione variazionale del problema

$$(33) \qquad \begin{cases} \mathcal{L}^*w = -\operatorname{div}\left(A^\top(x,y)\nabla w\right) - \operatorname{div}\left(\mathbf{b}(x,y)w\right) = \mathbf{0} & \text{in } \Omega, \\ \partial_\nu^{A^\top} w \equiv A^\top(x,y)\nabla w \cdot \boldsymbol{\nu} = 0 & \text{su } \partial\Omega \end{cases}$$

che si riduce, con calcoli simili ai precedenti, al problema (tipo Robin) seguente:

$$(34) \qquad \begin{cases} \Delta w = \mathbf{0} & \text{in } \Omega, \\ \partial_{\sigma^*}w + (\partial_\tau b)w = 0 & \text{su } \partial\Omega, \end{cases}$$

dove $\sigma^* = \boldsymbol{\nu} - b\boldsymbol{\tau}$. Il problema (28) è risolubile se e solo se

$$\int_\Omega (fw + \mathbf{f}\cdot\nabla w) + \int_{\partial\Omega} gw\,ds = 0,$$

per ogni soluzione w di (32).

Nel caso b costante, le soluzioni del problema omogeneo aggiunto sono le costanti. Infatti, se $w \in H^1(\Omega)$ è soluzione di (32), scegliendo $v = w$ risulta

$$0 = a_*(w,w) = \int_\Omega A^\top(x,y)\nabla w \cdot \nabla w\,dxdy = \int_\Omega |\nabla w|^2\,dxdy$$

da cui $w = $ costante. Il problema (28) è pertanto risolubile se e solo se

$$\int_\Omega f + \int_{\partial\Omega} g\,ds = 0.$$

Problema 2.16. (Condizioni di trasmissione). *Siano* Ω_1 *e* Ω *domini limitati lipschitziani in* $\mathbf{R}^n$ *tali che*[a] $\Omega_1 \subset\subset \Omega$. *Poniamo* $\Omega_2 = \Omega \backslash \overline{\Omega}_1$. *In* Ω_1 *e* Ω_2 *consideriamo le seguenti forme bilineari*

$$a_k(u,v) = \int_{\Omega_k} A^k(\mathbf{x}) \nabla u \cdot \nabla v \, d\mathbf{x} \qquad (k = 1,2)$$

con A^k *matrici uniformemente ellittiche. Assumiamo che i coefficienti* A^k *siano* **continui in** $\overline{\Omega}_k$, *ma che la matrice*

$$A(\mathbf{x}) = \begin{cases} A^1(\mathbf{x}) & in \ \Omega_1 \\ A^2(\mathbf{x}) & in \ \Omega_2 \end{cases}$$

possa essere discontinua attraverso $\Gamma = \partial\Omega_1$. *Sia* $u \in H_0^1(\Omega)$ *la soluzione variazionale dell'equazione*

$$(35) \qquad a(u,v) = a_1(u,v) + a_2(u,v) = \langle f,v \rangle \qquad \text{per ogni } v \in H_0^1(\Omega)$$

con $f \in L^2(\Omega)$.

Detta u_k *la restrizione di* u *su* Ω_k, *determinare (formalmente) quale tipo di problema soddisfa la coppia* u_1, u_2 *ed in particolare quali condizioni (due) su* Γ *esprimono l'accoppiamento tra* u_1 *e* u_2.

[a]Il simbolo $\subset\subset$ indica *chiusura compatta.*

Soluzione

Se ci si limita a $v \in C_0^\infty(\Omega_k)$, la (35) si riduce a

$$a_k(u,v) = \langle f_k, v \rangle,$$

dove $f_k = f_{|\Omega_k}$, e si deduce che

$$(36) \qquad \mathcal{L}_k u = -\mathrm{div}\left(A^k(\mathbf{x}) \nabla u_k \right) = f_k \quad in \ \Omega_k \qquad (k = 1,2).$$

D'altra parte, poiché $u \in H_0^1(\Omega)$, si ha $u_2 = 0$ su $\partial\Omega_2$ e su Γ le tracce di u_1 e di u_2 devono coincidere:

$$u_1 = u_2 \quad su \ \Gamma$$

che costituisce una prima condizione di accoppiamento.

Per determinare la seconda condizione, procediamo formalmente, moltiplicando la (36) per $v \in C_0^\infty(\Omega)$, integrando su Ω_k e usando la formula di Gauss; se $\boldsymbol{\nu}_k$ è il versore normale a Γ, esterno a Ω_k, e $\boldsymbol{\nu}_k^* = \boldsymbol{\nu}_k A^k(\mathbf{x})$ è il *versore conormale esterno*, si trova

$$-\int_{\partial\Omega_1} \frac{\partial u_k}{\partial \boldsymbol{\nu}_k^*} v d\sigma + a_k(u_k, v) = \int_{\Omega_k} f_k v \, d\mathbf{x}$$

che, sommate, danno

$$\int_\Gamma v \left(\frac{\partial u_1}{\partial \boldsymbol{\nu}_1^*} + \frac{\partial u_2}{\partial \boldsymbol{\nu}_2^*} \right) d\sigma = 0.$$

L'arbitrarietà di v forza la condizione (**di trasmissione**)

$$(37) \qquad \frac{\partial u_1}{\partial \boldsymbol{\nu}_1^*} + \frac{\partial u_2}{\partial \boldsymbol{\nu}_2^*} = 0.$$

Nota. Essendo $u \in H_0^1(\Omega)$, la sua traccia su Γ appartiene a $H^{1/2}(\Gamma)$ ma la traccia della sua derivata normale o conormale non è a priori ben definita. Tuttavia, per funzioni tali che $\mathcal{L}_k u \in L^2(\Omega_k)$, $k = 1, 2$, come nel nostro caso, è possibile definire $\partial_{\nu_1^*} u_1 + \partial_{\nu_2^*} u_2$ come un elemento del duale di $H^{1/2}(\Gamma)$ e dare un significato rigoroso alla (37).

2.3. Problemi di evoluzione

Problema 2.17. (Diffusione–reazione–trasporto). *Si consideri il problema*

$$\begin{cases} u_t - (a(x) u_x)_x + b(x) u_x + c(x) u = f(x,t) & 0 < x < 1, 0 < t < T, \\ u(x,0) = u_0(x) & 0 \leq x \leq 1, \\ u(0,t) = 0, \ u(1,t) = k(t) & 0 \leq t \leq T. \end{cases}$$

a) *Con un opportuno cambio di funzione incognita, ricondursi a condizioni di Dirichlet omogenee.*

b) *Scegliendo opportunamente l'ambientazione funzionale, scrivere una formulazione debole del problema.*

c) *Analizzare la buona posizione del problema, precisando le condizioni sui coefficienti e sui dati e scrivere una stima dell'energia per la soluzione.*

Soluzione

a) Procediamo formalmente. Ci riduciamo prima a condizioni nulle ai limiti. Interpoliamo i dati di Dirichlet sull'intervallo $[0,1]$ mediante la funzione

$$g(x,t) = x k(t)$$

e poniamo $w = u - g$. Si noti che

$$g(0,t) = 0 \quad \text{e} \quad g(1,t) = k(t).$$

Allora

$$u_t(x,t) = w_t(x,t) + x k'(t) \quad \text{e} \quad u_x(x,t) = w_x(x,t) + k(t).$$

Sostituendo nell'equazione differenziale, otteniamo il seguente problema per w:

$$\begin{cases} w_t - (a(x) w_x)_x + b(x) w_x + c(x) w = F(x,t) + k(t) a'(x) & 0 < x < 1, 0 < t < \\ w(x,0) = w_0(x) & 0 \leq x \leq 1, \\ w(0,t) = 0, \ w(1,t) = 0 & 0 \leq t \leq T. \end{cases}$$

dove

$$F(x,t) = f(x,t) - [b(x) + xc(x)] k(t) - x k'(t)$$

e

$$w_0(x) = u_0(x) - k(0) x.$$

b) Indichiamo con $\langle \cdot, \cdot \rangle$ il prodotto interno in $L^2(0,1)$ e poniamo

$$B(u,v) = \int_0^1 [a(x) u'(x) v'(x) + b(x) u'(x) v(x) + c(x) u(x) v(x)] \, dx$$

per ogni coppia $u, v \in V = H_0^1(0,1)$. In V scegliamo come norma $\|u'\|_{L^2}$.

Poniamo inoltre $\mathbf{w}(t) = w(\cdot, t)$, interpretando $w(x, t)$ come funzione della variabile t a valori in V. Una formulazione debole del problema è la seguente: cercare $\mathbf{w} \in L^2(0, T; V) \cap C([0, T]; L^2(0, 1))$ tale che $\mathbf{w}' \in L^2(0, T; V')$ e che

i)

$$\frac{d}{dt}\langle \mathbf{w}(t), v\rangle + B(\mathbf{w}(t), v) = \langle \mathbf{F}(t), v\rangle - \langle a, v'\rangle$$

per ogni $v \in V$, nel senso delle distribuzioni in $(0, T)$;

ii) $\|\mathbf{w}(t) - w_0\|_{L^2} \to 0$ per $t \to 0^+$.

c) Per la buona posizione del problema assumiamo senz'altro che i coefficienti a, b e c siano limitati e che il coefficiente di diffusione a sia strettamente positivo[13]; precisamente:

$$|a(x)|, |b(x)|, |c(x)| \leq M, \qquad a(x) \geq a_0 > 0 \qquad \text{q.o. in } (0, 1).$$

Vogliamo inoltre che il funzionale.

$$v \mapsto \langle \mathbf{F}(t), v\rangle - \langle a, v'\rangle$$

definisca per quasi ogni t un elemento di V'. Essendo a limitata, basta richiedere, per esempio che

$$\mathbf{F} \in L^2(0, T; L^2(0, 1)).$$

Rispetto ai coefficienti originali, ciò equivale a chiedere

$$\mathbf{f} \in L^2(0, T; L^2(0, 1)) \quad \text{e} \quad k \in H^1(0, T).$$

Assumiamo infine che w_0, o equivalentemente u_0, appartenga a $L^2(0, 1)$.

Rimane da esaminare la forma bilineare B. Per usare la teoria di Faedo-Galerkin, occorre controllare se B è *continua* e *debolmente coerciva in* V.

Si ha, usando la limitatezza dei coefficienti e le disuguaglianze di Schwarz e Poincarè:

$$\begin{aligned}
|B(u,v)| &\leq M \int_0^1 |u'v' + u'v + uv|\, dx \\
&\leq M (\|u'\|_{L^2} \|v'\|_{L^2} + \|u'\|_{L^2} \|v\|_{L^2} + \|u\|_{L^2} \|u\|_{L^2}) \\
&\leq M (1 + C_P + C_P^2) \|u'\|_{L^2} \|v'\|_{L^2}
\end{aligned}$$

per cui B è continua in V.

Esaminiamo la coercività debole. Si ha:

$$B(u,u) = \int_0^1 [a(x)(u')^2 + b(x)u'u + c(x)u^2]\, dx.$$

Occupiamoci del secondo termine. Si può scrivere, per ogni $\varepsilon > 0$,

$$\begin{aligned}
\left|\int_0^1 b(x)u'u\, dx\right| &\leq M\|u'\|_{L^2}\|u\|_{L^2} \\
&\leq \frac{M\varepsilon}{2}\|u'\|_{L^2}^2 + \frac{M}{2\varepsilon}\|u\|_{L^2}^2
\end{aligned}$$

---

[13]L'equazione è allora *uniformemente parabolica*.

cosicché

$$B\left(u,u\right) \geq \left(a_0 - \frac{M\varepsilon}{2}\right) \|u'\|_{L^2}^2 - \frac{M}{2}\left(\varepsilon + \frac{1}{\varepsilon}\right) \|u\|_{L^2}^2.$$

Scegliamo

$$\varepsilon = \frac{a_0}{M}.$$

Allora, posto

$$\lambda_0 = \frac{M}{2}\left(\frac{a_0}{M} + \frac{M}{a_0}\right)$$

si ha

$$B\left(u,u\right) \geq \frac{a_0}{2}\|u'\|_{L^2}^2 - \lambda_0\|u\|_{L^2}^2$$

ossia la forma bilineare

$$B_0\left(u,v\right) = B\left(u,v\right) + \lambda_0\langle u,v\rangle$$

è coerciva in V o, equivalentemente, B è debolmente coerciva (con costante di coercività $a_0/2$). Posto

$$\mathbf{z}\left(t\right) = e^{-\lambda_0 t}\mathbf{w}\left(t\right),$$

la funzione $\mathbf{z}$ è soluzione del problema

i')

$$\frac{d}{dt}\langle \mathbf{z}\left(t\right),v\rangle + B_0\left(\mathbf{z}\left(t\right),v\right) = \langle e^{-\lambda_0 t}\mathbf{F}\left(t\right),v\rangle$$

per ogni $v \in V$, nel senso delle distribuzioni in $(0,T)$;

ii') $\|\mathbf{z}\left(t\right) - w_0\|_{L^2} \to 0$ per $t \to 0^+$.

Sotto le ipotesi indicate, il problema ha un'unica soluzione debole $\mathbf{z}$. Dalla teoria generale, si ricava poi la seguente stima dell'energia che scriviamo esplicitamente in termini di $z\left(x,t\right)$:

$$\max_{t\in[0,T]}\int_0^1 z^2\left(x,t\right)^2 dx + a_0\int_0^T\int_0^1 z_x^2\left(x,t\right)\,dxdt$$

$$\leq e^{(\lambda_0+1)T}\left\{\int_0^T\int_0^1 e^{-\lambda_0 t}F^2\left(x,t\right)\,dxdt + \int_0^1 z_0^2\left(x\right)\,dx\right\}.$$

Non è difficile a questo punto trasferire le conclusioni in riferimento al problema originale.

Problema 2.18. (Stabilità asintotica). *È dato il problema*

$$\begin{cases} u_t - \Delta u = 0 & \mathbf{x} \in \Omega, \, t \in (0, T) \\ u(\mathbf{x}, 0) = g(\mathbf{x}) & \mathbf{x} \in \Omega \\ u(\boldsymbol{\sigma}, t) = 0 & \boldsymbol{\sigma} \in \partial\Omega, t \in (0, T), \end{cases}$$

dove Ω è limitato e regolare, e $g \in L^2(\Omega)$.

a) *Scrivere una formulazione debole del problema. Utilizzando il metodo di Faedo–Galerkin con i sottospazi generati dalle autofunzioni di Dirichlet per l'operatore $-\Delta$ ([S], Capitolo 9, Teorema 4.5), dedurre l'esistenza di una soluzione per ogni $t > 0$ e trovare un'espressione della soluzione.*

b) *Dimostrare che, detta u la soluzione, si ha*

$$\|\nabla u\|_{L^2(\Omega)} \leq \frac{1}{\sqrt{2et}} \|g\|_{L^2(\Omega)} \qquad \text{per ogni } t > 0.$$

c) *Dimostrare che, se $g \in H_0^1(\Omega)$, allora*

$$\|\nabla u\|_{L^2(\Omega)} \leq e^{-\lambda_1 t} \|\nabla g\|_{L^2(\Omega)} \qquad \text{per ogni } t > 0,$$

dove λ_1 indica il primo autovalore dell'operatore $-\Delta$.

Soluzione

a) Poniamo $\mathbf{u}(t) = u(\cdot, t)$, interpretando $u(x, t)$ come funzione della variabile t a valori in $V = H_0^1(\Omega)$ (la scelta di tale spazio è dettata dalle condizioni al contorno). Indichiamo poi con $\langle \cdot, \cdot \rangle$ l'usuale prodotto scalare in $H = L^2(\Omega)$ e poniamo

$$B(u, v) = \int_\Omega \nabla u \cdot \nabla v \, d\mathbf{x}.$$

Una formulazione debole del problema è la seguente: cercare $\mathbf{u} \in L^2(0, T; V) \cap C([0, T]; H)$ tale che $\mathbf{u}' \in L^2(0, T; V')$ e che

i)

$$\frac{d}{dt} \langle \mathbf{u}(t), v \rangle + B(\mathbf{u}(t), v) = 0$$

per ogni $v \in V$, nel senso delle distribuzioni in $(0, T)$;

ii) $\|\mathbf{u}(t) - g\|_{L^2(\Omega)} \to 0$ per $t \to 0^+$.

Le ipotesi per la buona posizione sono tutte verificate (la forma bilineare è il prodotto scalare in V), e quindi continua ed uniformemente coerciva rispetto a t. Siano ora $0 < \lambda_1 < \lambda_2 \leq \lambda_3 \leq \ldots$ gli autovalori del problema

$$u \in V: \quad -\Delta u = \lambda u$$

e $\varphi_1, \varphi_2, \ldots$ le rispettive autofunzioni normalizzate in $L^2(\Omega)$. Tali autofunzioni costituiscono un sistema ortonormale completo in $L^2(\Omega)$ ed un sistema ortogonale completo in V. Ricordiamo che, per ogni v,

$$(38) \qquad\qquad B(\varphi_k, v) = \lambda_k \langle \varphi_k, v \rangle$$

da cui
$$\|\nabla\varphi_k\|_2^2 = \lambda_k\|\varphi_k\|_2^2 = \lambda_k.$$
Sia V_m lo spazio generato dalle prime m autofunzioni. Poniamo
$$\mathbf{u}_m = \sum_{k=1}^{m} c_{m,k}(t)\varphi_k \qquad e \qquad g = \sum_{k=1}^{\infty} g_k\varphi_k.$$
Grazie alla (38) il problema approssimante di Faedo–Galerkin si scrive come
$$0 = \sum_{k=1}^{m}\langle c'_{m,k}(t)\varphi_k, v\rangle + B\left(c_{m,k}(t)\varphi_k, v\right) = \sum_{k=1}^{m}\left\langle \left(c'_{m,k}(t) + \lambda_k c_{m,k}(t)\right)\varphi_k, v\right\rangle$$
e ogni coefficiente $c_{m,k}$ è soluzione dell'equazione
$$c'_{m,k}(t) + \lambda_k c_{m,k}(t) = 0$$
con la condizione iniziale
$$c_{m,k}(0) = g_k = 0.$$
Si trova
$$c_{m,k}(t) = g_k e^{-\lambda_k t}.$$
Le soluzioni approssimate sono quindi date da
$$\mathbf{u}_m(t) = \sum_{k=1}^{m} g_k e^{-\lambda_k t}\varphi_k$$
che, per $m \to \infty$ convergono in $L^2(0,T;V)$ alla soluzione
$$\mathbf{u}(t) = \sum_{k=1}^{\infty} g_k e^{-\lambda_k t}\varphi_k(\mathbf{x}).$$
Abbiamo sostanzialmente usato il metodo di separazione delle variabili.

b) Poiché le φ_k costituiscono una base ortogonale in V, possiamo scrivere, tornando alle notazioni originali,
$$\nabla u(\mathbf{x}, t) = \sum_{k=1}^{\infty} g_k e^{-\lambda_k t}\nabla\varphi_k(\mathbf{x})$$
e dalla (38) si ha
$$\|\nabla u(\mathbf{x}, t)\|_{L^2(\Omega)}^2 = \sum_{k=1}^{\infty} |g_k|^2 \lambda_k e^{-2\lambda_k t}.$$
Osserviamo ora che la funzione $f(z) = ze^{-az}$ ammette massimo in $z = 1/a$, con $f(1/a) = 1/ae$ e perciò, per ogni $k \geq 1$, si ha
$$\lambda_k e^{-2\lambda_k t} \leq \frac{1}{2et}.$$
Abbiamo dunque
$$\|\nabla u(\mathbf{x}, t)\|_{L^2(\Omega)}^2 \leq \frac{1}{\sqrt{2et}}\|g\|_{L^2(\Omega)}^2, \qquad t > 0.$$

c) Se g è in $H_0^1(\Omega)$ possiamo migliorare la stima, essendo

$$\nabla g = \sum_{k=1}^{\infty} g_k \nabla \varphi_k$$

e quindi

$$\|\nabla g\|_{L^2(\Omega)}^2 = \sum_{k=1}^{\infty} g_k{}^2 \|\nabla \varphi_k\|_{L^2(\Omega)}^2 = \sum_{k=1}^{\infty} |g_k|^2 \lambda_k.$$

Ma allora

$$\|\nabla u(\mathbf{x},t)\|_{L^2(\Omega)}^2 = \sum_{k=1}^{\infty} |g_k|^2 \lambda_k e^{-2\lambda_k t} \le e^{-2\lambda_1 t} \sum_{k=1}^{\infty} |g_k|^2 \lambda_k = e^{-\lambda_1 t} \|\nabla g\|_{L^2(\Omega)}^2$$

come richiesto.

Nota. Dai risultati in b) e c) risulta che, se $f = f(\mathbf{x})$ è per esempio in $L^2(\Omega)$, la soluzione del problema di evoluzione

$$\begin{cases} u_t - \Delta u = f & \text{in } \Omega \times (0,T) \\ u(\mathbf{x},0) = g(\mathbf{x}) & \text{in } \Omega \\ u(\boldsymbol{\sigma},t) = 0 & \text{su } \partial\Omega \times (0,T), \end{cases}$$

converge in norma $H_0^1(\Omega)$ alla soluzione u_∞ del problema stazionario limite

$$\begin{cases} -\Delta u_\infty = f & \text{in } \Omega \\ u_\infty(\boldsymbol{\sigma}) = 0 & \text{su } \partial\Omega \end{cases}$$

con velocità che dipende dalla regolarità del dato. Si dice che u_∞ è asintoticamente stabile.

Problema 2.19. (Equazione delle onde, condizioni di Neumann). *Consideriamo il problema*

$$\begin{cases} u_{tt} - u_{xx} = f(x,t) & \text{in } Q_T = (0,1) \times (0,T), \\ u(x,0) = u_0(x),\ u_t(x,0) = u_1(x) & \text{in } [0,1] \\ u_x(0,t) = u_x(1,t) = 0 & \text{per } 0 \le t \le T. \end{cases}$$

Dopo aver scritto una formulazione debole, studiare la buona posizione del problema e fornire una stima dell'energia per l'eventuale soluzione.

Soluzione

Poniamo $H = L^2(0,1)$ col prodotto interno $\langle v,w \rangle$ e $V = H^1(0,1)$. Supponiamo che $f \in L^2(Q_T)$, $u_0 \in H^1(0,1)$, $u_1 \in L^2(0,1)$. Infine, sia

$$B(u,v) = \int_0^1 u_x v_x\, dx.$$

Una possibile formulazione debole è la seguente: trovare soluzioni $\mathbf{u}(t) = u(\cdot,t)$ tali che

$$\mathbf{u} \in C([0,1];V) \cap C^1([0,1];H) \text{ e } \mathbf{u}'' \in L^2(0,1;V')$$

e che:

1) per ogni $v \in V$,

$$\frac{d^2}{dt^2} \langle \mathbf{u}, v \rangle + B(\mathbf{u}, v) = \langle \mathbf{f}(t), v \rangle$$

nel senso di $\mathcal{D}'(0,1)$ e q.o. $t \in (0,T)$.

2) $\|\mathbf{u}(t) - u_0\|_V \to 0$ e $\|\mathbf{u}'(t) - u_1\|_H \to 0$ per $t \to 0^+$.

Per verificare che il problema è ben posto possiamo usare la teoria di Faedo–Galerkin. Infatti la forma bilineare $B(u,v)$ è continua e debolmente coerciva in V, mentre il funzionale

$$Fv = \langle \mathbf{f}(t), v \rangle$$

è continuo in V. Esiste quindi un'unica soluzione debole u e vale la stima

$$(39) \qquad \max_{[0,T]} \|\mathbf{u}(t)\|^2_{H_0^1(0,1)} \leq e^T \left\{ \|u_0\|_{H_0^1(0,1)} + \|u_1\|_H + \int_0^T \|\mathbf{f}(s)\|^2_H \, ds \right\}.$$

Problema 2.20. (*Equazione delle onde con reazione concentrata*). *Consideriamo il problema*

$$\begin{cases} u_{tt} - u_{xx} + u(x,t)\delta(x) = f(x,t) & \text{in } Q_T = (a,b) \times (0,T), \\ u(x,0) = u_0(x),\ u_t(x,0) = u_1(x) & \text{in } [a,b] \\ u(a,t) = u(b,t) = 0 & \text{per } 0 \leq t \leq T \end{cases}$$

dove $\delta(x)$ indica la distribuzione di Dirac nell'origine.

a) *Scrivere una formulazione debole.*

b) *Esaminare se il problema è ben posto ed in tal caso fornire una stima dell'energia per la soluzione.*

Soluzione

a) Supponiamo che $f \in L^2(Q_T)$, $u_0 \in H_0^1(a,b)$, $u_1 \in L^2(a,b)$. Siano $H = L^2(a,b)$ e $V = H_0^1(a,b)$ col prodotto interno $\langle v,w \rangle_V = \langle u_x, v_x \rangle$. Ricordiamo che $V \subset C([a,b])$, per cui l'equazione differenziale si può scrivere nella forma

$$u_{tt} - u_{xx} + u(0,t)\delta(x) = f(x,t).$$

Una possibile formulazione debole è la seguente: trovare soluzioni tali che

$$u \in C([a,b];V) \cap C^1([a,b];H) \quad \text{e} \quad u_{tt} \in L^2(a,b;V')$$

e che:

1) per ogni $v = v(x) \in V$,

$$\frac{d^2}{dt^2} \langle u,v \rangle + \langle u_x, v_x \rangle + u(0,t)v(0) = \langle f,v \rangle$$

nel senso di $\mathcal{D}'(a,b)$ e q.o. $t \in (a,b)$.

2) $\|u(\cdot,t) - u_0\|_H \to 0$ e $\|u_t(\cdot,t) - u_1\|_H \to 0$ per $t \to 0^+$.

b) La forma bilineare

$$a(w,v) = \langle w_x, v_x \rangle + u(0,t)v(0)$$

è continua e coerciva in V. Infatti, ricordando il risultato del Problema 2.22, Capitolo 5, si ha

$$|a\left(w,v\right)| \leq (1+(b-a))\left\|w_x\right\|_H \left\|v_x\right\|_H$$

e

$$a\left(w,w\right) = \langle w_x, w_x \rangle + w^2\left(0\right) \geq \left\|w_x\right\|_H^2.$$

Esiste perciò un'unica soluzione debole u e inoltre

$$(40) \qquad \max_{[0,T]}\left\|u_x\left(\cdot,t\right)\right\|_H^2 \leq e^T\left\{\left\|u_0\right\|_{H_0^1(a,b)} + \left\|u_1\right\|_H + \int_0^T \left\|f\left(\cdot,s\right)\right\|_H^2 \, ds\right\}.$$

Questa stima si può dedurre dalla teoria generale, ma si può trovare ragionando formalmente, moltiplicando l'equazione differenziale per u_t ed integrando su (a,b). Si trova

$$\int_a^b \left(u_{tt}u_t - u_{xx}u_t + u^2\left(0,t\right)\right) dx = \int_a^b f\left(x,t\right)u_t\left(x,t\right) \, dx.$$

Integrando per parti il secondo termine, si ha, essendo $u_t\left(a,t\right) = u_t\left(b,t\right) = 0$,

$$\int_a^b u_{tt}u_t \, dx = \int_a^b u_x u_{xt} \, dx = \frac{1}{2}\frac{d}{dt}\int_a^b u_x^2\left(x,t\right) \, dx.$$

Inoltre

$$\left|\int_a^b f\left(x,t\right)v\left(x,t\right)dx\right| \leq \left\|f\left(\cdot,t\right)\right\|_H \left\|u_t\left(\cdot,t\right)\right\|_H \leq \frac{1}{2}\left\|f\left(\cdot,t\right)\right\|_H^2 + \frac{1}{2}\left\|u_t\left(\cdot,t\right)\right\|_H^2.$$

Si può dunque scrivere:

$$\frac{d}{dt}\int_a^b \left[u_t^2\left(x,t\right) + u_x^2\left(x,t\right)\right] dx + 2\int_a^b u^2(0,t) \, dx \leq \left\|f\left(\cdot,t\right)\right\|_H^2 + \left\|u_t\left(\cdot,t\right)\right\|_H^2.$$

Integrando in $(0,T)$, si trova:

$$(41) \qquad \left\|u_t\left(\cdot,t\right)\right\|_H^2 + \left\|u_x\left(\cdot,t\right)\right\|_H^2$$

$$(42) \qquad \leq \quad \left\|u_1\right\|_H^2 + \left\|u_0\right\|_H^2 + \int_0^t \left\|f\left(\cdot,s\right)\right\|_H^2 ds + \int_0^t \left\|u_t\left(\cdot,s\right)\right\|_H^2 ds$$

e, in particolare,

$$\left\|u_t\left(\cdot,t\right)\right\|_H^2 \leq \left\|u_1\right\|_H^2 + \left\|u_0\right\|_H^2 + \int_0^t \left\|f\left(\cdot,s\right)\right\|_H^2 ds + \int_0^t \left\|u_t\left(\cdot,s\right)\right\|_H^2 ds.$$

Usando il lemma di Gronwall[14], si ottiene

$$\left\|u_t\left(\cdot,t\right)\right\|_H^2 \leq e^t\left\{\left\|u_1\right\|_H^2 + \left\|u_0\right\|_H^2 + \int_0^t \left\|f\left(\cdot,s\right)\right\|_H^2 ds\right\}$$

e successivamente

$$\int_0^T \left\|u_t\left(\cdot,t\right)\right\|_H^2 \leq (e^T - 1)\left\{\left\|u_1\right\|_H^2 + \left\|u_0\right\|_H^2 + \int_0^T \left\|f\left(\cdot,s\right)\right\|_H^2 ds\right\}.$$

---

[14][S], Capitolo 10, Sezione 2.4.

Sostituendo a destra nella (41) si deduce la (40).

Rigorosamente, si prova la (40) per le approssimazioni di Galerkin, per le quali i calcoli fatti sono giustificati, e poi si passa opportunamente al limite.

Problema 2.21. (Condizioni di derivata obliqua per l'equazione del calore). *Consideriamo il problema*

$$\begin{cases} u_t - \Delta u = f\left(\mathbf{x},t\right) & in \ Q_T = \Omega \times (0,T) \\ u\left(\mathbf{x},0\right) = g\left(\mathbf{x}\right) & in \ \Omega \\ \partial_\nu u + h\left(t\right) u_t = 0 & su \ S_T = \partial\Omega \times (0,T) \end{cases}$$

dove Ω è un dominio limitato e lipschitziano di $\mathbf{R}^n$ e ν è il versore normale esterno a $\partial\Omega$. Supponiamo che $f \in L^2\left(Q_T\right)$, $g \in H^1\left(\Omega\right)$ ed $h \in C[0,T]$ tale che $0 < h_0 \leq h\left(t\right) \leq h_1$.

a) *Posto $H = L^2\left(\Omega\right)$ e $V = H^1\left(\Omega\right)$, scrivere una formulazione debole.*

b) *Se V_m e u_m sono approssimazioni di Galerkin di V e u, rispettivamente, ricavare stime dell'energia per u_m, $\partial_t u_m$ e per $\partial_t(\widetilde{u}_m)$ dove $\widetilde{u}_m$ è la traccia[a] di u_m su $\partial\Omega$.*

c) *Dedurre esistenza, unicità e stime dell'energia per la soluzione del problema originale.*

---
[a]Per evitare confusioni, in questo problema è bene usare una notazione diversa per la traccia di una funzione sul bordo del dominio.

Soluzione

Questo problema non rientra rigorosamente nella teoria standard, ma la si può applicare con qualche modifica.

a) Usiamo la notazione $\mathbf{u}\left(t\right) = u\left(\mathbf{x},t\right)$ cosicché $\mathbf{u}' = \partial_t u$. Analogamente per tutte le funzioni dipendenti da t. Procediamo prima formalmente, moltiplicando l'equazione per una funzione $v \in V$ e integrando per parti; troviamo, tenendo conto delle condizioni iniziale e al bordo:

$$\int_\Omega \mathbf{u}'v \ d\mathbf{x} + \int_{\partial\Omega} h\left(t\right)\widetilde{\mathbf{u}}'\left(t\right)\widetilde{v} \ d\sigma + \int_\Omega \nabla\mathbf{u}\left(t\right)\cdot\nabla v \ d\mathbf{x} = \int_\Omega \mathbf{f}\left(t\right)v \ d\mathbf{x}.$$

Visto che $f \in L^2\left(Q_T\right)$ e $g \in H^1\left(\Omega\right)$, cerchiamo soluzioni

$$\mathbf{u} \in L^2\left(0,T;V\right) \ con \ \mathbf{u}' \in L^2\left(0,T;H\right).$$

In particolare, segue che $\mathbf{u} \in C\left([0,T];H\right)$. Data poi la presenza di un'integrale che coinvolge la traccia di $\mathbf{u}'\left(t\right)$ su $\partial\Omega$ richiediamo anche che

$$\widetilde{\mathbf{u}}' \in L^2\left(0,T;L^2\left(\partial\Omega\right)\right).$$

Inoltre:

i) per ogni $v \in V$ e quasi ovunque in $(0,T)$,

$$\langle\mathbf{u}'\left(t\right),v\rangle + h\left(t\right)\langle\widetilde{\mathbf{u}}'\left(t\right),\widetilde{v}\rangle_{L^2(\partial\Omega)} + B(\mathbf{u}\left(t\right),v) = \langle\mathbf{f}\left(t\right),v\rangle$$

e infine

ii) $\mathbf{u}\left(t\right) \to \mathbf{g}$ in H.

La formulazione debole è completa.

b) Il problema approssimato di Galerkin per $\mathbf{u}_m$ è allora il seguente:

(43) $\langle \mathbf{u}'_m(t), v \rangle + h(t) \langle \widetilde{\mathbf{u}}'_m(t), \widetilde{v} \rangle_{L^2(\partial\Omega)} + B(\mathbf{u}_m(t), v) = \langle \mathbf{f}(t), v \rangle$

per ogni $v \in V_m$, dove, come al solito, $\langle \cdot, \cdot \rangle$ indica il prodotto interno in $L^2(\Omega)$ e $B(w, v) = \langle \nabla w, \nabla v \rangle$.

Se $\{w_1, ..., w_m\}$ è una base di V_m ortonormale in V e ortogonale in H, poniamo

$$\mathbf{u}_m(t) = \sum_{k=1}^{m} c_{mk}(t) w_k \quad e \quad G_m = \sum_{k=1}^{m} g_k w_k.$$

Si noti che, essendo g in V, si ha che $G_m \to g$ in V. Sostituendo in (43) queste espressioni e $v = w_s$, $s = 1, ..., m$, si trova il seguente sistema di equazioni ordinarie per i coefficienti incogniti $c_{mk}(t)$:

$$\sum_{k=1}^{m} M_{ks}(t) c'_{mk}(t) + c_{ms}(t) = f_s(t), \quad s = 1, ..., m$$

dove $f_s(t) = \langle \mathbf{f}(t), w_s \rangle$ e

$$M_{ks}(t) = \|w_k\|_H^2 \delta_{ks} + h(t) \langle w_k w_s \rangle_{L^2(\partial\Omega)}$$

con la condizione iniziale

$$c_{mk}(0) = g_k, \quad k = 1, ..., m.$$

Poiché la matrice $(M_{ks}(t))$ è definita positiva, $f_s \in L^2(0, T)$ e $g \in V$, esiste un'unica soluzione

$$(c_{m1}(t), ..., c_{mm}(t)) \in H^1(0, T; \mathbf{R}^m)$$

a cui corrisponde $\mathbf{u}_m \in H^1(0, T; V)$. Si noti che $\mathbf{u}'_m(t) \in V$, per cui la sua traccia $\widetilde{\mathbf{u}}'_m(t)$ è una funzione di $L^2(\partial\Omega)$, per quasi ogni t. Ponendo $v = \mathbf{u}'_m(t)$ nella (43), si può scrivere

$$\|\mathbf{u}'_m(t)\|_H^2 + h(t) \|\widetilde{\mathbf{u}}'_m(t)\|_{L^2(\partial\Omega)}^2 + \frac{1}{2}\frac{d}{dt} \|\nabla \mathbf{u}_m(t)\|_H^2 = \langle \mathbf{f}(t), \mathbf{u}'_m(t) \rangle$$

da cui, ricordando che $h(t) \geq h_0 > 0$ e che

$$|\langle \mathbf{f}(t), \mathbf{u}'_m(t) \rangle| \leq \frac{1}{2} \|\mathbf{f}(t)\|_H^2 + \frac{1}{2} \|\mathbf{u}'_m(t)\|_H^2,$$

$$\|\mathbf{u}'_m(t)\|_H^2 + 2h_0 \|\widetilde{\mathbf{u}}'_m(t)\|_{L^2(\partial\Omega)}^2 + \frac{d}{dt} \|\nabla \mathbf{u}_m(t)\|_H^2 = \|\mathbf{f}(t)\|_H^2.$$

Integrando tra 0 e T, si ottiene

(44)
$$\|\mathbf{u}'_m\|_{L^2(0,T;H)}^2 + 2h_0 \|\widetilde{\mathbf{u}}'_m\|_{L^2(0,T;L^2(\partial\Omega))}^2 + \|\nabla \mathbf{u}_m(t)\|_H^2 \leq \|\nabla g\|_H^2 + \|\mathbf{f}\|_{L^2(0,T;H)}^2.$$

Ciò significa, in particolare che

$$\mathbf{u}'_m \quad \text{è equilimitata in } L^2(0, T; H)$$
$$\widetilde{\mathbf{u}}'_m \quad \text{è equilimitata in } L^2(0, T; L^2(\partial\Omega))$$
$$\nabla \mathbf{u}_m \quad \text{è equilimitata in } L^\infty(0, T; H).$$

Manca all'appello solo la norma di $\mathbf{u}_m$ in $L^2(0,T;H)$. Ponendo $v = \mathbf{u}_m(t)$ nella (43), si può scrivere

$$\frac{1}{2}\frac{d}{dt}\|\mathbf{u}_m(t)\|_H^2 + h(t)\langle\tilde{\mathbf{u}}_m'(t),\tilde{\mathbf{u}}_m(t)\rangle_{L^2(\partial\Omega)} + \|\nabla\mathbf{u}_m(t)\|_H^2 = \langle\mathbf{f}(t),\mathbf{u}_m(t)\rangle.$$

Poiché

$$\|\tilde{\mathbf{u}}_m(t)\|_{L^2(\partial\Omega)}^2 \leq C\left(\|\mathbf{u}_m(t)\|_H^2 + \|\nabla\mathbf{u}_m(t)\|_H^2\right),$$

si ha

$$\left|\langle\tilde{\mathbf{u}}_m'(t),\tilde{\mathbf{u}}_m(t)\rangle_{L^2(\partial\Omega)}\right| \leq \|\tilde{\mathbf{u}}_m'(t)\|_{L^2(\partial\Omega)}\|\tilde{\mathbf{u}}_m(t)\|_{L^2(\partial\Omega)}$$

$$\leq \frac{Ch_1}{2}\|\tilde{\mathbf{u}}_m'(t)\|_H^2 + \frac{1}{2h_1}\left(\|\mathbf{u}_m(t)\|_H^2 + \|\nabla\mathbf{u}_m(t)\|_H^2\right)$$

e dalla (44)

$$\leq \frac{Ch_1}{2}\left(\|\nabla g\|_H^2 + \|\mathbf{f}\|_{L^2(0,T;H)}^2\right) + \frac{1}{2h_1}\left(\|\mathbf{u}_m(t)\|_H^2 + \|\nabla\mathbf{u}_m(t)\|_H^2\right).$$

Abbiamo, dunque:

$$\frac{d}{dt}\|\mathbf{u}_m(t)\|_H^2 + \|\nabla\mathbf{u}_m(t)\|_H^2 \leq Ch_1\left(\|\nabla g\|_H^2 + \|\mathbf{f}\|_{L^2(0,T;H)}^2\right) + \|\mathbf{f}(t)\|_H^2 + 2\|\mathbf{u}_m(t)\|_H^2$$

Integrando tra 0 e T, si ha, in particolare,

$$\|\mathbf{u}_m(t)\|_H^2 \leq (Ch_1 + 1)\|g\|_V^2 + (Ch_1 + T)\|\mathbf{f}\|_{L^2(0,T;H)}^2 + 2\int_0^t\|\mathbf{u}_m(s)\|_H^2\,ds.$$

Applicando il lemma di Gronwall, otteniamo che

$$\|\mathbf{u}_m(t)\|_H^2 \leq e^{2t}\left[(Ch_1 + 1)\|g\|_V^2 + (Ch_1 + T)\|\mathbf{f}\|_{L^2(0,T;H)}^2\right]$$

e quindi che

$$\mathbf{u}_m \text{ è limitata in } L^\infty(0,T;H).$$

c) In base ai risultati del punto b), esiste una sottosuccessione, che continuiamo a chiamare $\mathbf{u}_m$, tale che

$$\mathbf{u}_m \rightharpoonup \mathbf{u} \quad \text{in } L^2(0,T;V)$$
$$\mathbf{u}_m' \rightharpoonup \mathbf{u}' \quad \text{in } L^2(0,T;H)$$
$$\tilde{\mathbf{u}}_m' \rightharpoonup \tilde{\mathbf{u}}' \quad \text{in } L^2(0,T;L^2(\partial\Omega)).$$

Ciò è sufficiente per passare al limite in (43) e così concludere che $\mathbf{u}$ è l'unica soluzione debole dell'equazione originale.

Problema 2.22. (Equazione delle onde, equipartizione dell'energia).
Siano $\Omega \subset \mathbf{R}^3$ un dominio limitato,

$$Q_T = \Omega \times (0, T) \quad e \quad V = H_0^1(\Omega), \, H = L^2(\Omega).$$

Date $u_0 \in V$ e $u_1 \in H$, sia $\mathbf{u} \in L^2(0, T; V)$ la (unica) soluzione debole del problema

$$\begin{cases} \mathbf{u}''(t) - \Delta \mathbf{u} = 0 & \text{in } Q_T, \\ \mathbf{u}(0) = u_0, \, \mathbf{u}'(0) = u_1 \end{cases}$$

tale che $\mathbf{u}' \in L^2(0, T; H)$ e $\mathbf{u}'' \in L^2(0, T; V')$. **a)** Sia $V_m = \text{span}\{w_1, ..., w_m\}$, dove le $\{w_j\}$ sono le autofunzioni di Dirichlet dell'operatore $-\Delta$, e $\{\mathbf{u}_m\}$ la relativa successione di Galerkin ([S], Capitolo 10, Sezione 7.2) che approssima $\mathbf{u}$. Dimostrare che

$$E_m(t) = \frac{1}{2} \|\mathbf{u}_m'(t)\|_H^2 + \frac{1}{2} \|\nabla \mathbf{u}_m(t)\|_H^2 = E_m(0), \qquad \text{per ogni } t \geq 0.$$

b) Posto

$$K_m(t) = \frac{1}{2t} \int_0^t \|\mathbf{u}_m'(s)\|_H^2 \, ds, \qquad P_m(t) = \frac{1}{2t} \int_0^t \|\nabla \mathbf{u}_m(s)\|_H^2 \, ds,$$

dedurre da a) che

(45) $\qquad K_m(t) \to \dfrac{E_m(0)}{2}, \qquad P_m(t) \to \dfrac{E_m(0)}{2} \qquad \text{se } t \to +\infty,$

per ogni $m \geq 1$.

Soluzione

a) Dalla teoria generale, nel contesto indicato, si ha che $\mathbf{u}_m \in H^2(0, T; V)$ e soddisfa l'equazione[15]:

(46) $\qquad\qquad \langle \mathbf{u}_m''(t), v \rangle + \langle \nabla \mathbf{u}_m(t), \nabla v \rangle = 0$

per ogni $v \in V$ e q.o. $t \in (0, T)$. Poiché $\mathbf{u}_m' \in L^2(0, T; V)$, per q.o. t fissato, possiamo porre $v = \mathbf{u}_m'(t)$, nella (46); si trova[16]

$$\langle \mathbf{u}_m''(t), \mathbf{u}_m'(t) \rangle + \langle \nabla \mathbf{u}_m(t), \nabla \mathbf{u}_m'(t) \rangle = \frac{1}{2} \frac{d}{dt} \|\mathbf{u}_m'(t)\|_H^2 + \frac{1}{2} \frac{d}{dt} \|\nabla \mathbf{u}_m(t)\|_H^2 = 0$$

da cui

(47) $\qquad E_m(t) \equiv \dfrac{1}{2} \|\mathbf{u}_m'(t)\|_H^2 + \dfrac{1}{2} \|\nabla \mathbf{u}_m(t)\|_H^2 = E_m(0), \qquad t \geq 0.$

b) Dalla (47),

(48) $\qquad K_m(t) + P_m(t) = \dfrac{1}{2t} \int_0^t \left\{ \|\mathbf{u}_m'(s)\|_H^2 + \|\nabla \mathbf{u}_m(s)\|_H^2 \right\} ds = E_m(0).$

---

[15] $\langle \cdot, \cdot \rangle$ indica il prodotto interno in $L^2(\Omega)$.

[16] La funzione $t \mapsto \|\mathbf{u}'(t)\|^2$ è assolutamente continua in quanto la sua derivata distribuzionale appartiene a $L^1(0, T)$ e quindi si può applicare il teorema fondamentale del calcolo integrale.

Poiché $\mathbf{u}_m \in L^2(0,T;V)$, per q.o. t fissato, possiamo porre $v = \mathbf{u}_m(t)$, nella (46); si trova

$$\langle \mathbf{u}_m''(t), \mathbf{u}_m(t) \rangle + \|\nabla \mathbf{u}_m(s)\|_H^2 = 0.$$

Integrando per parti, si ha

$$\int_0^t \langle \mathbf{u}_m''(s), \mathbf{u}_m(s) \rangle ds = -\int_0^t \langle \mathbf{u}_m'(s), \mathbf{u}_m'(s) \rangle ds + \langle \mathbf{u}_m'(t), \mathbf{u}_m(t) \rangle - \langle u_1, u_0 \rangle.$$

Abbiamo quindi,

$$(49) \qquad P_m(t) - K_m(t) = \frac{-\langle u_1, u_0 \rangle + \langle \mathbf{u}_m'(t), \mathbf{u}_m(t) \rangle}{2t}.$$

D'altra parte, dalla (47) e dalla disuguaglianza di Poincaré,

$$\begin{aligned}
|\langle \mathbf{u}_m'(t), \mathbf{u}_m(t) \rangle| &\leq 2\|\mathbf{u}_m'(t)\|_H^2 + 2\|\mathbf{u}_m(t)\|_H^2 \\
&\leq 2\|\mathbf{u}_m'(t)\|_H^2 + 2C_P\|\nabla \mathbf{u}_m(t)\|_H^2 \\
&\leq 4\max\{1, C_P\} E_m(0).
\end{aligned}$$

Risulta dunque che

$$P_m(t) - K_m(t) \to 0 \quad \text{per } t \to +\infty$$

che insieme alla (48) implica

$$K_m(t) \to \frac{E_m(0)}{2}, \qquad P_m(t) \to \frac{E_m(0)}{2} \qquad \text{per } t \to +\infty.$$

Nota. La (45) vale anche per la soluzione $\mathbf{u}$. La prova richiede qualche sforzo in più, specialmente per dimostrare la (47). La difficoltà sta nel fatto che

$$\mathbf{u}' \in L^2(0,T;H) \quad \text{e} \quad \mathbf{u}'' \in L^2(0,T;V')$$

per cui non è possibile inserire direttamente $\mathbf{u}'$ nell'equazione in forma debole

$$\langle \mathbf{u}''(t), v \rangle_* + \langle \nabla \mathbf{u}(t), \nabla v \rangle = 0$$

dove $\langle \mathbf{u}''(t), v \rangle_*$ indica la dualità tra V e V'. Per farlo occorrerebbe una migliore regolarità di $\mathbf{u}'$ e cioè $\mathbf{u}' \in L^2(0,T;V)$.

3. Esercizi proposti

Esercizio 3.1. *Stabilire se le forme bilineari definite sotto sono continue negli spazi di Hilbert indicati a lato e sotto quali ipotesi sono coercive (o, eventualmente, debolmente coercive).*

a) $H = \mathbf{R}^n$, $a(\mathbf{x}, \mathbf{y}) = \displaystyle\sum_{i,j=1}^{n} a_{ij} x_i y_j$, con $A = (a_{ij})$ matrice $n \times n$.

b) $H = H^1(0,1)$,

$$a(u,v) = \int_0^1 A(x)u'v'dx + \int_0^1 B(x)u'v\,dx + \int_0^1 C(x)uv\,dx,$$

con A, B, C in $L^\infty(a,b)$.

c) $H = H_0^1(\Omega)$,

$$a(u,v) = \int_\Omega \alpha(x)\nabla u \cdot \nabla v\,dx,$$

con Ω dominio di $\mathbf{R}^n$ e $\alpha \in L^\infty(\Omega)$.

Esercizio 3.2. *Dati i seguenti problemi al contorno nell'intervallo $(0,1)$, scrivere la formulazione debole associata e discutere l'applicabilità del teorema di Lax–Milgram.*

a) $-u'' - e^{-t}u' = 4$, $u(0) = 1$, $u(1) = 2$.

b) $-(4 + t^2)u'' + 3u = \sin t$, $u'(0) = 1$, $u'(1) + u(1) = 0$.

c) $-u'' + u' + u = 0$, $u(0) = u(1)$, $u'(0) = u'(1)$.

Esercizio 3.3. *Siano assegnati:*
a) $V = H^1(0,1)$, $Fv = v(1)$,

$$B(u,v) = \int_0^1 (x+1)u'v'\,dx + u(0)v(0)\ .$$

b) $V = H^1_{0,2}(0,2) = H^1(0,2) \cap \{v(2) = 0\}$, $Fv = \displaystyle\int_0^2 fv\,dx$,

$$B(u,v) = \int_0^2 \left[u'v' - 2x^2u'v - 4xuv \right]\,dx$$

Discutere, nei due casi indicati, la buona posizione del problema:

$$B(u,v) = Fv \qquad \text{per ogni } v \in V.$$

Scrivere poi il problema sotto forma di problema ai limiti per un'equazione del secondo ordine.

Esercizio 3.4. *Sia dato il seguente problema in forma debole: determinare* $H^1(0,1)$ *tale che*

$$\int_0^1 u'v'\,dt = v(1) - v(0) - \int_0^1 (\log t)v'\,dt \quad \forall v \in H^1(0,1).$$

Analizzare la risolubilità. Scritto il problema ai limiti equivalente, risolverlo esplicitamente.

Esercizio 3.5. (Equazione di Hermite).   *Sia*

$$V = \left\{ v\colon \mathbf{R} \to \mathbf{R};\ e^{-x^2/2}u \in L^2\left(\mathbf{R}\right),\ e^{-x^2/2}u' \in L^2\left(\mathbf{R}\right) \right\}.$$

a) *Controllare che la formula*

(50) $$\langle u, v \rangle_V = \int_{\mathbf{R}} [uv + u'v']e^{-x^2}\, dx$$

definisce un prodotto interno rispetto al quale V è uno spazio di Hilbert.

b) *Studiare il problema variazionale*

(51) $$\langle u, v \rangle_V = Fv \equiv \int_{\mathbf{R}} fv\, e^{-x^2}\, dx \qquad \text{per ogni } v \in V,$$

con $f \in V$ e interpretarlo in senso forte.

Esercizio 3.6.   **a)** *Dati $\Omega \subset \mathbf{R}^n$ dominio limitato e regolare, $f \in L^2(\Omega)$ e $g \in L^2(\partial\Omega)$, dire a quale tipo di problema è associata la seguente formulazione variazionale*

$$\int_\Omega \nabla u \cdot \nabla v\, d\mathbf{x} + \int_\Omega uv\, d\mathbf{x} = \int_\Omega fv\, d\mathbf{x} + \int_{\partial\Omega} gv\, d\boldsymbol{\sigma}, \qquad \text{per ogni } v \in H^1(\Omega).$$

b) *Verificare la buona posizione del problema.*

Esercizio 3.7.   *Sia B_1 la sfera unitaria di $\mathbf{R}^n$. Consideriamo il sottospazio di $H^1(B_1)$*

$$V = \left\{ u \in H^1(B_1) : \int_{\partial B_1} u\, d\boldsymbol{\sigma} = 0 \right\}$$

e il seguente problema variazionale: determinare $u \in V$ tale che

$$\int_{B_1} (\nabla u \cdot \nabla v + uv)\, d\mathbf{x} = \int_{B_1} fv\, d\mathbf{x} \qquad \text{per ogni } v \in V.$$

È possibile applicare il teorema di Lax-Milgram? Di quale problema è la formulazione variazionale?

Esercizio 3.8.   *Dato $\Omega \subset \mathbf{R}^n$ dominio regolare e limitato si consideri il sistema*

$$\begin{cases} -\Delta u_1 + u_1 - u_2 = f_1 & \text{in } \Omega \\ -\Delta u_2 + u_1 + u_2 = f_2 & \text{in } \Omega \\ u_1 = u_2 = 0 & \text{su } \partial\Omega. \end{cases}$$

Scriverne una formulazione debole ed applicare il teorema di Lax–Milgram per dimostrare l'esistenza e l'unicità della soluzione per ogni $\mathbf{f} = (f_1, f_2) \in L^2(\Omega) \times L^2(\Omega)$.

Esercizio 3.9.   *Sia $\Omega = (0,1) \times (0,1)$. Poniamo*

$$\Gamma_N = \{(0,y) : 0 < y < 1\}$$

e $\Gamma_D = \partial\Omega\backslash\Gamma_N$. *Analizzare il problema*

$$\begin{cases} -\text{div}\,(A\,(x,y)\,\nabla u + \mathbf{b}u) = f & \text{in } \Omega \\ u = 0 & \text{su } \Gamma_D \\ 3u_x\,(0,y) - 4u_y\,(0,y) + hu = 0 & 0 < y < 1 \end{cases}$$

dove $f \in L^2\,(\Omega)$, $h > 0$ *è costante e*

$$A\,(x,y) = \begin{pmatrix} 2 + \sin xy & 3 \\ -3 & 4 - \sin xy \end{pmatrix}, \qquad \mathbf{b} = (-4x - y, -2x + y).$$

Esercizio 3.10. *In riferimento al Problema 2.11, si consideri*

$$\begin{cases} -\Delta u + \mathbf{b} \cdot \nabla u = f & \mathbf{x} \in \Omega \\ \partial_\nu u = 0 & \mathbf{x} \in \partial\Omega, \end{cases}$$

con $\mathbf{b} \in \mathbf{R}^n$ *costante.*

a) *Moltiplicare l'equazione per* $e^{-\mathbf{b}\cdot\mathbf{x}}$, *e riconoscere che il problema si può scrivere in forma di divergenza.*

b) *Dare la condizione necessaria e sufficiente per la risolubilità del problema di partenza.*

Esercizio 3.11. *Sia* $Q = (0,\pi) \times (0,\pi)$. *In riferimento al Problema 2.12, studiare la risolubilità del problema di Dirichlet*

$$\begin{cases} \Delta u + 2u = \text{div}\mathbf{f} & \text{in } Q \\ u = 0 & \text{su } \partial Q. \end{cases}$$

per

$$\mathbf{f} = (\log\,(\sin x), 0).$$

Esercizio 3.12. (*Metodo di alternanza, condizioni di Neumann*). *In riferimento al Problema 2.14 sia* $\Omega \subset \mathbf{R}^2$ *un dominio tale che* $\Omega = \Omega_1 \cup \Omega_2$ *dove* Ω_1 *e* Ω_2 *sono domini a frontiera regolare con* $\Omega_1 \cap \Omega_2 \neq \emptyset$. *Adattare il metodo di alternanza di Schwarz per costruire una successione* $\{u_n\}$ *che converga in* $H^1\,(\Omega)$ *alla soluzione del problema di Neumann*

$$(52) \qquad\qquad -\Delta u + u = f \quad \text{in } \Omega, \quad \partial_\nu u = 0 \quad \text{su } \partial\Omega,$$

dove $f \in L^2\,(\Omega)$ *e* ν *è la normale esterna a* $\partial\Omega$.

Esercizio 3.13. *Sia* $B_1 = \{(x,y): x^2 + y^2 < 1\}$. *Scrivere la formulazione variazionale ed esaminare la risolubilità dei seguenti problemi:*

a)
$$\begin{cases} \Delta u = 0 & \text{in } B_1 \\ (x+y)u_x + (y-x)\,u_y = 1 + \alpha x^2 & \text{su } \partial B_1 \end{cases} \qquad \alpha \in \mathbf{R},$$

b)
$$\begin{cases} -\Delta u = (x^2 - y^2)^n & \text{in } B_1 \\ (x+y)u_x + (y-x)\,u_y = 0 & \text{su } \partial B_1 \end{cases} \qquad n \in \mathbf{N}.$$

Esercizio 3.14.   (Problema dell'ostacolo). Sia Ω un dominio convesso e limitato in R^n, e ψ una funzione strettamente concava[17] in Ω tale che $\max \psi > 0$ e $\psi < 0$ su $\partial\Omega$. Sia K l'insieme

$$K = \left\{ v \in H_0^1(\Omega) : v \geq \psi \quad \text{q.o.in } \Omega \right\}.$$

a) Verificare che K è un sottoinsieme convesso e chiuso di $H_0^1(\Omega)$.

b) Mostrare che esiste un'unica funzione $u \in K$ che minimizza in K il funzionale

$$J(v) = \frac{1}{2} \int_\Omega |\nabla u|^2 \, d\mathbf{x}$$

ed è caratterizzata dalla seguente disequazione variazionale:

(53) $$\int_\Omega (\nabla v - \nabla u) \cdot \nabla u \, d\mathbf{x} \geq 0 \quad \text{per ogni } v \in K.$$

c) Dedurre che se $u \in H^2(\Omega)$, u è soluzione del problema dell'ostacolo se e solo se

$$-\Delta u \geq 0, \quad u - \psi \geq 0 \quad \text{e} \quad \Delta u (u - \psi) = 0 \qquad \text{q.o. in } \Omega.$$

In particolare, u è una funzione armonica in ogni aperto in cui $u > \psi$.

Esercizio 3.15.   Siano B_1 il cerchio unitario di centro l'origine e $Q_T = B_1 \times (0, T)$. Siano Γ_D e Γ_N sottoinsiemi aperti di $\partial\Omega$ con $\overline{\Gamma}_D \cup \overline{\Gamma}_N = \partial\Omega$. Si consideri il seguente problema misto. Trovare u tale che

$$\begin{cases} u_t - \operatorname{div}(xe^y \nabla u) + (\operatorname{sign}(xy)u)_y = f & \text{in } Q_T, \\ u(x, y, 0) = u_0(x, y) & \text{in } B_1, \\ u = g & \text{su } \Gamma_D, \\ \partial_\nu u + u = 0 & \text{su } \Gamma_N, \end{cases}$$

dove $f = f(x, y, t)$, $u_0 = u_0(x, y)$ e $g = g(t)$ sono funzioni assegnate.

a) Introducendo opportuni spazi funzionali, se ne scriva la formulazione debole.

b) Esaminare se il problema è ben posto ed in tal caso fornire una stima dell'energia per la soluzione.

Esercizio 3.16.   Sia Ω un dominio limitato di $\mathbf{R}^n$ e $Q_T = \Omega \times (0, T)$. Siano Γ_D e Γ_N sottoinsiemi aperti di $\partial\Omega$ con $\overline{\Gamma}_D \cup \overline{\Gamma}_N = \partial\Omega$. Si consideri il seguente problema misto. Trovare u

$$\begin{cases} u_t - \operatorname{div}(a(\mathbf{x}) \nabla u - \mathbf{b}u) - c(\mathbf{x}) u = 0 & \text{in } Q_T, \\ u(\mathbf{x}, 0) = g(\mathbf{x}) & \text{in } \Omega, \\ u = 0 & \text{su } \Gamma_D, \\ a(\mathbf{x}) \partial_\nu u + hu = 0 & \text{su } \Gamma_N, \end{cases}$$

dove $g \in L^2(\Omega)$ e $h \in \mathbf{R}$, costante.

a) Introducendo un'opportuna ambientazione funzionale, scrivere la formulazione debole.

---

[17]Se una funzione è concava è anche lipschitziana.

b) Indicare sotto quali condizioni sui coefficienti a, b, c e h il problema è ben posto.

3.1. Soluzioni

Soluzione 3.1. a) La forma è sempre continua (siamo in dimensione finita), ed è coerciva se e solo se la matrice A è definita positiva (con costante di coercività uguale al più piccolo degli autovalori di A). Ricordiamo che, in dimensione finita, la debole coercività coincide con la coercività, in quanto non esistono sottospazi densi in $\mathbf{R}^n$ diversi da $\mathbf{R}^n$ stesso.

b) La forma è continua, in quanto è limitata:

$$|a(u,v)| \leq \|A\|_\infty \|u'\|_2 \|v'\|_2 + \|B\|_\infty \|u'\|_2 \|v\|_2 + \|C\|_\infty \|u\|_2 \|v\|_2 \leq$$
$$\leq (\|A\|_\infty + \|B\|_\infty + \|C\|_\infty) \|u\|_{H^1} \|v\|_{H^1}.$$

Per la coercività dobbiamo stimare dal basso

$$a(u,u) = \int_0^1 A(x)(u')^2 dx + \int_0^1 B(x)u'u\, dx + \int_0^1 C(x)u^2\, dx.$$

Si possono dare diversi insiemi di condizioni. Una condizione necessaria è $A \geq A_0 > 0$. Infatti, se A è negativo su un sottointervallo, si possono costruire funzioni u tali che $\|u\|_2$ è arbitrariamente piccola e u' si concentra dove A è negativo, rendendo negativo $A(u,u)$.

Si tratta di stimare il termine misto. Sia $|B(x)| \leq B_0$, $B'(x) \leq B_1$, allora, tenendo conto del Problema 2.22, Capitolo 5, si ha:

$$\int_0^1 B(x)u'u\, dx \geq \left[\frac{B(x)}{2}u^2(x)\right]_0^1 - \int_0^1 B'(x)u^2\, dx$$
$$\geq -B_0\|u\|_\infty^2 - B_1\|u\|_{L^2(0,1)}$$
$$\geq -B_0\|u\|_{H^1(0,1)}^2 - B_1\|u\|_{L^2(0,1)}.$$

e quindi, se $C(x) \geq C_0$, possiamo scrivere

$$a(u,u) \geq (A_0 - B_0)\int_0^1 (u')^2 dx + (C_0 - B_1)\int_0^1 u^2\, dx.$$

In conclusione, se $A_0 - B_0 > 0$ e $C_0 - B_1 > 0$ la forma è coerciva. Sotto l'ipotesi $A_0 - B_0 > 0$ sappiamo assicurare solo la debole coercività (rispetto alla terna hilbertiana $H^1(0,1)$, $L^2(0,1)$, $(H^1(0,1)')$).

c) La forma è continua, infatti, per la disuguaglianza di Hölder,

$$|a(u,v)| \leq \|\alpha\|_\infty \|\nabla u\|_2 \|\nabla v\|_2 \leq \|\alpha\|_\infty \|\nabla u\|_{H^1} \|\nabla v\|_{H^1}.$$

La forma non è mai coerciva (se $u = c$ costante allora $a(u,u) = 0$), ed è debolmente coerciva se e solo se $\alpha \geq \alpha_0 > 0$ q.o. in Ω.

Soluzione 3.2. a) Le condizioni ai limiti sono non omogenee, quindi conviene porre

$$w(t) = u(t) - t - 1.$$

Si ha $w'(t) = u'(t) - 1$, $w''(t) = u''(t)$, e quindi w risolve

$$\begin{cases} -w'' - e^{-t}w' = 4 + e^{-t} & 0 < t < 1 \\ w(0) = w(1) = 0. \end{cases}$$

Moltiplicando l'equazione per $v \in H_0^1(0,1)$ ed integrando, si ottiene la formulazione debole

$$\int_0^1 \left[w'v' - e^{-t}w'v \right] dt = \int_0^1 \left[4 + e^{-t} \right] v\, dt \quad \text{per ogni } v \in H_0^1(0,1).$$

Ragionando come nel Problema 2.1 si ottiene l'applicabilità del teorema di Lax–Milgram e la buona posizione del problema.

b) Scegliamo $V = H^1(0,1)$. Per $v \in V$, abbiamo

$$\int_0^1 -(4+t^2)u''v\, dt = -(4+t^2)u'v\big|_0^1 + \int_0^1 \left[(4+t^2)u'v' + 2tu'v \right] dt =$$

$$= -5u'(1)v(1) + \int_0^1 \left[(4+t^2)u'v' + 2tu'v \right] dt =$$

$$= 5u(1)v(1) + 4v(0) + \int_0^1 \left[(4+t^2)u'v' + 2tu'v \right] dt.$$

Deduciamo la formulazione debole

$$\int_0^1 \left[(4+t^2)u'v' + 2tu'v + 3uv \right] dt + 5u(1)v(1) = \int_0^1 \sin t\, v\, dt - 4v(0) \quad \forall v \in H^1(0,1]$$

Con ragionamenti simili a quelli visti, per esempio, nei Problemi 2.23 e 2.24, Capitolo 5, si può dimostrare che il secondo membro è la somma di due funzionali lineari e continui su $H^1(0,1)$. Combinando gli argomenti usati nel precedente Esercizio 1.b), e nel Problema 2.22, Capitolo 5, otteniamo che la forma bilineare $B(u,v)$ è continua. Infine

$$B(u,u) = \int_0^1 \left[(4+t^2)(u')^2 + 2tu'u + 3u^2 \right] dt + 5u^2(1)$$

$$= \int_0^1 \left[(4+t^2)(u')^2 + 2u^2 \right] dt + 5u^2(1) \geq$$

$$\geq \int_0^1 \left[4(u')^2 + 2u^2 \right] dt,$$

e quindi B è coerciva ed il teorema di Lax-Milgram è applicabile.

c) Lo spazio V sarà un opportuno sottospazio di $H^1(0,1)$, adattato alle condizioni iniziali (che sono le condizioni di periodicità). Per capire qual è questo sottospazio moltiplichiamo l'equazione per una generica $v \in H^1(0,1)$ e integriamo per parti. Formalmente, otteniamo

$$\int_0^1 -u''v\, dt = -u'(1)v(1) + u'(0)v(0) + \int_0^1 (u')^2\, dt.$$

Ora, ricordiamo che se u è in $H^1(0,1)$, non è possibile dare, in generale, significato puntuale ad u'. Quindi una corretta scelta delle funzioni test deve annullare i primi due termini a secondo membro. Tenendo conto che, per la soluzione, $u'(0) = u'(1)$, basta prendere $v(0) = v(1)$. Poniamo quindi

$$V = H^1_{\text{per}} \equiv \{v \in H^1(0,1) : v(0) = v(1)\}.$$

Si può vedere [18] che V è un sottospazio chiuso di $H^1(0,1)$ e quindi che è uno spazio di Hilbert a sua volta. Ricaviamo la formulazione debole

$$B(u,v) \equiv \int_0^1 [u'v' + u'v + uv]\, dt = 0 \qquad \text{per ogni } v \in V.$$

Supponendo u regolare e soluzione debole, basta integrare per parti in senso inverso, per dedurre che u è anche soluzione forte. La forma bilineare $B(u,v)$ è continua in V ed essendo

$$\int_0^1 uu' = \frac{1}{2}\left[u^2(1) - u^2(0)\right],$$

è anche coerciva. Deduciamo che il problema ammette solo la soluzione nulla.

Soluzione 3.3. **a)** Il problema è ben posto grazie al teorema di Lax–Milgram (si può procedere esattamente come nella soluzione dell'Esercizio 3.2.b). Cerchiamo la formulazione classica. A tale scopo supponiamo $u \in C^2(0,1) \cap C^1([0,1])$. Integrando per parti, otteniamo

$$(x+1)u'v|_0^1 - \int_0^1 [(x+1)u''v + u'v]\, dx + u(0)v(0) = v(1) \quad \forall v \in H^1(0,1),$$

cioè

$$\int_0^1 [(x+1)u'' + u']\,v\,dx = (2u'(1) - 1)v(1) + (-u'(0) + u(0))v(0) \ \forall v \in H^1(0,1).$$

In particolare, l'identità precedente deve valere per ogni $v \in H^1_0(0,1)$, che forza

$$(x+1)u'' + u' = 0 \quad \text{in } (0,1).$$

Allora

$$(2u'(1) - 1)v(1) + (-u'(0) + u(0))v(0) = 0 \qquad \text{per ogni } v(0), v(1) \in \mathbf{R}.$$

Scegliendo alternativamente v nulla in uno dei due estremi e non nulla nell'altro, otteniamo infine che u risolve il problema misto (di Robin–Neumann)

$$\begin{cases} (x+1)u'' + u' = 0 & \text{in } (0,1) \\ u'(0) = u(0) \\ u'(1) = 1/2. \end{cases}$$

Questo problema si può risolvere esplicitamente: integrando una prima volta si ottiene

$$(x+1)u' = C_1$$

e dalla condizione di Neumann deve essere $C_1 = 1$; integrando di nuovo si ha

$$u = \log(x+1) + C_2$$

---

[18]Per dimostrarlo si può ragionare come nel Problema 2.26, Capitolo 5.

e dalla condizione di Robin si ha $C_2 = 1$. In definitiva,

$$u(x) = \log(x+1) + 1.$$

b) In V utilizziamo la norma standard in $V = H^1(0,2)$. È facile vedere (come nell'Esercizio 3.1b)) che B è continua. Anche F è continua non appena (per esempio) $f \in L^2(0,2)$. Per la coercività osserviamo preliminarmente che, essendo $u(2) = 0$,

$$\int_0^2 x^2 u' u \, dx = \frac{1}{2} \int_0^2 x^2 (u^2)' \, dx = \left[\frac{1}{2} x^2 u^2\right]_0^2 - \int_0^2 x u^2 \, dx = -\int_0^2 x u^2 \, dx.$$

Abbiamo:

$$B(u,u) = \int_0^2 (u')^2 - 2x u^2 \, dx.$$

È facile vedere che B non è coerciva: ad esempio, scegliendo $u = 2 - x$ (che appartiene a V), si ottiene $B(u,u) = -2/3$. D'altra parte

$$B(u,u) + 5\|u\|_2^2 \geq \|u\|_V^2,$$

e quindi la forma è debolmente coerciva. In base al teorema dell'alternativa di Fredholm, la sua risolubilità è legata a quella del problema omogeneo aggiunto:

$$B(v,w) = \int_0^2 \left[w'v' - 2x^2 v'w - 4x wv\right] dx = 0 \qquad \text{per ogni } v \in V.$$

Per cercare di risolvere tale problema scriviamone la formulazione classica. Supponendo w regolare si ha

$$\int_0^2 \left[w' - 2x^2 w\right] v' \, dx = \left[w'v - 2x^2 wv\right]_0^2 - \int_0^2 \left[w'' - 2x^2 w' - 4x w\right] v \, dx$$

e quindi il problema aggiunto si scrive (formalmente) come

$$w'(0)v(0) + \int_0^2 \left[w'' - 2x^2 w'\right] dx = 0 \qquad \text{per ogni } v \in V.$$

Come al solito, scegliendo prima $v \in H_0^1(0,2)$ e poi $v \in V$, ricaviamo l'equazione

$$w'' - 2x^2 w' = 0 \quad \text{in } (0,2)$$

e la condizione $w'(0) = 0$. In definitiva la forma classica del problema aggiunto è data da

$$\begin{cases} w'' - 2x^2 w' = 0 & \text{in } (0,2), \\ w'(0) = 0, \\ w(2) = 0. \end{cases}$$

Integrando una prima volta, otteniamo $e^{-x^2} w' = C_1$; le condizioni al contorno implicano $C_1 = 0$, da cui $w = C_2$ ed infine $w = 0$. Poiché il problema aggiunto ammette solo la soluzione nulla, dal teorema dell'alternativa deduciamo che il problema di partenza è ben posto per ogni f.

Rimane da calcolare la forma classica del problema. Procedendo come abbiamo appena fatto per il problema aggiunto ricaviamo

$$\begin{cases} u'' + 2x^2 u' + 4xu = -f & \text{in } (0,2) \\ u'(0) = 0 \\ u(2) = 0. \end{cases}$$

Soluzione 3.4.   Siano

$$B(u,v) = \int_0^1 u'v' \, dt, \qquad Fv = v(1) - v(0) - \int_0^1 (\log t)v' \, dt.$$

Innanzitutto F è un funzionale lineare e continuo in $V = H^1(0,1)$: infatti, osservando che

$$\int_0^1 \log^2 t \, dt = \int_{-\infty}^0 s^2 e^s \, ds = 2$$

si ha[19]

$$|Fv| \le 2\|v\|_\infty + \|\log t\|_2 \|v'\|_2 \le \left(2 + \sqrt{2}\right)\|v\|_{H^1}.$$

D'altra parte, come abbiamo visto più volte (ad esempio, nell'Esercizio 3.1.c), B è continua ma solo debolmente coerciva in V. Il problema omogeneo è autoaggiunto ed ammette come soluzioni solo le funzioni costanti. Siamo in condizione di applicare il teorema dell'alternativa di Fredholm, ottenendo che il problema dato è risolubile se e solo se $Fv = 0$ per ogni v costante. Ma questa condizione di compatibilità è verificata automaticamente, per cui il problema dato ammette infinite soluzioni, che differiscono tra loro per una costante additiva.

Per scrivere il problema ai limiti associato, riordiniamo i termini: il problema si scrive come

$$\int_0^1 [u' - \log t] \, v' \, dt = v(1) - v(0) \quad \forall v \in V,$$

per cui, supponendo $u \in C^2([0,1])$ ed integrando per parti, si trova

$$\int_0^1 \left[u'' - \frac{1}{t}\right] v \, dt = (u'(1) - 1)v(1) + (u'(0) - 1)v(0) \quad \forall v \in V.$$

L'identità vale in particolare per le $v \in H^1_0(0,1)$, e questo implica

$$u'' - \frac{1}{t} = 0,$$

cioè

$$u' = -\log t + C_1.$$

Sostituendo e considerando le v che si annullano alternativamente in uno dei due estremi, troviamo che, *se sono definite*, $u'(0) = u'(1) = 1$. Si vede che $u'(0)$ non è definita, mentre la condizione in $t = 1$ implica $C_1 = 1$. Le soluzioni sono perciò

$$u(t) = t(1 - \log t) + C.$$

---

[19]Per le stime puntuali delle funzioni in $H^1(a,b)$ usiamo sempre il risultato del Problema 2.22, Capitolo 5.

Sostituendo, si verifica che tali u sono effettivamente soluzioni deboli e dalla teoria di Fredholm sappiamo che sono le sole.

Soluzione 3.5. **a)** Si può procedere come nel Problema 2.5, con pochi cambiamenti.

b) Poniamo

$$\|v\| = \left(\int_{\mathbf{R}} v^2 e^{-x^2} dx \right)^{1/2}$$

ed indichiamo con $\|v\|_V$ la norma indotta dal prodotto interno (50). Poiché

$$|Fv| = \left| \int_{\mathbf{R}} fv\, e^{-x^2} dx \right| \leq \|f\|\, \|v\| \leq \|f\|\, \|v\|_V\, ,$$

il funzionale F definisce un elemento di V'. Il teorema di Riesz implica perciò che esiste unica la soluzione u di (51) e

$$\|u\|_V \leq \|f\|\, .$$

Per l'interpretazione in senso forte, procediamo formalmente integrando per parti il secondo termine del prodotto interno; la (51) diventa:

$$[e^{-x^2} u'v]_{-\infty}^{+\infty} + \int_{\mathbf{R}} [ue^{-x^2} - (e^{-x^2} u')']v\, dx = \int_{\mathbf{R}} fv\, e^{-x^2} dx \qquad \text{per ogni } v \in V$$

e quindi l'arbitrarietà di v forza, scegliendo prima v a supporto compatto,

$$-(e^{-x^2} u')' + ue^{-x^2} = fe^{-x^2} \qquad \text{in } \mathbf{R},$$

equivalente all'equazione (di *Hermite*)

$$u'' - 2xu' - u = f \qquad \text{in } \mathbf{R},$$

e poi, scegliendo v nulla a $\pm\infty$ e uguale a 1 a $\mp\infty$, rispettivamente,

$$\lim_{x \to \pm\infty} e^{-x^2} u'(x) = 0.$$

Le condizioni ai limiti sono dunque condizioni di Neumann omogenee, pesate con la Gaussiana.

Soluzione 3.6. **a)** Supponendo u e v regolari possiamo scrivere

$$\int_{\Omega} \nabla u \cdot \nabla v\, d\mathbf{x} = \int_{\partial\Omega} \partial u_\nu\, v\, d\boldsymbol{\sigma} - \int_{\Omega} \Delta u\, v\, d\mathbf{x}.$$

In particolare, essendo $H_0^1(\Omega) \subset H^1(\Omega)$, la formulazione debole implica

$$\int_{\Omega} [-\Delta u + u - f] v\, d\mathbf{x} = \int_{\partial\Omega} [g - \partial_\nu u]\, v\, d\mathbf{x} = 0, \qquad \text{per ogni } v \in H_0^1(\Omega),$$

da cui deduciamo $-\Delta u + u - f = 0$ q.o. in Ω. Risostituendo nella formulazione variazionale otteniamo

$$\int_{\partial\Omega} [g - \partial_\nu u]\, v\, d\mathbf{x} = 0, \qquad \text{per ogni } v \in H^1(\Omega),$$

e quindi $\partial_\nu u = g$ quasi ovunque su $\partial\Omega$. In definitiva, quella data è la formulazione debole del problema

$$\begin{cases} -\Delta u + u = f & \text{in } \Omega \\ \partial_\nu u = g & \text{su } \partial\Omega. \end{cases}$$

b) Osserviamo che il primo membro nella formulazione debole è il prodotto scalare standard in $H^1(\Omega)$. D'altra parte, se $u \in H^1(\Omega)$, per la disuguaglianza di traccia,

$$\|u\|_{L^2(\partial\Omega)} \le C\|u\|_{H^1}.$$

Applicando la disuguaglianza di Schwarz, deduciamo che il funzionale lineare a secondo membro è continuo in $H^1(\Omega)$ e quindi la buona posizione del problema segue direttamente dal teorema di Riesz.

Soluzione 3.7. Riguardo all'applicabilità del teorema di Lax–Milgram al problema variazionale, è immediato constatare che il problema è del tipo

$$B(u,v) = Fv,$$

dove B è il prodotto scalare in V ed F (non appena $f \in L^2(B_1)$) è continuo in $H^1(B_1)$ e quindi, a maggior ragione in V. In questo caso si può applicare il teorema di Lax-Milgram o anche direttamente il teorema di Riesz.

Se f è una funzione regolare, ossia $f \in C^\infty(\overline{B}_1)$, sappiamo dalla teoria generale[20] che $u \in C^\infty(\overline{B}_1)$, per cui possiamo integrare per parti ottenendo

$$\int_{\partial B_1} \partial_\nu u\, v\, d\boldsymbol{\sigma} + \int_{B_1} [-\Delta u + u - f]\, v\, d\mathbf{x} = 0 \qquad \text{per ogni } v \in V.$$

Si ha $H_0^1(B_1) \subset V$, e quindi, in particolare,

$$\int_{B_1} [-\Delta u + u - f]\, v\, d\mathbf{x} = 0 \qquad \text{per ogni } v \in H_0^1(B_1).$$

Ne segue che $-\Delta u + u - f = 0$. Sostituendo nella formulazione debole otteniamo

$$(54) \qquad \int_{\partial B_1} \partial_\nu u\, v\, d\boldsymbol{\sigma} = 0 \qquad \text{per ogni } v \in V.$$

Mostriamo che questa relazione può valere se e solo se $\partial_\nu u$ è costante su ∂B_1. Da un lato, se $\partial_\nu u$ è costante, allora l'integrale del suo prodotto con una funzione a media nulla è evidentemente nullo. Viceversa, supponiamo che $g = \partial_\nu u$ non sia costante. In tal caso, esistono due punti σ_1 e σ_2 su ∂B_1 in cui $g(\sigma_1) = a$ e $g(\sigma_2) = b$ con (per esempio) $a < b$. Per continuità, possiamo trovare due archi Γ_1, Γ_2 contenuti in $\partial\Omega$

$$g|_{\Gamma_1} \le a, \qquad g|_{\Gamma_2} \ge b.$$

Sia ora w una funzione di classe $C^1(\overline{B}_1)$, che sia positiva su Γ_1, negativa su Γ_2, nulla su $\partial\Omega \setminus (\Gamma_1 \cup \Gamma_2)$ e tale che

$$\int_{\Gamma_1} w\, d\boldsymbol{\sigma} = -\int_{\Gamma_2} w\, d\boldsymbol{\sigma}.$$

---

[20][S], Cap. 9, Sez 6.

La funzione w appartiene a V e può essere usata come test in (54); risulta allora:

$$
\int_{\partial\Omega} g\,w\,d\boldsymbol{\sigma} \;=\; \int_{\Gamma_1} g\,w\,d\boldsymbol{\sigma} + \int_{\Gamma_2} g\,w\,d\boldsymbol{\sigma} \le a\int_{\Gamma_1} w\,d\boldsymbol{\sigma} + b\int_{\Gamma_2} w\,d\boldsymbol{\sigma}
$$

$$
= \;(a-b)\int_{\Gamma_1} w\,d\boldsymbol{\sigma} < 0
$$

in contraddizione con la (54). In conclusione, il problema corrispondente è

$$
\begin{cases}
-\Delta u + u = f & \text{in } B \\
\partial_\nu u = \text{costante} & \text{su } B_1 \\
\displaystyle\int_{\partial B_1} u = 0.
\end{cases}
$$

Soluzione 3.8. Moltiplicando la prima equazione per $v_1 \in H_0^1(\Omega)$ ed integrando per parti, otteniamo

$$
\int_\Omega [\nabla u_1 \cdot \nabla v_1 + u_1 v_1 - u_2 v_1]\,d\mathbf{x} = \int_\Omega f_1 v_1\,d\mathbf{x} \quad \text{per ogni } v_1 \in H_0^1(\Omega).
$$

Analogamente

$$
\int_\Omega [\nabla u_2 \cdot \nabla v_2 + u_1 v_2 + u_2 v_2]\,d\mathbf{x} = \int_\Omega f_2 v_2\,d\mathbf{x} \quad \text{per ogni } v_2 \in H_0^1(\Omega).
$$

Notiamo che le due equazioni precedenti si possono scrivere in modo compatto come

$$
\int_\Omega [\nabla u_1 \cdot \nabla v_1 + \nabla u_2 \cdot \nabla v_2 + u_1 v_1 - u_2 v_1 + u_1 v_2 + u_2 v_2]\,d\mathbf{x} =
$$

$$
= \int_\Omega [f_1 v_1 + f_2 v_2]\,d\mathbf{x} \quad \text{per ogni } (v_1, v_2) \in H_0^1(\Omega) \times H_0^1(\Omega)
$$

(infatti, scegliendo alternativamente $v_i = 0$ nella precedente equazione, si ottiene una delle prime due). Introduciamo quindi lo spazio

$$
V = H_0^1(\Omega) \times H_0^1(\Omega),
$$

che è di Hilbert rispetto al prodotto

$$
\langle \mathbf{u}, \mathbf{v} \rangle_V = \langle \nabla u_1, \nabla v_1 \rangle_{L^2(\Omega)} + \langle \nabla u_1, \nabla v_1 \rangle_{L^2(\Omega)}
$$

(abbiamo scritto $\mathbf{u} = (u_1, u_2)$, $\mathbf{v} = (v_1, v_2)$). Poniamo

$$
B(\mathbf{u}, \mathbf{v}) = \int_\Omega [\nabla u_1 \cdot \nabla v_1 + \nabla u_2 \cdot \nabla v_2 + u_1 v_1 - u_2 v_1 + u_1 v_2 + u_2 v_2]\,d\mathbf{x}
$$

e

$$
F\mathbf{v} = \int_\Omega \mathbf{f} \cdot \mathbf{v}\,d\mathbf{x}.
$$

Otteniamo la formulazione variazionale

$$
B(\mathbf{u}, \mathbf{v}) = F\mathbf{v} \quad \text{per ogni } \mathbf{v} \in V.
$$

Sfruttando le disuguaglianze di Schwarz e di Poincaré si può scrivere

$$
|F\mathbf{v}| \le \|f_1\|_2 \|v_1\|_2 + \|f_2\|_2 \|v_2\|_2 \le C_P^2 \|\mathbf{u}\|_V \|\mathbf{v}\|_V
$$

e

$$|B(u,v)| \leq \|\nabla u_1\|_2\|\nabla v_1\|_2 + \|\nabla u_2\|_2\|\nabla v_2\|_2 + (\|u_1\|_2 + \|u_2\|_2)(\|v_1\|_2 + \|v_2\|_2) \leq$$
$$\leq (1 + C_P^2)\|\mathbf{u}\|_V\|\mathbf{v}\|_V.$$

Per quanto riguarda la coercività, osserviamo che

$$B(\mathbf{u},\mathbf{u}) = \int_\Omega \left[|\nabla u_1|^2 + |\nabla u_2|^2 + u_1^2 + u_2^2 \right] d\mathbf{x} \geq \|\mathbf{u}\|_2^2,$$

e quindi B è coerciva. È possibile dunque applicare il teorema di Lax–Milgram ed ottenere esistenza, unicità e stima di stabilità della soluzione.

Soluzione 3.9. Controlliamo innanzitutto l'ellitticità dell'operatore e cioè che i coefficienti sono limitati (vero) e che

$$\sum_{j,k=1}^2 a_{jk}(x,y)z_jz_k \geq a_0\left(z_1^2 + z_2^2\right) \qquad \text{per ogni } (z_1,z_2) \in \mathbf{R}^2.$$

Infatti, si ha

$$\sum_{j,k=1}^2 a_{jk}(x,y)z_jz_k = (2 + \sin(xy))z_1^2 + 3z_1z_2 - 3z_1z_2 + (4 - \sin(xy))z_2^2$$
$$\geq z_1^2 + 3z_2^2 \geq z_1^2 + z_2^2.$$

Sia $V = H^1_{0,\Gamma_D}(\Omega)$ lo spazio delle funzioni in $H^1(\Omega)$ che si annullano su Γ_D. Per le funzioni in V vale la disuguaglianza di Poincaré, per cui possiamo scegliere $\|\nabla u\|_{L^2(\Omega)}$ come norma in V. Per dare una formulazione variazionale, moltiplichiamo l'equazione differenziale per $v \in V$ e integriamo per parti; risulta
(55)
$$\int_\Omega A(x,y)\nabla u\cdot\nabla v + u\mathbf{b}\cdot\nabla v]\,dxdy - \int_{\Gamma_N}[A(x,y)\nabla u\cdot\boldsymbol{\nu} + u\mathbf{b}\cdot\boldsymbol{\nu}]v\,d\sigma = \int_\Omega fv\,dxdy.$$

Su Γ_N abbiamo $\boldsymbol{\nu} = (0,-1)$ e

$$A(0,y)\nabla u\cdot\boldsymbol{\nu} = 3u_x(0,y) - 4u_y(0,y) = -hu(0,y)$$
$$u\mathbf{b}\cdot\boldsymbol{\nu} = -yu(0,y).$$

Sostituendo nella (55) si ottiene

$$\int_\Omega [A(x,y)\nabla u\cdot\nabla v + u\mathbf{b}\cdot\nabla v]dxdy + \int_0^1 [h+y]u(0,y)v(0,y)\,dy = \int_\Omega fv\,dxdy.$$

Se indichiamo la forma bilineare a primo membro con $B(u,v)$, la formulazione variazionale del problema originale è la seguente: determinare una funzione $u \in V$ tale che

$$B(u,v) = \langle f,v\rangle \qquad \text{per ogni } v \in V.$$

Essendo $f \in L^2(\Omega)$, il funzionale a secondo membro è in V'. Controlliamo la continuità della forma B. Per la disugualianze di traccia e di Poincaré, abbiamo:

$$|B(u,v)| \leq 4C_*^2(h+2)\|\nabla u\|_2\|\nabla v\|_2$$

e quindi B è continua. Per la coercività abbiamo:

$$\int_\Omega A\,(x,y)\,\nabla u \cdot \nabla u \; dxdy \geq \|\nabla u\|_2^2$$

mentre, essendo div $\mathbf{b} = -3$,

$$\int_\Omega u\mathbf{b}\cdot\nabla u = \frac{1}{2}\int_\Omega \mathbf{b}\cdot\nabla(u^2) = -\frac{1}{2}\int_0^1 yu^2\,(0,y)\,dy + \frac{3}{2}\int_\Omega u^2$$

e quindi $(h > 0)$,

$$B\,(u,u) \geq \|\nabla u\|_2^2 + \frac{3}{2}\int_\Omega u^2 + \int_0^1 [h + \frac{y}{2}]u^2\,(0,y)\;dy \geq \|\nabla u\|_2^2$$

da cui la coercività di B, con costante uguale a 1. Le ipotesi del teorema di Lax-Milgram sono soddisfatte. Concludiamo che il problema dato ha un'unica soluzione; inoltre

$$\|\nabla u\|_{L^2(\Omega)} \leq \|f\|_{L^2(\Omega)}\,.$$

Soluzione 3.10.   **a)** Ricordiamo che, se φ e $\mathbf{F}$ sono rispettivamente uno scalare ed un campo vettoriale, entrambi regolari, vale la formula

$$\mathrm{div}(\varphi\mathbf{F}) = \varphi\mathrm{div}\mathbf{F} + \nabla\varphi\cdot\mathbf{F}.$$

Osservando che

$$\nabla e^{-\mathbf{b}\cdot\mathbf{x}} = -e^{-\mathbf{b}\cdot\mathbf{x}}\mathbf{b}$$

otteniamo

$$-e^{-\mathbf{b}\cdot\mathbf{x}}\Delta u + e^{-\mathbf{b}\cdot\mathbf{x}}\mathbf{b}\cdot\nabla u = -\mathrm{div}\left(e^{-\mathbf{b}\cdot\mathbf{x}}\nabla u\right).$$

Quindi u risolve il problema in forma di divergenza

$$\begin{cases} -\mathrm{div}\left(e^{-\mathbf{b}\cdot\mathbf{x}}\nabla u\right) = e^{-\mathbf{b}\cdot\mathbf{x}}f & \mathbf{x}\in\Omega \\ e^{-\mathbf{b}\cdot\mathbf{x}}\partial_\nu u = 0 & \mathbf{x}\in\partial\Omega. \end{cases}$$

b) Si può provare in modo standard (ad esempio seguendo lo svolgimento del Problema 2.11) che la forma bilineare che compare nella formulazione debole del problema precedente è (oltre che continua) debolmente coerciva, quindi vale la teoria di Fredholm. L'operatore è autoaggiunto, ed il problema omogeneo aggiunto associato è dato da

$$\begin{cases} -\mathrm{div}\left(e^{-\mathbf{b}\cdot\mathbf{x}}\nabla u\right) = 0 & \mathbf{x}\in\Omega \\ e^{-\mathbf{b}\cdot\mathbf{x}}\partial_\nu u = 0 & \mathbf{x}\in\partial\Omega. \end{cases}$$

È facile dimostrare[21] che le soluzioni di tale problema sono le sole funzioni costanti. Il problema di partenza è pertanto risolubile se e solo se

$$\int_\Omega e^{-\mathbf{b}\cdot\mathbf{x}}f(\mathbf{x})\,d\mathbf{x} = 0$$

ed in tal caso la soluzione è definita a meno di una costante additiva.

---

[21]Ad esempio seguendo i ragionamenti del Problema 2.9.

Soluzione 3.11. La formulazione debole del problema è data da

$$B(u,v) = \int_Q [\nabla u \cdot \nabla v - 2uv] = \int_Q \mathbf{f} \cdot \nabla v = Fv \qquad \text{per ogni } v \in H_0^1(Q).$$

Il funzionale F appartiene a $H^{-1}(Q)$ se e solo se $\mathbf{f} \in L^2(Q; \mathbf{R}^2)$. Abbiamo già osservato[22] che $\log t$ è in $L^2(0,1)$. Ora, essendo

$$\sin x \sim x \text{ per } x \to 0, \qquad \sin x \sim \pi - x \text{ per } x \to \pi,$$

deduciamo l'integrabilità richiesta per $\mathbf{f}$.

Come visto nel Problema 2.12 B è continua e debolmente coerciva in $H_0^1(Q)$ e il problema omogeneo aggiunto associato ammette le sole soluzioni $\bar{u}(x,y) = c \sin x \sin y$, con $c \in \mathbf{R}$. La teoria di Fredholm implica dunque che il problema dato è risolubile se e solo se

$$F\bar{u} = 0.$$

Risulta $\nabla \bar{u} = (c \cos x \sin y, c \sin x \cos y)$ e

$$F\bar{u} = \left(\int_0^\pi c \sin y \, dy \right) \left(\int_0^\pi \log(\sin x) \cos x \, dx \right) = 0.$$

Il problema ammette infinite soluzioni della forma $u + \bar{u}$.

Soluzione 3.12. Definiamo $V = H^1(\Omega)$ e siano

$$V_1 = \left\{ u \in H^1(\Omega_1), \, u = 0 \text{ in } \Omega \backslash \Omega_1 \right\} \quad \text{e} \quad V_2 = \left\{ u \in H^1(\Omega_2), \, u = 0 \text{ in } \Omega \backslash \Omega_2 \right\}.$$

Scelto un elemento arbitrario $u_0 \in H^1(\Omega)$, definiamo u_{2n+1} ($n \geq 0$) e u_{2n} ($n \geq 1$), rispettivamente, come le soluzioni dei seguenti problemi misti:

$$-\Delta u_{2n+1} + u = f \quad \text{in } \Omega_1, \qquad u_{2n+1} = u_{2n} \text{ su } \partial\Omega_1 \cap \Omega, \; \partial_\nu u = 0 \quad \text{su } \partial\Omega_1 \cap \partial\Omega$$

e

$$-\Delta u_{2n} + u = f \quad \text{in } \Omega_2, \qquad u_{2n} = u_{2n-1} \text{ su } \partial\Omega_2 \cap \Omega, \; \partial_\nu u = 0 \quad \text{su } \partial\Omega_2 \cap \partial\Omega.$$

Si procede ora come nel Problema 2.14 per dedurre che

$$u - u_{2n+1} = P_{V_1^\perp}(u - u_{2n}) \quad \text{e} \quad u - u_{2n} = P_{V_1^\perp}(u - u_{2n-1}),$$

ovviamente rispetto al prodotto interno di V: $\langle u, v \rangle = \int_\Omega [uv + \nabla u \cdot \nabla v]$. Per concludere che u_n converge in $H^1(\Omega)$ alla soluzione $u \in H_0^1(\Omega)$ del problema (52), occorre controllare (si veda il Problema 2.9, Capitolo 5) che V_1 e V_2 sono sottospazi chiusi di V e che

$$V_1^\perp \cap V_2^\perp = \{\mathbf{0}\}$$

ovvero che $V_1 + V_2$ è denso in V. Sia $v \in V$.

Per verificare che siano sottospazi chiusi si può usare lo stesso metodo dell'Esercizio 3.22, Capitolo 5. Lasciamo i dettagli al lettore. Siano ora w_1 e w_2 funzioni regolari

---

[22]Soluzione dell'Esercizio 3.4.

(lipschitziane è sufficiente) tali che $w_1 = 0$ in $\Omega \backslash \Omega_1$ e in $\Omega \backslash \Omega_2$, rispettivamente, positive altrove. Allora, posto

$$v_1 = \frac{w_1}{w_1 + w_2} v \quad \text{e} \quad v_1 = \frac{w_2}{w_1 + w_2} v,$$

si ha $v_1 \in V_1$, $v \in V_2$ e $v_1 + v_2 = v$. In tal caso si ha che $V_1 + V_1$ coincide con V (non solo che è denso in V).

Soluzione 3.13. **a)** Anzitutto osserviamo che su ∂B_1 il versore normale esterno a ∂B_1 è $\boldsymbol{\nu} = x\mathbf{i} + y\mathbf{j}$ è il vettore $\boldsymbol{\tau} = y\mathbf{i} - x\mathbf{j}$ è tangenziale. Il versore

$$\boldsymbol{\sigma} = \frac{(x+y)\,\mathbf{i} + (y-x)\,\mathbf{j}}{\sqrt{2}} = \frac{\boldsymbol{\nu} + \boldsymbol{\tau}}{\sqrt{2}}$$

non è mai tangenziale, infatti $\boldsymbol{\sigma} \cdot \boldsymbol{\nu} = 1/\sqrt{2}$. Si tratta dunque di due problemi di derivata obliqua. In riferimento al Problema 2.15, si ha $b = 1$,

$$A(x,y) = \begin{pmatrix} 1 & 1 \\ -1 & 1 \end{pmatrix} \quad \text{e} \quad \mathbf{b}(x,y) = (b_y, -b_x) = (0,0).$$

La loro formulazione variazionale è del tipo

$$a(u,v) = \int_{B_1} A(x,y) \nabla u \cdot \nabla v \; dxdy = \int_{B_1} f dxdy + \int_{\partial B_1} g ds.$$

Esplicitamente, per il primo problema si ha

$$\int_{B_1} (u_x v_x + u_y v_x - u_x v_y + u_y v_y) \; dxdy = \int_{\partial B_1} \left(1 + \alpha x^2\right) ds, \qquad \text{per ogni } v \in H^1(B_1$$

ed è risolubile se e solo se

$$\int_{\partial B_1} \left(1 + \alpha x^2\right) ds = 2\pi + \alpha \pi = 0$$

ossia se $\alpha = -2$.

b) Risulta

$$\int_{B_1} (u_x v_x + u_y v_x - u_x v_y + u_y v_y) \; dxdy = \int_{B_1} \left(x^2 - y^2\right)^n dxdy, \qquad \text{per ogni } v \in H^1(B_1$$

ed è risolubile se e solo se

$$\int_{B_1} \left(x^2 - y^2\right)^n dxdy = 0$$

ossia se e solo se n è *dispari*.

Soluzione 3.14. **a)** Se u e $v \in K$ e $s \in [0,1]$, anche

$$(1 - s)\,u + sv \in K,$$

per cui K è convesso. Per verificare che è chiuso in $H_0^1(\Omega)$ consideriamo un successione $\{v_n\} \subset K$ convergente in $H_0^1(\Omega)$ a v. In particolare, almeno una sottosuccessione $\{v_{n_k}\}$ converge a v q.o. in Ω e quindi da $v_{n_k} \geq \psi$ q.o. in Ω, segue che anche $v \geq \psi$ q.o. in Ω e K è chiuso in $H_0^1(\Omega)$.

Interpretiamo ora il problema come un problema di proiezione. Infatti, $J(v)$ rappresenta, a meno del fattore $1/2$, il quadrato della distanza in $H_0^1(\Omega)$ di v da $w = 0$ e minimizzare J equivale a minimizzare la distanza di K dall'origine. L'esistenza di un'unica minimizzante per J equivale dunque all'esistenza della *proiezione dell'origine sul convesso chiuso K*. Possiamo dunque usare il risultato nel Problema 2.10, Capitolo 5, e concludere che esiste un unico elemento $u \in K$ tale che

$$J(u) = \min_{v \in K} J(v).$$

Questo elemento è caratterizzato dalla relazione

$$\langle u, u - v \rangle_{H_0^1(\Omega)} \geq 0 \qquad \text{per ogni } v \in K$$

che corrisponde esattamente alla (53).

c) Poniamo $u - v = w$ nella (53). Allora $w \geq 0$ in Ω. Se $u \in H^2(\Omega)$ possiamo integrare per parti scaricando le derivate su u; risulta

$$\int_\Omega w \Delta u \leq 0 \qquad \text{per ogni } w \in H_0^1(\Omega), \, w \geq 0 \quad \text{q.o. in } \Omega$$

che forza (il lettore lo provi) $\Delta u \leq 0$ q.o. in Ω. Se poi $D \subset \Omega$ è un insieme aperto in cui $u > \psi$, sia $\eta \in C_0^1(D)$. Se $h \in \mathbf{R}$, positivo o negativo, è sufficientemente piccolo si ha ancora

$$v = u + hv > \psi$$

in D e $v \geq \psi$ in Ω. Possiamo quindi sceglierla come test in (53) e dedurre che

$$h \int_D \nabla u \cdot \nabla \eta = 0 \qquad \text{per ogni } \eta \in C_0^1(D).$$

Ma ciò significa $\Delta u = 0$ in D.

Nota. Per $n = 2$, interpretiamo il grafico di u come una membrana elastica fissata al bordo di Ω. $J(u)$ è proporzionale all'energia potenziale di deformazione della membrana. Il problema consiste nel cercare la configurazione di minima energia (cioè di equilibrio) sotto la condizione che la membrana non si possa collocare *sotto* ψ, che quindi si interpreta come *un ostacolo*.

Soluzione 3.15. a) Poniamo

$$w(x, y, t) = u(x, y, t) - g(t)$$

in modo da avere dato di Dirichlet nullo su Γ_D. Il problema per w è:

$$(56) \quad \begin{cases} w_t - \text{div}(xe^y \nabla w) + |x|(\text{sign}(y)w)_y = F(x, y, t) & \text{in } Q_T, \\ w(x, y, 0) = u_0(x, y) - g(0) & \text{in } B_1, \\ w = 0 & \text{su } \Gamma_D, \\ \partial_\nu w + w + g = 0 & \text{su } \Gamma_N, \end{cases}$$

$$F(x, y, t) = f(x, y, t) - g'(t), \, U_0(x, y) = u_0(x, y) - g(0).$$

Per la formulazione debole, usiamo lo spazio $V = H^1_{0,\Gamma_D}(B_1)$ delle funzioni in $H^1(B_1)$ con traccia nulla su Γ_D. Per le funzioni di V vale la disuguaglianza di Poincaré[23]

$$\|v\|_{L^2(B_1)} \le C_P \|\nabla v\|_{L^2(B_1)}$$

per cui possiamo scegliere

$$\|v\|_V = \|\nabla v\|_{L^2(B_1)}.$$

Moltiplichiamo ora l'equazione differenziale per $v \in V$, integriamo su B_1 e usiamo la formula di Gauss, tenendo conto delle condizioni miste al bordo; troviamo, essendo $\boldsymbol{\nu} = (x,y)$ il versore normale esterno a ∂B_1:

$$\int_{B_1} [w_t v + xe^y \nabla w \cdot \nabla v - |x|\,\mathrm{sign}(y)wv_y]\,dxdy + \int_{\Gamma_N} |xy|\,wv\,d\sigma = \int_{B_1} Fv\,dxdy.$$

Poniamo

$$B(w,v) = \int_{B_1} [xe^y \nabla w \cdot \nabla v - |x|\,\mathrm{sign}(y)wv_y]\,dxdy + \int_{\Gamma_N} |xy|\,wv\,d\sigma$$

e passiamo dalla notazione $w(x,y,t)$ alla notazione

$$\mathbf{w}(t) : t \to w(\cdot,t).$$

Indichiamo come al solito con $\langle \cdot \cdot \rangle$ il prodotto interno in $L^2(B_1)$. La formulazione debole del problema (56) è la seguente: *determinare* $\mathbf{w} \in L^2(0,T;V) \cap C([0,T];L^2(B_1))$ tale che $\mathbf{w}' \in L^2(0,T;V')$ e che

i) per ogni $v \in V$,

$$\frac{d}{dt}\langle \mathbf{w}(t),v \rangle + B(\mathbf{w}(t),v) = \langle F,v \rangle$$

in $\mathcal{D}'(B_1)$ e per q.o $t \in (0,T)$;

ii) $\mathbf{w}(t) \to U_0$ in $L^2(B_1)$ per $t \to 0^+$.

Per esaminare la buona posizione del problema debole controlliamo se la forma bilineare è *continua* e *debolmente coerciva* in V. Osserviamo anzitutto che, in $\overline{B}_1$,

$$e^{-1} \le xe^y \le e, \quad |xy| \le 1.$$

Abbiamo, allora, per ogni $v, z \in V$:

$$|B(v,z)| \le e\|v\|_V \|z\|_V + \|v\|_{L^2(B_1)} \|z_y\|_{L^2(B_1)} + \|v\|_{L^2(\Gamma_N)} \|z\|_{L^2(\Gamma_N)}.$$

Per le disuguaglianze di Poincaré e di traccia[24]

$$|B(v,z)| \le (e + C_P + C_*^2) \|v\|_V \|z\|_V$$

e quindi B è continua in V. Controlliamo la debole coercività. Abbiamo:

$$\begin{aligned}
B(v,v) &= \int_{B_1} [xe^y |\nabla v|^2 - |x|\,\mathrm{sign}(y)vv_y]\,dxdy + \int_{\Gamma_N} |xy|\,v^2\,d\sigma \\
&\ge e^{-1}\|v\|_V^2 - \|v_y\|_{L^2(B_1)} \|v\|_{L^2(B_1)}
\end{aligned}$$

---

[23][S], Cap 8.
[24]$\|v\|_{L^2(\Gamma_N)} \le C_* \|v\|_V$, si veda [S], Cap. 8.

Utilizzando le disuguaglianze di Poincarè e di traccia, oltre alla disuguaglianza elementare

$$ab \leq \frac{1}{2e}a^2 + \frac{e}{2}b^2$$

possiamo scrivere

$$B(v,v) \geq \frac{1}{e}\|v\|_V^2 - \frac{1}{2e}\|v\|_V^2 - \frac{e}{2}\|v\|_{L^2(B_1)}$$

$$= \frac{1}{2e}\|v\|_V^2 - \frac{e}{2}\|v\|_{L^2(B_1)}.$$

Ne segue che la forma bilineare

$$\widetilde{B}(v,z) = B(v,z) + \frac{e}{2}\|v\|_{L^2(B_1)}^2$$

è coerciva con costante di coercività uguale a $1/2e$ e perciò B è debolmente coerciva.

Se assumiamo che

$$f(x,y,t) \in L^2(Q_T), \quad g \in H^1(t) \text{ e } U_0(x,y) = u_0(x,y),$$

allora il problema ha un'unica soluzione debole e inoltre

$$\max_{[0,T]}\|u(\cdot,t)\|_H^2 + \int_0^T \|\nabla u(\cdot,t)\|_H^2 \, dt$$

$$\leq ce^T \left\{ \|u_0 - g(0)\|_{H_0^1(B_1)}^2 + \int_0^T \left\{ \|f(\cdot,\cdot,s)\|_{L^2(B_1)}^2 + (g'(s))^2 \right\} ds \right\}.$$

Soluzione 3.16. a) Poniamo

$$B(u,v) = \int_\Omega [a(\mathbf{x})\nabla u \cdot \nabla v - u\mathbf{b}\cdot\nabla v + c(\mathbf{x})uv]\,dxdy + \int_{\Gamma_N}[h + \mathbf{b}\cdot\boldsymbol{\nu}]uv\,d\sigma$$

e passiamo dalla notazione $u(\mathbf{x})$ alla notazione

$$\mathbf{u}(t) : t \to u(\cdot,t).$$

Il simbolo $\langle\cdot,\cdot\rangle$ indica il prodotto interno in $L^2(\Omega)$. La formulazione variazionale del problema rientra nel quadro usuale. Sia $V = H_{0,\Gamma_D}^1(\Omega)$ lo spazio delle funzioni in $H^1(\Omega)$ con traccia nulla su Γ_D, normato con $\|v\|_V = \|\nabla v\|_{L^2(B_1)}$: determinare $\mathbf{u} \in L^2(0,T;V) \cap C([0,T];L^2(\Omega))$ tale che $\mathbf{u}' \in L^2(0,T;V')$ e che

i) per ogni $v \in V$,

$$\frac{d}{dt}\langle\mathbf{u}(t),v\rangle + B(\mathbf{u}(t),v) = 0-$$

in $\mathcal{D}'(B_1)$ e per q.o $t \in (0,T)$;

ii) $\mathbf{u}(t) \to U_0$ in $L^2(\Omega)$ per $t \to 0^+$.

b) Assumiamo le seguenti ipotesi:

$$|a(\mathbf{x})|,|\mathbf{b}(\mathbf{x})|,|c(\mathbf{x})| \leq M, \quad a(\mathbf{x}) \geq a_0 > 0, \quad |\mathrm{div}\,\mathbf{b}(\mathbf{x})| \leq M', \quad \text{q.o. in } \Omega,$$

$$h + \mathbf{b}\cdot\boldsymbol{\nu} \geq 0 \quad \text{q.o. su } \Gamma_N \quad (\text{se } h = 0, \text{ il flusso di } \mathbf{b} \text{ su } \Gamma_N \text{ è } \textit{uscente}).$$

Per le disuguaglianze di Poincaré e di traccia, la forma bilineare B è continua (il lettore completi i dettagli). Per la coercività debole di B, abbiamo, usando ripetutamente le ipotesi sui coefficienti:

$$
\begin{aligned}
B\left(u,u\right) \;\geq\; & \int_{\Omega}[a\left(\mathbf{x}\right)|\nabla u|^{2}-u\mathbf{b}\cdot\nabla u+c\left(\mathbf{x}\right)u^{2}] \;+\; \int_{\Gamma_{N}}[h+\mathbf{b}\cdot\boldsymbol{\nu}]u^{2}\,d\sigma \\
\geq\; & a_{0}\int_{\Omega}[|\nabla u|^{2}-\frac{1}{2}\mathbf{b}\cdot\nabla(u^{2})+c\left(\mathbf{x}\right)u^{2}] \;+\; \int_{\Gamma_{N}}[h+\mathbf{b}\cdot\boldsymbol{\nu}]u^{2}\,d\sigma \\
=\; & a_{0}\int_{\Omega}|\nabla u|^{2}+\int_{\Omega}[\frac{1}{2}\mathrm{div}\mathbf{b}+c\left(\mathbf{x}\right)]u^{2}+\int_{\Gamma_{N}}[h+\frac{1}{2}\mathbf{b}\cdot\boldsymbol{\nu}]u^{2}\,d\sigma \\
\geq\; & a_{0}\|\nabla u\|_{V}^{2}-\left(\frac{1}{2}M'+M\right)\|u\|_{2}^{2}\equiv a_{0}\|\nabla u\|_{V}^{2}-\lambda_{0}\|u\|_{2}^{2}.
\end{aligned}
$$

La forma $\widetilde{B}\left(u,v\right)=B\left(u,v\right)+\lambda_{0}\langle u,v\rangle$ è dunque coerciva in V, che significa B debolmente coerciva in V. Sotto le ipotesi indicate, la teoria generale è quindi applicabile ed il problema ha esattamente una sola soluzione debole.

Appendice A

Equazioni di Sturm-Liouville, Legendre e Bessel

1. Equazioni di Sturm-Liouville

1.1. Equazioni regolari

Una vasta classe di equazioni differenziali ordinarie possiede un insieme di autofunzioni che costituisce un sistema ortonormale completo in uno spazio di Hilbert opportuno. In questa classe si collocano equazioni della forma

$$(1) \qquad -\left(p\left(x\right)u'\right)' + q\left(x\right)u = \lambda w\left(x\right)u \qquad a < x < b$$

sotto la condizione[1] che le funzioni p, p', q, e w siano *continue e positive in* $[a, b]$. In tal caso la (1) si chiama **equazione di Sturm-Liouville regolare**.

Alla (1) associamo le seguenti condizioni ai limiti:

$$(2) \qquad \begin{aligned} \alpha u\left(a\right) - \beta p\left(a\right)u'\left(a\right) &= 0 \\ \gamma u\left(b\right) - \delta p\left(b\right)u'\left(b\right) &= 0 \end{aligned}$$

dove i coefficienti $\alpha, \beta, \gamma, \delta$ sono numeri reali, che, per evitare casi banali, possiamo pensare normalizzati in modo che

$$\alpha^2 + \beta^2 = \gamma^2 + \delta^2 = 1.$$

In generale, il problema (1), (2) è risolubile solo per valori speciali del parametro λ, che prendono il nome di **autovalori**. Le corrispondenti soluzioni si chiamano **autofunzioni**.

---

[1] Queste ipotesi si possono rilassare notevolmente.

Per enunciare il teorema per noi principale, occorre introdurre lo spazio (di Hilbert) $L_w^2(a, b)$, delle funzioni u, a quadrato sommabili in (a, b) rispetto al *peso* w, cioé

$$L_w^2(a, b) = \left\{ u : \int_a^b u^2(x) w(x) \, dx < \infty \right\}.$$

Vale il seguente risultato.

Teorema 1.1. *Esiste una successione crescente di numeri positivi $\{\lambda_j\}_{j \geq 1}$ tale che $\lambda_j \to +\infty$ e tale che:*

a) *Il problema (1), (2) ammette soluzione non nulla se e solo se λ è uguale ad uno dei λ_j.*

b) *Per ogni j, la soluzione corrispondente a $\lambda = \lambda_j$ è unica a meno di un fattore costante.*

c) *Il sistema $\{\varphi_j\}_{j \geq 1}$ di autofunzioni (opportunamente normalizzate) costituisce una base ortonormale in $L_w^2(a, b)$.*

1.2. Equazione di Legendre

Quando il coefficiente p si annulla, per esempio in a e/o b, l'equazione è **irregolare** e l'analisi si complica. Un classico caso è quello dell'equazione di Legendre

(3) $$[(1 - x^2) u']' + \lambda u = 0 \qquad -1 < x < 1$$

che, nelle applicazioni, è associato alle condizioni ai limiti

(4) $$u(-1) \text{ finito}, \quad u(1) \text{ finito}.$$

Particolari soluzioni del problema (3), (4) sono i **polinomi di Legendre**, assegnati dalla formula *di Rodrigues*:

$$L_n(x) = \frac{1}{2^n n!} \frac{d}{dx^n} (x^2 - 1)^n \qquad (n \geq 0)$$

ciascuno rispettivamente in corrispondenza all'autovalore $\lambda_n = n(n+1)$. I primi quattro polinomi di Legendre sono

$$L_0(x) = 1, \; L_1(x) = x, \; L_2(x) = \frac{1}{2}(3x^2 - 1), \; L_4(x) = \frac{1}{2}(5x^3 - 3x).$$

Vale il seguente risultato.

Teorema 1.2. *In riferimento al problema (3), (4):*

a) *esiste una soluzione non nulla se e solo se*

$$\lambda = \lambda_n = n(n+1), n = 0, 1, 2, \dots.$$

b) *Per ogni $n \geq 0$, la soluzione corrispondente a λ_n è unica a meno di un fattore costante ed è data dal polinomio di Legendre L_n.*

c) *Il sistema di polinomi normalizzati dato da*

$$\left\{ \sqrt{\frac{2}{2n+1}} L_n \right\}_{n \geq 0}$$

costituisce una base ortonormale in $L^2(-1,1)$.

Il teorema **1.2** pemette di sviluppare ogni funzione $f \in L^2(-1,1)$ in **serie di Fourier-Legendre**:

$$f(x) = \sum_{n=0}^{\infty} f_n L_n(x)$$

dove i coefficienti f_n di Fourier-Legendre di f sono assegnati dalla formula

$$f_n = \frac{2n+1}{2} \int_{-1}^{1} f(x) L_n(x) \, dx$$

con **convergenza in norma** $L^2(-1,1)$.

il seguente risultato, che tratta la convergenza puntuale, in perfetta analogia con le serie di Fourier.

Teorema 1.3. *Se f e f' hanno al massimo un numero finito di discontinuità a salto nell'intervallo $[0,a]$, allora*

$$\sum_{n=0}^{\infty} f_n L_n(x) = \frac{f(x+) + f(x-)}{2}$$

in ogni punto $x \in [-1,1]$.

2. Funzioni ed equazione di Bessel

2.1. Funzioni di Bessel

Presentiamo brevemente definizioni e principali proprietà delle *funzioni di Bessel*. Introduciamo prima una funzione che interpola i valori di $n!$. La *funzione gamma* $\Gamma = \Gamma(z)$ è definita da

$$(5) \qquad \Gamma(z) = \int_0^{\infty} e^{-t} t^{z-1} dt$$

per z complesso con $\operatorname{Re} z > 0$ ed è ivi analitica. Valgono le formule seguenti:

$$\Gamma(z+1) = z\Gamma(z) \qquad (z \neq 0, -1, -2, ...)$$
$$\Gamma(z)\Gamma(1-z) = \frac{\pi}{\sin \pi z} \qquad (z \neq 0, \pm 1, \pm 2, ...).$$

In particolare,

$$\Gamma(n+1) = n! \qquad (n = 0, 1, 2, ...)$$

e

$$\Gamma\left(n + \frac{1}{2}\right) = \frac{1 \cdot 3 \cdot 5 \cdots \cdot 2n-1}{2^n} \sqrt{\pi} \qquad (n = 1, 2, ...).$$

Possiamo poi definire $\Gamma(z)$ per z **reale negativo non intero**, usando la formula

$$\Gamma(z) = \frac{\Gamma(z+1)}{z}.$$

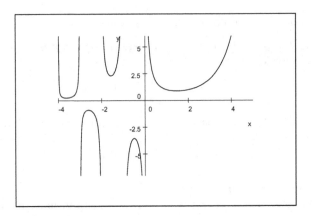

Figura 1. Grafico della funzione *gamma* sull'asse reale.

Infatti, sappiamo calcolare Γ in $(0,1)$ e La formula permette il calcolo di Γ in $(-1,0)$. In generale, una volta nota Γ nell'intervallo $(-n, -n+1)$, la si può calcolare nell'intervallo $(-n-1, -n)$. Infine, è coerente con (5) definire

$$\Gamma(-2n) = -\infty \quad e \quad \Gamma(-2n-1) = +\infty.$$

In questo modo, Γ è definita su tutto l'asse reale. La **funzione di Bessel di prima specie di ordine** p, con p reale, è assegnata dalla formula

$$J_p(z) = \sum_{k=0}^{\infty} \frac{(-1)^k}{\Gamma(k+1)\,\Gamma(k+p+1)} \left(\frac{z}{2}\right)^{p+2k}.$$

In particolare, se $p = n \geq 0$, intero:

$$J_n(z) = \sum_{k=0}^{\infty} \frac{(-1)^k}{k!\,(k+n)!} \left(\frac{z}{2}\right)^{n+2k}.$$

Se $p = -n$, è un intero *negativo*, i primi n termini della serie si annullano e

$$J_{-n}(z) = (-1)^n\, J_n(z).$$

Perciò $J_n(z)$ e $J_{-n}(z)$ sono *linearmente dipendenti*.

Se p **non è intero**, quando $z \to 0$, valgono i seguenti andamenti asintotici:

$$J_p(z) = \frac{1}{\Gamma(1+p)} \left(\frac{z}{2}\right)^p + O\left(z^{p+2}\right),$$

$$J_{-p}(z) = \frac{1}{\Gamma(1-p)} \left(\frac{z}{2}\right)^{-p} + O\left(z^{-p+2}\right)$$

per cui $J_p(z)$ e $J_{-p}(z)$ sono *linearmente indipendenti*.

Tra le funzioni di prima specie valgono le seguenti identità:

(6) $$\frac{d}{dz}\left[z^p J_p(z)\right] = z^p J_{p-1}(z), \qquad \frac{d}{dz}\left[z^{-p} J_p(z)\right] = -z^{-p} J_{p+1}(z).$$

In particolare

$$J_0'(z) = -J_1(z).$$

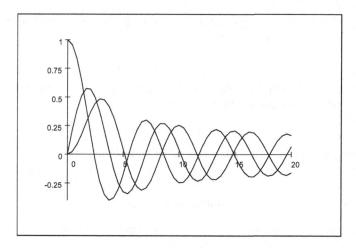

Figura 2. Grafici di J_0 (continua), J_1 (tratteggiata) e J_2 (puntini).

Dalle identità si ricava anche che, se $p = n + \dfrac{1}{2}$ (e solo in questi casi), le funzioni di Bessel corrispondenti sono elementari. Per esempio,

$$J_{\frac{1}{2}}(z) = \sqrt{\frac{2}{\pi z}} \sin z, \quad J_{-\frac{1}{2}}(z) = \sqrt{\frac{2}{\pi z}} \cos z.$$

Particolarmente importanti sono gli **zeri** di J_p. Infatti, per ogni p, esiste una successione $\{\alpha_{pj}\}_{j \geq 1}$ di numeri positivi, infinita e crescente, tale che

$$J_p(\alpha_{pj}) = 0 \qquad (j = 1, 2, \dots).$$

Quando p **non** è intero, *ogni combinazione lineare*

$$c_2 J_p(z) + c_2 J_{-p}(z)$$

è una funzione di Bessel di seconda specie. **La funzione (standard) di seconda specie** è definita da

$$Y_p(z) = \frac{\cos p\pi J_p(z) - J_{-p}(z)}{\sin p\pi}.$$

Se $p = n$, intero, si definisce[2]

$$Y_n(z) := \lim_{p \to n} Y(z)$$

Si noti dal grafico che $Y_p(z) \to -\infty$ se $z \to 0^+$.

2.2. Equazione di Bessel

Le funzioni di Bessel J_p e Y_p sono soluzioni dell'equazione

$$z^2 y'' + z y' + (z^2 - p^2) y = 0$$

---

[2]Si dimostra che il limite esiste.

dove $p \geq 0$, che prende il nome di **equazione di Bessel di ordine** p. L'integrale generale è assegnato, qualunque sia $p \geq 0$ dalla formula

$$y(z) = c_1 J_p(z) + c_2 Y_p(z).$$

Tipicamente, nelle applicazioni più importanti, ci si trova a risolvere l'equazione (**parametrica, con parametro** λ)

(7) $$z^2 y'' + z y' + \left(\lambda z^2 - p^2\right) y = 0$$

in un intervallo limitato $(0, a)$, con condizioni ai limiti del tipo

(8) $$y(0) \text{ finito}, \quad y(a) = 0.$$

A questo proposito, valgono i due teoremi seguenti.

Teorema 2.1. *Il problema* (7), (8) *ha soluzioni non nulle se e solo se*

$$\lambda = \lambda_{pj} = \frac{\alpha_{pj}}{a}.$$

In tal caso, le soluzioni sono le funzioni

$$y_{pj}(z) = J_p\left(\frac{\alpha_{pj}}{a} z\right)$$

a meno di fattori moltiplicativi costanti. Inoltre, le funzioni normalizzate

$$\frac{\sqrt{2}}{a J_{p+1}(\alpha_{pj})} y_{pj}$$

costituiscono una base ortonormale nello spazio

$$L_w^2(0, a) = \left\{ u : \|u\|_{2,w}^2 = \int_0^a u^2(z)\, z\, dz < \infty \right\}$$

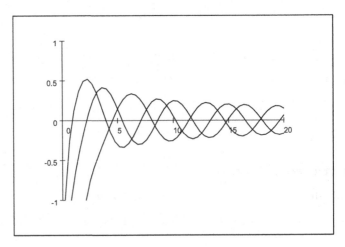

Figura 3. Grafici di Y_0 (continua), Y_1 (tratteggiata) e Y_2 (puntini).

e infatti valgono le seguenti relazioni di ortogonalità:

$$\frac{2}{a^2 J_{p+1}^2 (\alpha_{pj})} \int_0^a z J_p (\lambda_{pj} z) J_p (\lambda_{pk} z) \, dz = \begin{cases} 0 & j \neq k \\ 1 & j = k. \end{cases}$$

Il Teorema 2.1 pemette di sviluppare ogni funzione $f \in L_w^2 (0, a)$ in **serie di Fourier-Bessel**:

$$f(z) = \sum_{j=1}^{\infty} f_j J_p (\lambda_{pj} z)$$

dove i coefficienti f_j di Fourier-Bessel di f sono assegnati dalla formula

$$f_j = \frac{2}{a^2 J_{p+1}^2 (\alpha_{pj})} \int_0^a z f(z) J_p (\lambda_{pj} z) \, dz$$

con **convergenza in norma** $L_w^2 (0, a)$.

Calcoliamo, per esempio, lo sviluppo di $f(x) = 1$ nell'intervallo $(0, 1)$, con $p = 0$. Si ha:

$$f_j = \frac{2}{J_1^2 (\alpha_{pj})} \int_0^1 z J_0 (\alpha_{0j} z) \, dz.$$

Usando le identità (6), abbiamo

$$\frac{d}{dz} [z J_1 (z)] = z J_0 (z)$$

per cui possiamo scrivere

$$\int_0^1 z J_0 (\alpha_{0j} z) \, dz = \left[\frac{1}{\lambda_{0j}} z J_1 (\alpha_{0j} z) \right]_0^1 = \frac{J_1 (\alpha_{0j})}{\lambda_{0j}}.$$

Infine

$$1 = \sum_{j=1}^{\infty} \frac{2}{\lambda_{0j} J_1 (\alpha_{0j})} J_0 (\alpha_{0j} z)$$

con convergenza in norma $L_w^2 (0, 1)$.

Concludiamo con il seguente risultato, che tratta la convergenza puntuale, ancora una volta in perfetta analogia con le serie di Fourier.

Teorema 2.2. *Se f e f' hanno al massimo un numero finito di discontinuità a salto nell'intervallo $[0, a]$, allora*

$$\sum_{j=1}^{\infty} f_j J_p (\lambda_{pj} z) = \frac{f(z+) + f(z-)}{2}$$

in ogni punto $z \in [0, a]$.

Appendice B

Identità e formule

Raggruppiamo alcune formule ed identità di uso frequente.

1. Gradiente, divergenza, rotore, laplaciano

Siano $\mathbf{F}, \mathbf{u}, \mathbf{v}$ campi vettoriali e f, φ campi scalari, regolari in $\mathbf{R}^3$.

Coordinate cartesiane ortogonali

(1) *gradiente*:

$$\nabla f = \frac{\partial f}{\partial x}\mathbf{i} + \frac{\partial f}{\partial y}\mathbf{j} + \frac{\partial f}{\partial z}\mathbf{k}$$

(2) *divergenza*:

$$\operatorname{div} \mathbf{F} = \frac{\partial}{\partial x}F_x + \frac{\partial}{\partial y}F_y + \frac{\partial}{\partial z}F_z$$

(3) *laplaciano*:

$$\Delta f = \frac{\partial^2 f}{\partial x^2} + \frac{\partial^2 f}{\partial y^2} + \frac{\partial^2 f}{\partial z^2}$$

(4) *rotore*:

$$\operatorname{rot} \mathbf{F} = \begin{vmatrix} \mathbf{i} & \mathbf{j} & \mathbf{k} \\ \partial_x & \partial_y & \partial_z \\ F_x & F_y & F_z \end{vmatrix}$$

Coordinate cilindriche

$$x = r\cos\theta, \; y = r\sin\theta, \; z = z \qquad (r > 0, 0 \le \theta \le 2\pi)$$
$$\mathbf{e}_r = \cos\theta\,\mathbf{i} + \sin\theta\,\mathbf{j}, \; \mathbf{e}_\theta = -\cos\theta\,\mathbf{i} + \cos\theta\,\mathbf{j}, \; \mathbf{e}_z = \mathbf{k}.$$

(1) *gradiente*:

$$\nabla f = \frac{\partial f}{\partial r}\mathbf{e}_r + \frac{1}{r}\frac{\partial f}{\partial \theta}\mathbf{e}_\theta + \frac{\partial f}{\partial z}\mathbf{e}_z$$

(2) *divergenza*:

$$\operatorname{div}\mathbf{F} = \frac{1}{r}\frac{\partial}{\partial r}(rF_r) + \frac{1}{r}\frac{\partial}{\partial \theta}F_\theta + \frac{\partial}{\partial z}F_z$$

(3) *laplaciano*:

$$\Delta f = \frac{\partial^2 f}{\partial r^2} + \frac{1}{r}\frac{\partial f}{\partial r} + \frac{1}{r^2}\frac{\partial^2 f}{\partial \theta^2} + \frac{\partial^2 f}{\partial z^2} = \frac{1}{r}\frac{\partial}{\partial r}\left(r\frac{\partial f}{\partial r}\right) + \frac{1}{r^2}\frac{\partial^2 f}{\partial \theta^2} + \frac{\partial^2 f}{\partial z^2}$$

(4) *rotore*:

$$\operatorname{rot}\mathbf{F} = \frac{1}{r}\begin{vmatrix} \mathbf{e}_r & r\mathbf{e}_\theta & \mathbf{e}_z \\ \partial_r & \partial_\theta & \partial_z \\ F_r & rF_\theta & F_z \end{vmatrix}.$$

Coordinate sferiche

$$x = r\cos\theta\sin\psi, \; y = r\sin\theta\sin\psi, \; z = r\cos\psi \qquad (r > 0, \, 0 \le \theta \le 2\pi, \, 0 \le \psi \le \pi)$$

$$\begin{aligned} \mathbf{e}_r &= \cos\theta\sin\psi\,\mathbf{i} + \sin\theta\sin\psi\,\mathbf{j} + \cos\psi\,\mathbf{k} \\ \mathbf{e}_\theta &= -\sin\theta\,\mathbf{i} + \cos\theta\,\mathbf{j} \\ \mathbf{e}_z &= \cos\theta\cos\psi\,\mathbf{i} + \sin\theta\cos\psi\,\mathbf{j} - \sin\psi\,\mathbf{k}. \end{aligned}$$

(1) *gradiente*:

$$\nabla f = \frac{\partial f}{\partial r}\mathbf{e}_r + \frac{1}{r\sin\psi}\frac{\partial f}{\partial \theta}\mathbf{e}_\theta + \frac{1}{r}\frac{\partial f}{\partial \psi}\mathbf{e}_\psi$$

(2) *divergenza*:

$$\operatorname{div}\mathbf{F} = \underbrace{\frac{\partial}{\partial r}F_r + \frac{2}{r}F_r}_{\text{parte radiale}} + \frac{1}{r}\underbrace{\left[\frac{1}{\sin\psi}\frac{\partial}{\partial \theta}F_\theta + \frac{\partial}{\partial \psi}F_\psi + \cot\psi F_\psi\right]}_{\text{parte sferica}}$$

(3) *laplaciano*:

$$\Delta f = \underbrace{\frac{\partial^2 f}{\partial r^2} + \frac{2}{r}\frac{\partial f}{\partial r}}_{\text{parte radiale}} + \frac{1}{r^2}\underbrace{\left\{\frac{1}{(\sin\psi)^2}\frac{\partial^2 f}{\partial \theta^2} + \frac{\partial^2 f}{\partial \psi^2} + \cot\psi\frac{\partial f}{\partial \psi}\right\}}_{\text{parte sferica (operatore di Laplace-Beltrami)}}$$

(4) *rotore*:

$$\operatorname{rot}\mathbf{F} = \frac{1}{r^2\sin\psi}\begin{vmatrix} \mathbf{e}_r & r\mathbf{e}_\psi & r\sin\psi\,\mathbf{e}_\theta \\ \partial_r & \partial_\psi & \partial_\theta \\ F_r & rF_\psi & r\sin\psi F_z \end{vmatrix}.$$

2. Formule

Formule di Gauss

Siano, in $\mathbf{R}^n$, $n \geq 2$:

- Ω dominio limitato con frontiera regolare $\partial\Omega$ e normale esterna $\boldsymbol{\nu}$;
- $\mathbf{u}, \mathbf{v}$ campi vettoriali regolari[1] fino alla frontiera di Ω;
- φ, ψ campi scalari regolari fino alla frontiera di Ω;
- $d\sigma$ l'elemento di superficie su $\partial\Omega$.

Valgono le seguenti formule.

(1) $\int_\Omega \text{div } \mathbf{u} \, d\mathbf{x} = \int_{\partial\Omega} \mathbf{u} \cdot \boldsymbol{\nu} \, d\sigma$ (formula della divergenza)

(2) $\int_\Omega \nabla\varphi \, d\mathbf{x} = \int_{\partial\Omega} \varphi\boldsymbol{\nu} \, d\sigma$

(3) $\int_\Omega \Delta\varphi \, d\mathbf{x} = \int_{\partial\Omega} \nabla\varphi \cdot \boldsymbol{\nu} \, d\sigma = \int_{\partial\Omega} \partial_\nu \varphi \, d\sigma$

(4) $\int_\Omega \psi \, \text{div}\mathbf{F} \, d\mathbf{x} = \int_{\partial\Omega} \psi\mathbf{F} \cdot \boldsymbol{\nu} \, d\sigma - \int_\Omega \nabla\psi \cdot \mathbf{F} \, d\mathbf{x}$

(5) $\int_\Omega \psi\Delta\varphi \, d\mathbf{x} = \int_{\partial\Omega} \psi\partial_\nu\varphi \, d\sigma - \int_\Omega \nabla\varphi \cdot \nabla\psi \, d\mathbf{x}$ (integrazione per parti)

(6) $\int_\Omega (\psi\Delta\varphi - \varphi\Delta\psi) \, d\mathbf{x} = \int_{\partial\Omega} (\psi\partial_\nu\varphi - \varphi\partial_\nu\psi) \, d\sigma$

(7) $\int_\Omega \text{rot } \mathbf{u} \, d\mathbf{x} = -\int_{\partial\Omega} \mathbf{u} \wedge \boldsymbol{\nu} \, d\sigma$

(8) $\int_\Omega \mathbf{u}\cdot\text{rot } \mathbf{v} \, d\mathbf{x} = \int_\Omega \mathbf{v}\cdot\text{rot } \mathbf{u} \, d\mathbf{x} + \int_S (\mathbf{v} \wedge \mathbf{u}) \cdot \boldsymbol{\nu} \, d\sigma.$

Identità vettoriali

$$\text{div rot} = 0$$
$$\text{rot grad}\varphi = \mathbf{0}$$
$$\text{div}\,(\varphi\mathbf{u}) = \varphi\text{div } \mathbf{u} + \nabla\varphi \cdot \mathbf{u}$$
$$\text{rot}\,(\varphi\mathbf{u}) = \varphi\text{rot } \mathbf{u} + \nabla\varphi \wedge \mathbf{u}$$
$$\text{rot}(\mathbf{u} \wedge \mathbf{v}) = (\mathbf{v}\cdot\nabla)\,\mathbf{u} - (\mathbf{u}\cdot\nabla)\,\mathbf{v} + (\text{div } \mathbf{v})\,\mathbf{u} - (\text{div } \mathbf{u})\,\mathbf{v}$$
$$\text{div}(\mathbf{u} \wedge \mathbf{v}) = \text{rot } \mathbf{u} \cdot \mathbf{v} - \text{rot } \mathbf{v} \cdot \mathbf{u}$$
$$\nabla\,(\mathbf{u} \cdot \mathbf{v}) = \mathbf{u}\wedge\text{rot } \mathbf{v} + \mathbf{v}\wedge\text{rot } \mathbf{u} + (\mathbf{u}\cdot\nabla)\,\mathbf{v} + (\mathbf{v}\cdot\nabla)\,\mathbf{u}$$
$$(\mathbf{u}\cdot\nabla)\,\mathbf{u} = \text{rot } \mathbf{u} \wedge \mathbf{u} + \tfrac{1}{2}\nabla\,|\mathbf{u}|^2$$
$$\text{rot rot } \mathbf{u} = \nabla(\text{div } \mathbf{u}) - \Delta\mathbf{u} \qquad (\text{rot rot} = \text{grad div} - \text{laplaciano}).$$

---

[1]Di classe $C^1\,(\overline{\Omega})$ va bene.

Trasformate di Fourier

$$\widehat{u}\left(\xi\right) = \int_{\mathbf{R}} u\left(x\right) e^{i\xi x}\, dx$$

Formule generali

$u\left(x - a\right)$	$e^{-ia\xi}\widehat{u}\left(\xi\right)$
$e^{iax}u\left(x\right)$	$\widehat{u}\left(\xi - a\right)$
$u\left(ax\right),\, a > 0$	$\dfrac{1}{a}\widehat{u}\left(\dfrac{\xi}{a}\right)$
$u'\left(x\right)$	$i\xi\widehat{u}\left(\xi\right)$
$xu\left(x\right)$	$i\widehat{u}'\left(\xi\right)$
$\left(u * v\right)\left(x\right)$	$\widehat{u}\left(\xi\right)\widehat{v}\left(\xi\right)$
$u\left(x\right)v\left(x\right)$	$\left(\widehat{u} * \widehat{v}\right)\left(\xi\right)$

Trasformate particolari

$e^{-a\lvert x\rvert},\, a > 0$	$\dfrac{2a}{a^2 + x^2}$
$\dfrac{1}{a^2 + x^2}$	$\dfrac{\pi}{a}e^{-a\lvert\xi\rvert}$
$e^{-ax^2},\, a > 0$	$\sqrt{\dfrac{\pi}{a}}e^{-\frac{x^2}{4a}}$
$\dfrac{\sin x}{x}e^{-\lvert x\rvert}$	$\arctan\dfrac{2}{\xi^2}$
$\chi_{[-a,a]}\left(x\right)$	$2\dfrac{\sin a\xi}{\xi}$
$\delta\left(x\right)$	1
1	$2\pi\delta\left(\xi\right)$

Trasformate di Laplace

$$\widetilde{u}\,(s) = \int_0^{+\infty} u\,(t)\,e^{-st}\,dt$$

Tutte le funioni si intendono nulle per $t < 0$.

Formule generali

$u\,(t-a)\,,\,a > 0$	$e^{-as}\widetilde{u}\,(s)$
$e^{at}u\,(t)\,,\,a \in \mathbf{C}$	$\widetilde{u}\,(s-a)$
$u\,(at)\,,\,a > 0$	$\dfrac{1}{a}\widetilde{u}\left(\dfrac{s}{a}\right)$
$u'\,(t)$	$s\widetilde{u}\,(s) - u(0^+)$
$u''\,(t)$	$s^2\widetilde{u}\,(s) - u'(0^+) - su(0^+)$
$tu\,(t)$	$-\widetilde{u}'\,(s)$
$\dfrac{u\,(t)}{t}$	$\int_s^{+\infty}\widetilde{u}\,(\tau)\,d\tau$
$\int_0^t u\,(\tau)\,d\tau$	$\dfrac{\widetilde{u}\,(s)}{s}$
$(u * v)\,(t)$	$\widetilde{u}\,(s)\,\widetilde{v}\,(s)$

Trasformate particolari

$H(t)e^{at},\,a \in \mathbf{C}$	$\dfrac{1}{s-a}$
$H(t)\sin at,\,a \in \mathbf{R}$	$\dfrac{a}{s^2+a^2}$
$H(t)\cos at,\,a \in \mathbf{R}$	$\dfrac{s}{s^2+a^2}$
$H(t)\sinh at,\,a \in \mathbf{R}$	$\dfrac{a}{s^2-a^2}$
$H(t)\cosh at,\,a \in \mathbf{R}$	$\dfrac{s}{s^2-a^2}$
$H(t)t^n,\,n \in \mathbf{N}$	$\dfrac{n!}{s^{n+1}}$
$H(t)t^\alpha,\,\mathrm{Re}\,\alpha > -1$	$\dfrac{\Gamma(\alpha+1)}{s^{\alpha+1}}$
$H(t)e^{-t^2}$	$e^{s^2/4}\int_{s/2}^{+\infty} e^{-\tau^2}\,d\tau$
$H(t)t^{-3/2}e^{-a^2/4t},\,a > 0$	$\dfrac{2\sqrt{\pi}}{a}e^{-a\sqrt{s}}.$

Bibliografia

Equazioni a Derivate Parziali I (teoria)

L. C. Evans. *Partial Differential Equations*. A.M.S., Graduate Studies in Mathematics, 1998.

R Dautray e J. L. Lions. *Mathematical Analysis and Numerical Methods for Science and Technology. Vol. 1-5*. Springer-Verlag, Berlin Heidelberg1985.

A. Friedman. *Partial Differential Equations of parabolic Type*. Prentice-Hall, Englewood Cliffs, 1964.

D. Gilbarg e N. Trudinger. *Elliptic Partial Differential Equations of Second Order*. II edizione, Springer-Verlag, Berlin Heidelberg, 1998.

F. John. *Partial Differential Equations*. IV edizione, Springer-Verlag, New York, 1982.

O. Kellog. *Foundations of Potential Theory*. Springer-Verlag, New York, 1967.

G. M. Lieberman. *Second Order Parabolic Partial Differential Equations*. World Scientific, Singapore, 1996.

J. L. Lions e E. Magenes. *Nonhomogeneous Boundary Value Problems and Applications*. Springer-Verlag, New York, 1972.

M. Protter e H. Weinberger. *Maximum Principles in Differential Equations*. Prentice-Hall, Englewood Cliffs, 1984.

M. Renardy e R. C. Rogers. *An Introduction to Partial Differential Equations*. Springer-Verlag, New York, 1993.

J. Smoller. *Shock Waves and Reaction-Diffusion Equations*. Springer-Verlag, New York, 1983.

D. V. Widder. *The Heat Equation*. Academic Press, New York, 1975.

Equazioni a Derivate Parziali II (matematica applicata)

J. Billingham e A. C. King. *Wave Motion*. Cambridge University Press, 2000.

R. Courant e D. Hilbert. *Methods of Mathematical Phisics*. Vol. 1 e 2. Wiley, New York, 1953.

R. Dautray e J. L. Lions. *Mathematical Analysis and Numerical Methods for Science and Technology. Vol. 1-5*. Springer-Verlag, Berlin Heidelberg, 1985.

C. C. Lin e L.A. Segel. *Mathematics Applied to Deterministic Problems in the Natural Sciences*. SIAM Classics in Applied Mathematics, IV edizione, 1995.

J. D. Murray. *Mathematical Biology*. Springer-Verlag, Berlin Heidelberg, 2001.

L.A. Segel. *Mathematics Applied to Continuum Mechanics*. Dover Publications, Inc., New York, 1987.

A. B. Tayler. *Mathematical Models in Applied Mathematics*. Clarendon Press, Oxford, 2001.

Analisi e Analisi Funzionale

R. Adams. *Sobolev Spaces*. Academic Press, New York, 1975.

H. Brezis. *Analisi Funzionale*. Liguori Editore, 1986.

G. Gilardi. *Analisi Tre*. McGraw-Hill Libri Italia, Milano, 1994.

V. G. Maz'ya. *Sobolev Spaces*. Springer-Verlag, Berlin Heidelberg, 1985.

C. Pagani e S. Salsa. *Analisi Matematica,* volume II. Zanichelli, Bologna, 1991.

L. Schwartz. *Théorie des Distributions*. Hermann, Paris, 1966.

K. Yoshida. *Functional Analysis*. Springer-Verlag, Berlin Heidelberg, 1965.

Analisi Numerica

V. Comincioli. *Analisi Numerica: Metodi Modelli Applicazioni*. McGraw-Hill Libri Italia, Milano, 1995.

R. Dautray e J. L. Lions. *Mathematical Analysis and Numerical Methods for Science and Technology. Vol. 4 e 6*. Springer-Verlag, Berlin Heidelberg, 1985.

L. Formaggia, F. Saleri, A. Veneziani. *Applicazioni ed esercizi di modellistica numerica per problemi differenziali*. Springer-Verlag Italia, Milano, 2005.

A. Quarteroni. *Modellistica Numerica per Problemi Differenziali*. Springer-Verlag Italia, Milano, 2003.

A. Quarteroni e A. Valli. *Numerical Approximation of Partial Differential Equations*. Springer-Verlag, Berlin Heidelberg, 1994.

Springer - Collana Unitext

a cura di

Franco Brezzi
Ciro Ciliberto
Bruno Codenotti
Mario Pulvirenti
Alfio Quarteroni

Volumi pubblicati

A. Bernasconi, B. Codenotti
Introduzione alla complessità computazionale
1998, X+260 pp. ISBN 88-470-0020-3

A. Bernasconi, B. Codenotti, G. Resta
Metodi matematici in complessità computazionale
1999, X+364 pp, ISBN 88-470-0060-2

E. Salinelli, F. Tomarelli
Modelli dinamici discreti
2002, XII+354 pp, ISBN 88-470-0187-0

A. Quarteroni
Modellistica numerica per problemi differenziali (2a Ed.)
2003, XII+334 pp, ISBN 88-470-0203-6
(1a edizione 2000, ISBN 88-470-0108-0)

S. Bosch
Algebra
2003, VIII+380 pp, ISBN 88-470-0221-4

C. Canuto, A. Tabacco
Analisi Matematica I
2003, X+376 pp, ISBN 88-470-0220-6

S. Graffi, M. Degli Esposti
Fisica matematica discreta
2003, X+248 pp, ISBN 88-470-0212-5

S. Margarita, E. Salinelli
MultiMath - Matematica Multimediale per l'Università
2004, XX+270 pp, ISBN 88-470-0228-1

A. Quarteroni, R. Sacco, F. Saleri
Matematica numerica (2a Ed.)
2000, XIV+448 pp, ISBN 88-470-0077-7
2002, 2004 ristampa riveduta e corretta
(1a edizione 1998, ISBN 88-470-0010-6)

A partire dal 2004, i volumi della serie sono contrassegnati da un numero di identificazione

13. A. Quarteroni, F. Saleri
    Introduzione al Calcolo Scientifico (2a Ed.)
    2004, X+262 pp, ISBN 88-470-0256-7
    (1a edizione 2002, ISBN 88-470-0149-8)

14. S. Salsa
    Equazioni a derivate parziali - Metodi, modelli e applicazioni
    2004, XII+426 pp, ISBN 88-470-0259-1

15. G. Riccardi
    Calcolo differenziale ed integrale
    2004, XII+314 pp, ISBN 88-470-0285-0

16. M. Impedovo
    Matematica generale con il calcolatore
    2005, X+526 pp, ISBN 88-470-0258-3

17. L. Formaggia, F. Saleri, A. Veneziani
    Applicazioni ed esercizi di modellistica numerica
    per problemi differenziali
    2005, VIII+396 pp, ISBN 88-470-0257-5

18. S. Salsa, G. Verzini
    Equazioni a derivate parziali - Complementi ed esercizi
    2005, VIII+406 pp, ISBN 88-470-0260-5